本书为国家社科基金项目"德意志文化启蒙与现代性的文艺美学话语（项目编号为10BZW022）"的结项成果

张政文　张　园　王熙恩　郭玉生　施　锐 ◎ 著

德意志审美现代性话语研究

DEYIZHI
SHENMEI XIANDAIXING
HUAYU YANJIU

中国社会科学出版社

图书在版编目（CIP）数据

德意志审美现代性话语研究／张政文等著 . —北京：
中国社会科学出版社，2015.8
ISBN 978－7－5161－6229－3

Ⅰ.①德… Ⅱ.①张… Ⅲ.①审美—研究—德国—
现代 Ⅳ.①B83－095.16

中国版本图书馆 CIP 数据核字（2015）第 123573 号

出 版 人	赵剑英	
责任编辑	王 茵	
责任校对	朱妍洁	
责任印制	李寡寡	

出 版	中国社会科学出版社	
社 址	北京鼓楼西大街甲 158 号	
邮 编	100720	
网 址	http://www.csspw.cn	
发 行 部	010－84083685	
门 市 部	010－84029450	
经 销	新华书店及其他书店	

印刷装订	三河市君旺印务有限公司
版 次	2015 年 8 月第 1 版
印 次	2015 年 8 月第 1 次印刷

开 本	710×1000 1/16
印 张	24.5
插 页	2
字 数	342 千字
定 价	85.00 元

凡购买中国社会科学出版社图书，如有质量问题请与本社联系调换
电话:010－84083683

目　录

第一章

德意志文化启蒙与审美现代性

诸多事实表明，启蒙首先是一个自我出场的主体性事件，而后才能引发文化重构运动。这种理解在黑格尔的《精神现象学》中曾得到过生动的描述①，并且符合康德启蒙定义的内在逻辑——主体首先要成熟，然后参与到人类启蒙的事业中去。② 然而，主体性是个纷繁复杂的概念，似乎每一话语系统中都有着一套独特的"主体性"理论和自我约定的辩护系统。与启蒙运动息息相关的文艺复兴运动、自然哲学思潮和宗教改革，其各自的主体性原则就不能相互通约。文艺复兴的主体性原则倡导世俗、激情和欲望的释放，而以新兴自然科学为基础的自然哲学则倡导知识扩张原则的认识论主体建构，宗教改革引出的主体性则是以个体独立面向上帝的救赎为核心。当这些主体自治原则汇聚到启蒙运动中，以理性认知和知识扩张为主导的理性主体成为首要培育目标。德国的莱布尼茨、沃尔夫，法国的笛卡尔，英国的培根、霍布斯、洛克等，事实上都操持着一种理性主义的乐观态度。用卡西尔的话说，启蒙时代是个弥漫着理性进步思想的世纪，不同的和多种多样的思想形式只是理性认知的外观表现。③ 尽管如此，理性主体的非人性一面还是展露出来，

① ［德］黑格尔：《精神现象学》下卷，贺麟、王玖兴译，商务印书馆1979年版，第116—123页。

② ［德］康德：《历史理性批判文集》，何兆武译，商务印书馆1990年版，第22—31页。

③ Ernst Cassirer, *The Philosophy of the Enlightenment*, Princenton：Princeton University Press, 1979, p. 5.

即人本身成为一种工具化和客观化的机械原子。关于这一点，从休谟、爱尔维修、霍尔巴赫、孔多塞、边沁等人的表述中也可窥豹一斑——理性化、功利化的准则不仅适用于自然控制，同样适用于人自身的控制和管理。因此，理性化主体也必然导致一种机械主义的、原子论式的、同质化的和以偶然性为根据的去实现人的样式。[①]理性启蒙的负面问题随之浮出水面：人性异化、功利主义蔓延、道德退步、艺术和美枯萎。这些现代性问题至今令人感伤，且引发了一场又一场的思想论争。

在批判和反思启蒙的历史中，卢梭与康德是两个关键人物。卢梭的重要性在于，他通过现代性文化批判把自己牢牢地固定在一个启蒙者的位置上。他对道德风尚的批判，对主体精神异化的担忧，对公共精神系统的建构渴望，对人性的道德与自由本质的表述，生动地表达了启蒙的自我理解。启蒙批判变成了启蒙自身的反思，从而迫使启蒙必须重新校验自身的有效性，重新确认现代性规划者的合法性身份。这种反思对于康德乃至整个德意志启蒙话语的理论，产生了至关重要的影响。康德首先确立了现代性的理性原则——一种具有限度和范围却能够为自然立法的理性。这是一种人类能够摆脱受制于自然境况的启蒙原则，但不同于理性启蒙的主体原则。这个理性原则只是康德从启蒙的能力基础和现实要求角度，对卢梭返归自然的道德自由观的一种矫正。康德反对道德的自然属性，而强调以实践理性打造道德自主性。这是人类建立社会与文化秩序的启蒙原则，与理性启蒙的认知性主体性原则拉开了距离。尽管如此，理性启蒙的深度危机——自然与道德、必然与自由的对立——并不能够消除。为此，康德以审美与审自然的合目的论缝合了理性启蒙的内部分割与隔绝，从而设计了审美现代性的启蒙方案——以审美反思调和自治主体与理性文化模式之间的矛盾，并使二者尽可能地保持在同一个动态的进程中。自此，理性现代性与审美现代性

---

① Charles Taylor, *Hegel*, Cambridge: Cambridge University Press, 2008, p. 11.

处于紧张的张力关系中，并在辩证运动中形成现代性的运动总体。

康德的审美现代性设计不仅意味着一种全新的启蒙话语出场，而且将整个德意志思想界置入启蒙话语的反思性建构中。席勒根据康德美学提出了艺术作为交往理性的审美启蒙观念，费希特在现代性考察中运用康德的判断力理论重新建构了同一性，黑格尔把理性与感性综合起来形成了以"和解"为重心的美学启蒙原则，谢林等整个德国早期浪漫派也是将艺术与人之主体性生成关系作为启蒙沉思的核心。德意志审美现代性话语由此得到充分的展开。它携带着自然、艺术和审美的全新理念，迅速成为迥异于理性启蒙的新启蒙原则，并最终确定了自身的主体性地位。① 这是启蒙思想史上和现代文化史上最为华丽震撼的转折，艺术与审美从此成为启蒙思考中的最重要元素。而整个德意志思想界，艺术与审美也是关于人的总体性、个体的自主性与自由、精神的公共性、道德的进步、社会体制的公正以及人之发展的历史性和人类幸福的沉思中最为核心的基础。

然而，审美现代性话语是否可以独立执行启蒙的功能？答案是否定的。审美现代性话语的核心由三部分构成：感性和美学的独立、纯粹理性向价值理性的转向以及艺术公共性的建立。这三种思想情致也是德意志文化生态的基本构成。从根本上说，审美现代性话语是近代以来德意志历史发展的自我显现。其命运操控权和独特的精神品质、特征，都掌握在德意志的自然、历史、社会、思想共同构成的德意志文化生态系统手中。这并不难以理解。德意志民族在近代的脱颖而出与新教精神密不可分，而新教精神是德意志民族意识、思想观念、文化理解和生活经验的灵魂。由市民社会孕育、养成的社会结构、生活方式、文化制度等市民文化生态情境，也在很大程度上决定了德意志审美现代性话语的形态。审美现代性的启

---

① Jürgen Habermas, "Modernity: An Unfinished Project", in M. P. d' Entrevew & S. Benhabib (ed.), *Habermas and the Unfinished Project of Modernity: Critical Essays on The Philosophical Discourse of Modernity*, The MIT Press, 1997, p. 50.

蒙设计，本质上是一种文化启蒙。因此，在即将全面展开的德意志文化启蒙和审美现代性论述中，笔者将文化生态要素放在整个讨论的首要位置。这有助于我们系统清晰地把握德意志审美现代性话语的形成。

第一节　德意志审美现代性建构的文化生态要素

一种文化生态面貌的呈现，离不开特定的自然环境、历史文化，以及二者相互作用形成的社会生存、演化和发展的诸要素。现代性可理解为不同于传统社会的现代文化生态特征。其体现在制度层面，表现为以强化理性为特质的启蒙现代性；体现在文化心理层面，则表现为以突出感性、个体为主旨的审美现代性。德意志民族在思想理论与艺术实践领域所构建的审美现代性，正是体现在各种文化生态要素方面的心理现实，从地缘生态观念到新教精神，再到市民社会的文化结构与形式，以及启蒙思想等。这些文化生态要素既是德意志现代性进程中独特的社会环境和历史生活风貌构成，也是决定德意志审美现代性建构的主要根基和动力。因此，对于德意志文化生态要素的考察，无疑能够为我们破解深藏德意志审美现代性深处的一些未解之谜提供路径和帮助。

一　德意志审美现代性的地理成因与帝国基因

孟德斯鸠曾提出过文化与地理环境间有着内在联系的论断。之后斯达尔夫人运用这一论断分析欧洲文学风格和文学批评，指出欧洲各国不同的自然环境造就了各国不同的文学风格和文学批评特点。黑格尔则将自然地理环境融入其"情境理论"，在环境、性格、冲突的三维关系中赋予自然地理与文化状况之间的关系以哲学的深度，使其成为一种有效的思想范式。按照这种范式可以发现，位于亚欧大陆西部的欧洲大陆，以东乌拉尔山脉—乌拉尔河—里海—大高加索山脉—土耳其海峡（又称黑海海峡）同亚洲分界，北临北冰洋，西濒大西洋，有白海、巴伦支海、挪威海、北海、比斯开湾、地中海等边缘海包围，形似亚欧大陆向西伸出一大半岛。这种地理状况导致欧洲形成了多元而又基本独立的洲际文化。地处欧洲地理中央的德意志就被欧罗巴洲际文化中九个最重要的文化大国环邻着。德意志北与丹麦相接，西与荷兰、比利时、卢森堡和法国为邻，南与瑞士和奥地利相望，东与捷克和波兰接壤。北方的斯堪的纳维亚文化、西方的拉丁文化、南方的南德意志文化和东方的斯拉夫文化皆由这些文化大国输入德意志。自古德意志在被称为"欧洲的走廊"的同时，也被视为欧洲文化交汇中心。更重要的是，欧洲中央的地理位置注定让德意志人成为罗马世界与斯拉夫世界之间的自然中间人。为争夺生活空间和文化话语权，罗马人及其后裔的拉丁集团和东方斯拉夫集团在德意志土地上展开了上千年的较量，其文化生态结果是拉丁文化与斯拉夫文化在德意志世界的混合、扬弃并产生了独一无二的德意志本族文化，极深刻地影响了德意志民族文化发展的历史，成为德意志审美现代性话语中的民族文学的精神渊源。

古德意志人口众多，到1815年时已达4110万人，居欧洲前三位。当时柏林17万人、汉堡13万人、德累斯顿6万人、布雷斯劳6万人、科隆5万人、莱比锡5万人、维也纳3万人，都是公认的欧洲人口大城。德意志人口中的成分也较为复杂，有巴伐利亚人、施瓦本人、莱茵人、黑森人、萨克森人、威斯特法伦人以及众多外族后裔。众多人口与不同群族的文化性格、地域习惯、生活方式和精神气质相互交织、频繁碰撞、混杂异常、很难有序，这是德意志近代之前始终没有形成明确的审美文化传统的又一文化生态表征。

无天然边境的中央式自然地理位置，以及无主流籍贯的散离式社会人口状况，使得德意志文化生态空间注定背负沉重的文化命运。德意志的战略位置始终让周边大国垂涎欲滴，尤其是它的文学与文化艺术，一度是周边强权国家文化利益争夺的焦点。这导致两种相辅相成的结果：其一，德意志民族的审美文化、制度文化和精神文化长期内不能健康成长；其二，德意志文化的青春期不得不超期服役。德意志社会的人口状况也颇为不尽如人意，大多数居民处于离散性的状态中，进而导致文化生态的不稳定性。近代之前，德意志如果有某种文化特征得到强调的话，那只能被理解为偶然的和暂时的，不能视为德意志对本族生活做出的一致性文化反应，更非对本族之外的世界做出共同化的文化表达。所有这些都使得德意志审美现代性话语诞生前后的审美语境充满了模糊性、可变性与可塑性，审美话语中"法英之争""古今之争""古典与浪漫之争"不绝于耳。

与英、法不同，16 世纪前德意志尚未形成独立完整的民族文化，"德意志"的本意就是"普通民众"，没有具体民族的含义。后来罗马人把那些定居在莱茵河以东、以北的日耳曼人统称为"德意志"。稍后，东法兰克人为区别莱茵河以西、以南的西法兰克人，也称自己为"德意志"。这时，"德意志"才有了特定的地域性，名为"德意志人"，使作为民族的"德意志"有了产生的可能性。中世纪德意志虽没有民族文化，但其文化生态却有一个明显的特征，那就是世界性的帝国态势。这里有必要说明的是德意志的帝国特征并非指普鲁士。

作为政治地理概念，普鲁士有三层含义：一是中世纪曾在德意志骑士团统治下的波罗的海沿岸的普鲁士人领土；二是 1701—1918 年在德意志霍亨索伦家族统治下的普鲁士王国，它是德意志帝国内的一个邦国；三是 1918 年霍亨索伦王朝覆灭后德国的一个邦。真正充当德意志历史角色的是 1701—1918 年的普鲁士王国。在欧洲的历史中，14 世纪中叶西欧诸民族开始步入民族国家的进程，欧洲的政治状况和国家形态正面临着重大的变化，然而德意志人仍处在"语族"阶段。14 世纪时，大学里出生于和来自德意志地区的大学生开始自称为"德意志民族"，而宗教会议则称来自德意志地区的与会代表为"德意志民族"。在 1471 年雷根斯堡宫廷会议上，"德意志民族"正式与"神圣罗马帝国"联系在一起。

还需指出的是，对德意志的理解还应考虑日耳曼这一概念。公元前 90 年开始，罗马人将斯堪的纳维亚半岛南移中欧的北方人称为日耳曼人，而这些人使用的正是德意志方言，由此衍生出日耳曼与德意志的混用。日耳曼人原先生活在波罗的海沿岸和斯堪的纳维亚半岛地区，公元前 6 世纪前后，日耳曼各部落开始南迁。公元前 3 世纪，日耳曼人沿着易北河南下到波西米亚北部地区，又沿着萨勒河进入图林根地区。公元前 2 世纪末，定居在日德兰半岛的日耳曼部落侵入地中海文化区域，直接同罗马人对峙。公元前 1 世纪中期，大批日耳曼人来到莱茵河边并同罗马帝国不断发生军事冲突。经过漫长的争斗，日耳曼部落中的汪达尔人、勃艮第人和哥特人占领了维斯杜拉河流域。公元前 1 世纪中叶，日耳曼部落又将克尔特人逐出，最终定居于莱茵河以东、多瑙河以北和北海周边的广大地区。就其历史发展而言，日耳曼可分为南、北两大文化生态系。北系在北欧地区发展，是现代瑞典人、挪威人和丹麦人的祖先。南系又分东、西两支系。哥特人、汪达尔人、勃艮第人组成东支系，他们最终同化在地中海沿岸各民族之中。西支系则形成了包括荷兰人祖先巴塔维人、弗里斯兰人、英格兰人祖先的考肯人、盎格鲁人和哥特人等北海沿岸集群，由法兰克人构成的莱茵—威悉河集群，由斯维比人演变而来后成为奥地利哈布斯堡家族和普鲁士霍亨索伦家族的族源的施瓦本人和巴伐利亚人为主的易北河集群三个文化区域性集群。8 世纪，整个西支系的日耳曼人都统一在法兰克王国之中，以后逐渐形成了今天的德意志群族。由此不难看出，德意志人只是日耳曼人中的一部，而作为日耳曼人一部分的德意志人在未形成统一的民族之前却成立了国家。当然，这样的国家不可能是英、法那样的民族国家，而是世界性的帝国。

486 年法兰克王国成立，至 800 年查理大帝统治时，法兰克王国的疆土包括今天的法国、德国、荷兰、瑞士、北意大利、捷克、奥地利西部、西班牙、葡萄牙东北部的广大地区。同年法兰克国王查理曼被罗马教廷加冕为"罗马人的皇帝"，从此法兰克王国被称为法兰克帝国。840 年查理曼大帝之子路易一世驾崩，法兰克帝国大乱。843 年根据《凡尔登条约》，路易一世三子日耳曼路易分得莱茵河以东地区，史称东法兰克王国。900 年，东法兰克王国崛起，下辖萨克森、法兰克尼亚、士瓦本、巴伐利亚等公国，其疆域正是近代德意志民族生活的主要区域。962 年，东法兰克国王奥托一世被教皇约翰十二世加冕称帝，成为罗马人民的监护人和罗马天主教世俗世界的最高统治者。1157 年东法兰克王国得到了"神圣帝国"的称号，1254 年又改称为"神圣罗马帝国"，1512 年又全称为"德意志民族的神圣罗马帝国"。至此，德意志在形成统一的民族之前完成了帝国化的历程。从 843 年法兰克帝国分裂，到 1512 年"德意志民族的神圣罗马帝国"建立，德意志人实现了自己的政治统治。然而数百年间，德意志历史的主观努力并不在于成立独立的民族国家，而醉心于建立全欧洲的大帝国。例如，在德意志神圣罗马帝国的历史上，霍亨斯陶芬王朝的政治宗旨就是复兴罗马帝国，腓特烈二世祖孙三代曾掀起阵阵"斯陶芬风暴"，企图建立一个北起波罗的海，南抵北非海岸，囊括东方拜占庭和巴勒斯坦广大地区的基督教世界帝国。再如，德意志神圣罗马帝国的皇帝们一直把占领意大利作为建立并巩固中央政权统治的重心。在他们看来，占领意大利不仅可使帝国获得丰富的财富，更重要的是只有接受罗马教皇加冕的德意志选帝侯才可获得罗马皇帝这一封号，实现"罗马皇帝"的合法性。德意志帝国毫无民族意识，不为本民族建国立业却憧憬着光复古代罗马帝国。因此，德意志神圣罗马帝国内部除了领地众立、分崩离析、疆土不统之外，剩下的只有空洞的罗马帝国美梦。正如伏尔泰所说："它既非神圣，又非罗马，更非帝国。"①

德意志的帝国化历史又与德意志的基督教化共在一个历史进程

---

① ［英］詹姆斯·布莱斯：《神圣罗马帝国》，刘秉莹译，商务印书馆 2000 年版，第 187 页。

之中。德意志人从古代日耳曼人中分离出时就开始接受基督教的洗礼。1世纪科隆和特里尔已出现基督教会，5世纪末法兰克王国皈依罗马教会，9世纪初在不列颠传教士的传教活动和法兰克王国的军事征服共同努力下，德意志人完成了基督教的教化过程。10世纪德意志神圣罗马帝国确定了依靠基督教罗马教会进行帝国统治的国策。德意志神圣罗马帝国与梵蒂冈罗马教会共同维护着基督教信仰和欧洲帝国的统一，这是德意志人能够被欧洲各族认可并取代罗马人的政治地位使自己在欧洲中部、西部迅速发展的根本原因。德意志人传播基督教都在帝国政府直接保护、参与之下，德意志神圣罗马帝国疆域内的所有基督教会组织、信仰教条以及崇拜仪式也都被纳入帝国政权的制度规范之中。德意志神圣罗马帝国与梵蒂冈罗马教会的结合既使基督教会有了政治保证，又使帝国获得了信仰的合法性；唯一失去的是德意志建立民族国家的历史机遇。

德意志神圣罗马帝国与基督教会的互助为近代德意志审美现代性话语的世界主义意识、世界文学理想和普遍性价值诉求提供了思维方式和历史习惯的基因，潜在却无处不在地影响着德意志审美现代性话语的建构。

二 德意志审美现代性的民族文化生态特质

在英格兰、法兰西、西班牙等已实现民族化并开始进入民族国家的历史进程时，德意志还为捍卫世界性帝国而努力奋斗。然而16世纪的德意志宗教改革彻底打碎了德意志的帝国梦，立族成为德意志的时代精神。众所周知，nation指称民族有一个语义演化过程。古罗马作家西塞罗最早使用nation，他称那些非罗马的、不能成为罗马公民的、未开化的贵族人士为nation。后来古罗马作家塔西佗又用nation表示人的出生，其意相当于希腊文的ethnos、拉丁文的gens以及德文的stamm。显然，古罗马时期的nation还没有今天所理解的"民族"之意。至中世纪，nation的含义逐渐由塔西佗的"出生"演化为"出生所属"，继而拓宽出因出生而归属的人种集团、族源、人口等语义。罗马教会则赋予 nation 以与生俱来的或通过婚姻和加入神职而获得的社会权利等含义。由此，nation 指由出生、信仰和权利等因素限定的共同人群，nation 具有了民族的基本含义。英国教会明确把共同的血缘、共同的习俗、共同的语言、共同的地域以及共同的政权机构界定为民族的基本条件。在民族的基础上，中世纪的欧洲又逐渐提出了关于"国家"的基本理解：当民族有了统一的语言并产生民族的中央政权、统一市场和主权疆界时就出现了"国家"，这种国家不同于无民族性的德意志神圣罗马帝国，而是近代的民族国家。英、法等地区，统治家族的领地是民族国家形成的关键性起点，也是该民族国家版图的中心部分；统治家族的民族属性是民族国家的民族性核心。然而，在德意志地区，统治家族缺乏民族意识和民族影响力，其领地是形成德意志民族国家的严重障碍，也是德意志民族国家版图被帝国疆域取代的主要原因。所以，德国哲学家尼采在思考德意志文化主体特征时发现："德意志人的特点就是，'什么是德意志人'这个问题在他们当中始终存在。"[①] 这也是德意志民族文化的前生态特质，而这种文化生态特质被马丁·路德在 1517 年彻底改变了。

德意志宗教改革起源于一个典型的日耳曼心灵。1505 年 7 月 2 日，马丁·路德从曼斯费尔德去爱尔福特的途中，在施托特恩海姆村附近突遭雷袭，恐怖之中他呼唤圣徒安妮发愿当一名修道士，以期获得灵魂拯救。1505 年 7 月 16 日，他进入爱尔福特最严格的苦行主义教团主办的奥古斯丁隐士修道院。10 年的隐修生活使他产生了人只能被上帝所救而不可能自救这一让康德刻骨铭心却完全不同于罗马教会的宗教信念。中世纪晚期，罗马教会将罪人转变为基督徒的过程说成是人奉行善功而上帝予人以助的上帝与人之间的合作过程，把罗马教会说成实现这个过程的中间人。罗马教会如此解释获救信仰的背后深藏着深深卷入世俗社会的经济活动之中的世俗

---

① ［美］科佩尔·S. 平森：《德国近现代史》，范德一等译，商务印书馆 1987 年版，第 7—8 页。

化动机，那就是解决教会为维持它庞大的机构以及十字军远征带来的巨大财政负担，向基督徒贩卖"赎罪券"就是最典型的做法。1517 年 10 月 31 日，当时担任维登堡大学教授的马丁·路德在维登堡教堂贴出他"关于赎罪券效能的辩论"即《九十五条论纲》。论纲指出人的获救靠的是上帝的恩宠而不是教会的赎买，人和上帝之间有一种"因信称义"的直接关系，这与罗马教会"因行称义"的教义大相径庭。马丁·路德的"因信称义"基于对人性的理解："人有一个双重的本性，一个心灵的本性和一个肉体的本性。"① 心灵意味着人是自由的、内在的，而肉体则表明人又是被囿的、外在的。马丁·路德说："内心的人，靠着无论什么外在的事功，或苦修，都不能获得释罪、自由和拯救。"② 也就是说，罗马教会的"因行称义"根本无法使人获救，只有内心虔诚信仰上帝才能得到上帝的拯救。马丁·路德的思想得到了德意志各阶层的广泛认同与拥护，最终导致实现德意志文化立族的宗教改革运动迅速掀起。

马丁·路德开启的宗教改革对德意志产生了巨大而深远的影响，成为德意志人民立族并进入现代性社会的史诗。

第一，宗教改革使德意志摆脱了罗马教会的控制，形成了自己的宗教文化。在制度上，宗教改革后的德意志基督教又称新教，1555 年《奥格斯堡和约》同意德意志不再臣属罗马教会而可以拥有自己的教团，新教牧师具有自己的宗教权利，新教与天主教地位平等。新教教会内部没有领主和仆人之分，所有人都是耶稣基督的子民，新教教会成为一个开放性的基督徒团体并置于社区自治政府之下而不为贵族统辖，这又直接推进了德意志市民社会的兴起、发展。在思想方面，马丁·路德的宗教改革将上帝请回人的心灵，讲道的重点不在教义而在道德上，倡导只有在生活中虔敬道德才能成为真正的基督徒。这种转向内心良知的宗教文化使灵魂的拯救与现世善行脱钩，个人良心成为上帝与人同在的证明，宗教只关乎个人

① 周辅成编：《西方伦理学名著选辑》，商务印书馆 1964 年版，第 440 页。
② 同上书，第 443 页。

的心中信仰、生活自律，而与现实社会的政治、法律、意识形态无关。个人通过聆听《圣经》的福音便可解决灵魂得救的问题，基督教的理想不再是守持呆板的教规信条，而在于日常生活中以个性化的方式表达内心的虔敬。

第二，宗教改革为德意志带来了现代制度文化。宗教改革是德国近代化的开端。1530 年后，德意志神圣罗马帝国皇帝不再接受罗马教会的加冕。马丁·路德从维护德意志利益出发，极力反对罗马教会对德意志的主宰而积极为世俗政权辩护。他严格区别"上帝的王国"与"世俗的王国"，认为具体的人既是受上帝庇护的基督徒，也是受法律保护的市民。具体的人在宗教生活中承担着信仰的责任，而在世俗生活中也领受着法律的义务，二者并不对立也不分离。但在君主政体的国家中教会与官厅必须分离，因为教会属"上帝的王国"，官厅归"世俗的王国"。两个王国的理论成为德意志世俗政治运动的理论基础，最终产生"教随国定"的强烈呼声。教会掌控司法审判的权力体系被废除，神权和政权一体化的罗马教会失去了法律效能，罗马教会在德意志的世俗权威逐渐瓦解，具有现代性意义的世俗社会治理科层制度诞生了，出现了教会管辖灵魂而政府负责日常的政治文化生活。

第三，共同的语言是形成并维系一个民族的内在根脉，也是每一位社会成员民族认同感的客观力量。德语属印欧语系中的日耳曼语族，与丹麦语、挪威语、瑞典语、荷兰语及英语均为亲属语言。德语在民族大移徙中形成，先是 8 世纪的古代高地德语，然后是 11 世纪的中古高地德语。早在标准德语形成之前，就有法兰克语、萨克森语、巴伐利亚语等诸多日耳曼部族的方言。在 770 年之前，各种德意志方言只是各地平民百姓使用的言语，而权贵、教士、知识分子等社会主流人士则使用拉丁语交流。770 年出现了一本用德语编撰的拉丁文—德文词典，它是最早试图统一德语的努力。1521 年底，马丁·路德将拉丁语的《圣经》译成德文，这个译本流畅易懂、传扬广泛，被公认为德语词汇、语法和语音的标准，成为现代德语基础。至此，统一的标准德语诞生，并沿用至今。在 16 世纪由中国传入欧洲的活字印刷术的推动下，德意志人民广泛地使用马丁·路德制定的统一的、标准的、规范的、稳定的德语，仅 1564—1600 年，法兰克福图书市场出版的 15000 本图书中就有 1/3 是用标准德文撰写的。使用统一的语言激发了人们的民族认同感和自豪感，托马西乌斯在哈雷大学讲授法学期间，勇敢地打破当时大学用拉丁文讲课的传统，坚持用德语给学生上课，以此表明民族身份。哲学大师沃尔夫在莱比锡大学、哈雷大学等大学任教时，一律用德语写作和讲课，以示自己是德国人。而统一的德语也创生了德国民族文学，可以说，马丁·路德所译《圣经》是德国文学的元纪年。之后，在莱辛、歌德、席勒、赫尔德等一大批伟大作家的共同践行下，德语不仅成为全世界最有影响的语种，而且德国民族文学也被举世公认为世界文学艺术的范本。

第四，宗教改革改变了德意志的日常生活土壤，民族的生活方式不断生长。在家庭生活方面，婚姻与家庭的价值核心虽由宗教赋予，但婚姻与家庭的现实存在回归世俗制度体系中，教会实际失去了对婚姻与家庭的直接控制。在这一过程中，禁欲主义开始淡化，而更深刻的方面在于"家庭"从 House 到 Family 的变化。宗教改革前的德意志家庭指因婚姻而使一群有着宗教联系并生活在一起的人所住的房子（House）；而宗教改革后的家庭则指婚姻所致住在同一所房子里的有着自然血缘和世俗哺育与赡养义务的由信仰与法律维系着的人群（Family），家庭的 Family 化正是现代家庭的开始。与传统家庭不同，这种样式的家庭中爷姥、伯舅、姑姨等构成的亲戚集团的重要性不断降低，家庭中夫与妻、父母与儿女的情感关系、道德关系和法律关系渐渐成为家庭的基本关系，传统的大家庭被现代的核心家庭取代，核心家庭成为社会的基本细胞。大家庭的解体使核心家庭承担更多的社会责任，于是核心家庭就必然更加依靠各种公共的机构、宗教的组织、私人的社团，这又极大地促进了社会自治制度、福利制度和教育制度的发育，催生了德意志市民社会的问世。政教分离、核心家庭的形成和由此带来的一系列重要的社会变化生成了新的道德观，这就是起源于德意志又影响了整个新教世界的新教伦理。马克斯·韦伯认为，马丁·路德重释了基督教的"天职"观念，人的天职不是行善乐施以获拯救，因为人生前已被决定，所以人的天职只能在尘世中认真而努力履行本职与义务，这也是人能被上帝救赎的唯一途径。恪尽职守不但是一个人的责任而且是一个人的光荣。要做到恪尽职守就必须勤劳、简朴、诚信、寡欲、自律，一句话，要理性地去生活。① 马克斯·韦伯在其《新教伦理与资本主义精神》一书中将这种新教伦理视为资本主义发生、发展的精神原动力。

第五，宗教改革潜移默化地生成德意志独特的情感特征。当德意志人摆脱罗马教会樊篱后，他们对自由的渴望和对教会的反抗更加突出表现为对上帝的服从。其表现方式是个人精神绝对地信仰上帝而无须他人监督，个人情感无条件地感恩救主而不由他人说教。信仰与情感的一体化又使得信仰直觉化、意志内省化、情感普遍化，康德审美情感无认识、无功利、无目的而又具有普遍性的论断正是德意志情感方式在审美领域中的现代性表达。德意志情感的集体特征有着强烈的现实语境，回归内心既是对政治现实无能为力的主体补偿，也是对教会集体礼拜的一种拒绝。经过斯彭内尔、弗兰克等人的倡导与践行，德意志民众已将个人的内心情感理解为一种个体与群体相统一的美德，这种美德逐渐成为德意志市民精神的重要内容。德意志情感特征有力地促成了德意志独特的自然人性论、想象论、天才论、情感论等审美现代性话语，并且直接影响了"狂飙突进运动"和"林苑社"的创作活动。

至此，我们看到了宗教改革运动的重要作用：它使德意志脱离了神圣罗马帝国，之后又摆脱了罗马教会，其结果是德意志依靠全体人民普遍认同的宗教文化、政治文化、语言文化、日常生活文

---

① ［德］马克斯·韦伯：《新教伦理与资本主义精神》，于晓、陈维纲译，生活·读书·新知三联书店1987年版，第59—62页。

化、情感文化实现了立族，并为造就敬重自然的态度、艺术自由的立场、审美个性化意识、创作天才论的理念等重要的德意志审美现代性话语奠定了民族文化的基调和新教精神的深度。

三　德意志审美现代性的市民文化生态情境

所谓情境，指在一定时间内发生关联的境况。西方现代性的生长、发育与西方独有的市民社会文化生态有着深刻联系。德意志审美现代性生成于德意志市民社会并与德意志市民社会相伴发展，有着鲜明的德意志市民文化的生态情境。

马克斯·韦伯在分析现代资本主义社会时发现，欧洲资本主义社会并非从传统的"国家—社会"二元结构中诞生，而是在一个被称为市民社会的社会空间中出现。传统"国家—社会"二元结构形成的国家以世袭家长制为基本形态，君主、贵族以及享有特权的等级结成统治联盟，而且君主的权力越来越大，君主所统治的包括贵族、特权阶层在内的所有居民都是他的臣民的专制主义政体是主要特点。[①] 近代以来德意志就处于专制主义统治之下。按照英国思想家洛克的理解，市民社会处于国家政府之外，由自由的自然人之间达成社会契约而产生并以合理与法治为社会根本精神。市民社会与国家政府之间是委托或授权关系，社会可委托或授权政府从事统治管理，社会也可追回这项权力，这就是西方所谓的大社会小政府，政为民所授。黑格尔在《法哲学原理》中明确区分了"市民社会"和"政治国家"，将市民社会视为人们在市场经济的商品交换中因个人利益需要而形成的个体自主的社会生活及相关的社会制度与秩序。在黑格尔看来，市民社会不与国家政治直接相关，市民社会中的个人生活与国家意志是分离的，这就使得市民社会不同于个人与国家一体化的古代社会。市民社会虽有公共权利和个人权利方面的政治设计与践行，但只有为了个体自由与幸福的经济活动才是市民

---

① ［德］马克斯·韦伯：《经济与社会》上卷，林荣远译，商务印书馆1997年版，第251—264页。

社会的主流定位。① 本质上讲，欧洲市民社会代表着近代市场经济
发展、城市生活发达而出现的一种体现有产者个体自由化诉求和行
为法治化愿望的社会形态。正像当代美国社会学家克雷格·卡尔霍
恩所说的那样："市民社会这个概念被用来指称在国家直接的控制
之外的各种资源，其对集体生活提供了不同于国家组织的另一种可
能性选择。"② 市民社会是欧洲现代国家的基础与雏形。

　　马克思在《德意志意识形态》中深刻洞察到德意志"市民社
会包括各个人在生产力发展的一定阶段上的一切物质交往。它包括
该阶段的整个商业生活和工业生活"③，尤其是德意志城市生产力发
展形成的手工业行会形态的生产与消费活动直接催生了德意志市民
社会在德意志帝国自由城市中的率先兴起。帝国自由城市是德意志
神圣罗马帝国中的一种特别城市，直辖于帝国皇帝而不属于任何一
个帝国贵族。帝国自由城市包括拥有一般只有帝国贵族和他们授权
的代表才有判处犯人流血、死刑的被称为血司法权在内的许多特
权，这些城市还有权直接派代表参加帝国议会。起初德意志的帝国
城市和自由城市是两种不同的城市，帝国城市直辖于皇帝，自由城
市则是主教的驻地城市。自由城市在13—14世纪期间逐渐摆脱了
教会的辖制并享有了帝国城市一样的权力，帝国城市与自由城市就
被统称为帝国自由城市，像科隆、奥格斯堡、美因茨、沃尔姆斯、
施佩耶尔、斯特拉斯堡和巴塞尔等城市都是当时著名的帝国自由城
市。1254—1273年期间各帝国自由城市陆续在帝国议会中获得了席
位和投票权。1489年它们又联合组成了帝国自由城市集团，帝国自
由城市空前扩张，经济实力、政治势力日益强大。之后帝国自由城
市集团又扩张为更广泛的城市联盟。在经济方面城市联盟开拓了市
场、扩大了贸易、繁荣了经济。在政治方面城市联盟成为皇权的支

---

① ［德］黑格尔：《法哲学原理》，范扬、张企泰译，商务印书馆1961年版，第308—310
页。

② ［美］J. C. 亚历山大编：《国家与市民社会——一种社会理论的研究路径》，邓正来译，
中央编译出版社1999年版，第334页。

③ 《马克思恩格斯选集》第1卷，人民出版社1995年版，第130页。

持力量，制衡了诸侯，成为崭露头角的政治力。在文化方面城市联盟形成了市民的自我意识，增进了民族精神的凝聚。最终，德意志出现了成熟的、独具特色的市民社会，导致 1740 年具有一定进步意义的开明专制主义政体的出现。马克思指出："社会——不管其形式如何——是什么呢？是人们交互活动的产物。人们能否自由选择某一社会形式呢？决不能。在人们的生产力发展的一定状况下，就会有一定的交换［Commerce］与消费形式。在生产、交换和消费发展的一定阶段上，就会有相应的社会制度、相应的家庭、等级或阶级组织，一句话，就会有相应的市民社会。有一定的市民社会，就会有不过是市民社会的正式表现的相应的政治国家。"① 圣明的国王领导着依法行政的政府，社会中的臣民互爱互敬，社会安定和谐正是德意志市民社会所热衷的开明专制主义政体的政治理想。在这样一种政治理想中官厅机构比宫廷专制主义更广泛、更全面、更有效地控制着社会生活，而个人思想与言论的自由则成为每个人最神圣的权利。市民社会引发了德意志城市生活的重大变化。由各行各业有财富、有地位和有身份的市民作为议员的议会成为城市最主要的管理机构，议会中的议员由家族的、行业的臣民演化成全民的、公共的市民代表。席勒的传世之作《阴谋与爱情》就表现了德意志市民社会中缺乏英、法市民社会中能同时与皇权、贵族、教士三方对抗的强大的"占有财产的市民阶级"力量这种社会状况。德意志市民社会的主流是平民官员、知识分子、文化人士组成的所谓"受过教育的市民"阶层。与英、法不同，德意志市民社会的公共生活既远离经济生活又远离宫廷政治生活而活跃于文化、教育、思想和科学等领域，从而形成了德意志市民社会最独特的情境。

　　泰勒将政治权力只是多种社会权力之一的多元社会权力观、宗教社会和世俗社会的分离与对抗、主权观念物化为制度、城市自治

---

① 《马克思恩格斯选集》第 4 卷，人民出版社 1995 年版，第 532 页。

化、民众对统治者的态度不确定化称为市民社会的五大特征,[1] 不过德意志市民社会这五大特征都不同于英、法。在德意志市民社会中,王权政治权力在多种社会权力中占主导地位,宗教社会与世俗社会虽分离却没有全面的对抗,城市自治的经济、政治、法律和舆论实力薄弱,民众基本支持、拥护王权统治。用英、法现代性社会进程的视野来审视德意志市民社会,可以说,德意志市民社会的最大情境就是社会政治与社会文化脱节。一是作为市民社会主体的"受过教育的市民"阶层既缺乏远大的政治抱负,也没有实现政治愿景的客观力量。他们不主动涉足现实政治,不关心直接面临的重大而实际的社会问题,却只在关乎人性的普遍问题上徜徉,在想象的艺术王国和抽象的思辨世界中踽踽独行。莱辛、赫尔德、歌德、席勒、康德、谢林、黑格尔都把有关人类的问题当作他们思考问题的基点,似乎思想与言语的自由就是生活的变革、现实的解放,这被马克思、恩格斯一再批评为"小市民"。二是德意志宗教改革并未像英、法那样教会与市政、信仰与生活完全分离而各司其职,相反,宗教渗透到生活的各个方面成为日常行为的核心价值观。宗教在市民社会中不断地理性化、自律化又使得政治尺度和目的在市民社会中处于边缘化的在场状态,备受冷落与漠视。三是作为政治与法律执行者的德意志市民社会的官厅公务员基本上来自市民家庭。广大中层以下的官吏都是饱受学而优则仕的熏陶、经历十年寒窗的苦学、一心为家庭与自己求得受人尊敬、衣食无忧而努力的读书人,他们不仅无心改变自己千辛万苦得来的地位和生活,而且为所赢得的这一切深感庆幸和骄傲;而高级官吏则更是现存政治与法律制度最大的既得利益者,更加捍卫现存秩序。所以,德意志市民社会整个政府系统中没有政治变革的动力,相反,现行政治与法律不容置疑,依此行政天经地义。本质上,德意志市民社会行政过程只关乎是否符合现行政治与法律的要求与目的,不考问现行政治与法

---

① [美] J. C. 亚历山大编:《国家与市民社会——一种社会理论的研究路径》,邓正来译,中央编译出版社 1999 年版,第 19—28 页。

律是否合理、公正。可以说，德意志市民社会中的行政真正地"去政治化了"。

脱离政治的德意志市民社会使精神生活别具一格，文化成为德意志市民的在场主角，出现了一种全新的公共精神，它不同于建立在纯粹私人关系上、为纯粹私人利益服务的传统道义。新的公共精神体现为市民的精神根基从神的彼岸移植于人的此岸，彼岸的戒律、规定、界域不再是精神的监护人，现实人生开始真正拥有了精神的自主与自觉。市民社会中人与人的精神交流不以意识形态、职业团体、社会地位为平台，而以公共道德为基础。有人曾对意大利和德意志的城市广场做过比较，研究发现：意大利的城市广场数量多、空间大、功能全；而德意志的城市广场数量少、空间小、功能单一。究其文化原因在于意大利市民社会的公共生活具有集会性、狂欢性特点，任何一个人都能随时在广场中观看、参与、退出城市的公共生活。而德意志市民社会的公共生活采取的主要方式是道德形式，市民的公共生活不是集会、狂欢而是共同生活在同一个道德氛围中，不需要广场，要的是融入并支配着他们私人生活的共同道德观，这种共同道德观正是市民社会中孕育生长出的作为一位社会普通而有用的成员以仁爱、正派、热情、谦恭、秩序、服从、勤勉、效率、节俭为方式，以对社会经济和公共事业的贡献为评价标准的公共价值精神。这种公共价值精神具有明显的社交性和强烈的精神归属感，成为后来资本主义精神中的美德。如此，培养符合这一公共精神并有能力服务社会的人的教育就非常重要了。德意志教育正是伴随市民社会的物质与精神需要而发展起来的，从1365年建立维也纳大学起，百年中就出现了海德堡大学、科隆大学、埃尔福特大学、匹兹堡大学、莱比锡大学、弗莱堡大学、美因茨大学、图宾根大学等名牌大学。正是市民社会教育事业的发展才为德意志培养了大批现代性的管理人才、科学技术专门人才、思想家和学者。

教育也滋润了文化，养育了德意志现代性的文学艺术。早在宗教改革时期，马丁·路德就曾用古老的民歌曲调配上赞美诗的歌词来供人们在祈祷时吟唱，创作了《我们的上帝是强大的堡垒》等词曲，可以说马丁·路德开启了德意志现代性文艺先河。14—15世纪城市的市民阶层模仿中世纪叙事诗、抒情诗和恋歌，开始了近代德意志最早的文学创作，其中《师傅歌唱家之歌》最富时代性。与近代英、法宫廷和贵族资助、支持文学家不同，德国的宫廷和贵族对文学麻木不仁，他们轻视文学创作，视文学家为"下等人"。从最早的市民文学家维泽开始，人们就没把文学创作看作一种"职业"，文学家以"业余"为己任，认为文学创作事关自己，任何人无权干涉。同时文学创作也不应该依靠外来力量，这也是市民文学始终面向读者大众的原因。18世纪中期，莱辛、维兰德、克洛卜·施托克等一批文学家自觉成为不仅要创作自由而且成为以文学为生计、职业的"自由作家"，极大地改变了德意志市民社会的文学形势。首先，文学成为商品并形成文学市场。过去，文学作品是为特定读者写的，现在为把更多的人群吸引到读者群中来，文学作品为所有人所写，消解了"读书人"与"非读书人"的界限，文学成为全社会的事业，文学的生产与文学的消费成为一种社会公共关系，这正是文学现代性的根本。其次，文学公共性的出现又改变了社会阅读方式。之前，人们的阅读习惯是"精读"，精选几部甚至一部书反复"精度"阅读，就像人们阅读《圣经》那样。现在新的阅读方式更注重阅读的"广度"，被称为"泛读"。"泛读"扩大了人们的阅读范围，增加了文学的社会影响力，文学活动成为市民社会最重要的精神生活方式。

由此我们看到，西方由传统社会转向现代社会时都经历了市民社会阶段，西方现代生活方式、社会结构与文化形态都在市民社会中孕育、成长。德意志民族在现代化进程中的市民社会有别于英、法：英、法的市民社会有明显的市民政治社会性质；而德意志民族的市民社会远离政治，形成了独有的市民社会文化生态情境，这种文化生态情境正是审美自律原理、人与世界审美和解原则等德意志审美现代性话语核心价值之根。

四　德意志审美现代性的启蒙思想文化生态情致

思想是时代精神的典型形态，德意志审美现代性的最显性的文化生态是德意志启蒙思想环境。换一个角度也可以说，德意志审美现代性话语既是德意志启蒙思想的精神产品又是德意志启蒙思想对时代审美状况的现实回应。德意志启蒙思想涵盖整个德意志近代精神文化生态体系，它对德意志审美现代性话语形成、发展的独特影响直接体现在其自身文化生态的三个主要情致上。

（一）感性的确立与美的独立

如果说英国为启蒙提供了现代制度观念、法国为启蒙供给了理性主义思想，那么德意志思想启蒙的重要贡献就是在哲学的高度将感性确立为人类普遍的主体性，使感性与理性一样成为人的基本规定性和类属性。

回顾欧洲思想史，自古希腊起，欧洲就有一种压抑感性的思想倾向，哲学经历着一个从忽视感性到淡化感性，再到遗忘感性的感性失忆过程。古希腊有着丰富的感性生活和艺术世界，但古希腊哲学却忽视感性。泰勒斯作为欧洲最古老的哲学家，在设计宇宙本原时，将宇宙的基始理解为物质的、感性的水；而被誉为欧洲最深刻的哲学家苏格拉底在建造人类本体时，却把人类的终极本体确定为非感性的善；欧洲最具影响的哲学家柏拉图在确立认识本体时，又进一步将认识的本位规定为形而上的真。感性明显地被一步步忽略了。希腊化和罗马时代的哲学进一步淡化感性，斯多噶主义战胜伊壁鸠鲁主义的历程是一个感性在哲学思想文化中被不断淡化、边缘化的历史。基督教中世纪时期，从新柏拉图主义到圣奥古斯丁圣父哲学，再走向圣托马斯的经院哲学，感性最终被遗忘。

意大利文艺复兴对视觉艺术的天才性创造的直接后果是感性作为人的主体能力得以恢复，并在艺术世界中获得普遍的承认和客观的确立。而在德意志启蒙思想中，感性超越了艺术世界，被赋予与理性一样的主体性和普遍性，成为理解生活、理解世界和理解人自身的重要方式。德国启蒙思想家鲍姆加登从德国理性主义哲学出发，把认识分解为理性认识与感性认识两大类。在他看来，理性认识是冷静的、明晰的、概念化的，关于理性认识的知识就是逻辑学。逻辑学在西方是一门古老的学科，古希腊时代就已经建立。鲍姆加登认为感性认识是模糊的认识、非概念的认识，而欧洲从未就感性认识建立系统的知识体系。鲍姆加登确信应该建立关于感性认识的知识系统，并将关于感性认识的知识称为感性学（Atsthetics）。一旦主体化、普遍化，感性就具有唯人才有的规定性，这就是马克思所说的人的类本质，[①] 感性成为人的与理性同等重要的生存方式和生活方式。启蒙运动之前的一千余年中，欧洲思想从苏格拉底始就将美理解为善或真的特殊形态，艺术没有独立存在的地位和价值，而在柏拉图那里艺术就一直被视为认识的某种方式。但在鲍姆加登看来，艺术就是最典型、最完善的感性认识，德国启蒙思想家、诗人莱辛在其著作《拉奥孔》中将这种显现在各类艺术形态中的最典型、最完善的共同属性称为美。

诚如哈贝马斯所言，美学自主性的源头在文艺复兴时期得以确认，而其在现代性的结构之中的独特位置则是康德划定的。[②] 正是康德对趣味判断的强调以及审美无利害的分析，使得美学本身呈现出躲避客观化思想和道德判断的概念性特征，从而把美学领域同其他的价值及生活实践领域区分开来。

康德从分析人类主体能力入手，认为知性能力使人成为认识主体，自然被设定为经验的客观对象，人与世界构成了认识关系。理性能力使人成为意志主体，人的社会活动则是行为的客体，人与世界构成了实践关系。康德坚信建构实践关系的理性能力的基本内核是自由意志，自由意志是人存在的终极本体。自由意志无法通过认

---

① ［德］马克思：《1844 年经济学哲学手稿》，刘丕坤译，人民出版社 1979 年版，第 51 页。

② Jürgen Habermas, "Modernity: An Unfinished Project", in M. P. d' Entrevew & S. Benhabib (ed.), *Habermas and the Unfinished Project of Modernity: Critical Essays on The Philosophical Discourse of Modernity*, The MIT Press, 1997, p. 46.

识来把握而只能在人的实践活动中实现。因而，人与世界的关系处于认识与实践这两个互不相关的领域中。人的存在的确有着不同的领域、不同的方式，但人必须是完整的。不同领域、不同方式的存在应该相互联系、互动互补，所以一定有着某种既不属于知性又不是理性，然而能够将这两种能力统一起来，使人类认识活动与实践活动、经验世界与本体世界发生联系的主体能力。康德称这种具有中介功能的主体能力为判断力。

判断力分审美判断力和目的论判断力。审美判断力具有知性能力和理性能力无法取代的功能。知性能力以一整套主体逻辑框架展开自身。杂多的经验进入知性时，知性能力用整体统摄个体、普遍包含特殊的方式把握对象，使杂多归于统一，建构出系统的认识结果——知识。由知性能力构成的人类认识活动实际上是一个以逻辑为中介的分析综合过程，并被严格地限定在经验界。认识活动一旦超越经验界就会导致认识的二律背反，认识结果将失去真理性。理性能力为主体建立理念原则，提供以自由为底蕴的道德律令和伦理法则。理性能力和知性能力都不能在特殊中显现普遍，在现象中包孕本体。相反，介于知性能力和理性能力之间的判断力却可以做到这一点。"一般判断力是把特殊思考为包含在普遍之下的能力。"① 审美判断力不能像知性能力那样提供概念，也不能像理性能力那样生产理念，却能在特殊之中达成现象与本体、认识与实践的关联，并在特殊的事物中找寻普遍规律。审美判断力是产生美的基源，它从个别现象中寻找普遍本体时首先面对的是经验现象，审美判断力必须通过对感性经验的建构，昭示理性的本体。所以，审美判断力一定先于经验而存在。先验并非超验，审美判断力只有回到经验中，通过对经验的判断，才能将认识与实践统一起来。这也意味着在审美判断力中，特殊与现象符合着普遍与本体的存在目的。审美判断力的这些特性在一系列主体功能

---

① ［德］康德：《判断力批判》，邓晓芒译，人民出版社2002年版，第14页。

中介下达成了美的现实存在。

最终，康德批判哲学将非认识、非功利的情感所对象化的自由形式确立为美的本体，知、意、情三个独立的主体功能的行为对象真、善、美也就成为三个相关却完全独立的文化形态。康德还明确地规定了美是所有艺术的本质并得到公认的性质。这样，解中心化的自我经验主体性，以艺术形式构成客观化，也就拒斥了日常生活的时间和空间结构，打破了感知和目的行为过程中的习俗制约，从而形成了真正的美学自主性和艺术自主性。

美的独立和将艺术本质设定为美，标志着审美现代性的建成和审美现代性内核的确立。它使审美活动与艺术活动从传统宗教与专制国家的文化霸权中独立出来，成为一个自主的领域。其启蒙意义在于，艺术和审美不仅可以成为对抗理性现代性的力量，而且自身就能够承担启蒙功能。席勒正是通过对康德的美学理解来反思启蒙以及批判理性现代性的。他希望借助于艺术立法来构建审美乌托邦，以缝合现代性分裂造成的主体性创伤。紧紧跟随康德的费希特则说：“要通过美，来阐释我的基本思想。”① 而在康德、费希特、席勒共同影响下崛起的浪漫派，则已表现出对审美现代性的独特理解，他们希望在艺术震惊的实证因素和原始存在的天启因素中找到一种平衡。诸多事实表明，感性的确立与美的独立是德意志审美现代性话语的核心内容。感性的主体性、普遍性的确立使美与真、善一样获得了独立。美学与研究真的科学、研究善的伦理学一道，承担起文化启蒙的重任。

（二）理性主义的调整与价值理性的生成

理性是西方启蒙运动的伟大思想成果，是传统与现代的最重要的分界线。韦伯曾指出，西方的社会发展始终贯穿着由古希腊人创立的理性精神。不过直到中世纪后期现代社会萌芽后，理性主义才成为社会普遍有效的客观精神，现代社会生活意识层面和制度层面

---

① ［德］费希特：《极乐生活指南》，李文堂译，辽宁教育出版社2003年版，第110页。

的基本骨骼就是理性的对象化。① 而启蒙时代最早的理性主义思想由法国思想家笛卡尔创立，他认为认识的本质是"我思故我在"，一切皆由理性思维来确认是笛卡尔理性主义的核心。英国启蒙思想家培根、洛克则强调人的感性特性，认为认识的本质不是我思故我在而是我感我才在，感觉真正证明着存在是否在，这是对理性内涵的第一次调整。

康德则对认识进行了更深刻的修正，指出认识既不是单纯的思维理性，也不是个人的后天感觉，认识应该是先验观念和后天经验的统一。先验观念为认识提供了认识的普遍形式，而后天经验则为认识提供可证明的具体内容。具体内容经普遍形式建构才是认识的真实状况，认识就其本质而言是主体对客体的一种知性化、程序化的理解，这种理解既体现了主体的认知能力，又真实地反映着客体的本样，认识是存在与意识的统一。所以，认识与其说是感知世界，不如说是解说世界，认识是知识。正像黑格尔发现的那样，理性的载体是主体，主体文化形态的发展必然意味着理性的分化，理性在实际运行中必定分化出多种理性性质和形态。在社会客观需求的支配下，理性因直接满足了社会物质文明和个体感性的需求而占据统治地位，进而变成人们实现各种现实目的的工具，它既主宰着人们日常的经验生活，又支配着人们本体的先验世界，其结果是工具性压倒了价值性，理性成为生活的征服者，现象与本体不能统一、必然与自由相互对立、认识与实践无法通约，导致整体性、大写的人的分裂，扭曲了人与自然、人与社会、人与自我的主客关系，也造成理性自身支离破碎，失去自足性，最终"理性破坏了它自身所激发起来的人性"②。最明显的是席勒所看到的工具理性引发人的感性与理性的分离、冲突。价值理性不同于古希腊罗马具有批

---

① ［德］马克斯·韦伯：《经济与社会》下卷，林荣远译，商务印书馆1997年版，第719—724页。

② ［德］哈贝马斯：《现代性的哲学话语》，曹卫东等译，译林出版社2004年版，第128页。

判性但属于个人智慧的理性，也不同于中世纪教会所宣称的具有普遍社会意识形态却不具批判性、超越性的理性。

德意志启蒙思想中的价值理性既是批判的又是公共的，其根本立场在于坚信存在着普遍人性的理性，它促使人类在认识世界过程中不断进步，最终实现自由完满的人道主义社会理想。康德的《判断力批判》用审美合目的论与自然合目的论将现象与本体、必然与自由、认识与实践有机统一起来，实现理性的内部调整，就是为拯救理性工具化的危机，这也是席勒美学通过审美教育活动，阻止工具理性的恶性膨胀，把被工具理性控制下的人性解脱出来从而恢复理性的价值功能的原因所在。强调物质与精神的同一、自然与自我的统一的价值理性必然使德意志启蒙思想一改英、法启蒙主义对自然的冷漠、对艺术的轻蔑。相反，格劳秀斯、莱布尼茨、鲍姆加登、莱辛、温克尔曼、康德、歌德、费希特、席勒、谢林、黑格尔、赫尔德这些德意志最伟大的启蒙者都对自然深怀敬意，对艺术崇尚有加，这也是德意志的启蒙文化不同于英、法文化传统之所在，是德意志审美现代性话语以自然为师、以人性为宗、以艺术为源的文化生态之因。

（三）艺术公共性的建立

在欧洲，前苏格拉底时期的艺术并没有公共性与私人性之分。苏格拉底及其以后的思想学说虽然论述了艺术与生活的关系，但是却没有区分这种关系中的公共性和私人性。16世纪法国开始流行艺术是个人趣味的表达和需求满足的观念，法国人称之为"趣味无争辩"。这表明艺术权利在私人领域出现了，艺术开始脱离单纯的社会意识形态，走进了市民社会。18世纪康德深化了"趣味无争辩"的观点，把艺术的私人性改造为一种公共性。康德的审美判断就是趣味判断，它既是个人的又是普遍的，这与他关于启蒙就是"公开使用理性"的观点相辅相成。此后，费希特、谢林美学概念中的"自我"，黑格尔"美是理性的感性显现"的观念都蕴含着普遍性原则和审美的公共性标准。艺术公共性的建立必然呼唤艺术回归生活世界。传统的形而上学美学从不真正关怀生活中的艺术活动，而从康德开始，这种情况发生了改变。

康德美学谈论的就是生活世界中的审美与艺术活动。康德在生活世界中找到了美的先验原理，并据此昭示出人在生活世界的现实审美与艺术活动中才能生成美的真理。歌德将艺术理解为生活世界中最自然的现实，席勒视艺术为整合现实分裂的生活方式，费希特、谢林要求艺术成为精神与物质完美同一的具体生活内容，而黑格尔则相信艺术是人类生活过程中的特定历史阶段，赫尔德直言艺术是真正的民族生活。德意志启蒙思想确实把艺术活动与生活世界的最普遍要素联系起来，以此抵抗生活世界对自由的压抑。如此，德意志艺术回归生活世界的启蒙思想给德意志审美现代性话语带来了两种价值：一是审美的历史化。把审美活动理解为生活的历史，审美既是个人的又是历史的，审美本身就构成了意识的历史。历史的方法是在维柯之后兴起的，是现代性发展的必然结果。把历史的方法切入审美活动的反思中，反映了德意志启蒙思想对人的历史性的深刻认识。二是审美的乌托邦化。乌托邦是一种希望，是人们超越现实的一种动力，也是追求未来的自由方式。审美与艺术活动的底蕴在于通过反映生活、表现心灵、理解历史，勾勒出一幅人类审美生存的美好图景。德意志启蒙思想中艺术回归生活世界的维度，不仅维护了现代性的初衷，而且使德意志审美现代性话语充满实践意义。

总而言之，启蒙思想文化生态的三个主要情致是建立德意志审美现代性话语的重要推动力，同时也是德意志审美现代性的基础性话语。它们的性质、特征与命运，直接掌握在德意志文化生态系统的手中。因此，探究德意志审美现代性话语的文化生态要素，能够让我们真正走进其话语世界的深处。如果缺失对这一环的理解，那么，诸如康德对于审美现代性的启蒙设计、费希特对现代性的美学批判以及黑格尔与谢林对于艺术启蒙的沉思等，这些表达德意志文化生态的独特性质就很难被发现。

第二节　康德的审美现代性设计与启蒙理念

如前所述，康德在德意志审美现代性的建构中处于重要地位。他不仅是现代性的伟大缔造者，而且通过让美和艺术独立的方式建构了一种不同于英、法等国理性主体设计的启蒙方案——审美现代性方案。这种启蒙谋划基于一个前提，即理性现代性的内部断裂。在启蒙时代，无论是理性主义者还是经验主义者，都希望通过理性一体化的方式完成启蒙事业。但完全依赖于理性的启蒙规划，结果是出人意料的。韦伯曾对此评价道：人们似乎可以通过计算掌握一切。① 查尔斯·泰勒在《黑格尔》中也指出：理性化思潮直接引发了英法激进启蒙思潮，其具体形式就是作为知识理论的认识论已经转变为关于人和社会的理论，而人的实现也变成了一种机械主义和同质化的原子主义。② 造成这一切的，正是理性现代性因为拒斥感性而形成的内部断裂。康德依托于德意志审美现代性的文化生态，并在对启蒙的深刻认识基础上，提出以审美和趣味交往的方式缝合理性现代性的内部断裂。作为现代美学原理缔造者的康德在其美学设计中所设计的现代性自身蕴含了后现代美学基本理念的可能性，对后现代美学敞开其美学的基本原则有重要而深远的启示。

一　理性现代性的内部断裂

就实际而言，现代性（modernity）是对现代生活的一种描述和判断。现代生活的形成有以下几个要素：工业化生产和消费的普及，现代国家制度逐步确立的社会进程，宗教改革、启蒙运动、科学技术发展的文化进程。这些要素既相互协作、相互影响、相互渗透，又充满矛盾和对立。因此，现代生活既有普遍共同的方式，又

---

① ［德］马克斯·韦伯：《学术与政治》，冯克利译，生活·读书·新知三联书店1998年版，第29页。

② Charles Taylor, *Hegel*, Cambridge: Cambridge University Press, 2008, p. 11.

有着个性化、特殊性的形态。这样，对现代生活进行描述和判断的现代性话语也有着诸多不同的视角。

哈贝马斯将现代性理解为从 5 世纪末希腊罗马古典世界覆灭、基督教世界到来后不断向当代展开的现代社会生活的文化性质，这种现代生活具有千年的历程，其文化性质也是多变的、复杂的、至今尚未完成的。不过哈贝马斯指出现代性有一点是清晰稳定的，那就是现代性不再是传统的模仿，它自我复制、自我创造并形成只属于现代性自身的规范，从而与传统彻底断裂。这种断裂以"新"和"运动"取胜，诸如革命、进步、解放、发展、危机以及时代精神等，都被注入了"新"的含义，自黑格尔以来，这些语义一直有效。① 沃勒斯坦的"所知世界终结论"、福山的"历史终结论"也都将现代性视为文化的断裂。

与哈贝马斯等人不同，鲍曼则认为现代性是一种用普遍性解说世界的理解范式。按照鲍曼对现代性的指认，现代性是由 18 世纪启蒙思想家们开始的一种文化设计，即通过知识建造谋求人类的自由解放，将日常生活从神话、宗教中分化出来，使人们的世俗生存获得合法性与合理性的规划。如此，这种现代性就可概括为理性现代性。在鲍曼的视域中，康德就是一位理性现代性的主要设计者。在《答复这个问题："什么是启蒙运动"》一文中，康德将启蒙概括为"要有勇气运用你自己的理智"②，在启蒙语境中，理智就是理性普遍性。康德正是运用理性普遍性为西方文化建立起庞大的以认知理性为主题的认识论元叙事话语和以信仰理性为主题的本体论元叙事话语。

知识本于经验还是本于观念是 18 世纪启蒙哲学认识论最重大的内部争论。为解决这一难题，康德创立了"先验综合判断"认识论原理。该原理认为，认识既不是德国唯理主义者所讲的某种先验观念，也不是英国经验主义哲学所说的后天经验，而是先验观念和

---

① ［德］哈贝马斯：《现代性的哲学话语》，曹卫东等译，译林出版社 2004 年版，第 8 页。
② ［德］康德：《历史理性批判文集》，何兆武译，商务印书馆 1990 年版，第 22 页。

后天经验的统一。先验观念为认识提供了普遍形式，后天经验则为认识提供可证明的具体内容，具体内容经普遍形式建构才是认识的真实状况。认识就其本质而言是主体对客体的一种知性化、程序化的理解，这种理解既体现了主体的认知能力，又真实地反映着客体的本样，成为存在与意识的统一。所以，认识与其说是感知世界，不如说是解说世界，认识是知识。康德在评价自己的认识论原理时称，这是认识论的哥白尼式革命。对此，当代后现代思想家罗蒂充满忧虑，因为康德的认识论原理似乎意味着认识与知识的混淆。

的确，在启蒙思想中有三个核心理念无法按照康德的"先验综合判断"原理构建为知识，它们是关于一切物质现象的理念——世界，关于一切精神和心理现象的理念——心灵，关于世界和心灵统一的理念——上帝。在康德看来，世界、心灵、上帝只能被信仰、思想而不能被感知和经验，一旦形成认识就使认识失去知性的普遍性和感性的客观性，存在与意识丧失同一性而出现认识的二律背反，认识不再是知识。所以，康德一再声称他写《纯粹理性批判》"唯在儆戒吾人决不可以思辨理性超出经验之因果"①。然而世界、心灵、上帝是启蒙的最重要内容，却不能够成为知识，这意味着认识是有限的，知识不能真正实现包括康德在内的所有启蒙思想家所希望的，用知识实现认识整个世界、解放所有人类的理想，因而，理性现代性诞生时就已蕴藏着深刻的危机。

正像哈贝马斯所说的那样，理性现代性的根基是理性。启蒙的理性不同于希腊罗马的理性，也不同于中世纪教会所宣称的理性。希腊罗马的理性是个人智慧，具有强烈的批判性却缺少公共性。中世纪教会宣称的理性是社会意识形态，具有普遍的公共性却不具批判性。启蒙理性既是批判的，又是公共的，其根本立场在于坚信存在着普遍的理性。普遍的理性是客观的，它促使人类在认识世界过程中不断进步，最终实现自由完满的人道主义社会理想。但是，在

---

① ［德］康德：《纯粹理性批判》，蓝公武译，商务印书馆1960年版，第16页。

康德的"先验综合判断"原理中，理性无法在人的存在自身获得普遍的客观确证，也就无从推进人类的普遍进步，启蒙理性的批判性与公共性就在根本上被消解了。对于这一问题的解决，康德是通过引入实践理性启蒙概念来完成的。

实践理性的启蒙目的在于，用实践理性建立关于人性的知识，并化解理性现代性的危机。对于康德而言，理性才是人的真正本质，相对于可被感知、经验的自然现象而言，理性是人的本体。理性不可被感知、认识无法证明，而是"一个主观的信念原则，不过这个原则对于一个同样纯粹而又有实践力的理性来说却是客观上有效的，而且这个原则借着自由概念还给神和不朽两个观念确保了客观实在性和权限。不但如此，而且这个原则又带来非假设这些概念不可的一种主观上的必然性"①。基于对理性的这种设计，康德认为，就人性普遍性而言，作为人的本体的理性就是人生而具有的自由。自由显现在个人行为中便是以客观律令方式出现的道德实践，体现在国家行为中就是以和平宪法为原则的政治活动。这样，康德建立了涉及伦理、政治、法律、历史、宗教等领域的庞大的关于人性的知识体系，其根本目的在于通过建立关于人性的知识实现人类的进步。

关于自然的知识和关于人性的知识的建立使得康德完成了为西方构造认识论元叙事和本体论元叙事的工作，造就了以理性普遍性为核心的西方理性现代性。然而，在康德的思想体系中，认识不自由，自由则不可认识，关于自然的知识与关于人性的知识之间天然地失去了通约的普遍性，理性断裂了。人的整体性断裂了，理性现代性断裂了。德里达认为无论是关于自然的知识还是关于人性的知识都不过是关于人"在场"的话语，都是以人为中心的真理论，知识本身却是场外的"他者"。当知识只去传达人的逻各斯时，知识只成为书写人的符号，于是知识在康德那里只有一种，就是关于人的知识，创造知识的人只有一个，就是大写的理性的人。一旦认知

① ［德］康德：《实践理性批判》，关文运译，商务印书馆1960年版，第2页。

面向这种关于人的知识时，认识必然是有限的。当认知去解说大写的理性人时，由于认知主体就是大写的理性人，认识必然无法言说大写的理性人而只能将话语权交给信仰，由信仰自言自语而无须验证，这就是理性现代性断裂的根源。

利奥塔曾指出理性现代性的断裂缘于它以知识的方式存在，而知识在康德那里是通过在自身之外来寻找其合法性基础，因而所有的知识都归结于关于人的知识，超越了知识的具体界度而成为关于人的普遍性的元叙事，知识就不再是知识自身。阿多诺和霍克海默发现理性现代性本质上是一种工具理性，它通过概念的抽象与具体对象分离，然后宣称自己是所有具体知识的合法性根据，从而对所有具体知识实行控制，最终理性现代性依靠存在与意识的同一性将具体知识转变成服务于自己的工具。

作为理性现代性创建者之一的康德也意识到理性现代性的内在危机。虽然他未能像当代思想家那样对理性现代性予以深刻的批判和消解；但他也努力地去化解理性现代性的危机，认为理性现代性内部矛盾在于现象与本体不能统一、必然与自由相互对立、认识与实践无法通约，最终导致整体性、大写的人的分裂，从而危及理性的普遍性存在。于是，康德通过撰写《判断力批判》来补救这种危机，他试图用审美合目的论与自然合目的论将现象与本体、必然与自由、认识与实践有机统一起来，实现理性现代性的内部调整，消除理性现代性的危机。这一文化设计最终使不断滋生的审美现代性完全长成，而完整的现代性就是由理性现代性和审美现代性两个相联却又碰撞的部分构成的。

二　审美现代性对理性现代性的调整

哈贝马斯曾区别过两种现代性：一种是资本主义经济、政治的现代性，另一种是文化审美意义上的现代性。文化审美意义上的现代性生长在启蒙主义思潮、浪漫主义思潮以及由波德莱尔、莫奈开启的现代主义思潮的文化语境中，与资本主义经济、政治的现代性相关却又相异。分析西方现代化的历程，在市民社会逐渐形成资本主义社会经济、政治、宗教、道德的理性观念和理性制度的同时，西方文学艺术领域萌发了一种既不同于古希腊罗马知性模仿传统，也不同于启蒙理性观念的新兴审美趣味。这种新兴审美趣味的特征就是感性化、个体化、内省化。中世纪的骑士传奇、短歌，文艺复兴时代的戏剧、十四行情诗、绘画艺术，启蒙时代的教育小说、市民悲喜剧，浪漫主义时期的诗歌和歌剧，现实主义时期的小说、音乐和芭蕾舞无不显现对自然人性的倾心、对感性生命的珍视、对个体价值的张扬、对理性规范性的远离。伴随着文学艺术的趣味转型，从18世纪起，"趣味无争辩""厚今薄古论""情感至上论"等不同于"模仿论""教化论""理智论"等传统文艺思想的理论也纷纷面世，成为最有影响的审美文化观念。可以说，新的文艺实践和文艺观念共同形成了一种既不同于传统审美文化性也不同于理性现代性的文化形态和文化价值，这就是审美现代性。它与理性现代性一样，也是现代性的主要构成部分。康德对审美现代性有着深刻领悟，他曾多次亲历对传统文艺观的批判性论战，对审美现代性进行了哲学高度的理论设计，并试图通过审美现代性在不可通约的认识论与本体论之间建立起一座连通的桥梁，调整现代性，消除理性现代性现象与本体、自然与人性、认识与实践、必然与自由的分裂造成的生存危机。

在理性现代性中，自然的知识和人性的知识无法沟通的根本原因在于，自然是受必然律决定的感性存在，而人性是受功利和目的制约的自由的存在。审美则是无功利无目的的，同时暗合自然的规律和人性的自由，是主体用个别显现一般的反思判断力在与世界发生对象性关联时的体现。反思判断力在与世界发生对象性关系时"只将客体的表象与主体联系在一起，不让我们注意到对象的性质，而只让我们注意到那决定与对象有关的表象能力的合目的形式"[1]。

---

① Immanuel Kant, *Critique of Judgement*, trans. James Creed Meredith, Oxford: Oxford University Press, 2007, p.70.

反思判断力在对世界下判断时，它的想象力使对象的内容与主体不发生意义联系而对象的形式则向主体呈现意义。想象力具有感性与知性之间的中介功能，在反思判断力判定对象美或不美时，想象力"不是借助知性将它的表象与主体及客体相联系，而是借助想象力将它的表象与主体及主体的快感和不快感相联系"①。它将对象的形式与主体的情感创造性地组合起来，既"从各种的或同一种的难以计数的对象中把对象的形象和形态再生产出来"②，又将对象的形式"不作为思想，而作为心意的一个合目的状态的内在的情感传达着自己"③。

在康德极为专业而又晦涩的术语中可以看出，康德所设计的审美现代性有两个基本特点：一是审美现代性具有强烈的自律性，不受认识和实践的规范，无概念、无功利、无目的；二是审美现代性突出情感、想象等感性元素，拒绝理性的工具化和机械化。这样，康德就实现了以审美现代性调整理性现代性的规划。康德相信，他对审美现代性的设计实现了现象与本体、自然与人性、必然与自由的统一，拯救了理性现代性的危机。这一观念是否有效，尽管至今仍然众说纷纭，但总体上已经构成了浪漫主义和现代主义对于理性现代性批判的思想资源。

浪漫主义思潮是一场大规模的审美现代性文化运动，自文艺复兴开始已有近500年的历史。它与康德美学所面对的社会文化境遇是一致的：法国大革命的绝对民主破坏了个人自由；启蒙理性的工具化粗暴践踏了自然人性；专制政治造成精神领域的普遍黑暗。对18世纪末19世纪初的欧洲艺术家而言，他们既对世俗的文化趣味极度厌恶又对启蒙主义过度强调艺术中的理性不满，受康德审美现代性理论的启发，他们体察到艺术诸要素与艺术家心境之间的密切

---

① Immanuel Kant, *Critique of Judgement*, trans. James Creed Meredith, Oxford: Oxford University Press, 2007, p. 70.

② Ibid., p. 79.

③ Ibid., p. 154.

关系，放弃了古典主义忠实模仿自然的审美尺度、新古典主义的模仿人类理想的艺术倾向以及启蒙主义模仿人类普遍人性的文化态度，转而推崇康德审美现代性中的情感元素，视艺术的本位为个体心灵的外化，将创作看成激情冲动支配下的主观创造，理解为艺术家内心感受、体悟、情感、灵魂的共同展示和显现。同时，浪漫主义标榜康德的想象论，它把想象视为诗人自由地选择艺术类别、追求艺术规律、表达艺术趣味的法则，折射出浪漫主义对传统文艺创作的不满。

众所周知，从古典主义创作到启蒙运动文学，两千多年的历史基本上走的是史诗—戏剧—小说这一叙事性文学创作的道路，理性统摄的单纯、明晰、客观、冷静使文艺离心灵越来越远，并逐渐成为诸如"三一律""合式""寓教于乐"等创作规则，文艺已经萎缩到令人厌倦的地步。浪漫主义鼓吹创造性想象的本质就在于以想象去激荡情感，使心灵借艺术乘风破浪，冲决各种扼杀精神生存的清规与戒律。浪漫主义坚守康德的审美自律论，反对在艺术之外为艺术设定价值。华兹华斯就曾指出，艺术的价值只为艺术而存在，当人们摒弃了以外部世界为参照的实用性目的时，人们才能真正发现艺术的价值。本着康德审美现代性的批判精神，浪漫主义批评家还率先提出用民间文学取代宫廷文学、用民族文化取代拉丁文化的文化战略。赫尔德要求根据自己的历史、时代精神、习俗、见解、语言、民族偏见、传统和爱好来创造自己的戏剧。斯达尔夫人致力于从理论上论述一个民族的文学与这个民族的政治、宗教、社会、民族性格之间的生成关系，为民族文学、民族文化摇旗呐喊。华兹华斯、柯尔律治则把写普通人和日常事作为自己创作的主要任务，以此实践自己的文艺主张。浪漫主义关于民族文学、民族文化的批评观点有力促进了欧洲各民族文化的多元发展，成为现代西方多元文学观和文化模式形成的重要理论基础。

浪漫主义借助康德的审美现代性获得了极大的丰富性和思想性，正像弗·施莱格尔所说："浪漫主义的诗是包罗万象的进步的诗。它的使命不仅在于把一切独特的诗的样式重新合并在一起，使诗同哲学和雄辩术沟通起来，它力求而且应该把诗和散文、天才和批评、人为的诗和自然的诗时而掺杂起来，时而溶和起来"，它"赋予诗以生命和社会精神，赋予生命和社会以诗的性质"①。

现代主义思潮则是西方后现代文化运动的先声，它通过浪漫主义文化，承接了康德审美现代性反对理性工具化、坚守艺术自律性的精神，并将之极端化，走向非理性主义，为后现代文化整体性解构理性现代性打下了基础。在历史的视域中，20 世纪之交，工业革命的完成与政治革命的失败宣告了理性现代性的终结和现代主义文化的诞生。由文学的象征主义、绘画的印象主义、哲学的非理性主义共同发起了现代主义文化运动，表现主义、未来主义、抽象主义、波普主义、立体主义、超现实主义、达达主义、意识流、野兽派，纷繁的文学艺术流派和风格难以描述。其共同的文化经验是反抗启蒙理性，共同的理论话语是用叔本华、尼采、詹姆斯、弗洛伊德等人的思想诠释康德的审美现代性。如果说康德设计审美现代性的目的在于拯救理性现代性的话，现代主义文化将康德的审美现代性极度非理性后，用审美现代性颠覆理性现代性，最终实现对现代性的消解。正是在这个意义上，可以说现代主义文化是后现代文化的前身，而康德的审美现代性则是后现代文化的精神根源。

三 审美现代性的启蒙目的论

马克斯·韦伯曾指出，现代社会的核心性质就是理性祛魅，工业化和科学技术化去除了自然的神秘，精神意识理性化去除了宗教的神秘，"技术和计算的祛魅功效比任何其他事情更明确地意味着合理化"②。可以断言，祛魅是理性现代性的必然结果。祛魅促进了

① 《欧洲古典作家论现实主义和浪漫主义》第 2 卷，中国社会科学出版社 1981 年版，第 385 页。

② ［德］马克斯·韦伯：《学术与政治》，冯克利译，生活·读书·新知三联书店 1998 年版，第 29 页。

理性引领的社会进步，但也导致了人与自然、人与自我的深刻异化，人类在祛魅中不仅对抗自然，而且与自我疏离。就此而言，康德的审美现代性也是一种消除祛魅过程中异化问题的文化设计，它是在目的论的构架中筹谋的。康德将目的分为外在目的和内在目的两种。外在目的是一种存在为另一种存在而在的实体目的，如古希腊的自然目的论和中世纪的神学目的论。内在目的是一种存在依靠其自身内在必然性而在，康德的目的论就是这种内在目的论。① 在康德审美现代性设计中，包括文学艺术在内的审美活动就是一种主观合目的活动，它无概念、无功利而又在主观上暗合人类的目的。而审美现代性更深层的方面则是他所规划的自然合目的论。康德把自然比附为一个有机生命体，个别具体的事物总能体现出自然的整体和谐，这使得人们有理由相信有个目的在统摄着自然，并使人能理解自然。在理解中，人与自然协调共存。康德将这一信念和在这一信念指引之下的行为称为审自然活动。审自然活动也是无概念、无功利的，审自然活动具有审美价值。可以说，审美与审自然共构了康德的审美现代性。

在审美现代性中，审美活动更多的是消除理性现代性因过度理性而造成人与自然、人与人自身之间的分裂和对抗；而审自然侧重纠正理性现代性对自然祛魅过程中人对自然的疏远和敌视，重建人与自然的协调关系。在审自然的视域中被理性现代性去魅的自然获得了不同于传统社会的感性与理性统一、创造与欣赏共在的返魅。这方面康德通过三种自然的划分来说明。

首先，是存在论意义上的不可知自然。这种自然是对人之外一切自然存在的总体性理解，"它指的仅仅是一般存在的各种规定的合乎法则性"②，是人类感知并理解包括人类自然天性和大自然在内的世界万事万物存在的前提、依据。作为不可知自然的物自体在康

---

① 李秋零主编：《康德著作全集》第 5 卷，中国人民大学出版社 2007 年版，第 227—228 页。

② ［德］康德：《未来形而上学导论》，庞景仁译，商务印书馆 1978 年版，第 60 页。

德启蒙思想中意义重大。一方面，不可知是人类得以与客观世界相遇的必设前提。没有物自体的存在，世界将失去存在的客观性依据，人类无法求解与世界的关系，也就不能现实地肯定自身是否真实地存在于这个存在着的世界中，人的认识活动、道德活动、审美活动皆无法谈及，人的生存与生存意义也就灰飞烟灭，无从言说。另一方面，不可知自然是人在经验世界中不可感觉、不可认识的普遍而又必然的总体性存在，不可知自然必先于人而在，是世界具体存在和人类在具体存在着的世界中生存、发展的底端界度，人类无法超越这个普遍而又必然的总体性存在。因而，对这个不可感觉、不可认识而又必在并先于人类而在的不可知自然，人类只能信仰、敬畏。康德曾说："位我上空，群星灿烂；在我心中，道德律令。"面对无垠无限的不可知自然，人类无可逃避，无法选择，不能超越。人类也只有在这不可知自然中，方能明白自我存在的有限性，才能懂得生存的合理性内涵并在有限的生存中追求道德自由对自我的无限超越。因而，不可知自然为人类在现象界中提供了终极关怀，使人类在有限的生存中面临居于其中的无垠世界，怀着无限敬畏之心，认真生活，努力追求至善，永无止境地进步。

不可知自然的视域还决定了康德对于崇高美的理解以及崇高审美的启蒙价值与目的。在康德的审美现代性中，崇高是审美与审自然相统一的敞开。就美学范畴而言，崇高与重形式、讲和谐的优美形态有着重大区别。崇高突出的是人与自然的张力关系，其审美对象是想象力和知性力无法把握的无限大或无限有力的自然，它不存在感知所能把握的形式。崇高的心意效度与优美的心意效度也就大相径庭。崇高的无限量和无限力否定了主体的心意和谐，使主体感性世界饱含压抑，感知功能遭到摧残，深切地感受到感性价值的否定带来的惶恐、震惊和恐惧的痛感。因而对崇高的审度不是对象的形式对主体感知心意的契合，而是无形式性对主体自身感知有限性的否定后，唤醒理性对无限大或无限有力的自然的心理超越，从而实现人与不可知自然的统一。这显然是一种关乎人类启蒙的审美现代性视野，因为关乎崇高审美对象的领悟和判断，取决于个体的主体能力。这种领悟能力并非是完全理性主导的。用利奥塔的话说，康德断定的崇高无形式具有破损理性决定性的潜在功能。无形式使得理性无法以某种普遍化方式显现，若要表现理性只能通过个性领悟。于是在崇高中理性变得相对化，成为一种不可表现的表现，理性就在其中被解构了。而这又意味着崇高所趋向的无限感并不是康德讲的普遍道德感而是超越理性的个体敞开。可以说，正是在不可知自然与崇高的同质性审视中，康德再次以审美现代性规约了理性现代性。

其次，是与主体能力关联的天性自然。天性自然就是人与生俱来的能力，包括以感性与知性为中心的认识能力、以理性为主体的实践能力和以情感与想象为核心的审美能力。人的天性自然构成了人性的基础，使人在自然中获得了存在的合法性，使人类"也是自然的一部分"①。换句话说，人的本体性在根本上只是自然在人的存在中的特殊表达。康德对于艺术的理解，也正是基于对天性自然的这种理解。在康德看来，艺术活动不同于认识活动、实践活动和日常生计活动。认识活动以感知能力为主体，以可经验的自然为对象，认识活动的结果是关于自然的知识，追求的价值是真。实践活动以理性能力为主体，以大写的人为对象，结果是关于人性的知识，追求的价值是善。日常生计活动以欲望为主体，对象是日常生活，结果是利益和功利满足。而艺术活动的主体是情感与想象，对象是自由的形式，结果是作品和鉴赏，追求的价值是美。艺术创造是现象界主体实现本体性自由和在有限中确立无限的重要方式。在这个意义上说，只能把通过理性为活动基础的意志活动的创造叫作艺术。② 当人们居于艺术之中，人便摆脱了把握与占有对象主体的狭隘，超越了对象的物性而直接以主体情感直观的方式对自由加以呈现，既确证了个体的生存价值，又体现了人类作为世界意义之本

---

① ［德］康德：《判断力批判》下卷，韦卓民译，商务印书馆1964年版，第24页。
② ［德］康德：《判断力批判》上卷，宗白华译，商务印书馆1964年版，第148页。

的目的性与普遍有效性。这样，艺术、美、自由就构成了三位一体的关系——自由是美的本质和艺术的核心，美的本质也规定着艺术，使之成为特殊的自由活动。这是美学上升为启蒙的必然结果，也是艺术和美的直接现实性。

艺术作为审美经验的直接现实性，早在卢梭那里似乎就已经成为诊断时代的力量。卢梭对道德腐化和虚假风尚的批判，已经暗含了对艺术家们非道德性的讽刺。但在康德看来，卢梭的批判缺失对艺术本身的深刻认知。其一，艺术家不能决定艺术作品，就像艺术作品不能决定艺术家一样。艺术是审美的结果，且以快感获得为主要目的，它只需要围绕其活动的主体具有"想象力、悟性、精神和鉴赏力"[1]。所以，能够决定艺术家和艺术作品的只能是艺术，它具有客观性和自律性；其二，艺术具有不确定性。正是因为艺术的非认识性和非实践性，它不可能在概念领域获得认识。艺术这种无以言传、难以明晰表达的特性似乎与生俱来，与康德所说的天性自然关系密切。天性自然使得艺术家与自然之间建立了一种天然的禀赋关系，康德称艺术家为天才，就是指自然通过艺术家为艺术下规则的能力。天才的作品必须同时既是典范的又是能够成为范例的。这些艺术作品自身不是由模仿产生，对于别人却须能成为评判或法则的准绳。[2] 它连接着人类的审美活动和物自体，艺术的敞开能够为人们接近不可知自然提供途径。另外，不可知自然以艺术家之身来到俗世，它使艺术所表达的真理既显现自然的要求又传达着历史的目的。因此，艺术真理的生成又非纯粹超验世界的展开，不是道德、宗教、实践领域的操作，而是在此岸的现象世界显示彼岸理性的自由活动。它最重要的中介实际上就是人的天性自然能力。

最后，康德提出了一种合目的性自然。这种自然指的是整个自然被人类理性视为一个巨大而有序的目的系统。康德确定："人从

---

① ［德］康德:《判断力批判》上卷，宗白华译，商务印书馆 1964 年版，第 166 页。

② 同上书，第 153—154 页。

来只就是自然目的的链条的一环。"① 而且在自然合目的系统中，只有人是自然的最终目的。因为：第一，自然创造的最伟大成果就是人，而人作为自然的最伟大成果才将自然理解为合目的系统。第二，人为什么要创造自然目的呢？康德认为，人类为自然创造目的是人的需要，是人类理性的必然要求。人类只有通过自然合目的才能实现人的幸福和人的文化。第三，通过合目的来实现幸福和文化的根本原因在于人类作为自然的最伟大成果是以文化来体现自身的。自然与文化相对，但文化是在自然中孕育、诞生的，自然是文化之母，是文化的基本参照。自然合目的的根本就在于自然为文化这个人之目的而生成、展开。第四，通过自然合目的来确立人的最终目的确立了文化的意义。康德思想的要旨都在说明人类生活的文化意义在于人类可以并且必须有所进步，而人类进步的根本标准就在于自由的理性至善。将人确立为自然的最终目的，将文化肯定为人的最终目的就是要使人的道德进步成为人类在自然中生存、发展的最终理由，成为人类生活的意义本原。

作为审美现代性组成部分的康德合目的自然观深深影响着后现代文化对自然的理解。大卫·雷·格里芬就表示，理性现代性在造成精神的衰败的同时，严重破坏了自然，使自然完全失去了主体性经验和感觉，理性的祛魅剥夺了自然的丰富性，使自然成为空洞的存在。以他为代表的建设性后现代主义理论家力图用有机论和整体论阐释自然，认为一切事物都是主体，都有自身的权益和内在的价值，只有如此对待自然，自然才能获得尊重，才能对人类重现魅力，人才能真正摆脱生存的困境。② 由此可见，建设性后现代主义的自然立场与康德由自然到自由的审美现代性观念有关联。

---

① ［德］康德：《判断力批判》下卷，韦卓民译，商务印书馆1964年版，第95页。
② ［美］大卫·雷·格里芬：《后现代精神》，王成兵译，中央编译出版社1998年版，第34—42、157—162页。

四　审美现代性中的艺术理解

康德审美现代性中对艺术的理解是启蒙运动以来对艺术进行理论构建的基本原理。康德在《判断力批判》中相信艺术活动不同于认识活动、实践活动和日常生计活动。认识活动以感知能力为主体，以可经验的自然为对象，其结果是关于自然的知识，追求的价值是真。实践活动以理性能力为主体，以大写的人为对象，其结果是关于人性的知识，追求的价值是善。日常生计活动以欲望为主体，对象是日常生活，其结果是利益，追求的价值是功利满足。而艺术活动的主体是情感与想象，对象是形式，其结果是作品和鉴赏，追求的价值是美。① 康德审美现代性对艺术的理解有两个非常鲜明的特色：一是艺术具有自律性，二是艺术具有不确定性。康德艺术自律性和不确定性的设计对后现代对艺术的领悟和阐释有着深刻的影响。

作为后现代先声的现代主义艺术将康德审美现代性的艺术自律性作为阐释和创作艺术的基本信条，将艺术自律性发展为艺术纯粹性。艺术纯粹性既有艺术无功利、无目的的内涵，又刻意表现艺术远离生活经验、反叛日常生活的冲动，还表达了艺术是形式的倾向。艺术纯粹性的现代主义口号是"为艺术而艺术"。克莱夫·贝尔将艺术视为"有意味的形式"②。格林伯格强调，人们之所以需要艺术，就在于它从不表达艺术之外的任何东西。③ 阿多诺相信，现代主义艺术表面上超现实、抽象虚幻的背后传达了现代主义艺术对真实的极度自律，真正的艺术就是要通过抽象虚幻对真实的追

---

① 李秋零主编：《康德著作全集》第5卷，中国人民大学出版社2007年版，第319—324页。

② ［英］克莱夫·贝尔：《艺术》，周金环、马钟元译，中国文联出版公司1984年版，第4页。

③ ［法］福柯、［德］哈贝马斯等：《激进的美学锋芒》，周宪译，中国人民大学出版社2003年版，第204—206页。

问，才能以纯粹性的存在超越生活①。海德格尔极为赞赏康德的艺术自律性，认为功利的态度将使艺术成为具体事物和目的的表达，阻碍了人们与艺术之间建立起能够敞开存在的关系，艺术一旦含有功利和目的，艺术的存在真理就被遮蔽。所以无功利无目的是艺术的生存方式②。哈贝马斯则指出，从康德的艺术自律性到现代主义的艺术纯粹性再到后现代的艺术大众化，体现了不断分化的文化历程，昭示了文化的连续性和开放性。③ 但是阿多诺发现，现代主义极端化的艺术纯粹性使现代主义拒绝介入生活，从而也就遮断了与生活的对话，失去了批判功能。利奥塔也认为，康德的艺术自律性促成了现代艺术的极端纯粹而导致关于艺术的宏大叙事不再被大众读懂，审美现代性陷入自我崩解状态，走向了后现代的大众艺术。④

后现代更看重康德审美现代性中艺术不确定性的特征。所谓不确定性，指的是艺术无以言传、难以明晰表达的特性。这个特性是艺术与生俱来的。然而自古希腊尤其是亚里士多德的模仿论以来，西方思想界和创作界就将明晰、确切作为准则强加给艺术，使艺术成为理性的婢女。康德认为，艺术不是认识，无须概念的运动而通过情感、想象便能把握世界、表达自我，其感性的存在方式必然拥有不确定性。康德为捍卫艺术的不确定性以表明艺术自律的信念，进而认为艺术有一种任何事物都不具有的能力状态，他将之称为"天才"，并认为天才是自然通过人为艺术下规则的能力，伟大的艺术都是天才之作。天才不可解释、不可模仿，唯艺术独有。⑤ 后现代思想家哈桑敏锐地看到了康德艺术不确定性与后现代艺术的关

---

① Theodor W. Adorno, *Aesthetic Theory*, trans. C. Lenhardt, London：Routledge & Kegan Paul, 1984, p. 320.

② ［德］海德格尔：《林中路》，孙周兴译，上海译文出版社1997年版，第57—62页。

③ Jürgen Habermas, "Modernity：An Incomplete Project", in Hal Foster（ed.）, *The Anti-Aesthetic*：*Essays on Postmodern Culture*, Bay Press, 1983, pp. 8 – 9.

④ ［法］让-弗朗索瓦·利奥塔：《非人：时间漫谈》，罗国祥译，商务印书馆2000年版，第32—37页。

⑤ 李秋零主编：《康德著作全集》第5卷，中国人民大学出版社2007年版，第315—317页。

系，认为后现代艺术高度不确定，以至于艺术样式的界限、艺术主题的界限、艺术题材的界限，甚至艺术与非艺术之间的界限都被取消，不确定性成为后现代艺术最鲜明的特色。同时他也认识到现代与后现代的内在关系。在哈桑看来，现代与后现代之间没有绝对的界限，历史可以擦掉重写，后现代就是现代的一种重写。① 20 世纪以马尔库塞、德勒兹为代表的思想家在对发达资本主义进行文化批判时，深刻洞见当代发达资本主义的重要策略在于用明晰的规则、制度和意识形态控制人们的文化生活。从康德审美现代性到 20 世纪当代艺术中的不确定性，可能是抵抗当代发达资本主义控制策略的战术。马尔库塞的审美解放理论、德勒兹的积极逃逸理论都高度评价艺术的不确定性。不过，哈贝马斯担心，不确定性的极度膨胀最终会使现代性丧失；而后现代思想家吉登斯等人在肯定艺术不确定性的同时也告诫人们，不确定性很容易造成文化设计的错误和操作的失误。②

艺术家与艺术作品的关系是最古老的文艺学问题之一。是艺术家决定艺术作品，还是艺术作品决定艺术家，昭示着两种迥异的解读立场。亚里士多德建立了艺术家决定艺术作品的观念传统。而历来被学界视为最有影响的亚里士多德追随者贺拉斯则开启了艺术作品决定艺术家的理念，并持久地影响了在西方文艺史占重要地位的古典主义。康德审美现代性却将艺术定位为既不是单纯的认识，也不是纯粹的实践，而是审美的存在，使艺术家与艺术作品的关系发生了根本性重构。艺术家与艺术作品的关系属非时间性关系，先于作品存在的艺术家并不是艺术作品之居所，时间过程中在先的艺术家不等于在后的艺术作品，因为艺术家决定不了艺术作品的本质。同样，艺术家与艺术作品的关系也非现象化的经验关系。艺术作品

---

① Ihab Hassan, *The Postmodern: Essays in Postmodern Theory and Culture*, Ohio State University Press, 1987, pp. 84 - 92.

② ［英］安东尼·吉登斯：《现代性的后果》，田禾译，译林出版社 2000 年版，第 6—8 页。

不是艺术家的属性。由此，艺术家与艺术作品之间并没有决定性因果关系，谁也决定不了谁。在本质方面，艺术家与艺术作品的本原是艺术。艺术决定了艺术家，同时也决定了艺术作品，对艺术文本的理解既不取决于创作者的创作意图，也不取决于艺术作品的符号含义，而是取决于对艺术的普遍性理解。① 可以说，康德关于艺术同时决定艺术家与艺术作品的观点对后来的思想有着特殊的启发意义。解构主义大师德里达则追问康德艺术决定艺术家和艺术作品的话语机制，在他看来，艺术决定艺术家和艺术作品不是一个哲学思辨问题，而是一个语言问题。② 艺术决定艺术家和艺术作品的论断是合理的，但决定的机制决不是像康德那样视艺术为决定艺术家和艺术作品命运的主人，康德的做法是典型的逻各斯中心主义。德里达认为，艺术是语言，艺术家与艺术作品以及艺术欣赏之间的联系是在无中心的"播散"中实现的。在他看来，决定艺术家和艺术作品的是书写，书写产生意义。艺术家在特定语境中书写，书写的文本一定有具体意义，但是在欣赏中书写的文本又进入读者的语境，文本又因读者的语境产生不同于艺术家已给予的意义。在文本中，作者的意义与读者的意义虽有联系却也不同，而每一次的文本欣赏活动又各自不同，同一个文本就有了无限多样的意义。伽达默尔则对康德艺术决定艺术家和艺术作品的观点做出了一种"时间性"的理解。他认为，艺术家与艺术作品之间是怎样的关系取决于对理解的解释。他指出，任何理解都具有历史性，理解者必须处于不同于文本的历史语境中。康德希望通过艺术的普遍性理解克服书写者、文本和理解者的时间性，使书写者、文本和理解者统一到超越这三者之上的艺术的理解之中以达成对文本的真理的发现，但康德超越时间性的追求是无法实现的。在伽达默尔看来，人类是历史性存

---

① 李秋零主编：《康德著作全集》第 5 卷，中国人民大学出版社 2007 年版，第 324—326 页。

② ［法］雅克·德里达：《书写与差异》，张宁译，生活·读书·新知三联书店 2001 年版，第 14—16 页。

在，理解无法超越时间性，只有承认历史语境才可能有真正的理解。因而，文本的真正意义生成于文本与读者之间平等而保持差异又追求差异的对话之中，艺术家、艺术作品和艺术欣赏者是文本与读者共在共生的理解关系。①

至此，笔者通过四个部分讨论了康德在启蒙理念下的审美现代性设计。它首先表现为以审美判断力调整、修正理性现代性的内部断裂；其次体现在康德的启蒙目的论与艺术阐释中。尽管康德的启蒙筹划依然以理性为内核，但是审美反思判断力也被康德赋予了不可代替的作用。康德的审美现代性设计不是现代主义的，更不是后现代的，而是现代性的，理性仍然是其审美现代性设计的界度和纲领。这一思路几乎贯穿于康德后的所有德意志思想家对于启蒙的关注中，从费希特到谢林。从这个视角说，自费希特与席勒开始，康德的审美现代性设计开始从各个形态上展开。后继者虽然不断以超越姿态面对康德的这一启蒙设计，但总体上并未脱离康德的核心思想，即关于艺术和美，关于自然的理念，关于公共性的现代精神系统的沉思，始终是从人的丰富性和圆整性出发，始终围绕着如何更好地发挥审美反思判断力这一思路，来优化启蒙的现代性方案。

第三节　费希特美学中的审美现代性肌质

费希特的思想曾被当时代的人高度赞誉，雅柯布斯称费希特为"我们时代最伟大的深刻思想家"②，黑格尔说"费希特的哲学引起了极大的轰动，开辟了新时代"③。19 世纪德国浪漫派领袖弗·施莱格尔在描述当时欧洲的文化形势时，将法国大革命、费希特和歌

① ［德］伽达默尔：《真理与方法——哲学诠释学的基本特征》，洪汉鼎译，商务印书馆 2007 年版，第 172—180 页。

② ［德］威廉·格·雅柯布斯：《费希特》，李秋零、田薇译，中国社会科学出版社 1989 年版，第 204 页。

③ ［德］黑格尔：《费希特与谢林哲学体系的差别》，宋祖良、程志民译，商务印书馆 1994 年版，第 3 页。

德的"迈斯特"并举为三个最伟大的时代事件。费希特在当时德意志思想文化领域中的影响可见一斑。但黑格尔之后，费希特的思想逐渐被边缘化。黑格尔在赞誉费希特的同时，也存在轻视其哲学的倾向。他将费希特的同一哲学称为康德哲学与他的哲学之间的过渡。R. 克朗纳将费希特思想定位于德国唯心主义哲学从主观唯心论转向客观唯心论的一个环节。之后，埃尔德曼、费舍、文德尔班、罗维特、卢卡奇等都因袭了这种误解。直到 20 世纪 50 年代，德国 R. 劳特的费希特哲学研究改变了这种状况。在劳特的解释学视野中，费希特哲学是一种完全独创的哲学体系，自成理路，与黑格尔哲学同样重要。但就费希特美学的命运而言，从未有根本性改变。

人们普遍认为，与康德、谢林和黑格尔相比，费希特没有系统的美学思想，他关于艺术和艺术家的只言片语并不深刻。国内甚至这样认为：费希特哲学追求自我同一，不需要美学对其哲学进行补充和中介，所以费希特没有美学也不需要美学。这些解读是有悖于事实的。费希特在致家人的信中说："我曾经特别致力于研究《判断力批判》。"① 费希特的研究结果就是自己对美学的进一步思考，也正是因为他独特的艺术和感性理解，使之成为德国早期浪漫派的理论导师之一。此外，鲍姆加登使用感性学 Aesthetics 命名美学，表明美学最初就是关于感性的学问。审美是一种完善的感性，审美的艺术是美学研究的主要方面，但美学也涉及感性的其他方面。康德的美学体系就是由审美批判和审目的批判两个主要部分构成。这说明美学不一定以哲学体系的方式出现，也未必是哲学的必然组成部分和补充，歌德、莱辛、温克尔曼等人的美学思想就很能说明这个问题。所以费希特美学是否具有系统性，是否能够形成对其哲学的支撑，并不是一个重要的问题。

要认识费希特美学中的审美现代性机制及其独特性，还需要一个前提，即必须明确这个事实：美学是启蒙的产物。西方自古希腊

---

① ［德］费希特：《激情自我——费希特书信选》，洪汉鼎、倪梁康译，经济日报出版社 2001 年版，第 40 页。

开始就存在压抑感性的哲学意识形态，忽视感性、淡化感性，甚至忘记感性，感性失忆过程清晰明亮。文艺复兴时期的艺术、自然哲学观念等促进了感性的解放，使得感性成为理解生活、世界以及人自身的重要方式。感性在 18 世纪启蒙时代获得重视，并为此创立了独立的学科，也足以表明感性对于启蒙的重要意义，在某种程度上，美已经上升为超越理性的东西。如费希特宣称："要通过美，来阐释我的基本思想。"① 如果在这种现代性的视域和范式中理解费希特，那么他的原创性美学思想，包括美与文化的关系、艺术与技艺的关系、艺术与公共生活的关系、艺术与科学的关系、艺术与哲学的关系、艺术与道德的关系、艺术与爱的关系、艺术的自律、艺术的神性、艺术与人类进步等，就能够清晰地呈现出来。

一 同一自我在行动：艺术是人类生存的基本技艺

自笛卡尔提出"我思故我在"的命题以来，如何以自我来确认存在成为哲学的普遍主题。经验主义哲学的经验即存在、唯理主义哲学的先验理念即存在都是这种现代性哲学理解自我、解释存在的努力。康德的"先验综合建筑术"之所以具有哥白尼式的革命意义就在于它和解了经验即存在与先验即存在的对抗，成为当时哲学界公认的对自我确立存在的最合理阐释。但是费希特不满意康德的"物自体"理论，认为保留"物自体"概念导致康德的自我主观化。在他看来"自我的本质既不是主观东西，也不是客观东西，而是一种同一性"②，具体表现为自我设定自我，自我设定非我，自我在自身中设定一个可分割的非我与一个可分割的自我相对立。自我设定自我就是自我创造自我，自我即存在。自我设定非我意味着人不仅是普遍的存在，而且也是具体的存在，只有非我才能证实自我的对象性活动。自我在自身中设定一个可分割的非我与一个可分割的自我相对立就是解决普遍存在的自我与具体存在的自我的矛盾。

① ［德］费希特：《极乐生活指南》，李文堂译，辽宁教育出版社 2003 年版，第 110 页。
② ［德］费希特：《伦理学体系》，梁志学、李理译，商务印书馆 2007 年版，第 47 页。

在费希特那里，自我规定非我就是人的认识活动，非我规定自我就是人的实践活动，真正同一的自我是在活动中实现的，完满的自我是现实中普遍化的个体和思想中个体的普遍化。费希特的同一自我理论表明一个重要的飞跃：如果说古希腊的哲学是在智慧中实现自我的存在，包括康德在内的启蒙哲学是在知识中确立自我的存在；那么费希特已洞察到行动与自我存在的内在关系，为现代哲学的存在观设计了实践的真实元素。

众所周知，启蒙运动以来，西方以理性引领着思想前行，主流思想家们用理性构建着对世界的理解。包括后现代思想家在内，思想界都倾向将现代性描述为理性的发展过程，区别只在黑格尔等人把理性看成一元的，而哈贝马斯、福柯等人把理性划分为多元的，他们全都忽视了感性、非理性也是现代性的基本构成要素这一事实，他们对浪漫主义文学、非理性主义哲学、现代主义艺术在现代性确立和转型中的作用都重视不够。康德通过《纯粹理性批判》和《实践理性批判》建造了理性现代性，并在《判断力批判》中缔造了完整的审美现代性。此后，费希特在理性现代性方面发展了康德，谢林在审美现代性方面发展了康德。德国大诗人海涅评价费希特时说，在费希特身上思想与信念是统一的。这种统一集中体现在费希特对理性的坚定不移中。费希特的同一自我就是理性的，它是人作为生活主体和思想主体的根据。费希特说："理性是人类生活的基本规律，也是一切精神生活的基本规律。"① 因此，理性也必然应成为人自身的生存目的，人作为主体应为理性而生，为理性而活："既然人确实有理性，所以他就是他自己的目的，这就是说，他之所以存在，不是因为某种别的东西应当存在，反之，他之所以完全存在，是因为他应当存在。"② 人类的现实生活一旦拥有了这种

---

① ［德］费希特：《现时代的根本特点》，沈真、梁志学译，辽宁教育出版社1998年版，第8页。

② ［德］费希特：《论学者的使命·人的使命》，梁志学、沈真译，商务印书馆1984年版，第7页。

理性自觉，人类就会"合乎理性地建立自己的一切关系"①。

在西方思想史中，理性总是在场的，古希腊哲学文化中的理性是一种个人智慧，中世纪哲学文化中的理性是神性意识形态，法国启蒙哲学文化的理性是以人为中心的世俗社会理想，德国以康德为典型的哲学文化中的理性是以人为目的的认识原理和道德操守，而费希特所理解的理性之所以具有不同凡响的原创性就在于理性即行动。在《伦理学体系》一书中，费希特明确指出："理性不是一种特定存在和持续存在的物，而是行动，是真正的、纯粹的行动。"②费希特心中的行动一方面指当时思想话语都关心的认识活动"理性直观它自身；它之所以能这样做，并且在这样做，恰恰是因为它是理性"③。另一方面费希特所讲的行动更具当代实践的意蕴，"说理性规定一种活动和说理性是实践的，意思完全相同。从某种意义上说，我们一向承认理性是实践的；这就是说，理性必定会找到手段，实现某种在它之外由我们的自然需求或我们的自由随意性提出的目的。从这个意义上说，理性叫做技术实践的"④。我国学者张荣、李喜英认为，费希特对理性即行动的当代实践意蕴的理解是马克思主义实践观诞生之前启蒙的实践哲学最富有人道主义关怀的实践哲学思想，对马克思实践唯物主义有着重要的谱系学影响。

既然费希特所理解的行动不是单一维度的主观行动而具有实践的客观性，那么，这种行动中就存在着行动主体与行动对象的特定关系。在黑格尔、马克思思想问世之前，西方尚未出现自觉的主体间性意识。在费希特看来，主客体在行动中是同一的关系，"理性的本质特征在于，行动者和受动者是同一个东西"⑤，关于对象的意识，实际上只是关于创造对象的行动的意识，而行动本身正是体现

---

① ［德］费希特：《现时代的根本特点》，沈真、梁志学译，辽宁教育出版社1998年版，第2页。

② ［德］费希特：《伦理学体系》，梁志学、李理译，商务印书馆2007年版，第63页。

③ 同上。

④ 同上书，第64页。

⑤ ［德］费希特：《自然法权基础》，谢地坤、程志民译，商务印书馆2004年版，第1页。

了对象的存在及其表现方式。正是如此，费希特深刻地看到了后来马克思在《1844 年经济学哲学手稿》中给予全面而彻底揭示的人与动物的本质区别："正如海狸或蜜蜂之类的动物现在还沿用几千年前采用过的方法筑巢，在如此漫长的时间内在技艺上没有取得任何进步一样，被称为人的物种在其发展的各个部分的情况也将跟这类动物一样。……也许人类在一个方面较之海狸和蜜蜂还更糟糕得多，而这个方面就在于，后者虽然不学任何东西，但在其技艺上却不会倒退，人类则不同，他们一旦到达顶点，就会再被反弹下来，要经过几百年、几千年的奋斗，才能再进入一个或许可以让他们感到更安宁的点。这些人认为，人类无疑也将到达其教育发展的这类顶点，到达黄金时代。"[①] 人类可以靠自己创造性构建对象的实践行动与对象共存，从而使人类超越动物，永远进步。

费希特认为，主体与对象同一的实践性行动为人类带来了一种不同于动物的特殊的生存方式，费希特将它称为技艺。他认为："人应该享有的一切美好东西，都必须运用人的技艺，在科学的基础上创造出来。"[②] 技艺是西方思想文化领域中最古老的一个概念。在古希腊，技艺涵盖着包括艺术在内的一切通过社会群体间交往、传播、学习、劳作而展开的创造性活动，体现着人类的智慧与体能，显现着对自然的认识又渗透着对自我目的的贯彻，技艺是人超越自然的主体能力和基本方式。正是在这个最古老的意义上，费希特以一种高于康德、黑格尔的启蒙意识阐明了自己对艺术的基本态度，认为艺术是人类为更为完美地超越自然、更理想地生活而自己创造出的一种技艺："人类支配自然力量的外部目的是双重的：或者，要使自然力量单纯服从于我们的感性的、轻松的和惬意的生活的目的，而这就提供了机械技艺；或者，要使自然力量服从于人的更高的精神需要，给这种力量打上庄严的理念烙印，而这就创造了

---

① ［德］费希特：《对德意志民族的演讲》，梁志学等译，辽宁教育出版社 2003 年版，第 98 页。

② ［德］《费希特著作选集》第 4 卷，梁志学编译，商务印书馆 2000 年版，第 10 页。

文学艺术。"① 所有这一切都被费希特视为文化。人类有怎样的技艺就有怎样的文化，何种程度的技艺水平表征着何种程度的文化状况，"获得这种技能就叫做文化，获得一定程度的这种技能同样也叫做文化。文化只有程度的不同，但是文化程度可以表现为无止境的。如果人被看作是有理性的感性生物，文化就是达到人的终极目的、达到完全自相一致的最终和最高手段；如果人被看作是单纯的感性生物，文化本身则是最终目的。感性应当加以培养，这是用感性可以做到的最高的、最终的事情"② 包括艺术在内的技艺成为人类文化的尺度、进步的标准。

自古希腊德谟克利特时代到 17 世纪，艺术作为一种模仿的技艺始终占据着理解艺术本质的中心位置。而启蒙运动以来，西方关于艺术的现代性话语就集中体现在对艺术是一种技艺的颠覆上。康德认为艺术是审美情感的一种表现，席勒则视艺术是自由的游戏，黑格尔称艺术是绝对理念的感性显现。所有这些都带有反对艺术是技艺的倾向。费希特提出的艺术是技艺似乎有些复古、呆板，不迎合潮流。其实不然，当理解了费希特的自我同一所达成的主体行动是一种对象性的创造性实践活动后就会明白，艺术不是思、不是情，而是融贯了人类所有主体要素和能力的对象化活动。它既合规律又合目的，既有心灵又有技术，既特殊又普遍，是符合人类主观意义又适应客观社会规则的动态生存方式——真正的艺术必是一种文化技艺。这种视点不仅丰富了康德的审美现代性话语，而且在此基础上对德意志审美现代性的内容做出了重要的原创性拓展。

二 同一自我在社会：精神文化中的艺术在场

技艺是同一自我从事实践行动的基本方式和主要方法。这种观

---

① ［德］费希特：《现时代的根本特点》，沈真、梁志学译，辽宁教育出版社 1998 年版，第 147 页。

② ［德］费希特：《论学者的使命·人的使命》，梁志学、沈真译，商务印书馆 1984 年版，第 10 页。

点意味着，费希特在德意志思想界是较早从现实生活出发来理解人类生活的思想家："人注定是过社会生活的；他应该过社会生活。"① 费希特关怀社会生活，他的美学思想正是对现实生活的一种特殊关怀。这集中表现为他对语言与民族的关系、艺术与科学、艺术与哲学、艺术与道德、艺术与教育、艺术与爱等一系列重大现实生活问题的解说中，费希特凸显了艺术在社会精神文化生活中的在场性。

与东方世界不同，西方的民族自觉很晚。古希腊、古罗马社会盛行着世界主义意识，希腊人、罗马人皆以担承世界为己任，自诩为世界的中心与主人。中世纪督基教的普世价值和信仰更使西方人坚信世界一家。日耳曼东迁萌生了西方人的民族感。直到新教改革，马丁·路德将《圣经》译为德文在日耳曼世界广泛传播，德意志开始了民族自觉的历程。启蒙在德国的重要任务就是为德国人民树立民族性，是现代性在德国最独一无二的表征。为此，莱辛、康德、歌德、席勒、费希特、赫尔德、莫扎特、贝多芬等为之奉献终生。费希特将艺术视为同一自我在社会精神文化生活中的一部分，它对民族精神的建造与语言密不可分，"因为语言塑造人远胜于人塑造语言"②。艺术本来就是一种独特的语言方式，是一种最鲜活、生动的语言，"这样一种语言在其一切组成部分的词汇就是生命，而且创造着生命"③。在费希特看来，有生命力的语言激活着一个民族的思想，凝聚着一个民族的心灵，"凝聚于语言的感性形象，对于所有愿意思考的人都是清楚明了的；它对于所有真正思考的人都是有生命力的，激励他们的生命"④。而有了这一点，社会生活中的精神文化就能对同一自我起到积极的作用，"在具有活生生的语言

① ［德］费希特：《论学者的使命·人的使命》，梁志学、沈真译，商务印书馆1984年版，第18页。

② ［德］费希特：《对德意志民族的演讲》，梁志学等译，辽宁教育出版社2003年版，第50页。

③ 同上书，第54页。

④ 同上。

的民族那里，精神文化影响着生命"①。而诗就成为影响公共生活的最好手段，"这种诗对于这样一种语言来说，是把已获得的精神文化流传到公共生活中去的最佳手段"②。当独特的语言塑造了一个民族的人民之时，那么，语言就会通过思维决定着一个民族的公共生活，"精神文化，尤其是一种语言中的思维就不对生活发生影响了，反而它自己就是这种如此思维的思维者的生活。不过，这种思维必然……要去影响现存的公共生活，并按它的模式去塑造公共生活"③。于是艺术在现实社会生活中成为对同一自我公共生活最有影响力的精神文化："出现于文学艺术的形态的这种统一的理念，给我们周围的生活环境打上沉醉于理念的人类的外在烙印，而它这样做的目的——它是否意识到这个目的，无关紧要——只是为了使未来世代的人们刚一步入生活，在周围就会有庄严的事物，这种事物通过某种合人心意的力量培育他们的外部官能，从而有力地促进他们的内在世界的形成；因此，在文学艺术的形态中，整个理念都是全力以赴，作为整体为其自身工作的。"④

　　西方现代性的形成与发展过程，从某种意义上讲，就是人们意识形态和物质生活不断地科学化的历史，科学与艺术的关系是启蒙以来现代性美学必须回答的问题。英国的启蒙思想家培根、洛克、休谟、博克、沙夫兹别理都认为科学是一种理性，而艺术则是感性，二者风马牛不相及。法国启蒙思想家伏尔泰、孟德斯鸠、狄德罗也都更关注科学与艺术的功能区别。只有卢梭从功能上齐观科学与艺术，认为科学与艺术都毒化了人类的自然天性。不同于英国、法国的情况，德国思想家们大多都承认科学与艺术在功能上有一定的内在联系，但认为科学与艺术在其主体性上有本质不同。而费希

---

①　[德] 费希特：《对德意志民族的演讲》，梁志学等译，辽宁教育出版社 2003 年版，第61 页。

②　同上书，第 68 页。

③　同上书，第 67 页。

④　[德] 费希特：《现时代的根本特点》，沈真、梁志学译，辽宁教育出版社 1998 年版，第 54 页。

特认为，就以技艺为基本存在方式和运行手段的人类精神文化而言，哲学与艺术本质上是一致的。他认为："精神生活一部分、一部分地外化自己，显现为一种源于它自身的永恒不绝的流动，显现为源泉，即永恒的活动。这种活动永无止境地从科学获得它的范型，并从艺术获得按照这种范型塑造自己的技巧，就此而言，这会让人觉得，科学和艺术是作为达到能动的生命这个目的的手段存在的。然而，通过活动的这一形式，生命本身永远不会完结，也不会以达到统一告终，而是无限地向前发展着。"① 科学、艺术总为人类的生活注入充满活力的内容，使人类在现实生活中有所拥有、有所享受，这正是"那些真正值得阐述明白的著作，不管是在科学方面，或是在文艺方面，总是表现了一种完整的、以崭新和独创的方式奉献给理念的生活"② 的根本原因。所以费希特坦言，科学与艺术给予人类以永恒的价值，"只要享受一刻在艺术或科学中幸福度过的时光，就远远胜过充满感性享乐的整个一生"③。

　　同样，哲学与艺术的关系也是启蒙以来备受美学关注的问题。科学与艺术的关系本质上触及认识世界与理解自我的关系，哲学与艺术的关系则是在理解自我的层面上思考理性与感性、逻辑与领悟之间的关系。在费希特看来，哲学与艺术都是同一自我在行动中理解自我的方式和结果，不同在于哲学是反思的，而艺术是直观的："美学精神和哲学精神都立足于先验的观点之上：前者是不知道这些的，因为这个立足点对于它来说是自然的立足点，并且它没有什么其他的立足点可以与这个立足点相区别；后者则知道这些，全部差异就在于此。后者也证明，为人们创造了世界的是人们自己；而前者只是把这个世界看做是由我们所创造的。……它是它自身内在力量的产物；这样人们便把它看做是充实的，有生命的。这方面的

---

① ［德］费希特：《对德意志民族的演讲》，梁志学等译，辽宁教育出版社 2003 年版，第 65 页。
② ［德］费希特：《现时代的根本特点》，沈真、梁志学译，辽宁教育出版社 1998 年版，第 77 页。
③ ［德］费希特：《极乐生活指南》，李文堂译，辽宁教育出版社 2003 年版，第 111 页。

考察是美学的考察。"① 不过，在哲学与艺术直接发生比照时与谢林更倾心于艺术不同，费希特则选择了哲学，理性是费希特心中最后的领地，是他思想与信念之魂。他在论述思考与欣赏的关系问题时明确指出思考是获得真正欣赏的前提，无法欣赏一部作品的根本原因在于没有深刻思考过这部作品，"他们难以理解这些作品，因为它们的内容无限深刻，他们也无法享受这些艺术作品，因为享受它们是以理解为前提的"②。

不过，费希特也提醒世人，哲学与艺术在理解自我时毕竟有一些差别，它们在理解中一个重思想，另一个重体验；一个追求发现，另一个渴望拥有；但本质上哲学与艺术就理解自我而言是同一的，"正如只存在一种理性一样，也只存在一种真实的诗歌"③。所以，费希特一再强调"哲学中的精神和美的艺术中的精神是如此近似，就如同同一个属的所有亚种那样近似，我想用不着再为此论断提供证明了"④，以至于在现实中，哲学家、诗人、立法者才是生活的真正引领者、呼唤者，这就像费希特本人在法军占领柏林德意志民族生死存亡之时向人民所说的那样："哪个近代的哲人、诗人、立法者曾表露过一种与此类似的、把人类看做永远进步的预感，并把自己在时间中的一切活动只同这种进步联系起来；甚至在他们最勇敢地奋起，要在政治上有所作为的时候，是否有哪个人，除了向国家要求废除不平等，要求内部的和平和外部的民族荣誉，并且在提得最高的时候要求家庭幸福，还要求过更多的东西吗？"⑤

道德与艺术的关系是现实中不断发生矛盾、冲突的日常生活问

---

① ［德］费希特：《激情自我——费希特书信选》，洪汉鼎、倪梁康译，经济日报出版社 2001 年版，第 155 页。

② ［德］费希特：《现时代的根本特点》，沈真、梁志学译，辽宁教育出版社 1998 年版，第 84 页。

③ ［德］费希特：《激情自我——费希特书信选》，洪汉鼎、倪梁康译，经济日报出版社 2001 年版，第 155、228 页。

④ 同上书，第 131 页。

⑤ ［德］费希特：《对德意志民族的演讲》，梁志学等译，辽宁教育出版社 2003 年版，第 123 页。

题，自古就是思想者必须阐发的问题。在美学诞生之前的西方传统社会中的哲学、伦理学以及文艺学都为解决道德与艺术的关系问题而努力过，共同的倾向是艺术必须服从道德，艺术自身应该显现道德。启蒙时代到来后，现代社会则以一种宽容的态度剥离、分化道德与艺术的等级关系。然而一生坚守理性、追求道德生活的费希特对道德与艺术的关系却与大多数启蒙思想家有区别。在他看来，审美意识并不等同于道德意识，审美意识并不需要预设可普遍规范的价值理念。但是审美意识可以发展为道德意识，而道德意识则是审美意识的超越："审美意识并不是道德，因为道德规律是按照概念要求独立性的，而审美意识是无须任何概念自行产生的。但审美意识是走向道德的准备，它为道德准备了基地；当道德来临时，它就会发现从感性的束缚中解放出来的工作已经完成一半。"① 所以，费希特相信，道德观念使人创造了各种文化应是一种需秉持的世界观，而守望者正是诗人："只有通过较高的伦理原则，通过那些受到它的感召的人才出现了宗教，特别是基督教，出现了智慧、科学、立法、文化与技艺，出现了我们拥有的一切善与值得尊敬的东西。除了在诗人那里之外，这种世界观只有少量遗迹分散在文献中。"② 可见，在这个意义上，道德与艺术是同一的。

正因基于艺术与道德的同一性思考，费希特对诗人的道德操守要求极高。其一，艺术家要自觉地用审美启发人们按道德要求去行动，培养人们在审美中领悟道德的内在能力，使道德自由、生动地蕴含于生活之中："道德规律发布绝对的命令，压抑一切自然爱好。谁这样看待道德规律，谁就是作为奴隶对待这条规律。但是，道德规律同时也是自我本身；它出自我们固有的本质的内在深处；我们在服从它的时候，也不过是服从我们自己。谁这么看待道德规律，谁就是以美学观点看待这条规律。文学艺术家从美学方面看一切事

---

① ［德］费希特：《伦理学体系》，梁志学、李理译，商务印书馆 2007 年版，第 386 页。
② ［德］费希特：《极乐生活指南》，李文堂译，辽宁教育出版社 2003 年版，第 59 页。

物，他们看到一切都是自由的和生动的。"① 其二，艺术家要使人们热爱心灵、增长理性，费希特认为："文学艺术家的世界究竟在什么地方呢？在人的内心，而不在任何其他地方。由此可见，文学艺术家要引导人返求诸己，使人感到那里才是自己的家。他们使人脱离给定的自然界，让人独立自主地站立起来。理性的独立性就是我们的最终目的。"② 费希特教诲艺术家并对他们寄予了深切的期待："对于真正的艺术家来说：你要谨防出于自私自利的动机或追逐眼前荣誉的欲望，而讨好你那个时代已经败坏的趣味；你要努力表现那个飘浮在你心灵面前的理想，而忘却一切其他的东西。文学艺术家应该只用自己职业的神圣性激励自己，并且完全应该学会用自己的才能服务于自己的职责，而不服务于别人。如果他这么做，他立刻就会以迥然不同的眼光看待他的艺术；他将成为一个更好的人，同时也成为一个更好的艺术家。"③

教育是启蒙的重要主题之一。启蒙的教育定位在通过教育实现社会文明、文化的进步。启蒙的教育面向大众，培养所有人的全面发展，训练每一个人为社会服务的整体能力，使人在服务社会的过程中展现自己在理智、意志、情感、技能等各方面的自由天性，使自然人成为一个对社会有用而又富有个性的自由人。对此费希特评论道："这种教育就不再像我们今天这一讲的开头说的那样，单纯显得是培养学子们去过伦理生活的技艺，反而明显地是把整个的人彻底和完全培养为人的技艺。这有两个主要部分：首先从形式方面来看，得到培养的是现实的、活生生的人，直至他的生命的根本，而决不是人的单纯的阴影和图像；其次从内容方面来看，人的一切必要组成部分都毫无例外地、平衡地得到发展。这两个组成部分是知性和意志；教育想要达到前者的清晰性和后者的纯粹性。"④ 这就

---

① ［德］费希特：《伦理学体系》，梁志学、李理译，商务印书馆 2007 年版，第 386 页。

② 同上。

③ 同上书，第 387 页。

④ ［德］费希特：《对德意志民族的演讲》，梁志学等译，辽宁教育出版社 2003 年版，第 38 页。

是教育的现代性所在。启蒙运动以来，几乎所有的启蒙思想家都力主改造现行的教育，卢梭的情感教育观、歌德的自然教育观、康德的自由教育观、席勒的审美教育观都是那个时代的典型教育观。费希特的教育观可称为技艺教育观，他的教育观非常富有创意。他认为教育要从现实生活出发，目的是"要培养人本身"①，他抨击传统教育是一种自私的教育，是为满足私欲提供个人财富的教育。而他倡导的新的教育应是为社会服务、为发展人的教育。这种教育的本质"在于它是培养学子们去过纯粹伦理生活的一种经过深思熟虑的、确实可靠的技艺"②。当教育使每一个人获得为社会服务并全面发展自我的技艺时，人们就会"在适当的时候作为它这种技艺的一种固定的、不可更改的作品产生出来，这种作品只能像它调节好的那样运行，并且不需要某种辅助，而是靠自己的力量，按照其自身的规律不断地运行的"③。基于这样的教育观，费希特对审美教育格外注意，他认为："审美教育与促进理性目的有一种最有效的联系，职责是可以从这种联系方面加以规定的。"④ 通过审美教育可以提升人的理性能力，培养人感受自然、热爱生活、关爱他人的技艺。为此他提出应将审美教育规定为社会义务，人人必要遵守。他把这种义务称为"关心人类的审美教育"⑤。

费希特通过语言与民族、艺术与科学、艺术与哲学、艺术与道德、艺术与教育等一系列关系的思考，完整地突出了艺术在现代性精神文化生活中的应然的在场性。如果不深入费希特话语内部和前后一致的美学思想深处，我们将无法透视他的思想的审美现代性肌理，更无法将之理解为康德之后，德意志审美现代性话语的重要发展。

---

①　［德］费希特：《对德意志民族的演讲》，梁志学等译，辽宁教育出版社 2003 年版，第 16 页。

②　同上书，第 34 页。

③　同上。

④　［德］费希特：《伦理学体系》，梁志学、李理译，商务印书馆 2007 年版，第 386 页。

⑤　温纯如：《康德和费希特的自我学说》，社会科学文献出版社 1995 年版，第 107 页。

三 同一自我在艺术：艺术的自律

马克斯·韦伯曾揭示现代社会发展快速的秘密，即它以专业化的方式进行着社会分化。专业分得越细、专业化程度越高，社会的生活领域和精神领域就越丰富，也就越具有自组织、自发展的特征，各生活系统就越自律，社会也就发展越快。这个秘密在今天似乎已经人所共知。就审美文化而言，人类早期精神文化确实是混沌一体的，人们很难清晰地辨认宗教、哲学、伦理、艺术、政治、法律诸面孔。文艺复兴到启蒙运动时期，哲学、科学、道德、艺术逐渐分离，有了各自的基本性质和特征，艺术自律成为一种普遍的、自觉的美学意识。费希特从其同一哲学原则出发，认为艺术与人的生存、人的精神文化同一的同时，艺术自身也是同一的。技艺产生艺术，经历因有艺术而创生了非艺术，再到艺术与非艺术共动共谐的现实。艺术的自律正来自这同一的辩证法过程中。他尤为重视艺术同一的自律机制的研究，形成了艺术同一来自感受、想象、天才和爱的独具匠心的艺术自律理论。

启蒙时代大多数思想家在考量艺术为何自律时首先想到的是情感：柏克明言艺术即快感，康德进一步说艺术是形式的快感。而费希特则认为艺术的自律首先源于包含着情感而又比情感更为复杂、丰富的主体感受，他曾举"石块因此就变得美了吗？石块永远是石块，它完全不能感受到这样一种属性；但是，当艺术家感受他的作品时，他的心灵是美的，而且任何一个内行的鉴赏家在模仿艺术家感受这件作品时，他的心灵也会变得美"[1]。何为感受？费希特的答案极富个性："物是某物，它的规定性即以此告终。自我绝不单纯是某物；它绝不是它所不知道的东西；它的存在与它的意识有直接的和必然的关系。这种单纯包含在存在和自我性里的规定，叫做感

---

[1] ［德］费希特：《极乐生活指南》，李文堂译，辽宁教育出版社 2003 年版，第 110—111 页。

受。"① 这种主体感受能力有两个特性：一是能产生形象，二是能创造性地改变现实原型："这类能力自动地造成的各个图像决不是反映现实的单纯摹本，而有能力变为创造现实的原型，它可以说是用新教育培养种族的工作所必须依据的出发点。"② 因而，感受具有理解的真理性，在直观中达成了主客体的同一。费希特以诙谐为例："诙谐是深刻的真理，即包含于理念领域中的真理在其直接的逼真形象中的表述。"③ 诙谐的审美效应是笑，而诙谐的笑便是喜剧艺术中主客体同一时的感受，"它的真理是真正的真理，与这个真理相悖的一切都是虚假的，因为要假定相反的东西，它的真理就会不正确，而这是荒唐的；接着，这个时代的代表们用引人注目的例子说明，相反的见解与他们的见解如何惊人的不同，在任何一个部分都不能同他们的见解统一起来，于是就这一结论发出了笑声"④。费希特因此断言，同一自我在艺术中时人是完整的人，艺术区别于其他精神文化的根本在于感受统一了人的身心，"文学艺术家不像学者那样只培养理智，也不像民众道德教师那样只培养心灵，而是培养完整的、统一的人。他们面向的对象既不是理智，也不是心灵，而是把人的各种能力统一起来的整个情感"⑤。与这种情感能力息息相关的是想象力。

　　想象是艺术的基本生产方式，这种理解在亚里士多德到托马斯·阿奎那的艺术论中逐渐被突出。在德意志，这种观念被沃尔夫、歌德、席勒、莱辛、温克尔曼、康德等启蒙大师深刻阐发过，成为西方审美现代性的重要成果。费希特同样认为艺术与想象有着天然的关系，是艺术自我同一的集中体现。在费希特的同一哲学

---

① ［德］费希特：《伦理学体系》，梁志学、李理译，商务印书馆2007年版，第113页。

② ［德］费希特：《对德意志民族的演讲》，梁志学等译，辽宁教育出版社2003年版，第24页。

③ ［德］费希特：《现时代的根本特点》，沈真、梁志学译，辽宁教育出版社1998年版，第66页。

④ 同上书，第67页。

⑤ ［德］费希特：《伦理学体系》，梁志学、李理译，商务印书馆2007年版，第385页。

中，自我有感觉、直观、想象力、判断力和理性等重要的支配自我行动的主体内在能力。想象力是自我创造表象的能力，它有两个基本功能：一是将自我的无限性与非我的有限统一为一个整体；二是在统一的整体中让自我的无限与非我的有限相互运动起来。想象力是人类创造性的精神意识活动，"在想象力里没有实在性"①，却有真实性。诚如王玖兴先生所言，费希特用真实性为艺术甚至整个人类的意识活动设立了存在的合法性，"想象的世界并不因此而是幻觉，而毋宁就是一切实在，是唯一可能的真理"②。艺术被想象力造就，艺术是非实体的，它不是物的存在，而是主体的自我存在。艺术的真实性在于想象中传达了主体实在与活动、主动与被动、无限与有限的自我行动之真，而这是其他主体能力所无法做到的，因而想象成为艺术的规定性，是艺术的自律。

提及艺术生产，必然涉及艺术与艺术家的关系。前面已经讨论过康德对于天才概念的天性自然解读。这种艺术家的概念一扫模仿论和艺术知性论的陈词滥调，为艺术自律观念和审美现代性注入了新的活力。这一方面反映了启蒙时代对于美学的具体要求，另一方面也是对人之存在的重新理解。作为跟随康德脚步走在德意志审美现代性文化之路上的费希特，同样在启蒙语境中肯定了康德的天才观念："说艺术家是天生的，这句话绝对正确。规则是束缚天才的，而不是创造天才的。"③ 不过费希特没有将天才神秘化，而是视天才为人先天与后天的本质力量的全面运用与展现："人具有各种意向和天资，而每个人的使命就是尽可能地发挥自己的一切天资。"④ 这样，费希特关于天才的理解就和歌德、康德等人有了显著的区别：天才不局限于艺术领域，只要人的本质全面展示即为天才。天才的创造并非私人性活动，而是公共性的社会行为。天才不仅受到社会

---

① ［德］费希特：《全部知识学的基础》，王玖兴译，商务印书馆1986年版，第153页。

② 王玖兴：《费希特评传》，《哲学研究》1985年第10期。

③ ［德］费希特：《伦理学体系》，梁志学、李理译，商务印书馆2007年版，第387页。

④ ［德］费希特：《论学者的使命·人的使命》，梁志学、沈真译，商务印书馆1984年版，第37页。

的欢迎，而且为社会带来生活乐趣："首先，真实的天才根本就不需要任何一种绝对命令来刺激和推动他进行艺术或科学方面的劳作，而是完全自觉地将他的全部精力集中到他的这类对象上；其次，只要他有天才，他的事业也就永远一帆风顺，他劳作的产品也会让他非常喜欢，并且总是里里外外由可爱的、讨人喜欢的人簇拥起来；最后，他并不想用他的这种活动追求这种活动之外的东西，也不想因此而得到什么回报，因为完全相反，他无论如何也不会在世界上放弃唯有他能做的事情，或会把这件事情做得使他觉得不合适，不能让他感到很满意；因此，他只有在这种单纯的作为本身，为作为而作为，才能找到他的真正的、使他得到满足的生活乐趣。"①

艺术自律还体现在艺术与爱的关系上。这一论题除了5世纪的圣奥古斯丁和18世纪英国的美学家柏克论述过外，几乎鲜有提及。前者主要论述审美对象与上帝之爱的关系，后者则着重讨论了美的对象与爱欲的关系。费希特关于艺术与爱的关系的理解，完全不同于二者。他将爱首先界定为普遍的人性之爱，其次将这种爱与人的存在关联起来。对此，费希特解释道："什么是爱呢？我说，爱是存在的感情。"② 这种爱是自我对主体生存的确证，更是对人的社会存在的承认的情感："爱是自足自满、自我快乐与自我享受，因而是极乐。所以很显然，生活、爱与极乐是绝对同一的。"③ 所以，真正的生活应是充满了爱的生活，爱是人类生活的价值理想，"生活就是爱，因而生活与极乐是自在自为地同一的……本真生活的爱不断得到满足，因而这种生活是极乐的"④。从这个视域理解爱的意义，艺术就必须表达爱，艺术表达就是在表达生活的真谛，因为"爱是一切确实性、一切真理性和一切实在性的源泉！"⑤ 这种独特

---

① ［德］费希特：《极乐生活指南》，李文堂译，辽宁教育出版社2003年版，第111页。
② 同上书，第84页。
③ 同上书，第2页。
④ 同上书，第Ⅱ页。
⑤ 同上书，第122页。

而富于时代性的洞察，无疑为德意志的审美现代性注入了新的内涵，并对马尔库塞的美学产生了重要影响。

四 同一自我在历史：艺术与人类的未来

启蒙以来艺术自律已是审美现代性的基本原则和要求，然而艺术为何要自律则是一个值得探究的问题。康德通过审美判断、想象力和天才等概念对之做了详细的回答。费希特却并未囿于康德，也未囿于自己的同一哲学体系，他试图在人类的历史、人类的神性、人类的进步这些关乎人类未来愿景的宏大启蒙语境中理解艺术自律的合理性。

对人类历史的概括表明严肃的思想家对人类曾在、现在、将在的思考与判断。费希特将人的整个历史划分为五个时代：

（1）理性借助本能进行绝对统治的时期——人类无辜的状态；（2）合理本能变成外在强制权威的时期；这是各种学说体系和人生体系采取专断态度的时期，这些体系永远不能得到最终根据，因此不能使人信服，但是力图强加于人，要求盲目信仰和绝对服从——恶行开始的状态；（3）直接摆脱专断的权威、间接摆脱合理本能和任何形态的理性的统治的时期，这是对任何真理都绝对漠不关心、不要任何指导而完全放纵的时期——恶贯满盈的状态；（4）理性科学的时期，这是真理作为至上的东西得到承认和最受人喜爱的时期——说理开始的状态；（5）合理技艺的时期，这是人类用确实可靠、从不出错的手段把自身塑造为理性的准确摹本的时期——说理完善和圣洁完满的状态。①

费希特说的人类第一个时代是人之初的时代，这个时代人类理

---

① ［德］费希特：《现时代的根本特点》，沈真、梁志学译，辽宁教育出版社1998年版，第10—11页。

性尚处于自发、本能的状态，人类天真无邪、自在朴素。第二个时代则是崇拜强权的时代，屈服顺从遮蔽了理性，盲从与压迫使邪恶初生。第三个时代则是摆脱理性的时代，理性以自我原始方式生发，自我对抗强权，自私是一切价值的基准，自利是所有行为的原则，这个时代就是费希特生活的时代，它的基本特征为充满了罪恶。第四个时期是理性逐渐自觉，以其独立思考的方式对意识进行反思、对行为进行规范，是人类开始向善的时代。第五个时代是人类完美的成熟时代，人类凭借科学和艺术为主导的技艺创造生活、拥有生活、享受生活，人类进入至善至美的历史阶段，"一俟出现成熟阶段，优美的诗歌就与清晰的头脑、诚实的心灵联姻，优美就与智慧、力量结盟"①。这是一个从理性认识到科学、艺术行动的光明世界。艺术这种独特自律的技艺成为人类追求美好生活、实现理想境界的行动方式，艺术的普世价值和形而上意义就在于此。

费希特相信，艺术所以能够推动人类历史进步并成为人类美好生活的主要方式与内容，究其终极原因在于艺术传达着上帝的神性："美的源泉仅仅在上帝那里，它出现在受上帝感召的人们的心里。"② 通过艺术，人类与上帝相遇，而"在他们的生命从上帝的直接流出中，才会发现生命、光明与极乐"③。就人类创造理想的生活世界而言，"我们必须把这理解为原始生命及其来自一切精神生活的源泉、来自上帝的不绝流动，理解为人际关系按照它们的原型的不断塑造，从而理解为一种新的、前所未有的生活的创造"④。一旦人类能够通过艺术，聆听到上帝福音，人类的命运将会彻底改变，人类的生活从封闭变成敞开，人类将走向无限："给一切现象奠定基础的神圣生命从来都不表现为一种现有的、既定的存在，而是表现为某种应该生成的东西，而且在这样一种应该生成的东西生

---

① 《费希特著作选集》第 4 卷，梁志学编译，商务印书馆 2000 年版，第 715 页。

② ［德］费希特：《极乐生活指南》，李文堂译，辽宁教育出版社 2003 年版，第 110 页。

③ ［德］费希特：《对德意志民族的演讲》，梁志学等译，辽宁教育出版社 2003 年版，第 36 页。

④ 同上书，第 64 页。

成以后，神圣生命又会表现为一种永远应该生成的东西；因此，神圣生命从来都不表现于现有的存在的死亡，而是永远依然以滔滔不绝的生命的形式存在的。"①

艺术推进历史、传达神性表明，人类的历史应由理性来设计，真正的历史是必然的、自由的。"人类的生活不取决于盲目的机遇，也不像浅薄之辈常常认为的那样，是一成不变的，因而在过去总是像现在这样，在将来仍然永远是这样，相反地，人类的生活是迈着阔步，按照固定的蓝图不断前进的，这蓝图一定是靠必然性得到实现的，因而肯定会得到实现。这蓝图就是：人类在这种生活中自由地把自己造就成理性的纯粹摹本。"② 在这方面，我们看到了费希特的审美现代性话语与康德的一致之处，即从未放弃现代性方案中的理性内核。理性要素的坚守在于自由渴盼。

自由是启蒙思想家诠释人类解放的基本尺度。但费希特的人不是抽象精神的人，也不是日常具体的个人，而是具有历史性的类族："我说的自由，是把人类作为类族来看，它本身具有的自由。"③ 不同历史时期、不同生活状态的人，其具有的自由度是不同的，"对人是自由的还是不自由的这个一般的问题，不存在笼统的回答。正因为人在开始处于优柔寡断和摇摆不定的状态，因而在低级意义上是自由的，所以，他才会是自由的，或者说，他才在高级意义上不会是自由的。实际上，每个人回答这问题的方式，就是他的真正的内在的存在的一面清楚的镜子"④。这就要求每个民族根据普遍的文化来推进发展，实现自由进步。"在所描写的时代和一系列民族中的全部公开文化，总是同一个文化，总是一条连贯线索，

① ［德］费希特：《对德意志民族的演讲》，梁志学等译，辽宁教育出版社 2003 年版，第 41 页。

② ［德］费希特：《现时代的根本特点》，沈真、梁志学译，辽宁教育出版社 1998 年版，第 16 页。

③ 同上书，第 7 页。

④ ［德］费希特：《对德意志民族的演讲》，梁志学等译，辽宁教育出版社 2003 年版，第 103 页。

这条线索只采纳了它所经过的每个民族的民族性格的特色，并且通过人类精神的进步，在每一个民族那里都有所收获和改善。"① 基于此，费希特要求文学艺术家为人类福祉而工作，让每一位鉴赏者能够通过文学艺术创造的作品享受快乐、获得自由："我们所说的意义上的真正的文学艺术家，在从事他的文学艺术创作的活动中一定会沉浸于对上述极乐生活的最高享受，因为在那时，他的本质已经化为自由的、自己满足自己的原初活动，化为对于这种活动的感受。无论对什么人，条条大路都敞开着，使他能共享文学艺术家的作品；由于这样，他就以某些方式，在很大的程度上成为参与创造这种作品的人，至少，他以这样的方式认识到有一种享受远远超过任何感性享受。"② 而每一位鉴赏者欣赏文学艺术作品的目的正在于分享美，获得精神的解放。正如费希特所说的那样："至于谈到阅读文艺作品，那么，读它的真正目的在于人可以分享这种作品所能提供的勃勃生机、高尚情趣和精神素养。从容不迫地投入文艺作品而忘却自己，就完全足以达到这个目的。"③

　　以上笔者通过具体分析，看到了费希特美学中鲜明的审美现代性肌质和启蒙的责任感。但是费希特并未局限在康德的审美现代性中，而是以别具一格的原创思想为德意志文化启蒙和审美现代性注入了新的内容。值得注意的是，费希特这种源自康德又别于康德的美学视野，表明康德最初的审美现代性设计本身就具有启蒙反思的性质。只要紧紧抓住启蒙反思这一内核，后继者就能在审美现代性方面开拓出新的空间。费希特如此，黑格尔与谢林也是如此。

---

① 《费希特著作选集》第4卷，梁志学编译，商务印书馆2000年版，第744页。
② ［德］费希特：《现时代的根本特点》，沈真、梁志学译，辽宁教育出版社1998年版，第52—53页。
③ 同上书，第82页。

第四节　黑格尔的和解概念与
审美现代性新筹划

和解是黑格尔审美现代性筹划与精神美学的核心概念："和解这个词就是这样一种实际存在着的精神，这种精神在它的对方中——这种精神就是一种相互承认，也就是绝对的精神。"① 在黑格尔看来，和解是现代性的基本主题和美学的重要任务。之所以如此，是黑格尔似乎比康德与费希特更在意时代的危机。黑格尔希望引入和解的概念来解决现代性问题。这一思路让黑格尔的美学与艺术论抹上了强烈的存在论色彩。他试图通过美学和艺术来达成绝对精神的自我认识和自我实现，在保持人对世界的本体优先权的前提下，和解主体性原则内部的各种矛盾，解决由主体性原则内部矛盾带来的现代社会危机："因为真正实体性的因素的实现并不能靠一些片面的特殊目的之间的斗争，而是要靠和解，在这种和解中，不同的具体目的和人物在没有破坏和对立的情况中和谐地发挥作用。"② 和解的要旨正是要解决启蒙以来不断加剧的人与自然、人与社会、感性与理性的对立冲突这一现代性危机。和解，既是黑格尔美学的哲学目标，又是黑格尔美学的文化过程。在本质上，和解依然是启蒙反思语境中的审美现代性筹划。

一　黑格尔的问题与方法：和解

现代性社会的诸多分裂形式在康德时代就已显现出来。康德与费希特的审美现代性筹划，正是基于解决理性现代性造成的问题以及实现人的自由这一根本目标而进行的。但是在黑格尔时代，现代性问题似乎更加深重。人们更深切地感受到社会的冲突、生活的不

---

① ［德］黑格尔：《精神现象学》下卷，贺麟、王玖兴译，商务印书馆 1979 年版，第 176 页。

② ［德］黑格尔：《美学》第 3 卷下册，朱光潜译，商务印书馆 1981 年版，第 287 页。

幸和精神的分裂，法国大革命给欧洲思想界带来的喜悦与失落是当时身处现代社会的人们最真实的心灵写照。理想尚未实现，苦难接踵而至。解决危机的要求从未如此迫切。黑格尔哲学与美学正是在这样一种情境中诞生的。若要承担化解社会冲突、弥合精神分裂、实现各种对立矛盾现象间的和谐统一，和解与怎样实现和解便成为黑格尔的根本问题。黑格尔敢于将和解视为哲学和美学的根本任务，还在于他与康德、费希特一样，相信理性具有绝对力量和自我认识与自我确证的能力。正是在理性的自我认识和自我确证的过程中所有矛盾都被化解，一切对立皆最终统一。在黑格尔那里，理性的自我认识和自我确证是通过历史性运动和辩证法来实现的。

　　黑格尔认为绝对理念创生世界，其过程就是理性的自我认识和自我确证，因而绝对理念具有时间性，它创生世界是一种经历逻辑阶段、自然阶段、精神阶段的历史性运动。按照泰勒对黑格尔的思想文本解读，绝对理念的逻辑阶段表现为绝对理念以思维的逻辑形式从抽象的逻辑范畴不断向逐渐具体的逻辑范畴推演，确认了绝对理念在思维状态中的存在性质和样态。当绝对理念超越思维状态而以物化的方式进行自我确证时，绝对理念就进入自然阶段。在这个阶段中，绝对理性以感性的自然物质为存在形式，从无机到有机、从矿物到植物再到动物，创生了整个自然世界。绝对理念继续运动就发展到精神阶段。精神阶段中的绝对理念现实化为整个人类社会，这其中又经历主观精神、客观精神和绝对精神三个阶段。在主观精神中，绝对理念展现为个体意识的诸种元素和形式。在客观精神中，绝对理念对象化为人类的社会制度和社会意识。绝对精神是绝对理念的最高发展阶段。在绝对精神中，绝对理念发展为以感性为基本规定性的艺术、以理性为本质的宗教、以感性与理性相统一为性质的哲学。至此，绝对理念创造了大千世界所有相似与相异的万事万物，并将其完美地、协调地统一于自身的历史性运动中，其中的一切差异、矛盾、对立、冲突皆在历史性运动中和解、超越。同时，绝对理念也在这一运动中实现了自我认识、自我确证，而这一切也证明了世界是运动的，世界是统一的真理。

如果说历史性运动是理性的自我认识与自我确证的过程的话，那么辩证法便是理性自我认识与自我确证的根本方式。法国后现代思想家福柯曾说黑格尔的"辩证法是一门关于异化和调和的哲学……因此可以说，辩证法使人类有可能变成了名副其实的人"①。黑格尔的辩证法表达的是无论绝对理念在逻辑阶段、自然阶段还是精神阶段的自我认识与自我确证都以否定的方式实现和解，一种规定性在否定中成为另一种规定性，而另一种规定性并非完全否定前一种规定性，而是在否定前一种规定性的同时保存了前一种规定性的合理性，并将保存的前一种规定性的合理性确认为自身的本质规定性。这样，否定变为肯定，对立成为统一，冲突化为和解，黑格尔又将此称为扬弃。每一次的扬弃都使得新的规定性更具体、更丰富、更高级，逻辑的发展、自然的进化、人类的进步皆是如此。黑格尔的辩证法是对亚里士多德的矛盾律的彻底革命。亚里士多德的矛盾律建立在知性非此即彼的人的逻辑基础上，而辩证法则由相互否弃又相互包容的理性力量所构建。在辩证法中没有绝对的矛盾，矛盾的出现与展开就包含着矛盾的自我和解，对立的结果必然是统一。正是辩证法让一切矛盾归于和解的力量使伽达默尔激动不已。伽达默尔指出："黑格尔的辩证法永远是一个令人兴奋的源泉。"②黑格尔正是将和解作为自己思想工作的主要问题，将历史性运动和辩证法作为实现和解的过程和方式，使现代性危机的解决有了新的转机，审美现代性思想的建设步入了更加自觉的境界。

自康德以来，美学的主要思想功能和文化任务似乎就是要解决审美、艺术领域中现代性导致的种种矛盾和多样对立。康德、歌德、席勒、赫尔德、费希特等人都已为此做出不懈的努力。不过，黑格尔以前所未有的总体性和彻底性将其美学思想的根本诉求，明

---

① 杜小真选编：《福柯集》，上海远东出版社1998年版，第79页。

② ［德］伽达默尔：《伽达默尔论黑格尔》，张志伟译，光明日报出版社1992年版，第169页。

确设立为和解审美、艺术领域的现代性矛盾和危机，他要"在思想上把统一与和解作为真实来了解，并且在艺术里实现这种统一与和解"①，从而使现代西方解决审美、艺术领域的现代性矛盾与危机成为一种普遍而自觉的思想行动。

二　面向自然：人与自然的和解

如前所述，启蒙时代人与自然的关系日趋紧张。现代主体意识在逐离上帝的同时也把自然边缘化、机械化、工具化了。人对自然的主宰造成的人与自然的对立、冲突是现代性最严重的危机之一。康德到黑格尔都意识到现代性这一危机的严重性。不同的是，康德、歌德、席勒、费希特都相信，通过不断启蒙，人与自然的对立、冲突是可以避免的，人与自然的矛盾最终能够彻底解决。黑格尔则认为，现代社会的人与自然的对立、冲突是人类历史发展的客观必然。它不仅不可避免，而且还将不断涌现。原因在于，人与自然在相互冲突否定中通过确认各自的合理性从而实现各自既独立又互助、关怀的和解，这种人与自然的和解如同其冲突一样，不断出现，是人的生存与活动的一种特点，不会完全消除。这一深刻认识让黑格尔去除了青年时代的乌托邦情结，以现实主义的姿态介入问题解决的思路探寻中。这种理性精神自然不会充满精神焦虑，而是增多了许多坦然面对人与自然矛盾的勇气。这方面，集中体现黑格尔和解诉求的是他关于自然美和古典美的论述。

在黑格尔看来，艺术只能在人类社会中出现，但自然则出现在人类社会之前。在人类社会中，与人相比自然缺少心灵性。"艺术美高于自然美。因为艺术美是由心灵产生和再生的美，心灵和它的产品比自然和它的现象高多少，艺术美也就比自然美高多少。"② 但是，正像自然先于社会一样，自然也早于艺术，这是存在的必然，

---

① ［德］黑格尔：《美学》第 1 卷，朱光潜译，商务印书馆 1979 年版，第 76 页。
② 同上书，第 4 页。

无法否认。黑格尔承认在各种美的形态中"第一种美就是自然美"①。自然能成为美就在于自然感性地显现了理念，而美的本质就是理念的感性显现，因而当"自然作为具体的概念和理念的感性表现时，就可以称为美的"②。这就是说，自然美在于人对自然的发现，当人发现了自然显现了绝对精神时，自然也就成为自然美为人所欣赏，这也就是后来马克思所说的自然人化产生了自然美。所以黑格尔认为："自然美只是为其他对象而美，这就是说，为我们，为审美的意识而美。"③ 只有在自然与人的和谐关系中自然才美，人才能欣赏到自然美，自然美也才是对人的积极肯定与确证。如果自然与人处于对立、冲突中，或是人践踏自然，或自然惩罚人类，自然也就不存在美，而人也无法通过自然认识自己、确认自己。正因为此，人在其生活中必须实现自然与人的和解。

黑格尔进一步认为，在自然与人的和解中，自然还起着关怀人、契合人的作用："自然美还由于感发心情和契合心情而得到一种特性。例如寂静的月夜，平静的山谷，其中有小溪蜿蜒地流着，一望无边波涛汹涌的海洋的雄伟气象，以及星空的肃穆而庄严的气象就是属于这一类。这里的意蕴并不属于对象本身，而是在于唤醒的心情。我们甚至于说动物美，如果它们现出一种灵魂的表现，和人的特性有一种契合，例如勇敢、敏捷、和蔼之类。从一方面看，这种表现固然是对象所固有的，表现出动物生活的一方面，而从另一方面看，这种表现却联系到人的观念和人所特有的心情。"④ 上述表达虽很经验化，却在话语的背后深深传达着黑格尔期冀自然与人和解的诉求，显现着黑格尔内心深处对自然与人和解后美好情状的憧憬。

人与自然的和解诉求还集中体现在黑格尔对古希腊的理解中。

① ［德］黑格尔：《美学》第 1 卷，朱光潜译，商务印书馆 1979 年版，第 149 页。
② 同上书，第 168 页。
③ 同上书，第 160 页。
④ 同上书，第 170 页。

古希腊在现代西方文化语境中有两种基本语义：一是指公元前 6 世纪—公元前 3 世纪前后的古代希腊，是一个历史的描述性概念。古希腊另一种语义则是启蒙的，由德国启蒙大师温克尔曼、歌德等建立起的古希腊概念，它蕴含着民主、自由、个性、和谐的启蒙理想，是一个启蒙的价值性概念，也是黑格尔理解的古希腊的基本含义。黑格尔曾深情地说："到了希腊人那里，我们马上便感觉到仿佛置身于自己的家里一样，因为我们已经到了'精神'的园地。"①作为谢林的同学，黑格尔也是充满青春理想、满怀思想激情的思想家，他将古希腊视为人类自然而然的青少年时代，人类最自然的美好时段，他认为："希腊表示着精神生命青春、欢欣的状态。"充满着自然朝气，散发着自由的活力，绝无人为的雕饰，"希腊的生活真是一种青春的行为"②。古希腊的青春状态的根源在于自然与精神天然地和谐统一着，自然流露在精神中，而精神也正是自然的真实表达。黑格尔指出："希腊'精神'是介乎以上两者间的中间物，从'自然'出发，再把它变化为它自己生存的一种单纯客观的形式；所以'精神性'还是绝对地自由；还不绝对地自己产生——不是自己的刺激。希腊'精神'从预感和惊奇出发，进展到对于'自然'加以确定的意义。"③ 在黑格尔看来，精神与自然、个人与社会、感性与理性如此地统一意味希腊社会各方面是和解的、和谐的，所以古希腊社会就是美的社会，"这个王国所以是真的和谐，是最优美的世界"④，因而也就产生了人类历史中最美的艺术，黑格尔将之称为古典艺术。古典艺术是完美的艺术，在古典艺术中个性与普遍性、内容与形式天衣无缝地和谐着，"内容本身就决定着它的自由的形象，而那形象本身也就自在自为地符合那内容，因而艺术家显得只是完成按照概念本身既已成就的东西"⑤。正是艺术内部

---

① ［德］黑格尔：《历史哲学》，王造时译，上海书店出版社 2006 年版，第 209 页。
② 同上。
③ 同上书，第 223 页。
④ 同上书，第 98 页。
⑤ ［德］黑格尔：《美学》第 2 卷，朱光潜译，商务印书馆 1979 年版，第 172 页。

的这种高度和解，导致了古典艺术中真与善这一人类最高价值的统一："人的主体内在方面也与真正的精神的客观方面，也就是与善与真的本质性的内容处于牢固的统一体。"①

黑格尔自然美理论和古希腊观念以一种人为主体而又面向自然的姿态，表达了他以美的方式实现人与自然和解的强烈诉求，深刻修正了启蒙思想中主体边缘化自然的失误，将康德、席勒、费希特等人用自然抵抗理性以拯救代性危机的企盼，发展为自觉地调整人与自然的关系来化解现代性内在矛盾的思想观念，成为马克思之前对这一问题解决得最令人满意的思想家，并深刻地影响了他身后的西方哲学、美学思想，可以说在思想谱系上，费尔巴哈、马克思、海德格尔、格里芬对人与自然问题的解决都与黑格尔相关。全新的审美现代性设计，也使得他融入了整个德意志文化启蒙的新征程。

三 立足现实：人与社会的和解

个体生活之间、个体与群体之间、各种社会客观力量之间的分裂、冲突是现代西方思想界所面对的最普遍、最突出的社会问题。德意志的启蒙思想家们也都将这一问题的解决视为自己的责任。黑格尔也不例外。他的思路是，社会矛盾是历史发展的内在必然，人类的进步就依靠不断出现又不断解决的矛盾来推动，若要解决这一问题，似乎只有运动的和解方法。就其美学而言，黑格尔的悲剧理论、性格理论集中体现了他的基本社会观，那就是回归现实生活，在承认矛盾前提下解决矛盾，从而立足现实，实现人与社会的和解。

悲剧是西方最古老的艺术形式，它充满矛盾的内容和死亡的主题以及恐惧悲怜的审美效果，使之成为西方艺术之魂。在黑尔格之前，几乎所有的人都以道德为价值准绳，以偶然的道德过失为视域来解释悲剧。黑格尔不同，一方面他取消了悲剧的道德阐释，认为

---

① ［德］黑格尔：《美学》第 2 卷，朱光潜译，商务印书馆 1979 年版，第 248 页。

悲剧的本质是社会历史的，而非个人道德的，"形成悲剧动作情节的真正内容意蕴，即决定悲剧人物去追求什么目的的出发点，是在人类意志领域中具有实体性的本身就有理由的一系列的力量：首先是夫妻、父母、儿女、兄弟姊妹之间的亲属爱；其次是国家政治生活，公民的爱国心以及统治者的意志；第三是宗教生活"①。另一方面，他相信悲剧的冲突是客观必然的，冲突的结果是社会的矛盾、对立的和解，是人向现实社会的回归："即悲剧的冲突导致这种分裂的解决，也是如此。这就是说，通过这种冲突，永恒的正义利用悲剧的人物及其目的来显示出他们的个别特殊性（片面性）破坏了伦理的实体和统一的平静状态；随着这种个别特殊性的毁灭，永恒正义就把伦理的实体和统一恢复过来了。"② 其实，多年来我国学界误读了黑格尔，太多强调黑格尔悲剧理论中的必然冲突说，却忽视了黑格尔悲剧理论的根本意图在于和解。早在《精神现象学》中黑格尔就指出悲剧行为的运动表明了在两种力量和两个有自我意识的人物之间相互毁灭中具有其内在的统一性。对立面的自身和解实现了各个善恶力量的消失，完成了各种社会现象相互否定后的统一。而后其晚年的美学讲义中更明确地写道："和解的根源却在个别人物本身，他们通过自己的动作过程，就达到冲突的解决以及目的和性格的妥协。"③

性格理论源自启蒙后市民剧和小说的兴盛，黑格尔是西方第一位用美学的观念与方法研究人物性格的思想家。他认为，真正的人物性格应具有丰富性、明确性和坚定性。性格的三种属性源于人与环境的冲突与和解。环境由一般的世界情况、特殊的情境、具体的情致三方面构成。当人进入环境后，环境对人发生作用，产生了人与环境的斗争与和解，最终构造出完整的艺术画卷。"第一，一般的世界情况，这是个别动作（情节）及其性质的前提；第二，情况

① ［德］黑格尔：《美学》第 3 卷下册，朱光潜译，商务印书馆 1981 年版，第 284 页。

② 同上书，第 287 页。

③ 同上书，第 296 页。

的特殊性，这一情况的定性使上述那种实体性的统一发生差异对立面和紧张，就是这种对立和紧张成为动作的推动力——这就是情境及其冲突；第三，主体性格对情境的掌握以及它所发出的反应动作，通过这种掌握和反应动作，才达到差异对立面的斗争与消除（矛盾的解决）——这就是真正的动作或情节。"①

黑格尔的悲剧理论和性格理论曾被众多学者研究、论述过，却很少有人看到黑格尔在其中不仅仅在谈论艺术，更深层面是在表述他对人与社会关系的理解，他深信社会中的人与其所生活的社会存在着相互对立、相互作用又相互和解的关系，只有认识到此，人们才能真正明白艺术的真实性，懂得艺术在人们生活中的意义和对社会的作用。就这一点而言，黑格尔的悲剧理论和性格理论不仅是美学的，也是社会学的，是黑格尔解决人与社会矛盾对立日渐加剧这一现代性危机的美学努力。也正是在这个意义上，艺术承担着和解分裂的重任。不过，也正是和解的概念，使得黑格尔与康德、费希特的艺术功能论有着本质的区别。这表征着黑格尔审美现代性设计的独特性。

四 回归生活：人与自我的和解

人与自然的对立、人与社会的冲突也体现在人的主观世界中，灵与肉的矛盾、情与理的对抗、生存的无意义感、价值的压抑性焦虑都是典型的自我分裂的现代性症状。实现自我的和解是整个德意志启蒙思想界的共识。如同前辈一样，黑格尔也认为审美、艺术是实现自我和解的最佳方式。不过，黑格尔并不赞同超越性的艺术观，诸如审美无功利性、艺术的静穆超俗或游戏性。他认为，凡此种种都说明隔绝审美与生活的直接关联。这种医治现代自我分裂症状的主要方法本身就是一种分裂。黑格尔坚信精神回归生活就能够实现人与自我的和解，并且要理解自我就必须使精神回归生活。生

---

① ［德］黑格尔：《美学》第 1 卷，朱光潜译，商务印书馆 1979 年版，第 228 页。

活是精神的家园，如同安泰（古希腊神话中的巨人）与大地的关系一样，精神一旦回归生活，精神就能在现实中实现自我的和谐统一，荷兰风俗画家的创作证明了这一点。

在西方美术史中，荷兰风俗画既没有意大利文艺复兴时期绘画的伟大，也缺少法国古典主义绘画的高贵，却被公认独树一帜、不可取代。黑格尔认为，究其原因就在于荷兰画家通常表现日常生活中的平凡题材，而这些日常生活中的平凡题材恰恰是荷兰人民辛勤劳作所获得的最珍贵的精神财富。"荷兰人对现实生活，包括其中最平常最卑微的东西，所感到的喜悦是由自然直接提供其他民族的东西，对于他们来说，却要凭艰苦的奋斗和辛勤的劳动才能获得，而且由于处在僻窄的地区，他们对最微细的东西也要注意和珍视，最微细的东西对他们也成了重大的东西。另一方面，荷兰人是一个渔夫、船夫、市民和农民的民族，所以他们从小就懂得他们亲手用辛勤劳动所创造的最大的乃至最小的必需品和日用品的价值。"[1] 荷兰人民的劳动成果成为对他们生活的正面肯定，辛勤的劳动使荷兰人民平凡的生活拥有了积极意义，"正是这种在无论大事小事上，无论在国内还是在海外所表现的市民精神和进取心，这种谨慎的清洁的繁荣生活，这种凭仗自己的活动而获得一切的快慰和傲慢，组成了荷兰画的一般内容"[2]。黑格尔发现，在荷兰画中自我总是安详、平和的，没有困惑、没有苦恼，"每一个人都表现出自由欢乐的感觉。这种合理的快慰所表现的心灵的明朗甚至在动物画里也可以见到，它们也见出饱满快乐的心情——正是这种新唤醒的心灵的自由活泼被画家掌握住和描绘出来了，荷兰画的崇高精神也就在此"[3]。荷兰画中的自我和解根植于它所反映的生活内容和生活意义："荷兰人民的绝大部分，即除掉少数勇敢的耕田人和更少数的英勇的海上英雄之外，都是些城市居户，做生意的殷实市民，这

---

[1]　[德] 黑格尔：《美学》第 2 卷，朱光潜译，商务印书馆 1979 年版，第 368—369 页。
[2]　[德] 黑格尔：《美学》第 1 卷，朱光潜译，商务印书馆 1979 年版，第 216 页。
[3]　同上书，第 217 页。

些人安居乐业，没有什么很高尚的理想，但是等到紧急关头，须保卫他们的正当得来的权利以及他们的地区，城市和公会的特殊利益时，他们却挺立起来起义，毅然信任上帝和他们自己的勇气和智力，不怕那统治着半个世界的西班牙主子的可怕的意旨，敢冒一切危险，英勇地流血奋斗，凭这种正义的勇敢坚忍，终于胜利地挣得了宗教的和政治的独立。"① 正是荷兰人民这种平凡而又有意义的生活才使得"这派绘画在它的坦率与真实里以及在它所表现的坚定的信心里，都不由自主地表现出一种心境的和谐"②。黑格尔曾赞叹荷兰画家道："从荷兰画家的作品里我们可以研究和认识到人和人的本质。"③ 生活是自我统一的良方，实践是自我实现的途径，这是黑格尔解决现代性危机提出的最深刻的想法。这种观念最终在马克思那里发展成实践哲学，并通过马克思影响到包括哈贝马斯在内的诸多当代思想家。而黑格尔对荷兰画的评论也使黑格尔与席勒，并肩成为艺术回归生活世界这个 20 世纪最响亮的美学主旋律的始奏者。

　　1817 年，黑格尔在海德堡大学讲授被誉为西方美学史上关于艺术本质最全面的探讨的美学课时，提出了艺术消亡这一令西方思想界震惊的论断。至今围绕这一论断的争论仍不绝于耳，批评的声音此起彼伏。按照黑格尔的逻辑，就艺术自身而言，"我们原来从象征型艺术开始，其中主体性在挣扎着试图把它本身作为内容和形式寻找出来，把自己变成客观的（表现出来）。进一步我们就跨进了古典型的造型艺术，这种艺术把已认识清楚的实体性因素体现于有生命的个体。最后我们终止于浪漫型艺术，这是心灵和内心生活的艺术，其中主体性本身已达到了自由和绝对，自己以精神的方式进行活动，满足于它自己，而不再和客观世界及其个别特殊事物结成一体，在喜剧里它把这种和解的消极方式（主体与客观世界的分

---

① ［德］黑格尔：《美学》第 3 卷上册，朱光潜译，商务印书馆 1979 年版，第 325 页。

② ［德］黑格尔：《美学》第 1 卷，朱光潜译，商务印书馆 1979 年版，第 203 页。

③ ［德］黑格尔：《美学》第 3 卷上册，朱光潜译，商务印书馆 1979 年版，第 327 页。

裂）带到自己的意识里来。到了这个顶峰，喜剧就马上导致一般艺术的解体。一切艺术的目的都在于把永恒的神性和绝对真理显现于现实世界的现象和形状，把它展现于我们的观照，展现于我们的情感和思想。但是喜剧把这种精神和物质的同一割裂开来了，于是要外现于现实世界的绝对真理就无法外现了"①。从艺术的生存环境而论，近代市民社会是散文的时代，"拆散了精神内容和现实客观存在的统一，以至于开始违反艺术的本来原则，走到脱离感性事物的领域，而完全迷失在精神领域的这种危险境地"②。很多人认为黑格尔的论断符合他的逻辑体系，却不符合事实。因为艺术不仅未亡，而且越来越兴盛。而薛华则认为，黑格尔的绝对精神是永恒发展的，没有终结。在未来的时代中，世界历史将启示它的使命。但在另一方面，黑格尔认为历史有其阶段性，比如希腊时代在它的文明高峰到达后，就消亡了。艺术的发展到达浪漫型艺术尤其是诗以后，就使得"真正的艺术"解体了。不过解体不等于完全终结和消亡，就像"古典型艺术"解体了，但艺术还在。

　　艺术终结论的提出，似乎让人们看到一个放弃艺术启蒙和以审美和解现代性分裂的黑格尔。但实际上，艺术终结论是一个现代性话题，黑格尔寄希望于艺术实现人与自然、人与社会，特别是人与自我的和解。他认可典范艺术的这种功能，而典范艺术，诸如荷马史诗、雅典悲剧、雕刻和荷兰绘画，它们虽然在现实中远逝而去，但依旧保存在人类的精神历史中，依然能够发挥和解的功能。这方面黑格尔并未远离康德与费希特的审美现代性谋划，依然希望在美学上解决理性现代性设计的不足以及造成的现代性危机问题。至于黑格尔的泛逻辑主义缺陷，他的同学谢林则在具有后审美现代性的启蒙谋划中进行了反思和批判。

①　[德] 黑格尔：《美学》第 3 卷下册，朱光潜译，商务印书馆 1981 年版，第 334 页。
②　同上书，第 16 页。

第五节 谢林的艺术启蒙论与
审美现代性重构

谢林与黑格尔处于同样的情境中：理性已经替代感性成为一种新的一体化力量，但理性本身也强化了现代性的分化，如费希特所言，转瞬即逝的时间和人们存在观念的淡泊，主体性已经被假象生活撕为碎片。片面的主体性导致了片面合理化以及日常生活实践的变形。另外，德意志文化生态中的感性确立和美学自主情致，也属于理性与感性的对立。尽管康德建构了审美现代性，但其主要还是由理性来统辖。理性被赋予的重要性从康德到黑格尔从未被改变过。这事实上使得两种力量陷入了对峙的僵局。黑格尔通过和解概念的引入将艺术化为审美现代性中的一环；而谢林则通过绝对同一性概念的引入将艺术上升为本体论的地位，开辟了新的审美现代性话语。正是这一点，谢林也与康德、费希特等人拉开了距离。他关于启蒙、艺术和神话的论述，不仅将启蒙引向新的自由向度，而且实现了以艺术哲学为核心的审美现代性重构。

一 浪漫：启蒙的自我批判与重建

在谢林早期作为一个费希特主义者的时候，他对康德的理性建筑术和费希特的绝对自我都怀有浓厚的兴趣。理性的建筑术的魅力在于，它能够把单纯的知识堆积转变为系统的知识体系，从而把普通的知识提高到科学的地位；这既是理性立法的原则规定，又是知识促进理性完成目的的需要。① 在费希特那里，理性的体系化表现为一种本体论的知识学，存在问题也被转换为知识问题。而绝对自我的魅力在于，它已经把所谓分割的先验自我和经验自我调和为一体。对于抵制所谓现代性分裂、实现人的全面自由来说，理性的自

---

① ［德］康德：《纯粹理性批判》，韦卓民译，华中师范大学出版社 2000 年版，第 686 页。

我确实具有不可抗拒的诱惑。这意味着至少能够在理性体系内发现一个全面自由的图景。因此，在早期谢林看来，继续把理性的自我设定为第一性原则和哲学的基础，继续推进理性的体系化，是一件不言而喻的事情。也正是这个原因，谢林表述了乐观的理性启蒙信念。但谢林这种乐观主义的激情随着理性启蒙的扩张和现代人性分裂的加剧而逐渐消失。

理性现代性的功利主义、绝对理性主义基于对物质必然性的崇拜，造成人的机器化理解和精神存在的边缘化。愉快的艺术感知、鲜活的有机自然、自由而诗意的人生，都在渐渐远离人们的视线。理性现代性的所有错误根源于对物质的极端理解、将牛顿力学所表述的必然性普遍化。因而，反思启蒙的过失、纠正启蒙现在性的偏差、重建启蒙的合理性与合法性就需要改造启蒙哲学。不过，谢林并不同意费希特用精神取代物质、用自我换取自然的哲学来扬弃启蒙哲学。在谢林看来，如果说启蒙哲学是为了客体而丢失主体的独断论的话，费希特的哲学则是为了主体而忘却客体的自我哲学，同样是错误的。人的世界和对人的世界的理解的前提只能是物质与精神的统一。因而，谢林将物质性和精神性的贯通视为自己改造启蒙哲学、超越费希特自我哲学思想使命。

西方哲学史上有许多人企图在物质与精神之间保持中立，斯宾诺莎最为典型。他的所谓神既是精神，又是自然。自然以精神为本质，精神以自然为存在方式，两者合而为神。可以说，在谢林之前，斯宾诺莎是把物质与精神对等地同一起来的第一人。但是斯宾诺莎没有解决与自然对等同一的精神是如何认识自然和自我的问题。谢林认为，解决这个问题的前提必须首先设定主体与客体、自我与非我、思维与存在都来源于世界自身的绝对同一，自然与精神本来就是绝对同一的两方面，自然是可见的精神，精神是不可见的自然。精神面对物质进行思想时不能像亚里士多德那样只发问是什么（Sein），而应该追问这是什么（Dasein），这就是说，是向具体的存在提问而不是在言说抽象的存在。在具体的存在中，有限与无限同样真实，主观与客观同样真实，根本上说，真实就是它们的彼此同一。

物质与精神的同一、自我与自然的同一赋予了知识以新的使命，知识是有创造能力的存在，存在是知识的产物。在谢林的心目中，斯宾诺莎所说的实体既是自然，又应被诠释为按照主体内在必然性运动的形式，实体是自然的创造力量，又是认识和知识。这样，存在就不仅为斯宾诺莎实体，也应是心智。心智按照主体内在必然性的要求自由能动地运动，因此存在既是自然的创造力量，同时又是知识和认识。如此，存在也就既不是斯宾诺莎的形式联合，也不是费希特的主观全体，而是有限与无限同一的哲学对象。在这里，谢林创立了完全不同于亚里士多德的现代自然哲学，改变了关于自然的思维范式，理性成为说明自然的主要力量。同时，谢林在此又引入了历史主义视域，将自然世界分为质料、无机界、有机界三个递进的因次，将观念世界分为科学、伦理、艺术三个递进的因次。两个世界不同因次在递进的运动中是无意识与有意识统一的创造过程，通过理论活动、实践活动，最后经理性直观实现世界的绝对同一性。谢林的这一哲学思辨，明显表达了一种启蒙哲学缺少的认识论中的现代性的历史进步主义文化意识。

强调物质与精神的同一、自然与自我的同一必然一改启蒙主义对自然冷漠的态度、轻蔑的评价，相反，谢林则对自然充满着尊敬和诗意的态度。其实，即便在启蒙运动中，德意志的启蒙思想家如格劳秀斯、莱布尼茨、莱辛、温克尔曼、歌德、康德、赫尔德都对自然深怀敬意，对自然的恭敬是德意志文化不同于英法文化的传统所在，德国浪漫主义思想家们更是以自然为师、以自然为法。谢林就一再强调，要实现对自然的真正拥有，就必须返回自然本身，从自然本身的角度来认识自然，而不能用人的意志强加于自然，对自然要采取理性直观的态度。在理性直观中，自然与诗一样，既是创造者，又是创造物，自然成为无意识的诗，只不过自然是从无意识到有意识，艺术是从有意识到无意识。由此可见，谢林对自然进行了一种诗意的构造。在这种诗意构造中，自然从僵死的物质中复活，变成了富有生命力的存在，对自然的敌视、征服转为对自然的爱慕和欣赏。谢林对理性主义自然观的批判、扭转所形成的新的自然与人的关系的理论日后成为马克思批判资本主义自然异化和人的非人化的思想资源，并在当代社会批判理论的发展中影响着法兰克福学派。同时，谢林的诗意自然观也深深触动了叔本华、尼采与海德格尔，进而启示了当下后现代生态文化意识。

二　艺术：审美现代性的分化与超越

德意志文化启蒙的最重要贡献是建立了审美现代性。审美现代性的核心在于对美和美与艺术的关系的理解。美的独立和将艺术本质设定为美标志着审美现代性的建成，它也是审美现代性的基本内核。然而谢林却对此持批判的态度，认为美和以美为本质的艺术都是启蒙理性预制的，而理性预制是不可能产生真正的艺术的。对此他批评道："基于经验主义心理学对美好者加以阐释，并以启蒙运动的观点通常将艺术瑰宝似乎化为乌有，犹如这一时期对待关于幽灵之说和种种迷信。"[①] 而"所有这些自由思想和启蒙运动，并没有任何微小的诗歌成就"[②]。在谢林看来，美如果是独立的，那么，艺术也应该是独立的而不能以美为本质，因为"特殊者绝对独特性的概念首先是对艺术说来至关重要，其原因在于：艺术的主要作用正是植根于此。而这一独特性之所以发生，恰恰是由于每一物体自身对身说来是绝对的"[③]。艺术就是艺术，自身绝对，美不是艺术的本质规定，艺术不一定是美的。艺术不是认识、不是道德，也不是审美，而是一种独立的生存方式和价值方式。可以这样理解，谢林将艺术从美的构架中分离出来，为艺术展开了一个广阔的表达空间，使艺术从意识走向生存、从观念世界走向生活世界，完全超越

---

① ［德］谢林：《艺术哲学》上，魏庆征译，中国社会出版社1996年版，第15页。

② 同上书，第104页。

③ 同上书，第46页。

了理性主义对艺术的束缚，从而引起审美现代性的分化，为马克思、尼采以及20世纪对艺术的多元理解开径拓路，也奠定了当代的现代主义艺术和后现代主义艺术创作的前期理论准备。

谢林将美与艺术分离的逻辑起点在于理性自我直观是把握有限与无限、必然与自由、物质与精神、自然与自我绝对同一的唯一方式，而真、善、美都不是理性自我直观活动，唯有艺术才是理性自我直观。在艺术活动中，自我既有意识又无意识，意识与无意识相互交融、难分彼此、完全同一。意识的有限性与无意识的无限性使得艺术活动一方面体现了主体理性的客观必然性，另一方面又表达了主体直观的主观自由性，现实地在生活世界中实现了绝对同一的存在，正像谢林所言：“艺术本身是绝对者之流溢。艺术的历史，最鲜明地向我们展示艺术与宇宙的目的，从而与它们为其所预定之绝对同一的直接关系。”①由此，艺术既不是对真的认识，也不是对善的行为和对美的欣赏，“艺术本身不仅是行，且不仅是知，而是为学术所贯穿的活动，或者，反之，是完全成为行的知，换言之，是此与彼的不可区分者”②。艺术成为超越真、善、美之上的最高端活动。

谢林恐怕是西方思想史中最高扬艺术的人，也反观出作为现代人的谢林对机械文化和抽象理性的厌恶。艺术把握绝对同一的性质使艺术成为真正自由自主而又绝对必然的活动：“在艺术中，从绝对的自由中造就出至高的统一和规律；艺术又使我们较之我们企及自然，尤为直接地企及我们自身精神的奇迹。”③根基于这样一种艺术理念，谢林对启蒙主义以自然科学为背景的绝对必然和抽象理性规范艺术的做法提出了严厉的批评，他指出：“艺术家的本能促使他们完全不以牛顿的观点为转移。”④作为独立于真、善、美的艺术

---

① ［德］谢林：《艺术哲学》上，魏庆征译，中国社会出版社1996年版，第26页。
② 同上书，第35—36页。
③ 同上书，第11页。
④ 同上书，第180页。

对世界的绝对同一性的传达是一种普遍性活动，但是艺术的普遍性不同于真、善、美，它以个性创造为特质："艺术中的绝对性始终在于：艺术中的普遍者与其在作为个体的艺术家本身所接纳的特殊者，绝对契合。"① 艺术的个性创造性质使艺术的普遍性卓立于真、善、美的普遍性之外，使艺术自律；同时，艺术的个性创造性质又使艺术活动扬弃了个体无法普遍传达的特殊性，确保艺术中的个性具有广泛的价值认同。所以，谢林认为："作品越具独创性，则越无所不包；唯有从独存性中，须将狭隘的特殊性分离而出。"② 可以断言，普遍性与个性创造的统一确保了艺术表达绝对同一的本质："整个艺术无非是普遍者与特殊者、主观者与客观者之同一的客观的或现实的反映，而且旨在使他们在对象中呈现为相契合者。"③

　　谢林对审美现代性的分化还体现在他对具体艺术形态的独具慧眼上。启蒙思想家温克尔曼、莱辛、歌德的艺术品味极高，但其艺术趣味和爱好则是古典主义的；康德、黑格尔虽不满古典主义艺术趣味的愚腐，无奈艺术品味有限，无法有所标新。所以，他们所建立的审美现代性还带有传统的美学印记。谢林则是一位与浪漫主义诗人交往甚密，参与、评论浪漫主义创作，谙熟古今文学艺术且艺术品味高雅、艺术趣味现代的思想家。在莱辛、康德等人讥笑莎士比亚过于粗野之时，便大张旗鼓地为但丁、莎士比亚、塞万提斯、歌德和浪漫主义诗人欢呼喝彩，站在历史转型的深度与时代发展的高度上理解、评价具有强烈当代意识的作品。在理论上提出了语言何以成为诗、长篇小说的文化价值和诗与思的关系这三个使审美现代性分化的话题。

　　第一，自古希腊到启蒙运动，语言一直被理解为艺术的外在形式。康德将美最终确立为艺术本质后，语言更边缘为艺术所使用的物质材料。谢林提出的语言何以成为诗的话题使语言与艺术本质发

---

① 〔德〕谢林：《艺术哲学》上，魏庆征译，中国社会出版社 1996 年版，第 140 页。
② 同上书，第 111 页。
③ 同上书，第 251 页。

生了联系。谢林认为，语言的基本特征在于其是同一的，所有的对立、矛盾、差异、区别都可以被语言统一，直至成为同一的存在，所以语言是绝对同一的直接表达者。如果诗确实是柏拉图、亚里士多德、布瓦洛、莱辛、歌德、黑格尔所说的最高艺术的话，那么，作为表现绝对同一的最高艺术的诗就必须按语言的要求去创造而不是语言按诗的要求去使用："语言本身无非是混沌，诗歌应以此为其理念创造形体。"① 对此，海德格尔赞扬道："人自己能言语，在语言中具有本质。以此人就提高自己于理智的光明之上。人不是像动物那样反复运动于一种被照亮的东西之内，而是表达这种光明，并这样提高自己于其上。"② 他显然认为谢林是语言与存在关系的最早领悟者。

第二，长篇小说是欧洲文艺复兴特别是启蒙运动中逐渐发展起来的一种现代艺术形成。就文学而言，当时人们还是将诗歌、戏剧文学和散文视为文学主体，长篇小说是不入流的俗文学，启蒙思想家则将长篇小说看作教育和宣传的形象方式。谢林则根据艺术不是美的原则，认为长篇小说是现代文学中的典型形态。长篇小说同一了诗与散文的冲突，融化了真与善的矛盾，超越了优美与崇高的对峙，成为生活世界的写照："长篇小说应成为人世沧桑和生活的一面镜子，因而不能成为习尚的局部图画。"③ 那么"长篇小说不应成为什么：既不应成为美德与恶行之图示，又不应成为个人心灵之标本，犹如为陈列馆所制作者"④。谢林对长篇小说的现代性理解使小说脱离传统美的本质和诗的规范，极大地丰富了文学审美现代性，使文学开始深刻地步入日常生活世界。谢林之后，马克思从日常生活批判出发，进一步阐发了小说与生活的现实关系，使小说具有社会批判功能。

---

① ［德］谢林：《艺术哲学》上，魏庆征译，中国社会出版社 1996 年版，第 306 页。
② ［德］海德格尔：《谢林论人类自由的本质》，薛华译，辽宁教育出版社 1999 年版，第 217 页。
③ ［德］谢林：《艺术哲学》上，魏庆征译，中国社会出版社 1996 年版，第 355 页。
④ 同上书，第 354 页。

　　第三，诗与思之争始于柏拉图，它源自苏格拉底的真、善与美之争。这是一个古老的话题，但是在近两千年的争论中，思高于诗，真、善重于美的声音一直为主旋律。谢林之前，康德以其伟大的智慧和洞察力表明了诗与思同价、真善美同值的态度。然而，黑格尔在其逻辑历史的描述中将美视为真的初级阶段，将诗看作思的童年。谢林则认为唯有艺术才能理性直观绝对同一，诗超越思、艺术涵括哲学，从而使诗与思之争的古老话题具有了现代性。

　　谢林曾翻译过但丁《神曲》的一些片段，《神曲》中地界、净界、天界三个世界被谢林喻为世界的三种存在：自然界、历史、艺术。孕生万物的自然界如同《神曲》中的地界，客观、混沌、自在；意识明确的历史像《神曲》中的净界，自觉而又努力向绝对同一前行；艺术则是《神曲》中的天界，它在自然与自我、有意与无意、有限与无限的统一中与上帝相遇，实现了绝对同一。在谢林那里，艺术与哲学同源、诗与思同一，"艺术则依然同哲学有着最直接的关系，同哲学的差异仅仅在于：艺术具有所谓特殊性之规定，并属于映象；如果将此排除，它便是理论世界的最高幂次"①。柏拉图当年否弃了艺术却留下了诗，认为真正的诗如同哲学，可以发现理念。而谢林却相信艺术是哲学之母，哲学因艺术的哺育才得以发扬壮大如同百川归海："哲学则是通过艺术直接客观化；而作为现实事物之精神的哲学理念，则通过艺术成为客观者。正因为如此，艺术在理念世界所据有的地位，犹如有机体在现实世界中所据有者。"②

　　谢林关于诗与思同一、艺术与哲学同源的思想挑战了西方关于思高于诗的传统判决，疗治了黑格尔艺术是哲学的初级阶段的理性过度症，对海德格尔产生了巨大的影响，成为海德格尔对诗与思关系的理解的思想资源，引发了海德格尔在生存意义上对诗与思关系的领悟："思想家的思想和诗人之作诗一样，并非某一个别化的人

---

① ［德］谢林：《艺术哲学》上，魏庆征译，中国社会出版社 1996 年版，第 37 页。

② 同上书，第 39 页。

内心的'体验'流溢，在这样的过程上然后沉积下某些体验来，只要是本质性的，思想和作诗便是一种世界进程。"① 伽达默尔等许多后现代思想家在这一方面也十分认同谢林，称谢林是第一个确立艺术与哲学现代性关系的人。谢林与歌德、席勒、海德格尔共同确认了艺术与哲学、诗与思的同源性，他们是真正的"诗人哲学家"。

三 神话：历史逻辑的人性回归与认同

艺术是人类确证存在与意识、物质与精神、客体与主体、必然与自由、自然与自我、有限与无限绝对同一的最终方式，这表明人类的活动展开为历史过程。历史的逻辑究竟为何是一个重大而严肃的问题。古希腊人认为历史的逻辑是命运逻各斯，中世纪认为是上帝的决断，启蒙主义认为是先验的理性必然。谢林却对这所有的论断缺乏人性而表示怀疑。他认为，历史的逻辑一定与设计并按照这设计行动的人有关，只有回到历史中才能真正发现人类历史逻辑，历史逻辑才能真实地向人回归，为人自己所认同。为此，谢林以同一哲学原理对神话进行了深入的文化研究，他相信，神话曾是人类真实的生存状态和日常生活内容，通过神话的文化解读一定能够揭示历史发展的真实逻辑。

在谢林的心中，神话以一般与特殊的统一为本质，在神话中，绝对同一在感性的具体形象中得到完满的表现。神话中的神不是主宰人的超验上帝，也不是远离人的可怕拜物。神话中的神是人性的集体对象化，是人类理智、想象、情感的创造性表达，是人类对自我、自然、世界理解的客体化。谢林诠释的神话不仅是一种文化意识，也是文化存在："神话即是世界，而且可以说，即是土壤，唯有植根于此，艺术作品始可吐葩争艳、繁茂兴盛。唯有在这一世界的范围内，稳定的和确定的形象始可成为可能；只有凭借诸如此类

---

① ［德］海德格尔：《谢林论人类自由的本质》，薛华译，辽宁教育出版社 1999 年版，第 88 页。

形象，永恒的概念始得以呈现。"① 神话使人们对曾在生活的意义有所觉悟，对将在的生活有所渴望，对现在的生活有所超越，神话成为人类的真实历史，神话中神的交替实质上是人类的生活的演进和人类自我意识的不断发展。也缘于此，"神话的每一形象在理念上是无限的"②。神话的这种文化实质使神话具有了类的属性，神话不是个人的作品而是民族的集体认同与表达，是民族性格、习俗、规约和精神的创生。所以，"神话既非个人的创作，又非类属的创作"③，而是全民族的创造。谢林的观点显然不同于启蒙主义的单一理性论和个人至上论。谢林将神话分为希腊神话和基督教神话两种类型，也是历史发展的两个阶段。

第一，希腊神话是一种现实主义神话。希腊人统一于自然中，观念退居次要地位，"希腊神话中的诸神乃是所谓自然实在；在这些自然神势必与其由来相背离，并成为历史实在，以名副其实地呈现为独立不羁的诗歌范畴的实在。只是就此而论，他们必将成为神，迄今依然是偶像。因此，希腊神话之居于主导地位的本原，始终是有限的成分。在近代文化中，我们看到所谓对立者。近代文化将宇宙仅仅视为历史，仅仅视为精神王国；正因为如此，它呈现为对立。可能存在于其中的泛神论，唯有通过时间范畴的限制，凭借历史的限制始可形成，其中的诸神堪称历史之神"④。所以希腊神话具有强烈的人性历史关怀，"古人将神话以及荷马史诗视为诗歌、历史和哲学的总的渊源"⑤。

第二，基督教神话是产生于希腊神话之后的神话，是一种观念的神话。谢林在论述基督教神话时发现，希腊神话是一部关于自然的生活全书，而基督教神话则是关于自然的生活全书的历史回忆录，"基督教神话的质料，是对作为历史、作为幻象世界之宇宙的

① ［德］谢林：《艺术哲学》上，魏庆征译，中国社会出版社 1996 年版，第 64 页。
② 同上书，第 79 页。
③ 同上书，第 73 页。
④ 同上书，第 112 页。
⑤ 同上书，第 75 页。

普遍直观"①。也就是说，"在基督教中，神圣的本原不再在自然中展示自身，而只是在历史中被认识"②。从谢林关于基督教神话的论述使人感到一种对古希腊生活的眷念和对中世纪以来的生活的感伤。其实这是德国近代文化的一种普遍的情怀，温克尔曼对希腊艺术的张扬、歌德对希腊古典主义自然观的推崇、席勒对素朴诗与感伤诗的评价，谢林的神话理论都是这种普遍情怀的表达，其实质在于对机械文明造成人与自然分离的无奈，对启蒙理性伤害人的自然天性的不满。谢林相信，面对神话可以使人类正视自身的历史，唤起人与自然统一的自觉意识，用艺术、哲学的精神之光温暖启蒙理性造成的心灵冷漠。而且，在谢林看来，神话，与艺术、哲学本不可分："神话则是绝对的诗歌，可以说，是自然的诗歌"③，"神话乃是任何艺术的必要条件和原初质料"④。同样，"神话既然是初象世界本身、宇宙的始初普遍直观，也就是哲学的基础，而且不难说明：即使希腊哲学的整个方向，亦为希腊神话所确定"⑤。

对神话的解释就是对人类自身的精神史和生活史的探究，生活的意义被精神的价值所决定，神话的文化阐释最终要关涉人的生存本质。与康德等其他德国古典哲学家一样，谢林也将人的本质确定为自由。1899 年，谢林发表了关于自由的论著，海德格尔特赞此书"是德国哲学最深刻的著作之一，因而也是西方哲学最深刻的著作之一"⑥，并认为谢林坚持："如果个人自由现实地存在，那这终归意味着它以某种方式与世界整体共存。"⑦ 所以，与康德将自由看成不可感知的道德律令、费希特将自由视为绝对自我、黑格尔将自由理解为绝对理念不同，谢林的自由不是单纯的精神特权，也不是无

---

① ［德］谢林：《艺术哲学》上，魏庆征译，中国社会出版社 1996 年版，第 87 页。

② 同上书，第 96 页。

③ 同上书，第 65 页。

④ 同上书，第 64 页。

⑤ 同上书，第 76 页。

⑥ ［德］海德格尔：《谢林论人类自由的本质》，薛华译，辽宁教育出版社 1999 年版，第 3 页。

⑦ 同上书，第 76 页。

意识的欲望放纵，而是人在生活世界中可以被自我与他人感觉到的自主选择能力。

人的自主选择能力可使人在生活世界中将自然与自我、客观与主观统一起来，使"自然变成精神性的，精神变成自然性的"[①]。众所周知，理性主义自由学说建立在牛顿力学基础上，机械性质严重，只从感性角度理解人性，功利主义色彩严重。而康德的自由论道德意味过浓，费希特、黑格尔的自由论基本上是一种精神学说，而谢林的自由论却具有一种感知与行为相结合、意识与能力相关联的实践品格。正是这种实践品格，谢林的自由也是有限与无限的统一："作为自由，人的自由是某种无条件的东西；作为人的自由，人的自由是某种有限的东西。"[②] 作为人的终极关怀的自由是无限的，而作为现实生活条件中的人的自由则是有限的，这突出地体现在恶和善都是人的自由的产物的矛盾中。海德格尔敏锐地发现："自由在谢林那里被理解为致善和致恶的能力。"[③] 而自希腊至康德以来善为自由已成为主流观点，恶为自由所致显然是一个极富现代性的当代命题。海德格尔认为谢林的"恶是人类自由存在的一种方式"[④]。只有人才可能具有恶，"一个动物永远也不可能是'恶的'"[⑤]，恶的存在乃是人类自由的可能性选择，自由首先须面对恶，所以，作为自由的一种可能的生存方式，恶不是不道德而是善的对立面。因恶而善，有恶才有善，战胜了恶才诞生了善，谢林的善恶观显然开启了黑格尔、马克思、克尔凯郭尔、海德格尔或辩证的或实践的或在生存意义上的领会善恶的现实关系，使善恶在自由的存在层面上超越了世俗的好坏和日常的道德规范而具有了某种形而上的终极关怀。自由、善恶与上帝照面，正如海德格尔指出的那

---

①　[德]海德格尔：《谢林论人类自由的本质》，薛华译，辽宁教育出版社 1999 年版，第 91 页。

②　同上书，第 107 页。

③　同上书，第 150 页。

④　同上书，第 171 页。

⑤　同上书，第 221 页。

样：谢林的表达方式是"神是一切。同我们的问题相关联，我们必须敢于提出这一表达方式：神是人。但这里的'是'自始就非意味着同类性。同一性差异物相互从属的统一性，所以人以之已经被设定为与上帝相对的某种差异物……上帝是人，上帝作为根据使人作为结果存在"①。"真实的自由是在于同一种神圣的必然性相一致。"② 正是如此，海德格尔才说谢林的思想是本体论的又是神学的，认为谢林使现代哲学基督教化。实际上，启蒙思想家们、康德、黑格尔将上帝作为自由和善的原则本身就宣告了启蒙理性的危机，谢林拯救危机的办法就是将上帝作为可能实现人的自由的意义前提，使自由成为择恶择善的能力，赋予自由以责任的性质，使自由成为一件极为严肃的人类事业。对此，当代思想家蒂利希深受影响，说谢林决定了他的哲学与神学的发展。

在谢林的思想中，恶不能直接归因于上帝，否则上帝将是万恶之源。人存在于自由之中，自由源于上帝，但人却不是上帝，人必定从上帝之在中分离出去，这是人之恶的本原。克服了恶，实现了善，人才真正获得了解放，人的自由能力才转化为人的自由生存状态。如此，自由便与人类的历史息息相关。人生活在世界之中，人为绝对同一所关怀，绝对同一在世界的展开就是世界历史。谢林将世界历史分为命运、自然、天意三个时期。命运时期是远古至古希腊时期，它给人们留下的是古代国家勃兴和覆灭的光荣回忆。自然时期从罗马共和国开拓疆界开始。在这一时期中起作用的是自然法和各民族之间交往的确立。自然法和民族交往形成了各民族的联盟和世界国家。当自然法转变为天意时，开始了第三时期。谢林无法回答这个时期将从何时开始。但是，当这个时期到来时，上帝也将来到，天意时期"历史现在不再是人们放在和脱在自己后面的过去

---

① ［德］海德格尔：《谢林论人类自由的本质》，薛华译，辽宁教育出版社 1999 年版，第 131 页。

② 同上书，第 309 页。

的东西，而是精神本身不断生成的形式。这是那个时代的伟大发现"①。从谢林对世界历史的理解中可以看到，由于世界历史是绝对同一的展开，世界历史的变化便成为充满艰辛、痛苦又怀有希望、努力奋争的人类进步的历史。而且在这个历史中，每个阶段的人类是有限的，但人类的进步则是无限的，历史的发展与美好前景则是永远的。所以对人而言，历史属于每个人自身，是个体人的生存物化与写照。历史又是超人的，历史的性质与发展前程取决于历史中全部人类对历史本质即绝对同一的认识和把握。因而，人类对历史负有共同的责任与义务。

谢林的历史理论是其艺术哲学与神话学说的重要内容，是谢林理解艺术使命与神话功能的起点和归宿。谢林的历史理论与他的神话学说一道提升、加深了由维柯在《新科学》中创立，后经温克尔温、莱辛、赫尔德等启蒙思想家拓展，再到康德、歌德、席勒等德国古典美学家深化的审美现代性的历史维度，为黑格尔美学历史化提供了有益的理论探索，为马克思、黑格尔运用历史的、艺术的双重标准评判当代资本主义艺术状况提供了思想参照，为20世纪法兰克福学派、日常生活批判理论和萨特存在主义批判当代审美现代性的失范做了一个范本。

以上通过三个角度的分析，讨论了谢林在启蒙语境中重构审美现代性的努力。尽管谢林依然如同康德、费希特一样重视理性的力量，但是他的自由论还是受到了海德格尔的赞扬。相比之下，海德格尔却批判了同样重视理性的康德的自由论：康德的主体自由在理论层面服从因果律，在实践层面服从自我意志，两种自由互不关联，自行其是。② 海德格尔在完全熟稔康德弥合分裂的状况下依然指认这种分裂，显然不是针对分裂本身，而是质疑审美反思判断力的真实启蒙能力。而对于谢林的赞扬则表明，海德格尔更倾向于谢

---

① ［德］海德格尔：《谢林论人类自由的本质》，薛华译，辽宁教育出版社1999年版，第74页。

② 同上书，第140—141页。

林的艺术启蒙论。作为本体的艺术最终在谢林这里完成了对理性一体化的替代，这种审美现代性重构应该是德意志文化启蒙中最为鲜明的转折，一系列新的审美现代性话语由此涌出，成为当代启蒙反思的重要资源。

至此，本章的论述已来到出口处。如果我们将德意志的文化启蒙和审美现代性比喻为一个主体的话，那么这个主体首先是混沌地存在于近代德意志的文化生态中。随着启蒙运动的展开，这个主体则像一个新生儿一样睁开了眼睛，将美和艺术的自主性纳入启蒙谋划中。理性现代性由此有了一个"他者"。但康德将这个他者具体化和实证化，并纳入其理性现代性设计的规约者、审查者和助力者的轨道上。随着启蒙的深化，审美现代性也有了自我确证的要求，即作为启蒙功能执行者的合法性身份确认。黑格尔与谢林分别从和解与绝对同一性的概念出发，在两个方向上丰富、重写了康德与费希特的审美现代性。这也导致了启蒙的深入发展和审美现代性的重大转折。

值得再次重申的是，德意志审美现代性在根本上依托的是德意志文化生态。正是这种独特的文化生态才最终确立了德意志审美现代性的性质和根本作用。它是德意志文化启蒙的结果、表现，也是其核心。这种文化潜在的生产力与康德以降的审美现代性话语互相扭结、交织，形成了宏大的德意志审美现代性潮流。其主旨依然是启蒙，是对德意志民族以及欧洲民众的启蒙。这一点在笔者后面的展开中将会看得更清楚。比如早期浪漫派的"神话诗学"话语，施莱格尔兄弟、荷尔德林、诺瓦利斯、施莱尔马赫、蒂克等，将神话、耶稣基督和酒神狄俄尼索斯精神混合，将感性与理性合一，高扬艺术一体化的旗帜，其精神场域绝不仅仅限于德意志，而是面向整个欧洲和西方，那种古罗马帝国的梦想仿佛再次被点燃。而浪漫派的前辈们，如温克尔曼、歌德、席勒、赫尔德、威廉·洪堡等人，集中于对整个古希腊艺术与公民生活的思考，即便理性的黑格尔也未能摆脱希腊想象的诱惑。这表明，希腊想象不仅是启蒙的，不仅是推广艺术公共性的，还在于它的整个欧洲性质，它代表着德意志文化中的帝国基因。在神话想象和希腊想象基础上生成的造型话语和美育话语，则更直接地表达了德意志选择艺术作为文化启蒙的旨归，即那种以希腊艺术精神为典范的现代公民培育。总而言之，德意志的文化生态要素是其审美现代性的基础性要素，所有的审美现代性话语皆有其文化上的基因。不理解这一点也就不理解：为何在启蒙饱受诟病之时，从英、法等国手里接来启蒙接力棒的，不是其他国家，而是德意志。

第二章

德意志审美现代性的
"神话诗学"话语

现代性是自 18 世纪后期就已被广泛关注的主题。哲学家、文学家、社会学家、政治学家都在各自领域、按照各自的逻辑进行了深入探讨。但是当我们真正面对现代性这一不可规避的文化景观时，似乎还是会显得有些茫然。哈贝马斯指出黑格尔使现代性脱离了外在于它的历史范畴，而将它升格为一个哲学问题。个体的主体性与自我意识的生成或走向自觉成为现代性的本质规定性之一，主体性原则确立了现代文化形态。现代性的矛盾和紧张正是由主体性原则这一现代性的核心概念所引发的，体现在以工具理性为代表的启蒙现代性与以价值理性为代表的审美现代性之间的张力上。

启蒙曾试图借助理性填补上帝的缺席，重构一个新的意义世界。然而，理性自身应包含的两个维度——作为理性目的的价值理性和作为理性实施手段的工具理性，这两个维度在启蒙的过程中严重失衡。启蒙被简单化为单一的理性形态——工具理性，工具理性成为最高的主宰，"一切都必须在理性的法庭面前为自己的存在作辩护或者放弃存在的权利。思维着的知性成了衡量一切的唯一尺度"①。然而工具理性的独自尊大不但未能实现人的自由和解放，

① 《马克思恩格斯选集》第 3 卷，人民出版社 1995 年版，第 355 页。

反而导致了主体和客体的分离与对立。以工具理性为代表的启蒙现代性，尽管有其客观性与合理性，但在宗教死亡之后，却缺乏令人信服的道德和形而上理由。工具理性的合法地位受到质疑，人们逐渐认识到工具理性并不是现代性的全部内容，意义本原丧失所带来的心灵危机使得人们要求为自己的存在寻求新的立法根基。这时西方思想家发现了审美，他们一方面对启蒙现代性展开猛烈的批判，另一方面企图借助艺术消除现代性的分裂状态。审美现代性在这样的情境下作为启蒙现代性的批判者出现，有其深刻的思想文化背景。值得注意的是，审美现代性的建构依然是在现代性的核心概念主体性原则的框架内，只不过倡导的是感性主体而非理性主体。审美现代性既推进了现代性的主体原则，又作为一种力量不断消解启蒙现代性的理性原则，它并非要单纯地拒绝或否弃现代性的一切，而是要纠正现代性将重心放在理性原则上所造成的失衡状态。审美现代性以完整人的建构来审视、反思、考问现代性自身，力图为个体的生存提供价值和生存论基础，它以深刻的危机意识为自己在现代性视域中赢得了话语权利。可以说，现代性是一个多重建构的历史过程，审美现代性与启蒙现代性一样同为现代性的组成部分，它们的矛盾与反抗构成了现代性内部的一组张力。

在宗教死亡之后，欧洲各工业国家由于缺乏一种对公民具有代表性的约束力使得人们强烈地感受着生存意义的危机。诚如弗兰克所言：政治管理事务以我们在普遍情况和特殊情况下应遵循的社会性一致模式作为前提。这种一致性一旦失去效力，社会共同体就会面临正当性危机。虽然，危机之后这个共同体还会像一个得到恰当照料的机器一样运转，但却不会再为身处其中的公民树立抉择标准、不会再考虑人之意义的追求。也就是说，管理机制、政府机构和经济运转通过将社会成员统一为一种"普遍意志"（der allegemeine wille）摆脱了控制，而随后这种意志将被体验为对个人充满敌意、无法为他所理解，甚至给他带来毁灭性的厄运，在日常化的理解中个体找不到"价值"和"意义"。因此，出现了众多逃离社会的现象。人们有的逃入宗教，有的逃向毒品。这就使得我们不断地与一个主题相遇：文化批判开始讨论对神话与宗教意义关联的评价与重建。"多年来，它仅在文学创作中显形，最近却成了我们的现实文化和社会中最引人注目的想象之一，这即是热衷于追问不限于艺术也包括我们的社会生活本身在内的神话之维（mythische Dimension），以及在普遍意义上的宗教之维（religioese Dimension）。"①

生存意义的危机相当古老，深受启蒙运动和浪漫主义两种文化熏陶的德意志浪漫派早在人们对理性感到普遍失望之前，就深切地领悟到绝对理性本身势必陷入深刻的意义危机。他们试图突破启蒙现代性的重围，带我们重回被人们遗忘的艺术，让艺术、神话担负起了现代性批判和重建的重任。"德意志浪漫派（die deutsche Romantik）是近代第一个这样的历史时期，这时，人们将国家和社会的异化（Entfremdung）问题［也即'沟通制度'（System der Mittel）与公民的意义诉求问题］描述为正当性缺失问题，并以宗教的术语展开论述。"② 德意志浪漫派首先表达了"新神话"的诉求。然而，德意志浪漫派为何如此执着地探寻"神话"？在德意志浪漫派那里究竟将神话看作什么？为什么在这个时期对神话的思考具有如此的吸引力？这些是笔者首先要考虑的问题。对于究竟什么是神话，笔者并不想给神话下一个定义，因为神话的统一定义并不存在。笔者也不关心单个神话故事的文本结构及叙事，笔者关心的是从文化史的角度，在整体上进行神话思考的意义及可能性。也就是说笔者不是从神话的内容与结构入手，而是从神话的社会性入手进行研究。

---

① ［德］弗兰克：《浪漫派的将来之神——新神话学讲稿》，李双志译，华东师范大学出版社2011年版，第2页。

② 同上书，第3页。

第一节 德意志浪漫派神话诗学
建构的社会情境

一种思想的内在精神和特征总是与时代的文化境遇相关。在这一节中笔者把德意志浪漫派"神话诗学"的产生放入一个大的文化背景和思想史的发展过程中去，将启蒙运动独尊理性而带来的意义危机与德意志浪漫派"神话诗学"的产生相联系，指出德意志浪漫派的产生是对启蒙运动分析理性所造成的人之意义危机的拯救，并进而阐明德意志浪漫派对人之意义危机的拯救是通过神话这一媒介来实现的。

一 意义危机：启蒙运动的弊病

启蒙运动与德意志浪漫派的产生有着紧密的联系。从某种意义上来说，德意志浪漫派是以启蒙运动的对立面出现的。与启蒙运动强调"理性"不同，德意志浪漫派强调"神话"的强大作用。德意志浪漫派对同一性的强调，对艺术、神话问题的关注都是源于对理性必将陷入危机的深刻体悟。

17 世纪至 19 世纪初，在欧洲各地先后兴起了启蒙运动。它最初产生于英国，而后发展到法国、德国与俄国。此外，荷兰、比利时等国也有波及。就其精神实质来看，启蒙运动是文艺复兴运动确立人在宇宙中主体地位的人文精神的继承和发展。启蒙思想家们接过文艺复兴时期人文主义者反封建、反教会的旗帜，进一步从理论上证明了封建制度的不合理，提出了一套符合社会发展进程的哲学、政治、社会改革理论，试图建立一个"理性"的社会。启蒙运动虽然在各国发生的时间不同，表现也有差异，但启蒙时代仍呈现出一些共性，体现在：其一，与以往的"启示宗教"不同，产生了各种各样的"自然宗教""无神论"，哲学与宗教关系发生了根本转变。他们用信仰自由对抗宗教压迫，用自然神论、无神论来对抗基督教，用"天赋人权"来反对"君权神授"，用"法律面前，人人平等"来反对贵族的等级特权。其二，由于自然科学的影响，人们相信支配人类社会的法则可以被人的理性所发现，所有的一切都可以依靠理性解决。理性被凸显出来，成了人的本质，也成了思想家认识的标准和基础，世界处于理性的认识中。其三，随着"理性"唤醒的主体意识的增强，在政治上，他们反对蒙昧主义、教条主义、专制主义，提倡法制和政治思想多元化，要求用政治自由对抗专制。近代政党的雏形开始形成，出现了各种政治性质的俱乐部、沙龙和团体关心、干预社会政治事务。其四，出现了大量的各种传播科学、理性思想的读物，人文主义思想得到普遍发展和传播。①

启蒙运动的发生并非偶然。首先，它适应了资产阶级反封建、反专制制度的时代要求。17—18 世纪，西欧资产阶级的力量日益强大，握有雄厚的经济力量。但是，垂死的封建专制制度是他们进一步发展的巨大障碍。为了推翻"旧制度"，资产阶级必须为新的思想制造舆论。其次，启蒙运动的发生与自然科学的发展有密切关系。"启蒙运动哲学，通过对自然科学的形而上学的依赖，通过自身的心理学路线，为人类社会的巨大组织及其历史发展勾画出基本思想的轮廓。"② 在 17—18 世纪，自然科学有了突飞猛进的发展，自然科学的发展为启蒙思想提供了锐利武器，启蒙思想家从新兴的自然科学中寻找到了理论根据和思想方法。笛卡尔和培根有力地粉碎了束缚人们头脑的中世纪经院哲学枷锁，提倡研究自然界客观事物并进行科学实验。笛卡尔认为认识世界和取得知识的唯一方法是数学推理；培根则提出了从特殊到一般、从具体到抽象的归纳法；牛顿在物理学方面发现了一个基本的宇宙法则，这个法则既支配整个宇宙，也支配最微小的物体。这样一来，在牛顿的影响下，自然界俨然成为一架按照自然法则运行的庞大机械装置，这架机械装置

① 参见高宣扬《德国哲学通史》第 1 卷，同济大学出版社 2007 年版，第 78—80 页。
② ［德］文德尔班：《哲学史教程》下，罗达仁译，商务印书馆 1993 年版，第 710 页。

可以靠观察、实验、测量及计算为人们所认知。自然的本质不是活动，生命也不是精神，而是一种惯性。精神在自然中死亡，自然也失去了神圣的象征力量，变成了无灵魂的原子，而自然失去了精神性也就失去了建构诗化世界的能力。"中世纪主义者活生生的世界，是美、本能与意图相结合而成的世界……如一种错觉一样被遗弃了。世界根本就没有客观的存在。真正的世界，是科学揭示的世界，是物质粒子按照数学规律在时空中运动的世界。"[1] 这便给启蒙运动的意义危机留下了伏笔。

德意志启蒙运动是在特殊的历史条件下发展起来的。当笛卡尔的思想在法国深入人心之时，德意志还在忙于宗教征战。1650 年笛卡尔与世长辞，启蒙运动在法国已取得了长足发展，而德意志"三十年战争"刚刚结束两年。由于战争的破坏，市民阶级忙于为生计奔波，不能像法国的市民那样积极参与启蒙运动。可以说，"三十年战争"对德意志的影响异常惨重，它使德意志的分裂更加严重，经济遭到严重破坏。长期邦国林立、四分五裂和战争频繁的局面，极大地影响了启蒙运动的传播。而版图的不断变更和人口的经常迁移，则形成了德意志人敏感的心理，其内心深处有着深深的不确定感和恐惧感。没有统一的国家、统一的军队、统一的文化、统一的民族意识，德意志文化处于欧洲文化的边缘，中世纪强者的荣誉已成为一种理念深埋心底，德意志人沉默了。然而，在艺术和哲学领域，富于创造的德意志人为自己的精力和能力找到了最佳突破口，寻找到了心灵的安慰，得以暂时摆脱现实中的痛苦和疑惑。此时，德意志在哲学与文学上取得了举世瞩目的成就并从此保持了领先地位，成为"思想家的国度"。

欧洲启蒙运动时期，也是德意志哲学达到成熟、最富理论气息

---

① ［美］浦洛施：《20 世纪哲学的起源：自哥白尼到现代的思想演进》（*The Genesis of Twentieth Century Philosophy*：*The Evolution of Thought from Copernicus to the Present*，Garden City，1966，p. 52），转引自［美］维塞尔《马克思与浪漫派的反讽——论马克思主义神话诗学的本源》，陈开华译，华东师范大学出版社 2008 年版，第 23 页。

和最灿烂的历史时期，深远地影响了整个世界哲学史和文化史的发展方向。德意志哲学界首先出现的是莱布尼茨和启蒙思想，接着产生了从康德到黑格尔的德国古典哲学。虽然"三十年战争"极大地破坏了德意志的政治经济基础，使德意志处于分裂动荡的文化发展中，但是在这一事件的影响下，一大批思想家开始在历史中思索德意志自我文化的认同问题，最终形成了启蒙时代德意志独有的文化景观。启蒙运动作为思想运动，无论是在德意志还是在法国和英国，都是在多学科范围内进行的。德意志启蒙运动是一个光辉灿烂的历史时期，既包含了成批跨学科、百科全书式的文化明星，又在各个领域出现了成批的理论家和科学家，既包括莱布尼茨和康德等一批优秀的哲学家，同时也存在无数多元的、表达不同观点的思想家。这样就决定了笔者对启蒙运动的研究必须打破学科的界限，把它放在更宽广的文化背景中进行分析，从哲学、社会学、人类学、文学、美学等综合学科来进行考虑。詹姆斯·施密特认为："启蒙运动是欧洲一个历史事件，但是，'什么是启蒙'这个问题，却独一无二地是一个地地道道的德国问题。"① 德意志启蒙思想有自己独特的特点。

其一，德意志启蒙运动是在思想领域里进行的。德意志思想家试图通过人的内心世界的改变来达到教育、启发大众的目的并对社会进行启蒙。人们通常认为德意志启蒙精神是软弱的、虚幻的，没有实际的行动。实际上，诚如海涅所说："精神领域已经出现的同一革命也要在现象领域出现，思想走在行动之前，就像闪电走在雷鸣之前一样。"② 谙熟欧洲和德国文化的意大利专家齐亚法多纳这样概括德意志启蒙运动的特征："它导致文化持续的世俗化：不再像16世纪那样，是存在及其最高使命位于思想的中心，而是人、人的本质和人的需要位于思想的中心。最优秀的科学不再是神学或形

---

① [美]詹姆斯·施密特编：《启蒙运动与现代性：18世纪与20世纪的对话》，徐向东、卢华萍译，上海人民出版社2005年版，（前言）第1页。

② 张玉书选编：《海涅文集（批评卷）》，人民文学出版社2002年版，第340页。

而上学，而是关于人的理论。这决定了 18 世纪的特征，因此可以言之有理地把德国启蒙运动称为'苏格拉底世纪'。"① 德意志的启蒙运动像苏格拉底那样，将哲学当作一种教育性的活动，其目的是让人们认识自己，让每个个体都接受教育，在个体改善的前提下建设一个自由、平等、公正、合理的美好社会。

其二，德意志启蒙运动一方面与神学道德、宗教狂热以及欺骗、愚弄人民的思想进行坚决的斗争，另一方面又与基督教思想密不可分。诚如谢林所说，"德国的神学家予以综合，他们不愿损坏与基督教的关系也不愿损坏与启蒙运动的关系，在两者之间形成一个变动的同盟（Wechselbuednis）"②。在欧洲，自中世纪以来，宗教问题就和哲学问题紧密地交缠在一起，但是一直以来哲学都是作为神学的奴仆出现。而在德意志启蒙运动中，思想家们明确地把知性、理性置于信仰之先，将宗教做了哲学的阐释。莱辛坚持宗教真理的内在性，强调信仰完全依据于个人的自主信念。康德对德意志启蒙运动进行了更为全面而深刻的综合，但无论在哪一个时期，他始终坚信理性的力量。卢梭的深刻影响和对英法启蒙运动弊端的深刻感知，康德对理性进行了批判性考察。他高扬主体的认识能力但是又对理性能力进行了限定，给信仰留出地盘。康德认为理性观念无法在感性和知性认识功能的经验世界中把握，它来自人对外在世界的认知，源自对主体自身的反思。理性观念指向自我，它的存在方式不是感性、知性而是审视、评判自我的主体先验理性形式。康德通过对实践理性的探讨确立了他的道德神学。他从人的三大主体功能知、情、意出发，认为只有在道德的领域才能实现人性的统一和完满，上帝只有在道德领域中才能存在。人的道德核心是责任，而责任的基础是对自由的呼唤和实现。我们之所以遵从它是因为它

---

① ［意］齐亚法多纳：《德国启蒙的哲学文本选读与评介》，斯图加特：菲利浦·瑞克拉门出版社 1990 年版，第 13—14 页，转引自张慎《德国启蒙运动和启蒙哲学的再审视》，《浙江学刊》2004 年第 1 期。

② Friedrich Willhem Joseph von Schelling, *Werke: Auswahl in drei Bänden Ⅲ*, *Herausgegeben von Otto Weiβ*, Leipzig: Fritz Eckardt Verlag, 1907, S. 88.

源于我们自身，承认人在世界中的优先权，肯定人在现实存在中的中心位置。自由来自心灵深处对至善的渴望即人类相信人可以无止境地进步，人类的灵魂可以获得无限的提升。对道德的遵从与人的至善的渴望导致在每个人自由意志的尽头都深藏着一个伟大的神圣——上帝。精神世界中道德的终极追求要求我们确立一个上帝的存在；现实生活中对生存的不自由的真切感受，也要求我们相信有一位彼岸之在居于我们心底给我们以慰藉和坚持下去的力量。康德颠倒了以神学为基础的道德秩序，他从道德出发肯定了上帝的存在，在这一肯定中内在的理性精神将我们引向了一个从未有过的生存向度，为我们打开了一个崭新的生活领域，它用关切的目光注视着我们，用自身的神圣感召着我们。在康德那里，真正的上帝是人的自由生存的注解，当人坚信上帝在道德中存在时，人便成为自由的存在。康德超越了纯粹的理性主义，以独特的视域建立了一种包容了理性主义的人本主义，从而在对理性的理解上、对整个人性的理解上达到了难以企及的高度，为争取社会自由的启蒙运动增添了信仰自由的思想深度，为人们推翻封建主义专制意识提供了强有力的思想武器。[1]

其三，德意志启蒙时期的哲学与文学艺术保持了特有的关系。文学艺术在启蒙运动中扮演了非常重要的社会角色，成为启蒙思想独特的话语表达。文学艺术的革新和创作精神推动了社会的变革并直接启发了大众的思想意识。"在探讨德国启蒙时代哲学发展过程时，不可忽视的是当时的文学、艺术以及人文社会科学的其他领域中，出现了一大批优秀的学者，他们不仅在他们所探索的专业中取得成就，而且也同时对哲学思想的发展做出贡献。"[2] 诗人、作家、美学家、哲学家——戈特舍德是最杰出的代表，他的创作掀开了德意志浪漫派文学和哲学的新篇章。在德意志启蒙思想的鼎盛时期，

---

① 参见张政文《关于上帝之在的对话——论康德"批判哲学"的神学观》，《求是学刊》1996 年第 4 期。

② 高宣扬：《德国哲学通史》第 1 卷，同济大学出版社 2007 年版，第 105 页。

包括了德国文学史上最著名的"狂飙突进"运动。启蒙时代，启蒙精神与文学创作理论间的争论，深远地影响了德国思想的发展方向和内容。比如，18世纪50年代—19世纪30年代德国的启蒙悲剧创作构成了一个自身完整的系统，是一种独立的启蒙文化现象，它用具体的戏剧创作回应了德国启蒙文化的独特性景观。在传统社会中，艺术偏向于维系社会的和谐。莱辛、歌德、席勒此时期的悲剧创作不仅注意到了艺术与日常生活的紧密联系，而且对自己所处的社会及其转变给予高度关注并做出了敏锐的反应和深入的思考。他们认为，在提高人的教养方面，剧院的效果比道德和法律更为深刻、持久。剧院用美妙的感觉、决心和激情来增强人们的灵魂，提出神圣的理想供人们仿效。席勒指出，"好的剧院对于道德教养的功绩是如此巨大而且方面甚广，而它对理智的全面启蒙的功绩也不相上下"①。他们将文学批评置于市民启蒙更广阔的公共领域中，不约而同地把戏剧作为宣传启蒙精神的重要途径，剧院成为宣传启蒙思想的阵地。通过对戏剧的批评，剧院作为一种道德机构，其批判的潜力被释放，又因广大市民在剧院被激发起的改变现状、颠覆官方意识形态的愿望而得到扩大。可以说，启蒙时期德国文化借助剧院实现了精英文化向市民文化的转向。剧院实际上为人们提供了借以展开文化话语的场所，人们可以无所遮蔽地、自由平等地交换意见，每个人都是参与者。剧院成为一个娱乐与教育相结合、休息与紧张相结合、消遣与休养相结合的所在。可以说，戏剧在德国启蒙时期扮演了重要的角色，超越了文学的范畴而成为启蒙的共同推进者。在内容上，18世纪50年代—19世纪30年代德国启蒙悲剧一方面反映了人们在追求自由、平等政治权利过程中的悲苦；另一方面通过对人性本身的揭示展示了现代人理性意识觉醒后作为主体的人的悲剧处境。人要求自由、平等的本性在现实生活中却受到压制与奴役，人们开始认识到不平等社会制度的弊端。知识与理性的运

---

① 张玉书选编：《席勒文集》第6卷，人民文学出版社2005年版，第11页。

用在促使人们发现自己并促进近代社会发展的同时，也使人们更深地感受到精神、价值、意义的无所依托。德国启蒙悲剧作家深感知识与理性的界限，开始在理性信仰的维度慢慢调整对宗教的狂热，也开始对人性进行反思，人道和宽容成为德国启蒙悲剧中的主宰精神。"剧院不仅叫我们认识了人类的命运，还教导我们更加公平地对待不幸的人，判断他们的时候更加审慎。"① 从莱辛、歌德到席勒，德国启蒙悲剧为德国民族性与现代性的历史进程建构了一幅反抗暴政与追求平等相一致、理性自由与个性张扬相统一、思想启蒙与社会改良相协调的现代性文化景观。宗白华先生曾分析说："近代人失去了希腊文化中人与宇宙的谐和，又失去了基督教对人超越上帝虔诚的信仰，人类精神上，获得了解放，得到了自由，但也就同时失所依傍、彷徨、摸索、苦闷、追求，欲在生活本身的努力中寻得人生的意义与价值。歌德是这时代精神伟大的代表。他的主著《浮士德》，是人生全部的反映与其他问题的解决 [现代哲学家斯宾格勒（Spengler）在他的名著《西土沉沦论》中，名近代文化为浮士德文化]。歌德与其替身浮士德一生生活的内容，就是尽量体验近代人生特殊的精神意义，了解其悲剧而努力，以解决其问题，指出解决之道。所以，有人称他的《浮士德》是近代人的圣经。"②

其四，"美学"成为新学科。从 14 世纪到 18 世纪中叶，德意志文学艺术创作已积累了丰富的经验。德意志民族特殊的思维能力和卓越的理论能力，促使德意志思想家和哲学家在启蒙运动之前就试图将文学创作活动同抽象的理论概念相结合。他们思考着将文学艺术的创作提升到理论思想的高度，总结一系列具有普遍理论意义的文学艺术理论，包括创立各种文学艺术评论的基本原则。"那些在哲学和政治上难以直接表达的理念，往往更多地通过文学和艺术创造表现出来。"③ 鲍姆加登首次使用"美学"概念，把它界定为

---

① 张玉书选编：《席勒文集》第 6 卷，人民文学出版社 2005 年版，第 10 页。
② 宗白华：《美学与意境》，人民文学出版社 1987 年版，第 66 页。
③ 高宣扬：《德国哲学通史》第 1 卷，同济大学出版社 2007 年版，第 106 页。

一种关于感受性（Empfindlichkeit）的认识理论；认为它应该与更高级的理智（Verstand）即逻辑学相对应。

二　意义拯救：浪漫主义运动的旨趣

浪漫主义是一场综合性的文化运动，涵盖了哲学、宗教、文化、政治以及自然科学研究等多方面。由于浪漫主义涉及几类互不相干的事实和倾向，不是普通意义上的运动也不是某个群体采纳的一个纲领。因此，给浪漫主义下定义的任何企图都是徒劳的，"必须把它看作一种时代精神，而不是一种意识形态"①。浪漫主义自产生之初就与文学艺术紧密相连，这决定了我们的研究视角必然要从浪漫主义的艺术出发。我们最好不要陷入浪漫主义这个术语本身的历史麻烦中，就目的而言，只需要考虑两个问题：其一，浪漫主义在人类思想文化史的演进中开启了怎样的精神转向。其二，德意志浪漫派在德意志思想文化史上占据怎样的地位，为德意志哲学提供了怎样的养料。

滑铁卢战役之后，法国被盟军占领，波旁王朝复辟，欧洲面临着遏制革命和文化重建双重任务。在1789年到1815年间，提出的思想和希望，包括这期间激励着人们奋斗和被人误用或误解的主张都需要重新审查、修改以适应新的时代。这种反对抽象推理、寻求秩序的努力形成了一场持续不断的运动，历史上称为浪漫主义。浪漫主义作为欧洲的一种文化现象，从某种意义上说是作为启蒙运动的对手出现的。英国哲学家罗素曾说："浪漫主义运动与启蒙运动的关系在某些方面使人联想到狄俄尼索斯态度与阿波罗态度的对照。"② 同时，启蒙运动、法国大革命的失败及这一切造成的内心孤独，也对把浪漫主义推向前台起了一定的作用。

从社会和历史发展的角度看，法国大革命是在启蒙思想的感召

---

① ［美］雅克·巴尔赞：《从黎明到衰落》，林华译，世界知识出版社2002年版，第467页。

② ［英］罗素：《西方的智慧》，崔人元译，世界知识出版社2007年版，第277页。

下开始的，它如同一把巨大的扫帚，清除了过去时代所有妨碍建立现代国家的最后障碍，人们为"自由、平等、博爱"而欢呼。但是雅各宾派的专政和波旁王朝的复辟以及革命后由理性的胜利建立起来的社会制度和政治制度令人失望至极。对资本主义社会秩序的不满和对理性的失望成为催生浪漫主义产生的历史因素。从思想文化史的演进来讲，浪漫主义的兴起是对西方启蒙现代性的批判。18世纪是欧洲理性启蒙的世纪，人们的目光只盯住科学和理性。近代的自然科学诞生于封建势力和神学统治的夹缝中，先进的知识分子在认识和征服自然的冲动下努力去发现自然界的秘密。科学迅速发展，对科学知性前所未有的推崇，形成了数学式、定量式的思维方式，而这种思维方式逐渐成为解释世界和人生的首要工具。近代的启蒙理性在牛顿力学的基础上发展起来，它以确立人的主体性为目标，试图运用逻辑以科学、明晰的认识去看待人和世界。启蒙运动构造了一个理性乌托邦，它体现在政治、文化、科学、哲学、宗教等领域中，形成了启蒙现代性的基本体征。但是，启蒙理性并未给人带来一个适合生存的环境，与概念、推理等逻辑相平行的情感、想象被忽略了。人对生命的审美体悟被抽象的科学知性所"阉割"，人的灵魂、人的价值、信仰和意义被淹没和遗忘。"浪漫派那一代人实在无法忍受不断加剧的整个世界对神的亵渎，无法忍受越来越多的机械式的说明，无法忍受生活的诗的丧失。……所以，我们可以把浪漫主义概括为'现代性的第一次自我批判'。"① 此外，孤独本能构成了浪漫主义产生的心理背景。人的精神在追求功利的现代社会中变得简单而抽象，失去了可以寄托心灵的精神家园，孤独无助地存在于喧嚣与骚动的世界中。浪漫主义之所以打动人心并很快成为全欧的现象，与它对人性和人类环境的关注有着直接的关系。人类是一种群居性的动物，但是在本能上一直依然非常孤独。所

---

① 参见《究竟什么是浪漫派》（*Was ist eigentlich romantisch*, Festschrift fuer Richard Alewyn, Benno von Wiese, Koeln, 1967, S. 296），转引自刘小枫《诗化哲学》，山东文艺出版社1986年版，第32页。

以，人需要有宗教和道德来关怀自己的内心。但是为将来的利益而割弃现在的满足让人烦腻，所以炽热的情感一旦激发，社会行为的种种约束便难以忍受。浪漫主义使人获得了自由运用情感的权利。在这种时代背景下产生的浪漫主义，虽然在欧洲各国产生的时间并不相同，表现形态也各有差异，但作为一种全欧范围的文化现象，有三个最为普遍的特征。

其一，浪漫主义的参与者都亲身经历理性革命带来的震撼，目睹法国崛起和由理性国家发起的一系列战争。他们对科学理性失望，对工业社会苦心敛财的现实强烈不满，对人的观念有了变化。资本主义使人与人之间的关系变成了赤裸裸的金钱交易，它把宗教的虔诚、神圣的情感淹没在利己主义的冰冷中，把人的尊严变成了交换价值。面对这种残酷的现实，浪漫主义者提出"回归自然"，追求诗意的世界和人生，想用审美的标准代替功利的标准。"浪漫主义者抛弃了功利原则，转而依赖于美学标准。凡是他们的思想触及的地方，无论是行为、道德还是经济问题，他们都运用了这些标准。"①

其二，浪漫主义从对逻辑、规范的科学理性世界的关注转入对人内心情感世界的关注。人性深处蕴含着浪漫主义最深的本原，为了躲避残酷的现实，浪漫主义者试图在人的情感世界中建立一个理想的世界，为把握现实世界寻求依据。他们突出表现激荡人心的情感，呼唤人间真诚的爱心，推崇"诗"的巨大作用等。因此，在浪漫主义时期艺术和艺术家获得了至高的地位。

其三，浪漫主义强调个性、激情，重视想象力和自由创造，这注定了浪漫主义的境遇是文学的。它把情感、欲望、情绪、哲理、想象等看似自相矛盾的因素融合在一起，与习惯的心理和行为相抗衡。浪漫主义运动从本质上讲，目的在于把人的人格从社会习俗和社会道德的束缚中解放出来。

---

① ［英］罗素：《西方的智慧》，崔人元译，世界知识出版社 2007 年版，第 278 页。

德意志浪漫派初露端倪是在 1797 年瓦肯罗德的《一位热爱艺术的修道士感情的赤诚流露》中，他以天真烂漫的情怀将当时不为世人重视的德国文艺复兴时期的版画家丢勒赞美为德国文艺的巨匠。其中流露出他对民族文化的认同，这在当时崇尚法国的风气中是难能可贵的。由于浪漫派从兴起之初就与文学艺术紧密相连，这决定了考察浪漫派需要文学和哲学两种视角。对德意志浪漫派的论述，必须以德意志浪漫派文学作为参照来进行说明。德国浪漫派作为时代精神的年代大概是 18 世纪的最后十年和 19 世纪上半叶。摒弃了启蒙运动对理性的狂热崇拜并占领了一切文化领域的浪漫派，代表着德意志新的思想方向。在德意志，有三个不同倾向的浪漫派别，即耶拿浪漫派、海德堡浪漫派、佰林浪漫派。每一位浪漫派者都博学多才：蒂克是诗人、剧作家、文学评论家；荷尔德林既是诗人又是哲学家；学法律的瓦肯德罗则把法律活动与文学、艺术活动相结合；歌德不仅是伟大的文学家，而且精通自然科学的成果；奥·施莱格尔从事美学、艺术理论和艺术史的研究；弗·施莱格尔不仅研究文学也研究哲学，而且还是一位作家；诺瓦利斯不仅是诗人，而且也研究自然哲学、医学、数学；谢林不论在自己哲学生涯的前期还是后期都钟情诗歌，就像钟情哲理的沉思；施莱尔马赫集神学家、哲学家、伦理学家于一身；里特尔是物理学家，但也擅长诗歌；斯蒂芬斯是一位自然科学家，但对美学、哲学也很有研究。这批人尽管在哲学素养和审美理论方面存在诸多差异，但他们在精神气质上却有着共同性。

其一，崇拜艺术。德意志启蒙思想家高举理性大旗，为确立人的自我意识和思想自由斗争、呐喊并通过古典哲学和文学中的"狂飙突进"运动把浪漫派推向了文化前台。"18 世纪和 19 世纪初的许多德国人（不单是浪漫派的德国人），对当时所处的文化氛围以及终极宇宙的讨论极其不满。不满的原因有很多，而且这些原因又是相互关联的。其中主要的原因有：第一，数学和定量思维方式的出现，成为当时解释现实的基本思维方式；第二，机械宇宙结果的

'发现';第三,根据所谓的'科学知识',人类文化的技术性转向;第四,技术的经济表现——工业化;第五,用马克思主义的话来说,生产的资本主义本性伴随意识形态日益增长。命名这些原因的复杂性的名字就是'启蒙运动'。"① 德意志浪漫派不仅仅是对启蒙的继承,而且开启了对启蒙时期错误的修正。他们试图从艺术上来培养人超功利的审美价值。诗对于理解人类的创作以及人类创造力极其重要,"真实的就是诗意的,诗意的就是真实的,这是德国浪漫派的根本前提"②。德意志浪漫派也是在艺术领域中首先传播开来,浪漫派的倡导者们将诗人、艺术家的多方面生活体验移植到哲学,认为艺术生活体验的基本素质是把世界理解为一件艺术品,一种艺术有机体,对艺术生活体验采取任何逻辑推理,都是对有机生命的扼杀。浪漫派者运用艺术直觉的方法抵制逻辑推理思维,用艺术在其中占明显优势的哲学去抗衡建立在科学理性、逻辑思维基础上的哲学,这样他们就提高了艺术的地位。他们认为艺术也是一种哲学的话语表达和真理显现,艺术传载真理,在改变欣赏者心灵的同时也改变着他的世界观甚至人生。自 19 世纪初以来,浪漫派一再地将艺术定义为"人类最高的精神表现",严厉地批评他们所生存的社会。他们认为陷入贸易和工业泥淖的社会造成了人的感官迟钝、思想狭隘、想象力萎缩。"可鄙的资产阶级的标志是,他们不会理解或欣赏艺术,除了传统刻板的或感伤的艺术。而且他们不明白真正的艺术并非道德说教的工具。艺术只为自己的目的服务,除了让有欣赏能力的观者赏心悦目之外,别无他意。"③

其二,德意志浪漫派强调情感的内省和神秘性,特别重视神话和想象力、自由和天才问题。他们把人视作有感觉、会思维的动物,人的每一个思想都具有某种情感,情感人人可以意会却不可言

① [美] 维塞尔:《马克思与浪漫派的反讽——论马克思主义神话诗学的本源》,陈开华译,华东师范大学出版社 2008 年版,第 19—20 页。

② 同上书,第 4 页。

③ [美] 雅克·巴尔赞:《从黎明到衰落》,林华译,世界知识出版社 2002 年版,第 476 页。

传，真正的浪漫不是表露的话语，而是感受的心情，是无言的情感交流。科学的智慧可以学到，浪漫的智慧则无法传授，因为它是特殊的，源于天赋。这种对内心生活的密切关注体现了浪漫主义作家的"唯我主义"和"主观性"。"所有的艺术和科学最内在的奥秘，都是诗的财富。一切都源出于此，一切都必然复归至此。在人类的理想状态中，只有诗将存在；也就是说，所有艺术和科学将合为一体。而在我们现在的状况中，只有真正的诗人是理想的人和包罗万象的艺术家。"① 对德国浪漫派来说，诗是人类本性中的根本要素之一，包含了宇宙和救赎的意义。在确立了艺术的地位后，他们特别强调神话的作用，弗·施莱格尔认为："神话和诗，这二者本来是一回事，不可分割。"② 神话是艺术的必要条件和原始材料，是艺术作品得以生长的土壤，神话包含着最早的宇宙直观。

在对神话的强调中，浪漫派还发现了人的最卓越的能力——想象力。发挥想象并不是虚构出动听的故事，而要使故事中的人或物对某种社会现象进行机智犀利、鞭辟入里的嘲讽。想象力利用已知或可知的事物，把表面上全不相干的东西联系起来对人们熟悉的事物重新进行解释或揭露隐藏的现实。作为一种发现事物的办法，想象力应被称为"对真相的想象"，是"有感觉的理智"。天才，代表他的创作力非同常人，这样的人想象力如天马行空，并且有能力把想象力表达在具体作品中。因此，在浪漫派眼中，艺术不再是愉悦感官的精美作品或文明生活的装饰物，而是对生活最深刻的思考。

其三，通过对现代性的反省和对原始纯朴状态的怀念，浪漫派表达了对文明的厌倦、对自然及自然境界的向往。德意志浪漫派不仅要求回归自然，返回内心来逃避丑恶的社会现实，而且还要求对现实社会采取一种审美的态度，"反讽"的大量运用是德意志浪漫

---

① ［德］施莱格尔：《雅典娜神殿断片集》，李伯杰译，生活·读书·新知三联书店2003年版，第242页。

② 同上书，第231页。

派的又一个特征。"反讽"借助诗的语言形式对客观的现实进行批判、否定。施莱格尔认为只有当生活的艺术感和科学精神得到统一，当完成了的自然哲学和完成了的艺术哲学相重合时，讽刺才能产生，借助于它人们才能超越自己。"反讽"在德意志浪漫派那里是一种建构的理想，它努力建构一个诗化的理想生活世界。在那里，摒弃世俗、功利的东西，消除客观、经验领域的束缚，超脱于传统的道德和社会制度之外。

其四，德意志浪漫派有浓厚的"还乡"情节。"还乡"情节构成了他们对现存事物进行批判的能力和尺度。海德格尔说："返乡就是返回到本源近旁。"① 在一定意义上，浪漫派追怀古代的诉求体现着整个人类或某个民族对自己早期记忆的唤醒和复活。为了逃避现代文明的虚伪和雕饰，"人们往往宁愿生在南海群岛上做所谓野蛮人，尽情享受纯粹的人的生活，不掺一点假"②。席勒区分了素朴的诗与感伤的诗，并给人与自然之物划界，他认为，"我们是自由的，它们是必然的；我们与时俱变，它们始终如一"③，"自然使人自我统一，人为则使人支离破碎，人要通过理想始能恢复统一。然而，因为理想是永远达不到的无限境界，所以文明人永远不能成为美满的文明人类，像自然人能够成为美满的自然人类那样"④。德意志浪漫派一方面追求已经失去的、无可挽回的梦境和幻想中的事物；另一方面追求诗意的真实。诺瓦利斯就认为越是诗意的就越是真实的。在现代性的进程中，人们的"还乡"情节是通过精神还乡这种内省的方式得到满足的。精神还乡在人的生存论意义上可以说是对人的本真的追求，是对理想世界的人的理想生存状态建构的依据。

其五，德意志浪漫派对宗教非常虔诚。英法浪漫主义者，立足

---

① ［德］海德格尔：《荷尔德林诗的阐释》，孙周兴译，商务印书馆 2000 年版，第 24 页。
② ［德］爱克曼辑录：《歌德谈话录》，朱光潜译，人民文学出版社 1978 年版，第 170 页。
③ 《缪灵珠美学译文集》第 2 卷，中国人民大学出版社 1998 年版，第 224 页。
④ 同上书，第 241 页。

于此岸世界来实现对现实的超越。德意志浪漫派则立足于超验的直觉和宗教的情感来解决有限个体生命向无限的提升。由于新教传统的影响，德意志浪漫派在思想领域内找到了超越现实和有限个体生命进入理想和无限的途径。他们否弃"此岸"的现实，追寻着"彼岸"的乌托邦。施莱格尔认为只有转入基督教的上帝才是"无限"的，他要求根据人性写一部"新圣经"，提出一种"新宗教"①；谢林也期待"新宗教"的来临；诺瓦利斯最后更是皈依了天主教。

自从法国资产阶级革命开始到 1830 年，德国在思想方面错综复杂的历史发展一直伴随着浪漫派的影响，浪漫派占领了一切文化领域并代表着德国新的思想方向。摒弃了启蒙运动对理性狂热崇拜的德意志浪漫派作为启蒙运动的对手出现在人们的视野中，开始了"现代性的第一次自我批判"。德意志浪漫派无法忍受机械的理性社会对神的亵渎，试图培养人超功利的审美价值，认为艺术对于人类创造力极其重要，是人类本性的根本要素，包含了人的整体性救赎的意义。德意志浪漫派对艺术、神话的关注在整个思想史上极为特殊。其中，谢林的哲学思想无疑最值得研究。谢林作为亲身参与浪漫派运动的哲学家在理论和精神上与浪漫派有着紧密的联系，他不仅受到浪漫派的持续影响，而且把浪漫派的许多观点融入自己的体系，成为德意志浪漫派的精神领袖。加比托娃认为"浪漫派们与康德、费希特和谢林不仅在美学领域直接地保持着非常密切的联系，而且在哲学上也贯通一气。至于谢林，他既是德国唯心主义哲学的经典作家，同时又是一位显赫的浪漫主义者"②。《谢林传》的作者古留加也认为谢林保留和修正地接受了浪漫主义的立场，谢林的艺术哲学是浪漫派哲学思维与美学思维相互渗透的最佳典范。③ 德意

---

① 参见刘小枫《诗化哲学》，山东文艺出版社 1986 年版，第 81 页。

② ［俄罗斯］加比托娃：《德国浪漫哲学》，王念宁译，中央编译出版社 2007 年版，引论第 4 页。

③ 参见［苏联］古留加《谢林传》，贾泽林、苏国勋等译，商务印书馆 1990 年版，第162—164 页。

志浪漫派的精神特质在谢林的艺术哲学中都有明确的反映，他的艺术哲学、神话诗学最为完整，也最为系统。他关注神话文化层面的解读，第一个用明晰的论述打破了启蒙运动所坚持的"哲学与神话的对立"，他认为神话可以直接与历史、哲学相关，其神话诗学影响了整个 20 世纪神话学的研究。

第二节　谢林神话诗学的理论建构

谢林的神话诗学关注了感性与理性这一现代性内部的紧张问题。他超越了对一种人类原初艺术现象的关注，而聚焦于人的存在本身。启蒙运动把神话与真理对立起来，对神话进行了祛魅，认为神话是愚昧的产物，是理性的迷雾。谢林批判了这种观点并指出神话思维和理性思维都是人类不可或缺的。启蒙时代神话一再被排除在日常生活之外，科学使人的世界变成了知性的世界，理性思维彻底摧毁了神话思维。而谢林认为要超越知性世界、修复人性的缺失和不完整，使人世间的丑恶、不自由、不和谐得到消融，只有在神话的世界中才有可能。哈贝马斯认为，"'打破个体化原则'成了逃脱现代性的途径"，并以此为根据说"从尼采开始，现代性的批判第一次不再坚持其解放内涵以主体性为中心的理性直接面对理性的他者"[①]。"理性的他者"在哈贝马斯那里指的就是神话。

在德国古典哲学的研究中，谢林的光芒一直被康德、黑格尔的巨大光环掩盖。他本人思想的复杂性、多变性以及经典作家对他的评价从根本上妨碍了我们给予谢林哲学以公允的对待。谢林哲学及其在哲学史上的地位和意义还未被充分认识。人们常常指责谢林在不断变化自己的主题：自然哲学、先验哲学、同一哲学、艺术哲学、自由哲学、神话哲学、启示哲学，并把这种变化作为一种典型的缺点。"但实情却是，很少见一个思想家像谢林那样从自己最早

---

① ［德］哈贝马斯：《现代性的哲学话语》，曹卫东等译，译林出版社 2004 年版，第 110 页。

期起就如此热情地为自己唯一的立场进行斗争。"① 在谢林诸多的主题中，似乎又有一个统一的整体，这即是他一以贯之的对人类问题的思索。谢林关于艺术、关于神话问题的思考正是立足于整个西方思想史的深刻反思而对人的现实生存状态或处境的一种突围，是为人的有限性超越寻找方法和途径。他的目的在于为人寻找意义的家园。因此，当我们把自己重新置于谢林神话诗学提出的场景并对其研究内容、研究取向、研究方法以及这一研究在当时和现世所引发的非难和轻蔑进行深入的批判和反思，将会有助于现代性的自我检审和重新开启。

一 自然哲学

《德国唯心主义的最初的体系纲领》的著作权至今还存在争议，有人倾向于它出自黑格尔之手；有人认为它提出的审美直观是理性的最高方式以及神话学的特殊意义与谢林思想一致，所以算在谢林名下。其实，与其费尽周折去猜想作者是谁，不如把精力放在这篇短文写作的时代与话语语境上。在《德国唯心主义的最初的体系纲领》这篇短文中，"新神话"的理念被提出。这一理念的提出与国家"把自由的人当作机器齿轮来对待"② 相关。相应地，在把国家当机器来批判的同时引出了"有机体"的概念与之对立。机器的部件可以替换，它的各个部分独立存在，其各个部件并不将整体的理念包含于自身。而有机体中的每一个组成部分都是整体的象征，各个部分的变化都会影响到整体。在浪漫派那里，有机体这一概念的提出直接与他们的自然观相连。因此，笔者首先以谢林的自然哲学为切入点，分析"新神话"的提出与自然有机体之间的联系。

《德国唯心主义的最初的体系纲领》表现了与启蒙社会的机械

---

① ［德］海德格尔：《谢林论人类自由的本质》，薛华译，辽宁教育出版社1999年版，第9页。

② ［德］谢林：《德国唯心主义的最初的体系纲领》，载刘小枫《现代性中的审美精神》，学林出版社1997年版，第166页。

化相对立的基本思想。梯利认为,"他(谢林——引者注)以自然哲学来补充费希特的哲学,这种自然哲学不仅得到浪漫派和诗人歌德的欣赏,而且也为德国的自然科学家所喜爱"①。黑格尔的自然哲学被现代自然科学家视为灾难加以拒斥,而谢林的自然哲学在当代西方社会却越来越受到关注。1796 年,谢林在莱比锡不仅是旅行和娱乐,他还到大学参加自然科学研讨班和讲座,不仅结识了一大批自然科学家,还很好地了解了自然科学的新成就。他的着眼点是透视这些成就背后的哲学意义,借鉴自然科学的成果和方法并把它们运用到自己哲学体系的建构中。谢林受益于当时自然科学的新成就;同时,谢林自然哲学对当时自然科学的影响也不容忽视。谢林认为一切存在意味着对自由的发现,自然界是有生命、有自由的,肉体和灵魂间并没有沟壑,它们是同一的,在这里已蕴含着未来同一哲学的明确宣告。② 谢林认为哲学家一直就精神和物质进行无休止的争论,但只有当我们的精神走出思辨状态,返回对自然的欣赏和研究时才能解决这一问题本身。他认为自然界不是僵死的,自然界应被理解为可见的精神,而精神是不可见的自然界,两个本原是统一的,不仅如此,两者还是同一的。谢林对自然的基本理解是:自然不是单纯物质性的自然,不是没有打上任何精神烙印的,而自我也不是没有任何自然的单纯自我;相反,自然是有精神烙印并为精神所渗透的,精神也不是仅仅在人当中的精神,而是在形式上有着全部"物质性"存在的烙印。精神是支配一切现实的力量,当它在人当中变成主观的精神之前,是"客观的"精神。③ 谢林在 1799 年春《自然哲学体系初步纲要》中第一次用"自然哲学体系"来概括自己的学说。他系统发挥了"自然是逐步进化的"这一思想,使自己与许多自然科学家和崇尚理性主义的哲学家区别开。与他们

---

① [美]梯利:《西方哲学史》,葛力译,商务印书馆 1995 年版,第 491 页。

② 参见 [德]谢林《自然权利新演绎》,曾晓平译,载孙周兴、陈家琪《德意志思想评论》第 1 卷,同济大学出版社 2003 年版,第 143—169 页。

③ 《霍尔斯特·福尔曼斯的导论》,载 [德]谢林《对人类自由本质及其相关对象的哲学研究》,邓安庆译,商务印书馆 2008 年版,第 6 页。

常用"知性""反思"的观点把人的自我意识与自然对立起来不同，谢林坚持要对自然界采取"直观"的立场，要从自然界本身出发来看待自然界，从自然与精神的内在同一性出发看待精神从自然的演化。1799 年夏，在《自然哲学体系初步纲要导论》中，谢林提出了标志其自然哲学体系特征的新概念"思辨物理学"。他指出，自然哲学与作为经验的自然科学或一般理论物理学是有区别的。自然哲学属于哲学，探讨的是作为绝对的、无条件的、特殊的自然，即自然中的"绝对"，研究的是存在本身。作为自然科学的物理学研究的是相对的、有条件的、特殊的自然，研究的是存在物。谢林强调自然哲学与物理学研究方法的联系。在谢林眼中，自然哲学就是要超越作为产物的自然而去研究作为自然之本原的创造性活动，要研究自然之为自然的构成条件。在谢林看来，自然科学和自然哲学没有本质区别，正是自然科学把自然理智化这一倾向才成为自然哲学，区别仅在于自然理智化的程度不同："自然科学的最高成就应当是把一切自然规律完全精神化，化为直观和思维的规律。"① 自然序列和精神序列之间存在着很深的历史联系，自然科学意识到从自然的发展向精神的发展、从客观向主观、从无意识向意识的转化时就变成了自然哲学。

谢林自然哲学的意义在于以自然主体代替人的主体，从而完成了对知性思维方式的突破。自然作为主体这一思想的最初提出是在1799 年《自然哲学体系初步纲要》中，谢林论述了自然的自律性（Autonomieder Natur）和自然的自足性（Autarkie der Natur），但没有使用"主体"一词。自然的自律性是说自然以其自身为界限，它的一切规律都是内在的，不需要人为它立法。在康德那里，自然永远是由作为主体的人为其立法。谢林对自然的自律性的强调承认了自然规律的客观实在性，突出了自然规律自在和本原的性质。自然的自足性是指在自然中所发生的必须从存在于自然中的活

---

① ［德］谢林：《先验唯心论体系》，梁志学、石泉译，商务印书馆 1976 年版，第 7 页。

动和运动的原则来说明。所以，自然是自满自足的。这就要求我们不能把主观的东西加于自然，只有从自然本身的运动来说明自然，才能认识自在存在的客观自然。自足性强调了对自然的认识应遵守客观性原则，反对"经验物理学"对自然的机械论解释。在自然的自律性和自足性这两个条件的基础上，谢林明确提出"自然作为主体"的思想。他把作为纯粹产物的自然（natura naturata）称作客体的自然（一切经验都与其相关）；把作为创造性的自然（natura nat-utans）称作主体的自然（与此相关的只是一切理论）。那种本原性的、创造性的自然既不依赖客体的自然，也不依赖人的理智，而只依赖自己内在的创造力和内在的规律把自己从潜在的状态中呈现出来。所以，谢林把它称作"主体"。它既是一切生成的本原又是创造活动的主体，而纯粹产物的自然则是由这个主体派生出来的客体。

由此，谢林用自然主体取代了人的主体，改变了思辨哲学的传统。确立人的主体性是笛卡尔以来近代哲学的基本立场。在近代哲学中，所有的主体性哲学都是以主体和客体的二元对立为前提，并试图通过主体对客体的克服来消除这种对立，高扬人的主体性。康德哲学和费希特哲学就是从自我（主体）出发，而这样必然需要一个与之对立的客体。通过反思的作用，客体、自然成为外在性的，与主体、精神或意识相对立，人作为自我意识的主体与自然相对立、相疏离。康德提出"人为自然立法"高扬了人的主体性，但他也不得不留下一个不可认识的"自在之物"与人对立。因为从自我的立场出发，就忽略了自然的地位，而只考虑人自身，由此导致了费希特自我对非我的态度，他认为理性同自然界处于持续不断的斗争中，自我的主体性要求制服自然界，使自然臣服于主体的意志。但是，谢林却高扬自然主体性来消解以反思为特征的人的主体性，要求我们对自然采取尊重的态度，而不是敌视、征服、强迫。实际上，谢林的这一思想已蕴含着现代哲学对人的主体性解构的先声。

在谢林那里，自然是自动地不依赖于我们的意识和我们对它的作用来规划自身的发展，它沿着自身发展的道路前进，一直到通过人意识到自身。自然哲学就是要解决如何从自然向精神、从客观向主观、从无意识向意识的转化。对谢林来说，不能从静止的前提出发建构作为一切存在总体的自然，自然本身就是生成，这种生成是一种构成活动而不是事物或者产物。谢林认为，自然规律与理智规律是平行对应关系，整个自然是一个有生命的有机体，在它之中有一个创造性的力量——"世界精神"（Weltseele），这种精神是自然本身在向成熟的人的理智生成过程中无意识的理智，是不自觉的，因为它在自然中只进行创造而不进行反思。自然产物持续进化的过程就是这一不自觉的精神力求自觉的表现。谢林赋予自然以生命并在自然生成和理智成熟相对应的运动关系中加以说明。他认为，在自然界中本质的东西是生命，生命不是僵死物质的有机化。相反，僵死物质是生命过程的僵化和熄灭。这样就颠倒了机械论的世界观，从而克服了机械论的缺陷。

传统理性思维方式的根本弊端在于以"反思"为特征的"知性"思维方式。在谢林看来，康德所描述的用先验的概念、范畴对感性杂多进行综合并把它们统摄在概念之下的知性思维方式在本质上是一种主客对立的"二元"思维方式。而费希特知识学的理智直观（又译作智性直观）只说明了知识学的出发点——自我，对于自我所设定的对象领域——非我，却没有进行深入探讨。谢林的自然哲学通过以自然主体代替人的主体突破了以"反思"为特征的"知性"思维方式，他不是从已经形成并且从自然界分离开的意识角度，而是返回自然从其本身出发去认识自然。因此，他采用的是以"直观"为特征的认识方式。这样，他便同费希特甚至康德的反思立场对立起来。谢林要表明理智的东西如何归附于自然这一过程，这一过程是自然界自身发展、自我分化的一个无限序列。谢林认为自然界中的一切创造性都是绝对的连续性，这种绝对的连续性只对于创造性直观而存在。从反思的立场上看自然，自然就被分离开来，只是相互并列地存在而没有连续性。谢林反对对自然进行知性分析，他认为自然现象并非知性可以把握的范围，以知性思维方式反思的自然不是活生生的自然，是没有灵魂、被肢解了的僵死的自然。在这种情况下，我们打交道的不是自然，而只是自然界的尸体。谢林把自然看作一个有机的整体，每一事物都是自然整体的一部分，超越了以反思为立足点的知性分析。费希特否认了"自我"这个主体的自然根源。在费希特那里，自然作为自我设定的非我，是不进行生成的客体，只是自我无限活动的必要阻碍而已。谢林认为，费希特的知识学完全忽视了自然的地位，这种以自我意识活动为绝对出发点的抽象思辨方式的着眼点在于主体自我如何挣脱自然而自己规定自己，因此不能达到意识和自然、自我与非我的真正同一。谢林这种返回思辨概念和思辨主体本原的认识方式使僵死的自然获得了生命，自然成为一切的主体，他使费希特主观意识的辩证法过渡到自然的客观辩证法。谢林的自然辩证法由于表现了客观唯心主义辩证法与唯物主义辩证法的接近，马克思称之为"真诚的青春思想"，古留加认为"德国哲学正是通过谢林而拥有无畏的唯物主义者和无神论者"[1]。

对客观本原的重视与天性中对大自然的强烈热爱使谢林将关注的目光转向自然，创造性地建构了他的第一个哲学体系——自然哲学。诚如黑格尔所说："谢林在近代成了自然哲学的创始人。"[2] 海德格尔认为"谢林标为'自然哲学'的，这并不单纯是、也非首先是对特殊领域'自然'的处理，而是指从唯心论原则、亦即从自由原则来理解把握自然，但却正是，通过把自然的己立性还给自然的方式"[3]。这一己立性是作为一切存在东西维系的根据。从启蒙运动以来，人的主体性地位得到确立的同时，人与自然的关系遭到破坏，人与自然处于对立中。谢林在启蒙运动的语境中，意识到人自

---

① ［苏联］古留加：《谢林传》，贾泽林、苏国勋等译，商务印书馆1990年版，第51页。

② ［德］黑格尔：《哲学史讲演录》第4卷，贺麟、王太庆译，商务印书馆1978年版，第345页。

③ ［德］海德格尔：《谢林论人类自由的本质》，薛华译，辽宁教育出版社1999年版，第142—143页。

身的危机，确立了自然主体性，使我们回归到本应在的位置上，使我们认识到我们的生存世界本身离不开自然界。而且，谢林的自然哲学唤醒了终日被科技文明压抑的人的自然本性，使人的精神从抽象的思辨中抽身出来、得到解放，为艺术哲学奠定了基础。谢林在艺术哲学的建构中遵从了自然哲学的"构成原则"，遵循理想与现实、主体与客体、无限与有限、自由与必然相统一的原则建构艺术世界。他认为，艺术像自然一样，是一个封闭的有机整体，艺术比自然更能让我们直观到自己的精神世界。因为自然界的有机体是天生的、未被分解的和谐，是自在存在。而艺术作品则是被分解后艺术家再造的和谐，是对事物的自在存在的再现，它本身是"摹本"（Gegenbild）再现"原型"（Urbild）。但是谢林与当时艺术模仿自然的流行观念不同，他指出，对于那些人来说，自然是僵死的物的集合体，他们看不到自然的创造性和生命力。在1809年为纪念慕尼黑科学院成立而发表的祝词《论造型艺术与自然的关系》中，谢林明显表达了对"模仿论"者的不满，"在他们那里，自然不仅是一幅静默不语、完全僵死的图画，而且也是从内部产生不出任何活生生话语的图画：它不过是一张由形式构成的空洞无物的草图，而一幅同样空洞无物的画又得模仿这张草图，把它转绘到画布上或转刻到石头上。这是那些远古未开化民族的正统学说；他们在自然中没看见任何具有神性的东西，于是便从自然中造出了偶像；而那些具有思维天赋的古希腊人却到处寻访生机勃勃的自然的本质踪迹，于是，真正的神性便从自然中为他们产生出来"①。谢林反对机械模仿论，他的艺术与自然的关系又是特殊意义上的"模仿论"。谢林认为自然对于艺术具有首要的意义，但是否认自然美高于艺术美。在谢林哲学中，自然与艺术是如此一致，但却遵循不同的方法。他认为，自然从无意识的创造活动开始到人的意识为目的结束；艺术

---

① Friedrich Willhem Joseph von Schelling, *Werke: Auswahl in drei Bänden Ⅲ*, *Herausgegeben von Otto Weiβ*, Leipzig: Fritz Eckardt Verlag, 1907, S. 390. 参见刘小枫《现代性中的审美精神》，学林出版社1997年版，第184页，有改动。

从艺术家有意识的审美创造活动开始到把世界重建为无意识的艺术品结束。在艺术作品中，艺术家不仅表现自己明确的意图，而且还合乎本能地表现出一种无限性。艺术作品在实在的东西中表现了自由与必然、理念与现实、无限与有限的完满渗透和同一，因此，必定是美的。而在自然中我们无法设想自然界中有美的条件，所以自然产物不一定就是美的；即便是美的，这种美也是偶然的。在这个意义上，谢林又反对艺术去模仿自然，因为不是纯粹偶然的、美的自然能给艺术提供规范，而是相反，只有完美无缺的艺术所创造的东西才是评判自然美的原则与标准。

二　先验哲学

1800 年 4 月，谢林出版了他自然哲学著作的姊妹篇《先验唯心论体系》。谢林试图把先验唯心论扩展成一个关于全部知识的体系，真正将其原理推广到关于主要知识对象的一切可能问题上。谢林把哲学的各个部分视为一个连续序列，把全部哲学陈述为自我意识不断发展的历史，而且这一历史的各个时期是一个前后相继的序列，从而赋予了整个历史以一种内在的联系。他从自然与理智的平行对应关系出发，认为这种联系是直观依次提高的一个序列，自我通过这个序列才上升到了最高级次的自我意识。而想要描述这种联系，单靠先验哲学或者自然哲学都是不可能的，只有靠这两门科学才有可能。谢林从先验哲学的概念和原理入手，展开先验唯心论哲学两大体系即理论哲学体系和实践哲学体系的研究，再经自然目的论的考察，过渡到艺术哲学，最后达到自然和精神的绝对同一，涵盖了意识发展的全过程。

谢林关心的问题是什么才是真正的知识，知识中的真理的根据是什么？先验哲学体系以"一切知识都以客观东西和主观东西的一致为基础"①，把自我意识的最后基础归结为主观和客观的绝对同

---

① ［德］谢林：《先验唯心论体系》，梁志学、石泉译，商务印书馆 1976 年版，第 6 页。

一。这种绝对同一作为本原，一方面外化为客观的、无意识的自然，另一方面外化为现实的人类精神。人的意识活动是一个从主观到客观、从客观到主观的双重过程，是我们既可以认识自然又可以通过对自然的认识达到绝对同一的认识。"我们知识中所有单纯客观的东西的总体，我们可以称之为自然；反之，所有主观的东西的总体则叫做自我或理智。这两个概念是相互对立的。理智本来被认为是仅仅作表象的东西，而自然则被认为是仅仅可予以表象的东西，前者被认为是有意识的，后者被认为是无意识的。但在任何知识中两者（有意识的东西和本身无意识的东西）都必然有某种彼此会合的活动；哲学的课题就在于说明这种会合的活动。"① 与康德主客二分的原则不同，与费希特绝对的主观唯心论原则不同，谢林企图在主客同一的基础上解决知识中的真理问题。在我们进行认识时，主观的东西和客观的东西是统一在一起的，不存在第一和第二位的问题。但当我们要说明这种同一性的时候，却必须使其中一个因素先于另一个因素，这样便出现了两种可能的情形：把自然或客观的东西当成第一位的，从客观的东西出发，使主观的东西从客观的东西产生出来，这是自然哲学的课题。把主观的东西当成第一位的，从主观的东西出发，使客观的东西从主观的东西里面产生出来，这是先验哲学的课题。自然哲学考察的是自然的历史，先验哲学考察的是自我意识发展的历史。这两门基本科学构成了整个哲学体系，它们在原则上和方向上彼此对立，而又相互需求和相互补充。

谢林先验哲学的目的就在于揭示从主观的东西出发，使客观的东西从主观的东西里面产生出来的这种活动。因此，他区分了普通的知识活动和先验的知识活动。他指出，先验哲学关注的是活动本身，先验哲学家认为只有主观的东西才具有原始实在性，所以使知识中主观的东西直接成为自己的对象，客观的东西只是间接地成为

---

① ［德］谢林：《先验唯心论体系》，梁志学、石泉译，商务印书馆1976年版，第6页。

他的对象。在普通知识中，考虑的只是客体而不考虑知识活动本身；在先验知识中，考虑的是知识本身而不是客体本身，所以说先验知识是一种关于知识的知识。谢林指出："单单把主观的东西同客观的东西拼凑在一起，决不能确定真正的知识。恰恰相反，真正的知识是以两个对立面的会合活动为前提的，而它们的会合活动只能是一种经过中介的会合活动。因此，在我们的知识活动中必定有某种普遍的中介，它就是知识的唯一根据。"① 这个"普遍的中介""知识的唯一根据"在谢林看来就是直观。什么是直观呢？谢林指出，绝对不可把任何感性的东西混杂到直观概念里，比如把视觉活动当成好像是唯一的直观活动，虽然日常语言只把视觉活动算作直观活动。在谢林哲学中直观展现为一个从低到高的发展过程，即感性直观、理智直观、美感直观，这个发展过程展示的是谢林整个先验唯心论体系的建构。

谢林认为，感性直观就是对质料进行直观从而形成感性形象。这里的质料是"主观的客观化与客观的主观化"这种"会合活动"的结果，这种"质料是想象力的单纯产物"。这种单纯的产物一经产生就重新作为意识的对象被重新直观，因此它必然要求某种形式。当时间和空间作为形式与质料结合，就形成了感性形象。感性形象的产生是在主客体原初的相互作用中产生的，它并没有完全从二者中分离出去。在想象力的作用下，感性形象一方面表现为客体的质料，另一方面表现为主体的认识，此时的自我意识处在主客不分的状态中，谢林称之为"原始感觉状态"。在这种状态下自我作为认识主体，完全沉湎在感觉里，直观活动产生的只是感性形象和主体对感性形象的感觉，无法形成对客体的认识。但是，主体不会永远忍受这种制约，它必然在这种制约下激发创造和直观的机能，以便把客体以一种可以直观的形式表现出来，达到认识客体的本质、规律的目的。这样，客体的本质成为新的客体。在直观活动和

---

① ［德］谢林：《先验唯心论体系》，梁志学、石泉译，商务印书馆1976年版，第20页。

创造机能的辩证关系中，认识不断深化，自我意识必然超出这种限制状态，使主客体进一步分化，而这种分化就势必需要更高级的直观即理智直观。

谢林认为，感性直观与理智直观不同：感性直观并不表现为创造自己对象的活动，因此直观活动本身在这里是和被直观的东西不同的；而理智直观是一种同时创造自己的对象的知识活动，是一种自由地进行创造的直观，在这种直观中，创造者和被创造者是同一个东西。谢林在《先验唯心论体系》中赋予"理智直观"和"美感直观"以重要的地位，认为"理智直观是一切先验思维的官能"，"没有理智直观，哲学思维本身就根本没有什么基础，没有什么承担和支持思维的东西"①。海德格尔说："谢林超出康德的地方就在于他提出了'理智直观'。"② 康德在《纯粹理性批判》中认为，直观不能思维，理智不能直观。康德的理智直观（intellektuelle Anschauung）与感性直观（sinnlichkeit Anschauung）的差异在于感性直观所把握到的只是客体的"显现"，理智直观所把握到的则是客体的"此在"（Dasein），这个"此在"是客体之为客体的东西，是理智直观所要把握的"最根本的东西"。在《纯粹理性批判》中，康德把理智直观所要把握的说成是客体的"本体"："如果我们把本体理解为一个这样的物，由于我们抽掉了我们直观它的方式，它不是我们感性直观的客体；那么，这就是一个消极地理解的本体，但如果我们把它理解为一个非感性的直观的客体，那么我们就假定了一种特殊的直观方式，即智性的直观方式，但它不是我们所具有的，我们甚至不能看出它的可能性，而这将会是积极的含义上的本体。"③ 康德认为理智直观是在"原始存在者"那才具有的，而人是不能把握到客体的此在的。在康德看来，知识的形成需要直观、概念这

---

① ［德］谢林：《先验唯心论体系》，梁志学、石泉译，商务印书馆1976年版，第38页。

② ［德］海德格尔：《谢林论人类自由的本质》，薛华译，辽宁教育出版社1999年版，第66—68页。

③ ［德］康德：《纯粹理性批判》，邓晓芒译，人民出版社2004年版，第226页。

两个要素，当直观归摄于概念中，才能形成知识。而人之所以能直观是由于人具有"感受对象的能力"，即感性（Sinnlichkeit）。人之所以能运用概念对所把握的直观进行统摄是由于人有理智（Verstand）。在康德看来，直观只能是感性的。费希特改造了康德理智直观的思想，把康德在《纯粹理性批判》中所设想的在上帝那里才存在的理智直观赋予人的自我意识，认为理智直观的活动是自我意识的能力。理智直观在费希特那里是验证知识学第一原理的方法，"自我设定自我"只能进行理智直观，不能以概念被感知，不能以推理来证明，是一种直观行动的自明性。在费希特那里理智直观＝自我意识的行动＝自我意识的存在。谢林明确宣称其整个哲学都是坚持直观的立场，而不是坚持反思的立场。他在康德和费希特思想的基础上力图将理智直观的行为发展为一种既是从自身创造出客体又是主体和客体达到无差别的活动，从而使理智直观成为他的先验哲学的基础。在谢林那里，感性直观的对象是客体，而理智直观的对象是主—客体，即绝对者。自我本身就是一个对象，之所以如此，是因为它在认识自己，也就是说，它是一种持续不断的理智直观。而哲学就是要直观到那个绝对，所以哲学的官能只能是理智直观。

　　谢林也把理智直观称作创造性直观，"因为先验思维的目标正是通过自由使那种本非对象的东西成为自己的对象；先验思维以一种既创造一定的精神行动同时又直观这种行动的能力为前提，致使对象的创造和直观本身绝对是一个东西，而这种能力也正是理智直观的能力"①。在"原始感觉状态"下产生的感性形象蕴含了想象力的创造性和直观性活动，但是在主客模糊的状态下，感性直观在主体面前仍然呈现为感性杂多。如果要揭示出感性形象内部的规律和本质，就需要更高级的理智直观。理智直观直接面对的是感性形象，它首先把感性形象当作一种和主体不同的东西而区分开来，认

----

① ［德］谢林：《先验唯心论体系》，梁志学、石泉译，商务印书馆1976年版，第38页。

为感性形象的本质就是不同于主体的外物，把"原始感觉状态"看成是自我，是主体。这样，主体对感性形象的直观就转化为主体对外物的直观，继而主客体的区别就产生了，主体的直观就不再是杂乱的感性形象而是作为客体的外物，理智直观创造了一个与自我对立的物质世界。新对象的存在又需要获得新的存在形式，由此，理智直观进入对这个新对象意义的理解。在这个阶段理智直观表现为综合感性形象的范畴，显现出各种各样的与感性形象结合在一起的逻辑关系。在理智直观里，范畴和感性形象直接结合在一起，意识活动不满足于这种直观，还需对这种直观的产物进一步直观，所以作为主体的自我意识必然会通过想象力的活动再次被直观，以对这种新对象的规律性进行认识和把握并把它们上升为概念。经过对这些概念的认识过程——反思，主体达到了对这些逻辑关系进行认识和把握的目的。谢林把反思作为一种判断的机能，认为反思就是把作为直观形象的对象和作为知识的规律联结起来，其结果是形成对整个世界的概念和理论体系。理智直观说明了主客体间的一致性，但是主客体如何统一呢？谢林认为美感直观可以解决。

谢林认为："由于创造和直观这样不断二重化，对象就会成为其他东西所无法反映的。这一绝对无意识和非客观的东西之被反映只有通过想象力的美感活动才是可能的。"① 谢林指出，整个哲学都是发端于并且必须发端于一个作为绝对统一体而完全不客观的本原。这个绝对不客观的东西既不能用概念来理解也不能用概念来表现，只能在一种直接的直观中来表现。这种直观以绝对的同一体，以本身既不主观也不客观的东西为对象。但这种直观是纯粹内在的直观，它自身不能变自身为客观对象，如要变为客观，必须通过对理智直观的直观，即美感直观或艺术直观，美感直观不过是变得客观的理智直观。谢林认为自我和对象的真正统一的活动只能是美感活动，任何艺术作品都只能理解成这样一种活动的产物。美感直观

① ［德］谢林：《先验唯心论体系》，梁志学、石泉译，商务印书馆1976年版，第18页。

所产生的艺术形象是绝对同一的表征，"客观世界只是精神原始的、还没有意识的诗篇；哲学的工具总论和整个大厦的拱顶石乃是艺术哲学"①。因为艺术作品的根本特点是有意识活动与无意识活动的同一，是自然和自由的综合。"艺术作品唯独向我反映出其他任何产物都反映不出来的东西，即那种在自我中就已经分离的绝对同一体；因此，哲学家在最初的意识活动中使之分离开的东西是通过艺术奇迹，从艺术作品中反映出来的，这是其他任何直观都办不到的。"②

　　谢林超越于康德、费希特之处在于他把作为基本哲学活动的理智直观与作为基本审美活动的美感直观联系起来。在谢林看来，艺术的理想世界和客体的现实世界都是同一活动的产物，有意识活动和无意识活动两者的会合无意识地创造着现实世界，而有意识地创造着美感世界。哲学和艺术一样，都是建立在创造能力的基础上，两者的区别仅仅在于创造力发挥的方向不同。哲学的创造活动直接向着内部，以便在理智直观中反映无意识的东西；反之，艺术的创造活动向着外部，以便通过作品来反映无意识的东西。因此，必须用来把握这类哲学的真正直观就是美感直观。谢林指出：

　　　　整个体系都是处于两个顶端之间，一个顶端以理智直观为标志，另一个顶端以美感直观为标志。对于哲学家来说是理智直观的活动，对于他的对象来说则是美感直观。前一种直观纯粹是为哲学家在哲学思考中采取的精神方向所必需，所以根本不会出现在通常意识里；后一种直观是普遍有效的或业已变得客观的理智直观，所以至少能够出现在每一意识里。恰恰从这里也可以看出作为哲学的哲学绝不可能变得普遍有效的事实及其原因。具有绝对客观性的那个顶端是艺术。我们可以说，如果从艺术中去掉这种客观性，艺术就会不再是艺术，而变成了

---

① ［德］谢林：《先验唯心论体系》，梁志学、石泉译，商务印书馆1976年版，第17页。
② 同上书，第308页。

哲学；如果赋予哲学以这种客观性，哲学就会不再是哲学，而变成了艺术。——哲学虽然可以企及最崇高的事物，但仿佛仅仅是引导一少部分人达到这一点；艺术则按照人的本来面貌引导全部的人到达这一境地，即认识最崇高的事物。①

艺术是哲学的唯一真实而又永恒的工具和证书，这个证书总是不断重新确证哲学无法从外部表示的东西，即行动和创造中的无意识事物及其与有意识事物的原始同一性。②

因此，谢林说艺术对于哲学家来说就是最崇高的东西，因为艺术好像给哲学家打开了至圣所。在艺术中，在永恒的、原始的统一中，已经在自然和历史里分离的东西和必须永远在生命、行动与思维里躲避的东西仿佛都燃烧成了一片火焰。自然界原本是一部写在神圣巧妙、严加封存、无人知晓的书卷里的诗，艺术透过感性的世界将精神的内蕴展现出来，将我们向往的理想境界展现出来，将那层看不见的、把现实世界和理想世界分割开来的隔膜揭去，为我们打开一个缺口，让那个只是若明若暗地透过现实世界而闪烁出来的理想世界的人物形象和山川景色完全展现在我们面前。"哲学家关于自然界人为地构成的见解，对艺术来说是原始的、天然的见解。"③ 只有艺术能用普遍有效性把哲学家只会主观表现的东西变成客观的。

三 同一哲学

谢林在《先验唯心论体系》（1800 年）指出中，自然哲学和先验哲学在原则和方向上是彼此对立而又相互需求和补充的两门基本科学。自然哲学是从自然出发，使理智出于自然；先验哲学是从主观出发，使自然出于理智。这样，便出现了一个起点和终点相融合

---

① ［德］谢林：《先验唯心论体系》，梁志学、石泉译，商务印书馆1976年版，第313页。
② 同上书，第310页。
③ 同上。

的同一哲学体系的原型。虽然在自然哲学和先验哲学中就已经蕴含着同一性的思想，但是真正以绝对同一性作为阐述的出发点的第一次表述是在《对我的体系的阐述》一文中。此时，谢林超出了自然哲学和先验哲学的层面，他的出发点不是自然哲学的自然，也不是先验哲学的自我，而是作为主观与客观尚未分离的本原状态——绝对同一性。他在给朋友的信中写道，他看到了"哲学中的光亮"，虽然谢林没有具体说明这个"光亮"是什么，但是从他 1801 年的著作可以推断，谢林信中所说的哲学的光亮是同一哲学的最后形成。沿着这一思路，谢林又出版了一系列著作：《布鲁诺对话：论事物的神性原理和本性原理》《论学院研究的方法》《艺术哲学》，其中《艺术哲学》是其同一哲学体系的代表作。人们通常认为谢林从朝气蓬勃的青春思想走向宗教这一转变是政治上的因素。其实，他的这种转向不过是他绝对同一立场的一种逻辑延伸，关于这一点，可在《艺术哲学》中看到。而且，实际上，自然哲学、先验哲学、艺术哲学乃至到后期的宗教哲学均可看作是同一哲学的不同方面或内容，只是各有侧重。自然哲学着重于从客体到主体的演绎，先验哲学则侧重于从主体到客体的复归，从立足点上都是片面的，未达到原则的同一性。同一哲学正是克服了它们各自的片面性，以主体和客体的无差别的同一性为起点和归宿。

黑格尔指出："同一性的原则是谢林哲学的绝对原则，哲学和体系同时发生，而且同一性在各部分中没有丧失，在结果中更是如此。"① 康德的出发点是绝对的自我，此外有一个超出认识范畴的物自体的世界；费希特的出发点是主观的主—客体——自我，在与自然界（非我）对立的前提下坚持反思的立场；谢林的出发点是客观的主—客体——自然，在与自然界和谐统一的前提下，坚持直观的立场。他认为一切知识都是以主观和客观的一致为基础，我们知识中单纯客观的东西的总体叫自然；所有主观的东西的总体叫自我或

---

① ［德］黑格尔：《费希特与谢林哲学体系的差别》，宋祖良、程志民译，商务印书馆 1994 年版，第 66 页。

理智。理智被认为是仅仅作表象的东西，是有意识的；自然被认为是仅仅可予以表象的东西，是无意识的。但在任何知识中，都必然有某种彼此会合的活动，哲学的课题就在于说明这种会合。这样，谢林就把知识确定为主观与客观的无差别的绝对同一。知识被分成两个序列：从客观出发，把主观的东西从它里面引导出来，构成自然哲学；从主观的东西出发，把客观的东西引导出来，构成先验哲学。既然精神和自然相互转化和相互制约，它们就必须有一个共同的基础，并且精神和自然也必然是从同一个最原始的活动中产生出来，而这样一来，精神和自然乃是这一原始活动的两个不同方面。这是一种绝对，既不是主观，也不是客观，更不能同时是这两者而只能是"主观与客观的同一性"，这就是"同一哲学"原则。谢林不像以前的哲学家把"主体"或者"客体"看作是本原，对谢林来说能成为本原的是两者的绝对的同一性。所谓绝对同一，是主客体尚未分离之前的本原状态，是某种绝对的理性或精神。主体与客体、观念与实在是不可分地结合在、封闭在绝对理性之中的，因而，理性就是宇宙大全本身，无物存在于理性之外，万物都在理性之内，理性是派生一切主体与客体的唯一本原。

谢林把实在性部分与观念性部分相互从属关系的体系，称之为同一性体系。谢林曾在修改 1810 年由盖奥尔格记录下来的《斯图加特座谈》的笔记后面附信解释自己的思想：笛卡尔确立了两个绝对不同的实体 A（观念的或精神的实体）和 B（实在的、有广延的或物质的实体），他是绝对的二元论者。斯宾诺莎是绝对的反二元论者，他认为 A = B，思维的实体和有广延的实体是同一个东西；莱布尼茨完全取消了 B，而只确立 A；康德尤其费希特把 B 归结为 A；对于费希特来说，物体、外部世界不但不具有精神的存在，而且根本不具有任何存在。观念的东西并非时而是主观的，时而是客观的，而是处处皆为主观的。这是最高阶段上的、极端片面的唯心主义。

我不同于（1）笛卡尔，我不赞成排斥同一的绝对二元论；
（2）斯宾诺莎，我不赞成排斥任何二元论的绝对同一；（3）莱
布尼茨，我不把实在的东西和观念的东西（A和B）溶合为单
一观念的东西，而是确认二者在其统一中的实在的对立；
（4）唯物主义者，我不把观念的东西和实在的东西整个地融合
为实在的东西（B）。当然，持这种观点的只有最崇尚精神的唯
物主义者——物活论者。而在法国唯物主义者那里，A完全消
失，只保留了B（原子论者和机械论者），这同只保留A的费希
特截然相反；（5）康德和费希特，我不认为观念的东西仅仅是
主观的（在自我之中），相反，用某种完全实在的东西与观念的
东西相对立——两种原则，它们的绝对同一就是上帝。①

谢林所说的绝对同一、无差别就是主客体在未区分前的本原状
态。谢林认为任何事物实质上都是主客体的统一，都是对绝对本原
的体现。黑格尔曾批判谢林的"绝对同一性"是"黑夜观牛，一
切皆黑"。实际上黑格尔与谢林在绝对同一性认识上的对立源于他
们采取的认知方式不同，即概念的和直观的。谢林曾在给黑格尔的
信中说："你为何要把概念和直观对立起来？"② 在谢林与黑格尔的
争论中，谢林认为黑格尔哲学的主要思想（"绝对精神"）是对他
的同一哲学的拙劣模仿，甚至是"剽窃"。他曾在课堂上公开表明
自己的观点："时间冷却了我对自己思想的热衷，而现时代人也力
图在这方面帮助我。三十多年前发生的事情而今已成了历史。那时
我把哲学提得那么高是必要的。后来我把早期的思想当作接力棒传
给了别人……每一个人都有自己的志向：有的从事发明，有的从事
系统化工作。对于后者来说，除去认真的努力之外，并不希求别的
什么东西。后代人将对这两种人做出公正的评判。"③ 在写给学生的

①　［苏联］古留加：《谢林传》，贾泽林、苏国勋等译，商务印书馆1990年版，第202页。
②　同上书，第189页。
③　同上书，第273页。

信中又说："请把我的思想留给我，而不要像您那样将它们与另一个人的名字联系起来，那个人所做的只不过是从我这里剽窃这些思想，并且表明他没有能力完成这些思想，就如同以前他没有能力发明出哲学思想一样。"①

谢林的"同一性哲学"体系，正确地把握了西方哲学 16 世纪以来，特别是在德国古典哲学中企图消除主体、客体对立，克服心灵与肉体、理想与现实、自由与必然二元分裂的倾向。谢林在同一哲学中试图解决的是德国古典哲学消除二元分裂这个未竟事业的延续和完成。在《布鲁诺对话：论事物的神性原理和本性原理》中，谢林尝试了同一性的一种新的方法论。谢林认为："一切哲学的对象就是一切理念的理念，而这种理念不是别的，无非就是包含多与一、直观与思维之不可区分的表达。这种统一性的本质也是美和真本身的本质。因为美之为美，就是在其中普遍和特殊，类族和个体，绝对是同一的，正如在诸神的形象中一样。但也唯有这样的东西是真的，因为我们把理念看作是最高度的真。"② 在《布鲁诺对话：论事物的神性原理和本性原理》中，谢林探讨了三个问题：（1）哲学的合理状态是真和美的统一，哲学与艺术都是要表现永恒的理念。（2）绝对的合理状态是同一性。（3）从绝对到有限的东西的过渡是追问如何从永恒中涌出的。"《布鲁诺》的一个富有意义的成就，是［阐明］绝对作为与反思哲学（这种哲学的范例是费希特的'知识学方案'）相对立的同一性哲学的更为广泛的基础。现在，在术语上理念的统一性，相对于通过知性概念达到的综合的统一性，在方法论上被看作是与同一性现象（Identititätsphänomen）相对应的、更为合适（Angemessenere）的东西。"③ 谢林结束了古代形而上学把绝对按照客观概念的范本看作是实体的错误，同时，他

---

① ［苏联］古留加：《谢林传》，贾泽林、苏国勋等译，商务印书馆 1990 年版，第 284 页。

② ［德］谢林：《布鲁诺对话：论事物的神性原理和本性原理》，邓安庆译，商务印书馆 2008 年版，第 38 页。

③ ［德］斯蒂芬·迪兹：《谢林同一性哲学的短暂辉煌》，载［德］谢林《布鲁诺对话：论事物的神性原理和本性原理》，邓安庆译，商务印书馆 2008 年版，第 165—166 页。

也反对对绝对做任何主观化的理解。他认为，绝对是关于同一和差别的对立统一，既不是单纯实在的也不是观念的，既不是思维的也不是存在的，而是它们的统一性，是作为整体的神性。

第三节　谢林神话诗学的自然建构

谢林认为，如同世界是一个有生命的有机体一样，关于世界的科学也是一个有机的整体。哲学是一切科学的基础，"一切科学的科学"，它囊括一切，它的构成遍布知识的一切级次和对象。艺术要成为科学，必须要通过哲学才行。艺术哲学是在哲学的范围内形成的一个小小的园地，在其中我们可以直接观照到永恒的可见形象，正确地理解这一形象才会与哲学本身处于最完美的协调中。谢林对艺术哲学何以可能做了更确切的表述。在他看来，对可能性的证明也是对现实性的证明。他认为，在艺术哲学这一概念中，存在着对立之结合，艺术是现实的、客观的；哲学是理念的、主观的。因而，艺术哲学的任务便是在理念中反映包容于艺术中的现实。而只有弄清什么叫在理念中反映现实，才会彻底弄清艺术哲学这一概念。由于在理念中的反映等于建构，那么，艺术哲学也就等于艺术的建构。

一　从艺术哲学到神话诗学

谢林指出，把"艺术"这一概念附加于"哲学"，只是对哲学这个一般概念加以限定，而不是扬弃，我们的科学应该是哲学，作为艺术哲学的哲学并不是与自在的和具有绝对意义的迥然不同的东西。哲学在本质上是一，它不可能再加以区分。哲学的不可分性，是我们从总体上理解哲学这一学科的宗旨。哲学只有一门，自在的本质只有一个，绝对的实在只有一个。作为绝对的东西，这一本质是不可分的，就是说，它不可能通过分割或分离转换成各种不同的本质。事物的区分只有当绝对作为整体、作为未分的东西而置于不同的规定下时，事物的多样性才是可能的。我们把这样的规定称为幂次（级次、潜能），实际上这些规定并没有对本质做出任何改变，本质仍然是本质。其实，我们在历史和艺术中所认识的东西与自然中存在的东西是同一的。整体的绝对性先于每一个别事物，这种绝对性以种种不同的幂次存在于自然、历史和艺术中。哲学的最完美的显现只能在一切幂次的总体性中，因为哲学应是宇宙最真的反映，这一反映也就是在所有理念的规定的总体性中所描述出的绝对者，绝对者就是上帝和宇宙。上帝和宇宙就是一，或者一的不同方面。上帝是从同一性方面来考察宇宙，它是全，因为它是唯一的实在，在它之外是一无所有；宇宙是从总体性方面来加以认识的上帝。在作为哲学原则的绝对理念中，同一性和总体性是同一个东西。在绝对中，在哲学的原则中，正因为它涵盖了一切幂次，便没有了任何幂次（级次、潜能）；反之，又正因为在绝对中没有幂次，所以在绝对中便涵盖了一切。正因为这一原则不等于任何特殊的幂次（级次、潜能）却又涵盖一切幂次，所以称这一原则为哲学的绝对的同一性之点。在哲学中，只有绝对，或者说在哲学中我们只认识绝对，亦即一。哲学一般来说不关注作为特殊的特殊，而总是直接关注绝对，只有当特殊在它自身中包容并完全显现绝对时，哲学才会关注特殊。

因此，不可能存在任何特殊的哲学以及特殊的和个别的哲学科学。哲学只有一个对象，即一。在一般的哲学范畴中，每一个别的幂次本身都是绝对的，只要每一幂次是整体的完善反映，只要它把整体纳入自身，它便是整体的真正部分，这就是特殊和普遍的结合。我们可以将个别的幂次从整体中分离出来并单独加以审视，但只有当我们确实是在描述个别幂次中的绝对，这种描述才是哲学的。于是，我们可以将诸如此类的显现称为自然哲学、历史哲学、艺术哲学。任何对象只要它是通过一种永恒的、必然的理念建立起来并且可以将绝对纳入自身，便可认为是哲学的对象，作为各种各样的对象都不过是没有本质性的形式；艺术哲学的实在性也因其可能性的证明而被证明，从而艺术哲学的界限以及与艺术理论的差异也因此而被指明。只要自然的科学或艺术的科学在它之中显示绝对，这一科学就是哲学。在其他情况下，即当特殊的幂次被作为特殊来对待，并且作为特殊的法则而为它所提出，也就是说不涉及具有绝对普遍性的哲学，而只涉及对象的特殊认识，即一个有限的目的，那么，这种科学就不能叫作哲学，而只能叫作特殊对象的理论，比如自然理论、艺术理论。这些理论当然可以借用哲学的原则，比如自然理论借用自然哲学的原则，但正因为它只是借用，所以它不是哲学。

谢林指出，"艺术的建构，就是规定它在宇宙中的位置"①。因此，在艺术哲学中首先建构的就不是作为特殊对象的艺术，而是建构艺术形象中的宇宙；艺术哲学就是关于在艺术的形态或幂次中的大全的科学。然而，只有艺术哲学是宇宙在艺术形态中的再现这一观念还不能提供关于这门科学的完善自足的理念，因此，谢林还对艺术哲学的必不可少的建构方式做出了更明确的规定。

哲学的客体一般说来是能够作为特殊而把无限纳入自身的。为了成为哲学的客体，艺术必须作为特殊在自身中显现无限。而从艺术来看，它不仅自发地存在，而且还作为对无限的显现站在与哲学相同的高度。哲学在原型（Urbild）中显现绝对，艺术在摹本（Gegenbild）中显现绝对。因为艺术与哲学相应，而且其本身是哲学的完满的反映，所以它势必经历哲学在理念中所经历的一切幂次。在此前提下，谢林指出，在艺术哲学中我们必将得到解决涉及宇宙的所有问题，这些问题正是我们在一般哲学中涉及宇宙时所解决的。(1) 我们将在艺术哲学中同样以无限的原则为出发点，阐明作为艺术之绝对本原的无限。如果对哲学来说"绝对"是"真"的原型，对艺术来说"绝对"就是"美"的原型。我们必须论证"真"和"美"只不过是对同一个绝对的两种不同的观察方式（哲

---

① Friedrich Willhem Joseph von Schelling, *Werke: Auswahl in drei Bänden* Ⅲ, *Herausgegeben von Otto Weiß*, Leipzig: Fritz Eckardt Verlag, 1907, S. 21.

学和艺术）的结果而已。（2）无论哲学还是艺术哲学都要解决绝对的唯一和简单的东西如何转化为复多和纷繁这一问题。哲学用理念或本原的学说来回答自己的问题，绝对就是一，但这个一是在特殊的形式中被绝对地直观到的，绝对不是被扬弃了，它就是理念。同样，艺术是在作为特殊形态的理念中直观到本原的美（Urschöne）。这样，艺术上升到哲学的同等高度，"绝对同一性"成为一切艺术的直接原因。哲学直观理念时是把它当作自在的东西来直观，这就是说，一旦理念被作为实在的东西来直观时，理念就成了艺术的普遍绝对的质料，一切特殊的艺术作品作为完善的有机体都是从这种质料中产生的。在艺术中，这些实在的、活生生的、存在着的理念就是神；由此，在神话中可以见到作为现实的理念的普遍象征或普遍再现，对艺术哲学来说，这一问题的解决就在神话的建构中。事实上，任何神话中的诸神都不过是客观的或实在的直观到的哲学的理念而已。

在谢林的理解中，绝对者 = 上帝 = 宇宙 = 大全，"上帝是从它自身的直接确立"[①]。大全（das All）就如同上帝自身作为无限的确立者，无限被确立者以及两者的统一体包容于自身，只是它本身并不成为这些特殊形态中的一个，并不是使这些形态分离，而是使它们消融于绝对的同一中。也就是说，上帝本身在无限确立它的自身中被看作是绝对的全。绝对者在时间之外、自身是永恒的这一理念对哲学和艺术哲学的建构中都至关重要。"绝对者不可以看作是时间上的在先。绝对者先于一切仅仅是由于其理念"[②]，所有艺术的直接起因都是上帝。上帝是通过它的绝对的同一成为各种理想者和现实者相互渗透的源泉，任何艺术都以此为基础，也可以说，上帝是理念的源泉。始初的理念只在上帝中存在。"既然艺术是原型的显现，那么上帝自身是直接的起因，是各种艺术最终的可能性，它本

---

① Friedrich Willhem Joseph von Schelling, *Werke: Auswahl in drei Bänden* Ⅲ, *Herausgegeben von Otto Weiß*, Leipzig: Fritz Eckardt Verlag, 1907, S. 21.

② Ibid. , S. 24.

身是各种美的源泉。"①

上帝的无限理想性作为现实性事物的想象（Einbildung），是永恒的自然。所有统———被确立者（Affirmiertseins）、确立者（Affirmierenden）和两者的不可区分（Indifferenz）处于永恒的自然本身中，但自然事物的显现不是上帝完满的启示，有机体自身不过是特殊的幂次。完满的表述不是现实的，也不是理想的，更不是两者的不可区分；而是消融所有的幂次于自身的绝对的同一，是神，是绝对的理性科学或者哲学。"哲学仅仅是自我意识或者成为自我意识的理性，这个理性是所有哲学的质料（Stoffen）或者客观的原型（Typus）。"② 上帝作为无限的，把所有的现实包容进它的理念之中。谢林认为在理念世界中，第一幂次显现理想者（Idealen）的优势，知（Wissen）属于此，被赋予理念的因素或主观性；第二幂次显现现实者（Realen）的优势，行（Handeln）属于此，被赋予现实的因素或客观性；第三幂次中显现理想者与现实者的不可区分体，艺术（Kunst）属于此。艺术本身不仅是行也不仅是知，而是一个科学贯穿的活动，是两者的不可区分体。

与三个幂次相应的是三种理念——同第一幂次相适应的是真（Wahrheit），与第二幂次相适应的是善（Güte），与第三幂次相适应的是美（Schönheit）——在有机体和在艺术中、在光和物质、理想者和现实者的交界处，美无处不在。美不仅是普遍者或理想者（理想者＝真），不仅是现实者（现实者在行动中），它是两者完满的渗透（Durchdringung）或复合（Ineinsbildung），美与真本身，根据理念实为一体，只是真是主观地被直观，美是客观地被直观。不是美的真不是绝对的真，同样地，不是美的善也不是绝对的善。真和美，就像善和美，它们的关系永远不是目的和手段的关系，它们其实是一体，仅是一个和谐的意识、精神。而在谢林看来，和谐是

① Friedrich Willhem Joseph von Schelling, *Werke*: *Auswahl in drei Bänden* Ⅲ, *Herausgegeben von Otto Weiß*, Leipzig: Fritz Eckardt Verlag, 1907, S. 34.

② Ibid. , S. 29.

真的德行——是为诗和艺术真正感知的（wahrhaft empfänglich），教授诗和艺术是不真实的。真同必然（Notwendigkeit）相适应，善同自由相适应。美是现实者和理想者的复合，如果它在摹本世界中被显现，它也就包含：美是自由和必然的不可区分，在现实中被直观。"照这么说艺术是自由和必然的绝对的综合或者相互渗透"[①]，就像上帝作为真、善、美的理念的共有者，哲学也是这样。哲学探讨的不仅是真、德行（Sittlichkeit）、美，而是包含它们的总体，并且从一个起源（Urquell）中将它们导出。将哲学作为科学仅仅是形式上的规定，它是科学，但是真、善、美在它之中，科学、德行（Tugend，道德）和艺术相互贯穿。因此它也不是科学，而是科学、德行和艺术的总体（Gemeinsames）。它与其他学科最重要的区别就在于哲学要求肯定的和合乎伦理的高度品格。同样，没有对全部艺术和美的认识哲学也是不可想象的。

谢林规定了哲学与艺术的初步关系：哲学是直接的神圣者（Göttlichen）也即绝对同一、原型的显现；艺术直接是那种不可区分者的显现，这种不可区分者出自摹本（Gegenbild）世界。但艺术与哲学仍然有着直接的关系，它们的差异在于：艺术具有特性的规定或者摹本的规定，除此以外，它是理念世界的最高幂次。在理念世界中哲学与艺术的关系，与在现实世界中理性与有机体的关系一样。因此，艺术在理念世界中所有的位置，就像有机体在现实世界中所有的一样。自然的有机创作（Werk）以未被区分（ungetrennt）的形态展现不可区分来展示自身，艺术作品在区分（Trennung）之后，又作为不可区分者来展示自身。哲学再现的不是现实事物，而是其原型。艺术同样再现现实事物的原型，只有在艺术中，原型的完善性才客观化了，从而在摹本世界中再现出理念世界，犹如音乐是自然和宇宙本身的本原节奏，它借助艺术在摹本世界中再现出来；雕塑所再现的完善的诸形态就是有机自然本身客观地显现出来

---

① Friedrich Willhem Joseph von Schelling, *Werke*: *Auswahl in drei Bänden* Ⅲ, *Herausgegeben von Otto Weiβ*, Leipzig: Fritz Eckardt Verlag, 1907, S. 31.

的原型。荷马史诗就是同一性本身,正如这同一性是绝对中的历史的根基一样,每一幅画都展示了理念世界。

但是,一部现实的、单个的艺术作品是如何产生的? 绝对就是非现实,它无处不在同一性中,而现实则处于普遍与特殊的非同一性中,处于两者的分离中,所以,现实或者在特殊中,或者在普遍中。由此,便产生了造型艺术与语言艺术的对立。造型艺术就是哲学的现实序列,它依赖于这样一种统一性:无限呈现为有限,与此相应的是自然哲学;语言艺术就是哲学的理想序列,它依赖的统一性是有限呈现为无限,与此相应的哲学是一般体系中的唯心主义。把两者包容于自身的统一体,可称为不可区分体。因为,每一种统一性都是绝对的,这些统一性的形态,或容纳于现实的统一体中,或容纳于理想的统一体中。那么,与它们相应的就是艺术的特殊的形态。在现实的统一体中,与现实的形态相应的是音乐,与理想形态相应的是绘画,在现实的统一体中再度将两种统一体呈现为复合的是雕塑。在理想的统一体中,三种相应的形式是诗歌的三种形态,即抒情诗、叙事诗和戏剧。抒情诗,把无限呈现于有限,呈现为特殊;叙事诗,把有限纳入无限,呈现为普遍;戏剧则是普遍与特殊的综合。根据这些基本形态,整个艺术应既在现实的又在理想的显现中建构。

艺术本身是永恒的、必然的,因此,它在时间的显现中没有偶然性,而只有绝对的必然性。既然艺术也处于这种与绝对的知的对象的关系中,那么它的构成要素也是由若干对立来给定的,艺术的对立恰恰是在它的时间中显现。这些对立,与基于艺术的本质或理想的现实显现不同,必然是非本质的,仅仅是形式的对立。这种普遍的、贯穿艺术一切支系的形式的对立就是古希腊罗马时期艺术与近代艺术的对立。由于对立被看作是单纯形式上的对立,在这种对立的考察中,可以直接描述艺术的历史。谢林对艺术总的看法是:"艺术本身是绝对者(des Absoluten)的流溢(Ausfluss)。艺术的历史直接地向我们表明它与宇宙的规定的内在联系,并由此指明它与绝对同一的联系，艺术正是由绝对同一性预先规定了的。只有在艺术史中，所有艺术品的本质的、内在的统一才揭示出来，所有的诗都是一个天才的创作，只不过他在古代艺术和现代艺术的对立中以两个不同的形象展现自身。"① 谢林指出，在整个的建构中他将考虑艺术的每一形态，并将对艺术的历史进行描述，以期使整个艺术哲学的建构获得最终的完满形态。完成了对艺术本质的界定后，谢林艺术哲学就从一般原理的研究，转入艺术的普遍质料或者艺术永恒原型的建构。他得出一个基本的结论："神话是一切艺术的必不可少的条件和最初的质料。"②

二 神话是一切艺术的永恒质料

谢林把艺术作为哲学的唯一和真正官能，从绝对同一性这一基本原理出发讨论艺术在宇宙中的地位。谢林认为，艺术哲学是宇宙在艺术诸形态中的显现，各个特殊的艺术形态之所以能在真正的宇宙中存在是因为它们将完全不可分的宇宙纳入自身，它们本身就是宇宙。谢林把特殊事物只要它在其特殊性中是绝对的，那么它作为特殊者的同时又是普遍者这一特性称作"理念"，从而得出"每一理念＝特殊形态的宇宙"③ 这一结论。也就是说每一理念都具有两个统一（Einheiten）：其一，每一理念在自身中是绝对的，这一统一体在其特殊中显现绝对。其二，理念作为特殊者被纳入绝对中，特殊者内在于绝对者之中并同时又能被理解为特殊者。普遍者与特殊者的内在同一在自我关照下是理念，"诸神形象的基本规律是美的规律，美就是被真实直观的绝对。诸神的形象是在特殊者中（或者与限制相综合）真实直观的绝对者本身"④。因而，对哲学来说的理念就是对艺术来说的神，神是现实直观的理念。"特别是就希

① Friedrich Willhem Joseph von Schelling, *Werke*: *Auswahl in drei Bänden* Ⅲ, *Herausgegeben von Otto Weiß*, Leipzig: Fritz Eckardt Verlag, 1907, S. 20.

② Ibid., S. 53.

③ Ibid., S. 38.

④ Ibid., S. 45 - 46.

腊神话（griechisch Mythologie）中总体的组成来说，可以指出，存在于理念王国中的所有的可能性，就像哲学对它的建构，在希腊神话中得到完满的展现。"[①]

绝对的混沌是诸神与世人的本原，一切神都生于这一同一。相传世界最初是一片黑暗，混沌女神生下黑暗和黑夜。它们结合生下空气与白昼。整个宇宙在地母盖亚的怀抱中。盖亚独自生下了天空乌拉诺斯，乌拉诺斯一生下来就趴在盖亚身上不再分离，天与地连在一起。乌拉诺斯被称为第一代天神，他和母亲结合，生下 12 个提坦巨神，有六男六女。他们具有魔怪的形体，一出生就被父亲禁锢在地牢。盖亚不满，鼓动提坦造反。小儿子克洛诺斯用一把镰刀将父亲阉割。从被阉割开始，天空与大地分离，一个在上，一个在下。克洛诺斯开创了新纪元，混沌被战胜。在他的命令下，时间开始运行。克洛诺斯的意思是"流逝的时间"，他做了第二代天神，娶姐姐瑞亚为妻，生了三男三女。克洛诺斯也担心儿女夺走自己的权力，就把生下的儿女都吃掉。小儿子宙斯出生时，瑞亚听从了盖亚的建议，将一块石头包起来代替孩子，给克洛诺斯吃了，宙斯幸免于难。宙斯在盖亚的关照下长大，受到祖母盖亚的鼓励，给父亲喝了毒药，强迫他将吃下去的哥哥、姐姐吐了出来。在战胜了克洛诺斯和提坦诸神之后，天宇得以明朗，宙斯取代了一切非确定和无定型的神灵。宙斯据有欢乐的奥林匹斯，成为第三代天神，是确定的、明晰的形象。完满的神圣在整个无定形者、幽暗者被摒弃时展现，古老的奥克阿诺斯的地位被尼普顿所具有，塔塔罗斯的地位被普路透斯所取代，提坦神赫里利奥斯的地位为永葆青春的阿波罗所取代。

在轮廓清晰、形象各异的光明王国，宙斯（罗马神话中的朱庇特）是绝对的不可区分点。宙斯是绝对威力与绝对智慧的结合。宙斯与智慧女神墨提斯结合，但被告知在他们所生的孩子中，会有一

---

① Friedrich Willhem Joseph von Schelling, *Werke: Auswahl in drei Bänden* Ⅲ, *Herausgegeben von Otto Weiß*, Leipzig: Fritz Eckardt Verlag, 1907, S. 48.

个集两者特质于一身并推翻宙斯的王位。为了逃避可怕的命运，宙斯在女神未生下雅典娜（罗马神话中的米涅尔瓦）前便将她吞食。不久，雅典娜全身披挂，头戴闪闪发光的战盔，手持长枪和盾牌赫然从宙斯那永恒的头部直接生出。由于她是宙斯直接生出，所以她这种神圣的智慧自萌生伊始便充分完满，雅典娜成为永恒实在中智慧与力量绝对不可分的鲜明象征。宙斯和雅典娜并不是哲学理念的显现，因为如果是那样，这些形象的诗歌独立性就被取消了，实际上他们就是哲学的理念："哲学中的理念和艺术中的诸神是一体（ein）。"① 在宙斯这一形象中，除必然以外，一切限制不复存在。他是绝对的威力，具有无与伦比的安宁，他动一动眉毛，奥林匹斯山便震动不已。雅典娜将一切崇高者和强大者、创造者和毁灭者、结合者和分离者包容于自身，她是一切艺术的本原和永恒的倡始者以及城邦可怕的摧毁者，她既予以创伤又使之痊愈。作为绝对形态，雅典娜是结合的本原；对于人类诸部族来说，她又是征战女神。在奥林匹斯山，在欢乐的神圣之地，争执无迹可寻。因为，在这里争斗双方在分离中或者在统一中，都是同等的绝对性。只有在尘世间，形态才与形态相抗衡，特殊者与特殊者相对抗，于是才有征战、无休止的创造和毁灭。而所有这些战乱现象，作为可能性仍然包含于绝对形态之中。尽管雅典娜在诸神中是唯一将诸对立结合于一身者，但她身上却没有任何东西使诸对立相悖。在她这一形象中，一切归于一点：她是沉稳端庄、始终如一、坚定不渝的智慧化身。就其严谨而论（纯属形态），她在同等程度上既是哲学家，又是艺术家以及武士的女神。永葆女贞的雅典娜虽不是由母亲所生，却是众神中最富风采者，几乎世人的一切事务，都是她创造的。赫拉（罗马神话中的朱诺）从宙斯那里得到单纯的强力却没有崇高的智慧，由此而来的是她对一切神圣者的仇视。宙斯从自身创造雅典娜，赫拉则故意与宙斯作对独自生下赫淮斯托斯（罗马神话中的武

---

① Friedrich Willhem Joseph von Schelling, *Werke: Auswahl in drei Bänden* III, *Herausgegeben von Otto Weiß*, Leipzig: Fritz Eckardt Verlag, 1907, S. 49.

尔坎）。赫淮斯托斯精于手工技艺，同时又是火的监护者和武士甲胄的制造者，但却没有雅典娜的高度智慧。据说，赫淮斯托斯想要同雅典娜结为夫妻，在与她徒劳无益的纠缠中使地受精，生下半龙半人的埃里克托尼奥斯（Erichthonius）。众所周知，龙的形象一向被认为是大地所生者的表征。这样，赫淮斯托斯就是纯属地界的艺术形态，想要同属天界的雅典娜结合，最终是徒劳。嫁给他的维纳斯虽然位居天界，但实际上属地界之美。

我们可以对宙斯与整个神的世界的关系做这样的表述：宙斯作为永恒之父是奥林匹斯绝对的不可区分点（Indifferenzpunkt），是超越于一切冲突（Wirderstreit）之上的。与他临近的雅典娜这个永恒的智慧形象——他的摹本，生于他的头颅。在现实世界中从属于宙斯的是有形的和无定形的原则铁与水，也即赫淮斯托斯和波塞冬（罗马神话中的尼普顿）。为了使两个链条相扣，作为宙斯相应的不可区分点，一个阴间的上帝或者说冥界的宙斯哈德斯——黑夜或者苦难王国的统治者将二者相联结。同现实世界中这一不可区分点（与宙斯契合）相应的是阿波罗（Apollon）——理想世界（Idealen Welt）的不可区分点。阿波罗与哈德斯是相对立的形象，哈德斯呈现为一个老者，阿波罗是永葆青春之美的形象；哈德斯统治的是幽灵、非物质体和幽冥凄惨的王国，阿波罗是光明、理想、生动形象的神。阿波罗的王国中存在充满生机的事物，他用温柔之箭赐予衰老者死亡。他还被视为医药之神，众缪斯的首领，预言未来之神。他所有的特性都与他的神圣形象相应。就理想世界中的个体来看，阿瑞斯①对应于赫淮斯托斯，阿弗洛狄忒②对应于波塞冬（波塞冬的前身是尼普顿，出于无定型的海洋，被认为是至高的地界形态）。

"神的理念对艺术来说不可或缺，绝对者在限制中显现同时绝对者并没有遭到扬弃（Aufhebung）这一矛盾只有在神的理念中才

---

① 罗马神话中的马尔斯，战神，他是力量与权力的象征，嗜杀、血腥，人类灾祸的化身。
② 罗马神话中的维纳斯，爱神、美神，同时又是执掌生育与航海的女神。

能得到解决。"① 诸神同理念一样，一方面，每个神自身包含着统一的不可分的无差别的"神性"；另一方面，每个神又处于限制中，正因为限制他们又成为多样的，具有自己特殊的鲜明个性。因此，神是特殊个性和普遍神性的统一，在希腊神话中表现得特别清晰。比如，希腊神话中的雅典娜是智慧与力量的结合，在她身上没有女性的柔情；赫拉（朱诺）是既无智慧又无柔情的强力的化身；阿弗洛狄忒是柔情的化身。她们都有自己的个体形象，同时也体现了她们共同的神性绝对——永享福乐。诸神在自身之内既构成了一个自足的世界，同时又相互组成一个共同的神性世界。绝对者以普遍者与特殊者的绝对的不可区分显现在普遍者中等于哲学（理念）。绝对者以普遍者与特殊者的绝对的不可区分显现在的特殊者中等于艺术（神）。谢林指出："一切生命的秘密在于绝对与限制之综合。"② 生命始终处在限制的争执中，人的生命被抛入操劳、纷争、疾病、终老中。但是对神来说，限制只是"戏谑（Scherz）和游戏（Spiel）取之不尽的源泉"③，因此在神的世界中不存在道德，只有对想要将自身消融于无限者的现实世界的人来说才存在"德行"（Sittlichkeit）。诸神是永享福乐者，所谓享福（Seligkeit）是指无限者消融于有限者中。诸神的世界必然要成为总体的世界，与现实存在的世界相对，它是一种对于想象来说才是独立的存在或是独立诗意的存在，在这一世界中想象是其土壤，任何通常意义上的现实性都将摧毁神的世界。表达诸神间关系的最佳方式是"生育关系"（Verhältnis der Zeugung），这样便形成了"神谱"（Theogonie）。如果说诸神与诸神间发生的某一关系是"神话故事"（Mythus），那么这些故事在总体上便过渡为神话，"完整的神祇故事，在它自身达到了完满的客观性或者独立的诗意的（poetischen）存在，是神

---

① Friedrich Willhem Joseph von Schelling, *Werke：Auswahl in drei Bänden Ⅲ*, Herausgegeben von Otto Weiß, Leipzig：Fritz Eckardt Verlag, 1907, S. 39.

② Ibid., S. 41.

③ Ibid., S. 42.

话","神话是所有艺术必不可少的条件和最初的（erste）质料"①。
作为更高表象中的宇宙，神话既是一个世界又是肥沃的土壤，只有
以此为基础，艺术作品才能繁荣兴旺。神话是"绝对的诗"，所有
美妙的、多种多样的形式都源于它。

三　神话的显现手段：象征

谢林从哲学过渡到艺术，从哲学的理念过渡到艺术中的神，这
一发问过程探讨的是艺术"何以可能"的本质问题。那么艺术通过
什么方式在绝对中显现呢？神如何体现为有限者的同时又不失其无
限、永恒的绝对性呢？由此，谢林转向了艺术内在的具体建构。谢
林认为，这种内在的具体建构要依靠"想象力"（Einblidungsk-
raft）。德语中想象力这个词是一个复合词，意思是形成统一形象的
力量，艺术作品从想象力中开始并且形成，幻想（Phantasie）则从
它们表面进行直观，就此而言，也就是显现。理性（Vernunft）与
理智直观的关系也是这样，在理性中，理念被形成，理智直观是内
在的描述。幻想就是艺术中的理智直观，通过幻想，绝对与限制相
结合，在特殊者中普遍者的全部神性被建造。由于诸神在他们之间
形成一个独一无二的世界，他们就为幻想获得了一个独立的存在或
者是一个独立的诗的存在。因为诸神成为自身世界的实在，这一世
界完全为自身存在，而且完全与通常所说的真实世界相隔离，是一
个绝对的世界。"诸神的世界不是知性（Verstand）的客体也不是
理性（Vernunft）的客体，唯独靠幻想可以理解。"②

从艺术创造者和欣赏者的"主体"方面来说需要借助想象力和
幻想。从艺术作品的"客体"方面来说，表现方式是"象征性的"
（Symbolische）。据谢林看来，绝对者以普遍者与特殊者的绝对的不
可区分显现在特殊者中，只有凭借象征的才是可能的。象征性这一

---

① Friedrich Willhem Joseph von Schelling, *Werke：Auswahl in drei Bänden* Ⅲ, *Herausgegeben von Otto Weiß*, Leipzig：Fritz Eckardt Verlag, 1907, S. 53.

② Ibid., S. 43.

显现手段是模式化的（schematismus，图示化，公式化）和比喻的（allegorisch）两个对立面的综合。那么，什么是模式，什么是比喻呢？谢林以手工艺者（des mechanischen Kuenstlers）为例进行说明。所谓模式（Schema）是按照有关的概念生产确定形态的物体。这一概念用图示说明（schematisieren）它自身，也就是说，在它的普遍性中，它因想象力直接成为特殊者以及这一特殊者的直观。这个模式领导工匠的创作，是工匠进行创造劳动所遵循的规则、规定，但是它在普遍中同时又对特殊者进行直观。工匠按照最初这一直观完成未加工的整体草图，然后再对各个部分进行加工。直到模式对他来说逐渐成为完全具体的图像并且在想象中被完整地确定，作品本身才完成。同样，模式化也存在于艺术中。单纯的模式化不能称为绝对者在特殊者中的完满描述。简言之，在普遍者中意指（bedeuten）特殊者，或者特殊者通过普遍者被直观是模式化；在特殊者中意指普遍者，或者普遍者通过特殊者被直观是比喻；两者的综合是象征，象征不是普遍者意指特殊者，也不是特殊者意指普遍者，而是两者的绝对同一。德语中的 Sinnbild（有意义的形象）是对 Symbol（象征）一词很好的解释。

三种不同的显现方式存在一个共同点，在于只有通过想象力才成为可能。由此而言，不论是艺术作品的创作者还是鉴赏者，想象力都是必不可少的内在素质和媒介。当我们把无限者理解为有限者与无限者的完满复合，那么，希腊想象的趋向则是从无限者或者说永恒者到有限者，是象征的；东方式的想象则相反，是从有限到无限，是比喻的。这样一来，在无限者的理念中二元性不是必然被克服。因此，波斯神话和印度神话是理性主义神话的代表，但是印度神话比波斯神话更接近诗歌（想象）之作。如果说波斯神话的一切创作依然是纯模式化的，那么，印度神话在任何情况下都是比喻的，比喻在印度神话中是居于主导地位的诗歌成分。古希腊神话是真正的象征性的作品，不能把希腊神话看作是自然或者宇宙的模式化，也不能看作是自然或宇宙的比喻。因为在比喻中特殊者意指普遍者，而希腊神话是两者的不可区分，它自身同时就是普遍者。正因此，所有的象征性很容易成为比喻的，因为象征在它自身包含比喻的意义，如同普遍者与特殊者的复合中包含特殊者、普遍者以及普遍者与特殊者的统一。在荷马的叙事诗中对神话的理解不是比喻的，而是以诗歌的独立性为基础把它视为自在的现实。荷马史诗以及整个神话的魅力在于它们也将比喻意义作为可能；实际上一切皆可比喻化，希腊神话中的无限性就是基于此。而普遍者被包容只是作为可能，其存在自身既非比喻又非模式，而是两者的绝对不可区分——象征。并不是荷马创造了这些神话的幻想和象征的独立性，神话的象征性在神话产生之初就是这样，比喻的诗歌是近代才开始的。"我们可以清晰地看到，比喻（Allegorie）开始神话便结束了。希腊神话的终结是由于阿摩尔（Amor，爱神）和普叙赫（Psyche）的比喻的认知。"①

象征的概念在它对立者中已经明显地显现出来，在三种显现方法的序列中，可以看到同样的幂次序列。自然在创造物体序列时（Koerperreihe）运用比喻，原因在于特殊者只是意指普遍者并不是成为普遍者，这里没有种属（Gattungen）；在光中，与形态相对立，自然运用模式；在有机体中自然是象征的，原因在于无限的概念与客体本身相关联，普遍者完全是特殊者，特殊者也是普遍者。一样地，思维是纯模式化，所有的行动则是比喻的，艺术是象征的。这种差别同样可以用于科学：算术是比喻的，几何学是模式的，哲学在这些学科中堪称是"象征的科学"。在艺术形态中，音乐是比喻的，绘画是模式的，造型艺术是象征的；在诗歌中，抒情诗是比喻的，叙事诗是模式的，戏剧是象征的。"总而言之，神话和诗不是模式的也不是比喻的，而是象征的。"② 因为，绝对的艺术要求显现完全的不可区分，即普遍者完全是特殊者，特殊者完全是普遍者，

---

① Friedrich Willhelm Joseph von Schelling, *Werke: Auswahl in drei Bänden* Ⅲ, *Herausgegeben von Otto Weiß*, Leipzig: Fritz Eckardt Verlag, 1907, S. 58.

② Ibid., S. 59.

而不是特殊者意指普遍者。这一要求在神话中以想象付诸实现。

第四节　谢林神话学说的历史建构

在完成对神话的"自然建构"之后，谢林又转向了神话内容的"历史建构"。历史建构就是按照历史的内在本性建构艺术观念和艺术发展的历史结构和联系。根据神话是一切艺术的质料这一观点，神话的历史建构也就是艺术的历史建构。谢林试图"历史地"对待神话，把它看作人类意识发展的一种共同的、合规律的阶段。谢林以神话为基点来探讨历史，试图在哲学领域给予神话确定地位并用历史的观点来看待神话。

一种乏味的观点认为神话是在用语匮乏或对原始世界巨大自然变革的起因茫然莫解时不得不采用的手段。根据这种观点看来，神话同宇宙和自然的相互关系不同于它在历史中的意义，神话的普遍意义是徒劳的。而只有作为原型（Typus）的世界本身，神话才对所有时期具有普遍的现实性。谢林在神话整体中见到神话与历史的惊人交织，从而得出"来自历史的特性在神话中也起作用"的推论。在他看来，那些神话故事使自然透过它们而呈现，宛如飘溢的香气；它们又像一层雾霭，透过这种雾霭，那邈远的原始世界以及在其朦胧背景中活动的各个伟大形象依稀可见。谢林确信存在于神话故事中的一切，曾经真实存在，并且神族先于当今的人类存在，神话故事本身完全独立于这种真实并且只能自我关照。在谢林看来，人们所惯用的历史—心理学的阐释方法如同美洲未开化的人所做的那样，他们将手伸入盛开开水的容器中，确信里面有吃人的野兽。因此，谢林改变了这种阐述神话的方法，指出真正的神话不同于这种粗陋的自然描述，"真正神话的特性是普遍性、无限性"①，神话只能在它自身中趋向于总体性并且用形象表达（darstellen）原

---

① Friedrich Willhem Joseph von Schelling, *Werke：Auswahl in drei Bänden* Ⅲ, *Herausgegeben von Otto Weiß*, Leipzig：Fritz Eckardt Verlag, 1907, S. 61.

型的宇宙自身。

谢林把神话看作是人类意识发展的共同阶段，深信神话曾是人类真实的生存状态，神话对自身来说是有意义的独立实在，通过神话的解读可以揭示历史发展的真实逻辑。"神话不仅应被阐释（dastellen）为现在或以前的，而且应理解（begreifen）为未来的。"①谢林认为普遍的、贯穿艺术一切支系的、一切形式的对立是古希腊罗马时期艺术与近代艺术的对立。由于这一对立使得谢林关注艺术的历史，在以历史观念对神话进行探索的过程中，通过对古希腊神话与基督教神话的对比，揭示了神话和艺术的历史性。历史是谢林理解神话的起点和归宿，在他看来，艺术的历史最鲜明地向我们展示了艺术与宇宙诸多规定间的联系。其中，一切艺术作品的本质和内在统一得以展现，即整个诗歌是同一天才的创作（alle Dichtungen eines und desselben Genius sind）。在古代艺术和近代艺术的对立中，这一天才不过是以两种不同的面貌显示自身，神话的两种类型——希腊神话、基督教神话，是人类历史发展的两个阶段。

一　希腊神话

在自然与自由最高的联合——艺术中，自然和自由、无限和有限的对立又再度复返（zuruekkehre）。谢林认为蕴含于理念王国的一切可能性，在希腊神话中得到充分展示，古希腊神话借助神的形象，象征地表述哲学观念，是实际直观的理念。同自然相比较，神话的每一形象在理念上是无限的；而对艺术本身来说，在现实上则是完全有限制和有限的。正因如此，对神祇的任何伦理概念，在神话中都无迹可寻。诸神的道德同限制性相连。在古希腊神话中，普罗米修斯（Prometheus）是道德的原型，自由在他身上显示为对神的独立不羁，普罗米修斯被禁锢在山崖，不断遭受宙斯之鹰的折磨，他是人类的代表，他忍受了整个人类的苦难，无限当然也从这

---

① Friedrich Willhem Joseph von Schelling, *Werke: Auswahl in drei Bänden III*, *Herausgegeben von Otto Weiß*, Leipzig: Fritz Eckardt Verlag, 1907, S. 62.

里开始，但是在他的显现中直接又被限制。"有限、限制是所有希腊文化的基本规律。"① 普遍的世界精神在希腊人的神话中展现为现实的，但并不排除历史的态度；或者说正是因为其历史的态度，它作为叙事诗才真正成为神话。现实的（即有限的）成分始终是希腊神话居于主导地位的本原。

在谢林看来，神话既不能被作为有意识的，也不能作为无意识的。不能作为有意识的，因为有为了什么而虚构的含义是不行的；不能作为无意识的，因为它们并不是没有任何意义。神话既是有意义的又是无意义的：说它们有意义是因为普遍者存在于特殊者中；说它们无意义是因为两者伴随着绝对不可区分，这样，从它自身来说是绝对的，不可区分的。神话既不是个体人（einzelnen Menschen）的作品也不是类（Geschlechts，种属）或者类属的作品（如果它只是个体的一个综合），因为类本身即是个体。说它不是个体人的，是因为神话具有绝对的客观性，应是第二世界（Zeite Welt）的存在，而这一世界则不能是个人的存在；说它不是类的创作，是因为类作为个体的综合，在这样的情况下，神话缺乏和谐一致性。而神话又必然要求类的存在，这里的类同时又具个体性。每一个体作为一个整体，并且整体自身又作为个体行动。谢林认为，希腊神话不仅自身有无限的意义，而且从它的起源来说，它是类的作品同时又是个体的作品，是一个神的作品。在这里艺术达到了创作的最高阶段，在其中可以看到自然与自由的对立。在古希腊，限制、有限者占据主导地位，神话是类属的事（Sache der Gattung），个体能把自身构成为类并真正地与类合为一体，经由整个民族而来的神话好像经过一个人之手而成。因此，谢林给予古希腊神话至高的评价。

谢林在对希腊神话故事的本质进行深入探究中发现，在其中有限者与无限者相互贯穿，那些故事只能看作有限者与无限者的绝对

---

① Friedrich Willhem Joseph von Schelling, *Werke*: *Auswahl in drei Bänden* Ⅲ, *Herausgegeben von Otto Weiß*, Leipzig: Fritz Eckardt Verlag, 1907, S. 69.

等同；在对希腊神话的形式加以审视中发现，无限者与有限者的复合，在希腊神话中全部再现于有限者或特殊者。因此，"希腊诗歌是绝对的，而且作为不可区分的顶点在自身之外没有任何对立者"①。东方的象征手法则带有片面性，是有限者通过无限者的象征。因为东方人凭借其想象，完全置身于超感性的（uebersinnlichen）或者理智的世界（Intellektualwelt）。东方人将无限者移入有限者的王国，而希腊神话的外貌和更精确的研究使我们确信，希腊神话在艺术的领域再现自然，无处不同自然相关，而且不失为自然的象征。因此，东方的诗歌与希腊的诗歌是完全相反的。"无论我们如何追溯人类文化的历史，我们发现在诗、哲学和宗教中有两种对立的流向，普遍的宇宙精神从两个对立的属性方面即：理想（Idealen）的和现实（Realen）的公开展现自己。"② 现实主义的神话在古希腊神话中达到鼎盛，理想主义神话伴随着时间的流逝，完全流入基督教。

二　基督教神话

为了认识产生于基督教并演化为独立整体的诗歌，谢林回到基督教历史的开始。他认为，在有关基督教历史的早期文献典籍中，基督教现实主义原则和理想主义原则的对立就产生了。基督教产生伊始就有两种截然不同的成分。基督教作为既定宗派的学说并未完全脱离犹太教，犹太神话在其产生之初，就其本身来说是现实主义的神话，然而，基督教把较高的道德（Sittlichkeit）加入这一朴素的质料中使之发生了变化。基督一生所经历的几乎绝无仅有的事件使它的事业无上崇高，被钉死在十字架上而又复活这一事件创造了基督教的全部历史。从此，基督成为新世界的神人（heros），低微者成为崇高者，极度屈辱的标志——十字架成为征服世界的标记。

---

① Friedrich Willhelm Joseph von Schelling, *Werke：Auswahl in drei Bänden* Ⅲ, *Herausgegeben von Otto Weiβ*, Leipzig：Fritz Eckardt Verlag, 1907, S. 70.

② Ibid., S. 72.

在罗马统治世界的时期，世界精神第一次把历史作为宇宙进行直观。在基督教的实力还没有扩展到罗马之前，这一道德沦丧的城市为东方信仰所充溢，占星师和麻葛充任国家元首的幕僚，神谕的知晓者威信扫地，当时的世界笼罩着令人窒息的空气，这种空气预示巨大变动即将来临。人们产生了一种共同的情绪：既然旧的世界无法前进，新的世界则应产生。谢林认为，整个古代史，可以被看作是悲剧性的历史时期。"命运（Schicksal）是天意（Vorsehung），在现实中被直观，而天意是命运，却是在观念中（Idealen）被直观。永恒的必然性在同一的时期中，将自身公开展现为自然，这可见于希腊人。在脱离同一之后，必然则表现为处于严酷和暴戾的打击之下的命运。只有一种办法可以使人摆脱命运，这便是投入天意的怀抱。"① 这就是在这一深刻变革时期控制世界的感情。这一时期，古老的神黯然失色，预言者销声匿迹，庆典趋于湮灭。新的世界开始于人脱离自然，然而，它还不知道另外的故乡（Heimat），有一种被抛弃之感，整个人类面临无底的深渊。被这种感情所支配的一代，他们或者自愿，或者由于内在活动的驱使倾向于理念世界（ideellen Welt），以把这个世界作为本乡的世界。在这个黑沉的深渊之上，作为和平力量均衡之唯一标记的十字架赫然出现。基督教把神直观为历史的，它的神话故事是围绕神的言说，这些神话故事不是以象征而是以比喻为基础，因此，基督教神话永远不能成为神话的质料。

因为基督教神话完全不同于古希腊神话，所以为了认识基督教神话的原则，谢林回到它的对立面希腊神话上去。"希腊神话的质料是自然，是对作为自然的宇宙的普遍直观；基督教神话的质料是对作为历史、作为天意（Vorsehung）的宇宙的普遍直观。这是古代和近代宗教和诗歌的真正转折点（Wendepunkt）。"② 如果说希腊

---

① Friedrich Willhem Joseph von Schelling, *Werke: Auswahl in drei Bänden* Ⅲ, *Herausgegeben von Otto Weiß*, Leipzig: Fritz Eckardt Verlag, 1907, S. 77.

② Ibid., S. 75.

神话要求描述无限者在有限者中，有限者是对无限者的象征。那么，基督教的基础则相反，它要求有限者在无限者中，使有限者成为无限者的比喻。在希腊神话中，有限者意指某种自在者，因为无限在它之中。在基督教神话中，有限者本身是无，它的意义仅在于喻指无限者。将有限者置于从属无限者的地位是基督教的特征。在希腊神话中，有限者作为它自身是无限的，对于神圣者的对抗也是可能的，因此这是崇高的原则。在基督教中，有限无条件地献身于无限，这是美的唯一原则。从这一对比出发，可以理解多神教（按照谢林的理解希腊神话是多神教的）与基督教所有其他的一切对立，"在多神教中是崇高占统治地位，在基督教中是温和、温顺的道德占统治，在那里是严格的勇气，在这里是爱或者是通过爱糅合和软化了的勇气，就像在骑士时期"[①]。

　　在基督教中上帝是同历史相应，不是同自然相应。基督似乎是神人化的顶峰，因此也是人化的神。基督教中神的人化和多神教中神圣者的限制是有明显区别的。基督教中所涉及的并不是有限者，基督来到人间备受屈辱并成为遭受欺凌的形象，它历尽苦难并以其示范消除有限者，这里没有希腊神话中的人之神化，这是神之人化，其目的在于通过将他在自身中消除，使脱离上帝的有限者与上帝相调和。就此而言，并不是有限者成为绝对者以及无限者的象征，降世为人的上帝并不是历久不衰的、永恒的形象，而是一种显现，他尽管是亘古以来的完满者，却是时间范畴的短暂者。基督复返超感性世界，并不是自身，而是灵；并不是降为有限者并保留有限者的本原，而是将有限者归入无限者。如果说基督作为无限者本身化身为有限者并以人的面貌将这一有限者献给上帝，那么，他是古代时期的终结，他是最后的神，继他而至的是新世界居于主导地位的圣灵——理念的本原。因此，基督的出现绝不是为了成为新的多神教的本原，而是为了使诸神世界绝对自成一统。想要说明基督

---

① Friedrich Willhem Joseph von Schelling, *Werke：Auswahl in drei Bänden Ⅲ*, *Herausgegeben von Otto Weiβ*, Leipzig：Fritz Eckardt Verlag, 1907, S. 78.

在何种程度上成为幻想人物并非易事，因为他不仅是神，而且因其人性并非是神（而希腊诸神虽然也有有限性，但仍然是神）而是现实的人，甚至不能免遭人类的苦难；但他又不是世人，因为他仍然不是从各方面被局限为人。这些矛盾的综合完全根植于甘愿受苦难的上帝的观念，因此，他是希腊神的对立者。希腊神并没有蒙受苦难而是因其有限性而永享极乐，即便是普罗米修斯也是神，他并非蒙受苦难，因为他的苦难同时是一种行动和反抗，纯粹的苦难永远不能成为艺术的客体。至于基督，即使作为世人，同样不能呈现为非蒙受苦难者，因为他的世人属性在他那里成为甘愿承担的重负，而非希腊神那样的本性；况且，他作为世人，通过神圣者的参与，更加表现为对世界的苦难的极度同情。在绘画作品中习惯并且通常把基督描绘为婴儿，因为只有在婴儿的非确定性中，神圣本性与世人本性令人惊异地相融合这一问题才可以完全解决。

希腊神话是象征之作，而在基督教中却不具有完满的象征，而是象征性的行动（Handlungen），基督教的全部精神就在这些行动中。在基督教中，无限者不在有限者中，而是有限者转入无限者，二者的同一是在行动中实现的。基督教的第一个象征式的行动是洗礼，此时此刻天与他相结合，灵降至可见的形象；基督的第二个行动是他的死，此时此刻他即将弃世而去，将灵奉还圣父，使有限者在自身中消除，成为替全世界献身者。这些象征性的行动，基督教以圣宴和洗礼予以再现。既然教会将自身视为可见的神体，它便通过行动建构自身。因此，只有教会的公众生活才可成为象征式的。教会试图成为普世的、无所不包的意向尤其应该为自身创造形体，教会自身在其总的表现中是象征性的并且是天国本身体制的象征。基督教作为在行动中的理念世界（Ideenwelt）是一个可见的王国，必然地形成唯一的体制，其原型存在于理念世界中。众所周知，罗马帝国曾将当时世界的大部分统一为一个整体，但是在灾难重重和国家分崩离析的时期，其强大是暂时的，在勇气以及心灵对客体来说已丧失殆尽的条件下，这个国家没有给世人提供避难所。基督教在这样的时期，传授给人放弃的方法并将此变为幸福，开辟了共同的避难所。随着罗马帝国的衰亡，基督教将分化世界的所有部分联结在一起，好像一个无所不包的共和国致力于精神方面的征服。

对限制、有限者在其诗歌中居主导地位的希腊世界来说，神话与宗教是类属的事业，个体可将自身建构为类属并且真正地与之成为一体。反之，在无限者、普遍者居于主导地位的基督教世界，个体则不能同时成为类属，而是类属的否定。基督教的扩展，是通过特殊智慧之个体载体的影响，这些载体是为普遍者和无限者所充满，是先知、预言者、神的灵性所附者。就此而论，宗教必然具有启示宗教的性质，从根本上说来是历史性的。希腊宗教是幻想的宗教，以类属为本原，不需要历史的底基，好像广阔的自然不需要历史一样。在希腊，诸神的显现和形象是永恒的；而在基督教那里，神圣者则是短暂的显现。"在希腊宗教中没有独立于国家的历史，在基督教则有宗教史和教会史。"① 希腊思想要求纯洁的、美的限制，以便为了自身使整个世界成为幻想世界；而基督教思想则处处趋于无限者，趋于超自然者（Uebernatuerlische），以使这一思想无论从哪方面都不致从其超感性（Uebersinnlichen）的梦中被唤醒。奇迹的概念同启示的概念不可分割，它在希腊神话中是不可能的，因为希腊神话中的神不是在自然之外的和超自然的，那里不存在着感性的和超感性的两个世界，而只有"一的世界"（Eine Welt）；奇迹概念只有在绝对二重性中才成为可能的，基督教产生之初就奠基于奇迹之上。奇迹来自从经验角度直观的绝对性，它降至有限性中，但与时间无关。"历史中的奇闻逸事，是基督教唯一的神话质料。"② 我们在普遍中对这一"历史—神话"的质料进行观察，可以发现基督教神话的开始是以作为一个神的王国的宇宙直观为基础的。有关神圣者的历史同时也是天国的历史，甚至是君王的历史也

① Friedrich Willhem Joseph von Schelling, *Werke: Auswahl in drei Bänden* Ⅲ, *Herausgegeben von Otto Weiβ*, Leipzig: Fritz Eckardt Verlag, 1907, S. 86.

② Ibid. , S. 87.

被编进神的王国总的历史中。只从这一方面说，基督教在神话中被建造，它最初呈现于但丁的诗歌。但丁将宇宙描述为三种主要形态：地狱、炼狱、天堂，在这三级次中诗歌的质料始终是历史的。在现代世界，一切有限者都是短暂的，而绝对者在无限中却如此遥远。因此，基督教新教的产生，从历史的角度看是必然的。宗教改革带来的后果是对《圣经》逐字逐句的理解取代旧有的权威，然而新教从未使自身被赋予外在的和确属客观的完善形式。在谢林看来，这一问题不仅在于新教本身分为种种派别，而且在于它恢复了人类精神永恒的作用并把人作为准则。这一准则对宗教来说是完全毁灭性的，对诗歌来说则间接具有毁灭性。"所有的自由思想（Freidenkereien）和启蒙运动（Aufklaerungen）都没有任何微小的诗歌成就。"① "现代世界没有真正的叙事诗（Epos），因为只有在叙事诗中才有根深蒂固的神话，因此，现代世界也没有自成一体的（geschlossen）神话。"② 新世界可以称为"个体的世界"，古希腊世界则可称为"类属的世界"（die Welt der Gattungen）。在希腊世界中，普遍者就是特殊者，类属就是个体，虽然在其中居于主导地位的是特殊者，但它仍然是类属的世界。在新世界，特殊者无非是意指普遍者，而且新世界是个体的、分崩离析的世界，因为普遍者在其中居于主导地位。在希腊永恒的、持续的、不朽的世界中，类属和个体两者的概念是一致的。在新世界，变动和转变是主导的准则。

基督教的特有趋向是从有限者到无限者，这一趋向摒弃一切象征式的直观，并将有限者解释为无限者的比喻。基督教早在其产生之时便在贫困的和低微的人民大众中获得其追随者，可以说，产生伊始便有民主的倾向，后来它则力图坚持不渝地保持这一大众性。然而，基督教不是世界历史的，基督教的质料也永远无法被建造成

---

① Friedrich Willhem Joseph von Schelling, *Werke: Auswahl in drei Bänden* Ⅲ, *Herausgegeben von Otto Weiβ*, Leipzig: Fritz Eckardt Verlag, 1907, S. 88.

② Ibid. , S. 90.

神话，因为质料的普遍性是所有神话的首要条件，质料是普遍者与特殊者的绝对同一，"在艺术的质料中除形式的对立以外，任何对立是不可想象的"①。希腊的现实主义神话并不排除历史的方面，更确切地说它首先是在历史中——作为叙事诗——是真正的神话。希腊神话中的诸神是自然实在之起源，这些自然神是真正诗歌的、独立的存在，是历史之神。在希腊神话中居于统治地位的、持久不变的是现实的或者有限的原则。对立是在近代文化中才出现的，基督教将宇宙作为历史、作为道德王国进行直观。基督教中的神不是真正的、生机勃勃的、独立的、诗的存在，在他没有把握自然、成为自然神之前，我们不能试图把希腊的现实主义神话加之于基督教文化。谢林认为，全部近代诗歌的最后使命在于应将理性主义的神放入自然中，就像希腊人将现实主义的神放入历史中一样。

三 神话是重构历史的话语

通过以上对谢林神话诗学具体的解读，可以得出结论：谢林第一次系统地用哲学、历史的视角审视神话，其神话诗学不仅在德国思想史上打破了启蒙运动所坚持的"哲学与神话的对立"，其神话观还影响了整个 20 世纪神话学的研究。"他的神话哲学不是重塑以前的神话，他自己也极少地投入到修复古典时期的神话的工作中。他的哲学表达的是神话哲学的现实意义，而不是神话哲学。哲学性神话理论的现实意义必须通过对它对象价值的证明才能使得自己言之有理，它是来源于现实并且指向未来的。神话理论的一个很重要的任务就是调和对过去、现在和未来的知觉。"②

谢林在神话中发现了民族传统的产物。他认为神话是"一种承自父辈并转化成民族精神、性格、习俗和规约的东西，即使在对自

---

① Friedrich Willhem Joseph von Schelling, *Werke：Auswahl in drei Bänden* Ⅲ, *Herausgegeben von Otto Weiβ*, Leipzig：Fritz Eckardt Verlag, 1907, S. 99.

② Lothar Knatz, *Geschichte-Kunst-Mythos*, Wuerzburg：Koenigschausen & Neumann, 1999, S. 2.

然现象进行经验说明取得成功之后，它仍将长久存在下去"①。它的力量赋予人类群体以"和谐和统一"。故而神话不能像教学大纲、教科书、手册那样按部就班地引申出来，也不能从个别人甚至是民众那里而是要从作为类的人那里去寻找神话的根源。因为，在人类意识中发生着神产生的实际过程。在这种意义上，对于神话不应从人的知识而应从其存在出发。谢林认为，神话是历史的起点，而这个历史是要从整体上来把握的历史。"我首先注意到的是各个组成部分—历史哲学—历史作为一个整体来解释。在讲座中首先要表明，从各方面来说，无限定的历史与哲学没有关系。"② 谢林认为，历史是整体，必有起点和终点，但是在迄今为止所有的历史哲学中，历史起点的问题没有很好解决。谢林认为真正的历史哲学如果在时间中来看待历史是没有意义的。他并不是否认历史在时间中持续的事实，他所说的从整体上来看待历史就是要找出自身存在被区分、被限制的时间。

以往的历史哲学只是一般地给出历史的起点，并从这个起点去思考历史问题。这样，在谢林看来便不是从整体上来考量历史。这种历史区分了"史前"和"史后"，但是这种区分是外在和偶然的。在这种区分中，史前就是不能为我们所知的，历史就是我们知道、了解的。在谢林看来真正地区分"史前"时间和"历史"时间不是同一时间的相对区分，而是二者应当根本不同，虽相互排斥但又相互限定。历史时间不是史前时间的持续，而是受到完全不同东西的限制。这个完全不同的东西虽然也在历史范围内、在时间中，但它与历史时间不同，受另一种原则的支配。"史前"是"相对的史前"（die relative vorgeschichtliche），这个相对的史前一方面限定了历史时间，另一方面其自身也是被限定的时间，在它内部也需要一个"第三时间"来限定。这个"第三时间"是一个完全不

---

① ［苏联］古留加：《谢林传》，贾泽林、苏国勋等译，商务印书馆1990年版，第12页。

② Friedrich Willhem Joseph von Schelling, *Werke: Auswahl in drei Bänden III*, *Herausgegeben von Otto Weiß*, Leipzig: Fritz Eckardt Verlag, 1907, S. 585.

动的东西，是"历史的全然静止的时间"（die Zeit vollkommennen geschichtlichen Unbeweglichkeit），在这个时间中没有事件的序列和时间的持续，似乎表现为一瞬。谢林把它作为"纯粹的起点"，认为它是"不能分割的、统一的人类时间"。在这个时间中之所以没有历史是因为它就像一个生命个体，其生命昨天、今天是一样的，真实的相继不是通过历史来完成的，总是一个反复交替的圆圈，整体在终点和起点上一样。因此，在这个时间中不再有时间的序列，是无时间的时间，是一种永恒。① 因此，谢林认为，当我们追溯到并无时间意识的时代，我们也就为人类找到了真正的起点，这是整体上把握历史的"钥匙"。谢林的观点与以历史事件开端的方法不同，他认为"史前"和"史后"都是有意义的，通常的"历史学家"无法把握人类的史前史是因为他们忽略了"历史的最后源泉"——神话。谢林认为，"神话以独有的历史的此在（Dasein）充满了史前的时间（vorgeschichtliche Zeit）"，"不是在神话中包含着最古老的历史事件，而是神话产生的本来过程产生古老历史那真正的和唯一的内容"②。神话"作为曾经真实存在和产生过的东西，它们本身就是最古老的历史内容"③。在谢林看来，神话是历史的起点，像通常那样把历史哲学限定在历史时间上的做法找不到历史真正的开端。他认为我们的研究是要返回人类最初的时代，为了寻找宗教、市民社会或者科学、艺术的最初开端，我们总是要碰到那个不知道的时代，那是一块黑暗的空间，而它一直被神话占据着。因此，消除这一黑暗，让它变得清晰、被我们所认识是一切科学最迫切的需要。④ 由此，谢林把神话问题从认识论转到了存在论，从人的存在去解释神话。他认为，神话是民族传统的产物，是与人类意识发展相伴随的一种共同的、合规律的阶段。

---

① Friedrich Willhem Joseph von Schelling, *Werke*: *Auswahl in drei Bänden* Ⅲ, *Herausgegeben von Otto Weiß*, Leipzig: Fritz Eckardt Verlag, 1907, S. 589.

② Ibid., S. 588.

③ Ibid., S. 592.

④ Ibid., SS. 592 – 593.

神话是历史的起点，谢林确信神话中的一切是确曾真实发生过的历史。他通过古希腊神话与基督教神话的对立来说明神话的历史。在谢林看来希腊神话的质料是自然，是对作为自然的宇宙的普遍直观；基督教神话的质料是对作为历史、天意的宇宙的普遍直观。这是古代和近代宗教和诗歌的真正的转折点。希腊神话是象征的艺术，要求在有限者中描述无限者，有限者是无限者的象征；基督教神话是比喻的，要求有限者意指无限者，有限者是无限者的比喻。有限者意指（bedeutet）无限者是说它表达一个在它之外的东西，而对于象征来说，没有它之外的东西，它本身就是一切。在希腊神话中有限者与无限者等同；而在基督教神话中，有限者本身是无，它的意义仅在于意指无限者，将有限者置于从属无限者的地位是基督教的特征。

限制、有限者在其诗歌中居主导地位的古希腊世界是"类属的世界"，神话与宗教是类的世界，普遍者就是特殊者，类就是个体。个体可将自身建构为类并且真正地与之成为一体。反之，无限者、普遍者居于主导地位的基督教世界是"个体的世界"，个体则不能同时成为类，而是类的否定。因此，新世界是个体的世界、分崩离析的世界。在希腊，诸神的显现和形象是永恒的；而在基督教那里，神圣者则是短暂的显现。希腊神话中的诸神是自然实在的起源，这些自然神是真正诗歌的独立存在，是历史之神。对立是在近代文化中才出现的，基督教将宇宙作为历史，作为道德王国来直观。基督教中的神不是真正的、生机勃勃的、独立的、诗的存在。谢林认为全部近代诗歌的最后使命在于应将理性主义的神放入自然中，就像希腊人将现实主义的神放入历史中一样。哈贝马斯说"打破个体化原则成了逃脱现代性的途径"，并以此为根据说"从尼采开始，现代性的批判第一次不再坚持其解放内涵以主体为中心的理性直接面对理性的他者"。而这个理性的他者，即神话。① 这样看

---

① 参见 ［德］哈贝马斯《现代性的哲学话语》，曹卫东等译，译林出版社 2004 年版，第99—110 页。

来，谢林才是将神话带入现代性批判的第一人。

在艺术哲学中，谢林期待"未来的神话"（künftige Mythologie）或"现代神话"（moderne Mythologie）。他说任何伟大的诗人理应将展现给他的世界之局部转变为某种整体，并以其质料创造自己的神话。谢林认为，在高级思辨物理学中可以寻得这种未来神话和象征手法的契机。在《先验唯心论体系》中，谢林用新神话来表示这种期待："新的神话并不是个别诗人的构想，而是仿佛仅仅扮演一位诗人的一代新人的构想，这种神话会如何产生倒是一个问题，它的解决唯有寄望于世界的未来命运和历史的进一步发展进程。"① 与他同时期的施莱格尔也于1800年发表《关于神话的谈话》，认为："我们的诗缺少一个中心，就像神话是古代诗歌的核心。现代诗落后于古代诗的所有原因，可以概括为：我们没有神话。但是补充一句，我们将很快就有一个新的神话，或者更确切地说，现在已经是需要我们严肃地共同努力可以创造一个新神话的时候了。"② 从以上论述可以看出谢林对神话的分析、对新神话的期待有根有据。失去了神话的现代人等待着新神话的拯救，那么，德意志浪漫派的其他成员对新神话如何理解，新神话理念又是如何提出的呢？

第五节　新神话·自由·审美拯救

面对理性带来的人的生存意义危机，神话这一被当作历史的陈旧形式又一次成为哲学探讨的新主题。谢林在其神话诗学中提出了对"新神话"这一理念的期待，德意志浪漫派的其他成员也都关注

---

① ［德］谢林：《先验唯心论体系》，梁志学、石泉译，商务印书馆1976年版，第277页。

② ［德］施莱格尔：《雅典娜神殿断片集》，李伯杰译，生活·读书·新知三联书店2003年版，第230页。"关于神话的谈话"西方学者大多归于施莱格尔名下，但是也有作者如施密林看到其思想与谢林的惊人相似，认为这篇演讲的作者应该是谢林。参见 Guido Schmidlin, "Die Psyche unter Freunden", Hoelderlins Gespraech mit Schelling, in *Hoederlin-Jahrbuch 1975 – 1977*, J. C. B. Mohr Tuebingen, 1977, S. 314。

"新神话"。是什么在20世纪末让学界对神话的兴趣与日俱增？是什么让德意志浪漫派如此着迷于神话？他们在新神话中究竟要表达什么样的诉求？这是笔者主要解决的问题。谢林曾说："永恒的必然性在同一的时期中，将自身公开展现为自然，这可见于希腊人。在脱离同一之后，必然则表现为处于严酷和暴戾的打击之下的命运。只有一种办法可以使人摆脱命运，这便是投入天意的怀抱。"①由此可以看出，正是由于感受到新时代"脱离同一"的状态，所以他期待新神话，期待在新神话中自由与必然、理想与现实、主体与客体、个体与类属这些对立重新和解、回归完全不分的状态。在进入新神话的论述前，笔者要从神话理念与启蒙之间的纠缠入手，进而过渡到新神话理念的提出，最后指出新神话理念并不是停留在文学领域而是包含着德意志浪漫派整整一代人的政治诉求。

一 神话与启蒙的纠缠

哈贝马斯在《现代性的哲学话语》中说："在启蒙的传统中，启蒙思想总是被理解为神话的对立面和反动力量。之所以说是神话的对立面，是因为启蒙用更好论据的非强制的强制力量来反对时代延续的传统的权威约束。之所以说是神话的反动力量，是因为启蒙使个体获得了洞察力，并转换为行为机制，从而打破了集体力量的束缚。启蒙反对神话，并因此而逃脱了神话的控制。"②霍克海默和阿多诺在《启蒙辩证法》中把神话与真理对立起来，认为神话是人类愚昧的产物，是理性的迷雾，是臆造的东西。他们所体现的神话观念与谢林神话观不同。在他们看来，启蒙与神话相对立，相对于启蒙，神话是模糊的，它一开始就摆脱概念。启蒙理性就是对神话

① Friedrich Willhem Joseph von Schelling, *Werke: Auswahl in drei Bänden Ⅲ*, *Herausgegeben von Otto Weiß*, Leipzig: Fritz Eckardt Verlag, 1907, S. 77.

② ［德］哈贝马斯：《现代性的哲学话语》，曹卫东等译，译林出版社2004年版，第123页。

黑暗世界的照亮，是对神话进行祛魅。启蒙把神人同形论当作神话的基础，用主体来折射自然界，在他们看来，精神和神灵都是人们畏惧自然现象的镜像。在这个认识的基础上，他们认为神话是一种欺骗形式。

霍克海默和阿多诺认为《奥德赛》中的"塞壬"一幕揭示了神话和理性劳动的交叠，"整部史诗可以说都是启蒙辩证法的见证"①，"荷马史诗是欧洲文明的基本文本，除了荷马史诗，没有任何作品能更有力地揭示出启蒙和神话之间纠缠不清的关系"②。他们根据奥德修斯的故事，探讨了神话与启蒙之间的辩证法。他们把奥德修斯解读为西方资产阶级最早的一个原型，核心概念是牺牲和放弃。从这两个概念中可以清楚地看到，神话自然与启蒙对自然的统治之间既有差异性，也有同一性。"世界被人们不分青红皂白地加以主宰。在这一点上，犹太教的创世纪和奥林匹亚宗教是一致的。"③ 如果人们逃避和无视神的旨意，厄运就会降临到他甚至是他的子孙后代身上。只有那些永远屈尊的人，才能在众神面前得以生存。而主体的觉醒也必须以把权力确认为一切关系的原则为代价。神话变成了启蒙，自然则变成了纯粹的客观性，人类为自己权力膨胀付出了自己不断异化的代价。启蒙对待世间万物，就像独裁者对待人。因为独裁者了解这些人，所以他能操纵他们；而科学家熟悉万物，因此他们也能改造万物。必然性原则取代了神话中的英雄，同时也将自己看作是神谕启示的逻辑结果，这种必然性原则肇始于众神的等级制度。

在霍克海默和阿多诺看来，神话就是启蒙，而启蒙却倒退成了神话。荷马的世界是一个神圣的宇宙，其史诗的精神采纳了神话的元素，在荷马史诗的不同叙事层次中，神话都有表现。不过荷马史

---

①　[德] 霍克海默、阿多诺：《启蒙辩证法》，渠敬东、曹卫东译，上海人民出版社 2006 年版，第 36 页。

②　同上书，第 38 页。

③　同上书，第 5 页。

诗为这些神话所提供的说明，以及用各种散乱的故事强行拼凑起来的统一性，是对主体从神话力量中摆脱出来的描述，显现了理性的成就，这种理性借助其自身所反映的合理秩序彻底砸碎了神话。"《奥德赛》所呈现的就是主体性的历史"①，有反神话的性质，在史诗中被大加称颂的原始权力本身已经代表着启蒙运动的一个阶段。史诗和神话的共同点在于：统治和剥削。在作者看来，人们通常所说的史诗与神话的同一性完全是一种幻想。"史诗和神话是截然不同的两个概念，它们指的是同一历史过程的两个阶段。"② "如同神话已经实现了启蒙一样，启蒙也一步步深深卷入神话。启蒙为了粉碎神话，吸取了神话中的一切东西，甚至把自己当作审判者陷入了神话的魔掌。"③ 启蒙希望从命运和报应的历程中抽身出来，但它却在这一历程中实现着这种报应。他们认为，众神无法使人类摆脱恐惧，只会为人类带来惊诧之声。人类只能假想在其无所不知之时，才能最终摆脱恐惧、获得自由，这是人们祛除神话进程的决定因素。神话把非生命与生命结合起来，启蒙则把生命和非生命结合起来。启蒙是彻底而又神秘的恐惧，在启蒙的世界里，呈现出古代世界里的种种特征，就像巫医在神灵的保护伞下是神圣不容侵犯的一样，社会的非正义以它所衍生出来的邪恶事实为幌子被倍加保护地奉若神明。泛灵论使对象精神化，而工业化却把人的灵魂物化了。在现代社会里，具有威慑性的集体也只是骗人的嘴脸，在其骨子里隐含着把集体操控为权力工具的权力，这种权力野蛮地把个体拼凑起来，不能体现人的真正本质。"由启蒙带来的神话恐惧与神话本身如出一辙。"④

霍克海默和阿多诺认为，"随着资产阶级商品经济的发展，神话昏暗的地平线被计算理性的阳光照亮了，而在这阴冷的光线背

---

① ［德］霍克海默、阿多诺：《启蒙辩证法》，渠敬东、曹卫东译，上海人民出版社 2006
年版，第 65 页。

② 同上书，第 36 页。

③ 同上书，第 8 页。

④ 同上书，第 22 页。

后，新的野蛮种子正在生根结果。在强制统治下，人类劳动已经摆脱了神话"①。他们关于神话的观点与谢林的看法是相悖的。他们缺乏对神话的总体关照，在他们那里，神话没有普遍意义，他们对神话的理解仅限于《奥德赛》的文本解读。谢林以神话为基点来探讨历史，认为神话与历史有惊人的交织，是民族传统的产物，是与人类意识发展相伴随的、共同的和合规律的阶段。希腊神话中的神是自然实在的起源，是真正的诗歌的独立存在，是历史之神。荷马史诗与希腊神话一样，体现了整体和类的世界。而且，谢林认为叙事诗没有神话是不能想象的，神话只能在叙事诗中获得真正的客观性。叙事诗与神话是同一的，当今世界之所以没有神话正是因为缺少史诗。谢林期待在神话中重建人的和谐统一的世界。

在启蒙时代，神话通常被认为是想象的、离奇的、不真实的世界，神话是不为理性所接受的。18 世纪中叶，人们注意到了想象力与真实性的联系，鲍姆加登创立了美学研究感性学，虽然他认为美学是一种低等的认知，但也在某种意义上表现出了对启蒙的考问。维柯在《新科学》中指出神话起源于想象，想象力的综合精神是分析精神无法企及的。所以维科认为神话不是无理性的幻想，神话带来了理性所无法达到的人与自然的统一维度。启蒙理性的分析精神放弃了超验意义上的综合判断，将整体的世界分解成最小的元素，从而肢解了有机体的理念。基督教曾提供了被社会认可的整体的统一性，但分析理性破坏了宗教曾提供的综合性的诉求，市民社会的整体性被消解，变成了原子批判累加的状态，理性被认为是万能的。然而，启蒙理性却未将在反对宗教和封建主义时的批判用于自身，它无法解决神话中的"想象力"问题。神话思维不能上升为理性，分析理性的普适性诉求出现了危机。因此，神话的意义功能与理性的解释功能有同样重要的地位。

德意志浪漫派认为神话思维与理性思维都是人类精神不可或缺

① ［德］霍克海默、阿多诺:《启蒙辩证法》，渠敬东、曹卫东译，上海人民出版社 2006 年版，第 36 页。

的，它们是一对同胞兄弟。神话是人类精神中的无意识成分在早期历史中被外化的产物，正是在这一意义上它是人类历史的真正开端。但是在启蒙时代科学使人的生活世界变成了知性的世界，一再把神话排除在日常生活之外。知性虽能在生产中造就物质财富，但摧毁了创造的基础，理性思维是对神话本身的摧毁。德意志浪漫派认为人的生活世界离不开神话世界，离开了神话，现实生活就失去了想象的空间。即便是新时代没有神话，人也应该为自己创造出一个神话来。在神话世界中，谢林看到了理性主义的限度。从这个意义上说，在德意志浪漫派那里神话不仅是把握世界的一种方式，而且是人的生存方式。"神话不仅应被阐释为现在或以前的，而且应理解为未来的。"① "可能性＝现实性"，所以神话中的状态可以成为我们未来世界的参照。在德意志浪漫派的纲领性文献《德国唯心主义的最初的体系纲领》② 中这样写道：我们需要一种新的神话，但这种神话必须服务于理念，就此而言，理念必然成为理性的神话。在我们审美地也就是说神话地做成这理念之前，大众对这理念是不感兴趣的。反之，在神话学理性化之前，哲学家也羞于接受神话。于是，"神话必将哲学化，民众必将理性化，哲学必将神话化，这样，哲学才能成为感性的东西，一种永恒的统一才会在我们这里出现"。"一个伟大的民族必须有一种感性的宗教。其实，不仅是一个伟大的民族需要它，一个哲学家也需要它。理性和心灵的一神论，想象力和艺术的多神论都是我们所需要的！" "我们期待的是单个的人亦即所有个体的全部力量的平衡发展。不再有哪一种力量受到压制，从而是精神的普遍自由和平等！一种更高的来自上天的精神将会降临，它给我们带来新的宗教，这新的宗教将会是人的最后的、

---

① Friedrich Willhem Joseph von Schelling, *Werke: Auswahl in drei Bänden* Ⅲ, *Herausgegeben von Otto Weiß*, Leipzig: Fritz Eckardt Verlag, 1907, S. 62.

② 《德国唯心主义的最初的体系纲领》是 F. 罗森茨威格发现的出自黑格尔手笔的断片。哲学史家公认它体现了黑格尔、谢林、荷尔德林三人的共同意图，但至今也未弄清究竟出自谁。越来越多的学者认为它是谢林的手笔，因为它提出了审美直观是理性的最高方式以及神话学的特殊意义。这与谢林后来的思想是一致的。

最伟大的成品。"①

　　海德格尔说，"现代的第五个规律是弃神"，"由此而产生的空虚被历史学的和心理学的神话研究所填补了"②。德意志浪漫派把神话重新请回了我们的生活，并且在生存论的意义上来谈论它。如果说理性主义将人神化，那么德意志浪漫派的这种做法则可以说是神的人化。如前文指出，德意志浪漫派的代表人物谢林曾费尽心力证明神话是一种历史的存在，是有实在性的，其目的是要给现实中分崩离析、脱离同一的现代社会中的人寻找"象征"的意义世界。20世纪 20 年代莫斯科"哲学协会"主席奥道也夫斯基赞美谢林："19世纪初的谢林与 15 世纪的赫利斯多夫·哥伦布一样，他向人们揭示出人类世界的一个未认识领域，关于这个领域过去只存在着某些神话传说——他揭示出了人类的心灵！如同哥伦布一样，他并没有找到他要寻找的东西；如同哥伦布一样，他激起了人们无法实现的愿望。但他如同哥伦布一样为人类活动指出了一个新的方向！所有的人都奔向这个富饶而美丽的地方。"③ 谢林在对神的寻找中，找到了人及其心灵。他开始作为一个自然哲学家观察人的心灵，把它看成是自然界的一部分；然后他又作为形而上的学者研究心灵的结构；最后他作为历史学家，坚信精神是由历史形成的。

　　以谢林为代表的德意志浪漫派把神话看作是为人的生活设立价值观念的活动，将神话创作视为文化和人类赖以生存的必需手段的思想，开创了包括尼采在内一直到 20 世纪的整个神话学的先河。尼采认为估价一个民族的酒神能力，必须把该民族的悲剧神话当作这种能力的第二证据，神话的衰弱表明了酒神能力的衰弱。他深信"德国精神凭借它的美好的健康、深刻和酒神力量而未被摧毁，如同一位睡意正浓的骑士，在深不可及的渊壑中休憩酣梦。酒神的歌

---

　　① ［德］谢林：《德国唯心主义的最初的体系纲领》，载刘小枫主编《现代性中的审美精神》，学林出版社 1997 年版，第 166—167 页。

　　② ［德］海德格尔：《林中路》，孙周兴译，上海译文出版社 2004 年版，第 78 页。

　　③ ［苏联］古留加：《谢林传》，贾泽林、苏国勋等译，商务印书馆 1990 年版，第 313 页。

声从这深渊向我们飘来，为的是让我们知道，这位德国骑士即使现在也还在幸福庄重的幻觉中梦见他的古老的酒神神话"①。德国精神并未永远地失去它的神话故乡，因为它如此清晰地听懂了灵鸟思乡的啼声。终有一天，它将从沉睡中醒来，朝气蓬勃，然后它将斩杀蛟龙，扫除险恶小人，唤醒布伦希尔德——哪怕沃旦（布伦希尔德，瓦格纳《尼伯龙根的指环》剧中女主角之一，沃旦为同剧中众神之王）的长矛也不能阻挡它的路！

二　德意志浪漫派的新神话转向

被启蒙的欧洲人对南北美洲的入侵与杀戮暴露了启蒙理性本身所具有的侵略性和压抑性。此后，神化理性的法国大革命的失败让人们再一次看到了理性的有限性。与对理性的神化相反，"狂飙突进"运动发现了民族文化与语言的根源，表现出对每一民族文化独特性和个性的尊重与认可，这就否认了理性具有超历史和超地域的普遍有效性。当时说德语的人没有统一的国家，也没有统一民族的观念。德意志浪漫派表现出对民族神话的兴趣，出于一种民族文化的认同感，他们力图通过复兴民族诗歌来重建古老的"德意志民族精神"。在大量挖掘民间文学时，他们将神话纳入真正的科学研究中来，认为一切民间创作都来源于神话，希腊罗马神话与日耳曼神话具有相同的真实性。启蒙批判宗教和封建主义，但是这种批判并没有用于自身。神话概念中想象这一元素让启蒙理性遭遇了重重困难，因为神话中包含了无法化解为理性的想象，启蒙自身出现了对启蒙的挣脱，这成为浪漫派批判启蒙的基本主题。

维柯在《新科学》中提出了新的历史哲学观，他把各民族从野蛮到文明的不同进程看作是人类文化发展共同规律的体现，并且重新发现了神话的价值。因为对笛卡尔哲学和当时意大利盛行的理性

---

① ［德］尼采：《悲剧的诞生——尼采美学文选》，周国平译，生活·读书·新知三联书店1986年版，第107页。

主义的不满，维柯把神话放在首要位置。针对笛卡尔哲学的理性形而上学他提出了"诗性的逻辑"，并从词源学的角度指出："Logic（逻辑）这个词来自逻各斯（logos），它的最初的本义是寓言故事（fabula），派生出意大利文 favella，就是说唱文（类似于中国的平话）。在希腊文里寓言故事也叫 myrhos，即神话故事，从这个词派生出拉丁文的 mutus，mute（缄默或哑口无言），因为寓言在初产生的时代，原是哑口无声的，它原是在心中默想的或用作符号的语言。"① 在维柯看来神话起源于逻各斯缄默不语的年代，神话思维方式是人类思维发展的必经的初级阶段，是真实的叙述，神话的逻辑是一种"想象的类概念"。在维柯眼中神话不是无理性的幻想，想象把理性所分解的东西综合起来。神话开启了抽象思维无法企及的新维度，而这个维度对人来说是最重要的。"诗性的智慧，这种异教世界的最初智慧，以开始要用的玄学就不是现在学者们所用的那种理性的抽象玄学，而是一种感觉到的想象出的玄学。"② 原始人心里没有丝毫的抽象、洗练或精神化的痕迹，所以他们可以保持诗性。我们现在人无法体会原始人巨大的想象力是因为近代语言中那些与抽象词相对应的抽象思想使我们的心智脱离了感官，近代人再也不能想象出"具有同情心"的自然这位女神的广大形象。卡西尔称维柯为西方人文学科的奠基者，因为他使得"逻辑学首度敢于突破数学与自然科学之范围，并且在数学与自然科学以外把其自身的世界建构成为一人文科学的逻辑（Logik der Kulturwissenschaft），作为语言的、诗歌的和历史的逻辑"③。

维柯对想象力的关注、对神话思维的解读在赫尔德那里得以延续并在浪漫派"新神话"的梦想中达到顶峰。赫尔德对神话的论述不是直接与哲学或社会学的理论相关而是从文学本身出发，关注古典文化中出现的神话母题。他最终要检验的是在启蒙条件下，神话

① ［意］维柯：《新科学》，朱光潜译，人民文学出版社 1986 年版，第 172 页。
② 同上书，第 158 页。
③ ［德］卡西尔：《人文科学的逻辑》，关之尹译，译文出版社 2004 年版，第 16 页。

在文学思考的语境里究竟是否可行。① 那么赫尔德对神话的倡导就必须先回答生活在 18 世纪末的德意志人与古希腊、日耳曼众神有什么关系。启蒙的倡导者认为神话是古人的谬误和迷信，是不真实的。赫尔德认为在文学中使用神话根本不必考虑神话的真实性，因为在分析理性追求抽象概念之外，还存在着追求感性美的想象力。赫尔德对神话的阐释质疑了启蒙时代的分析理性，他认为如果通过神话的使用，特定的道德或普遍的真理通过它们而被感性直观，神话人物就是可以出现的。赫尔德把神话看作是理性的感性化，神话的综合性精神关涉一个社会的人的生存状态。因此，赫尔德不赞同机械化、重复性地使用神话。在他看来，这样使用神话就失去了想象力的生命，因为人类的想象力是一种创造的能力。但人们可以在被广为传诵的神话中找到新精神，可以将古代的神话变换形式成为贴近同代人的一部分。对于启蒙时代的理性主义者来说理性是众多规律的合成，具有普适性，超越时代和民族。而赫尔德认为不应教条地把神话认为是非理性的，应该关注神话所共有的宗教价值。按照启蒙主义者的理解，古老的神话在启蒙时代已没有任何价值。赫尔德认为神话中有一种历史的真实性，希望对神话进行启发式的运用；认为通过对神话的创造性改进可以把当代的意义赋予远古的神话想象。赫尔德认为对古代人来说神话部分是历史的，部分是寓意的，部分是宗教的，部分纯粹是文学的支架。所以，赫尔德认为希腊神话是在希腊这片土地上生长出来的，他们的神话解释了他们自己面对社会问题和生存的疑难。马克思也认为希腊神话是建立在希腊特有的对自然和对社会关系上的，"希腊人是正常的儿童。他们的艺术对我们所产生的魅力，同这种艺术在其中生长的那个不发达的社会阶段并不矛盾。这种艺术倒是这个社会阶段的结果，并且是同这种艺术在其中产生而且只能在其中产生的那些未成熟的社会条

---

① 参见［德］弗兰克《浪漫派的将来之神——新神话学讲稿》，李双志译，华东师范大学出版社 2011 年版，第 140 页。

件永远不能复返这一点分不开的"①。

"赫尔德不想将神话作为博物馆式的文化记忆这样的古董来予以拯救，不是将其看作那些只为了一个逝去了的时代保有生命力的特定神话。毋宁说，他想做的是，如他自己所说，从希腊人那里学会创造性，也即为自己的时代写作。"② 赫尔德期待在希腊的幻想中融入当下元素、置入新的意义，认为可以按照自己的意图和时代观念重构希腊人的神话世界使之成为本民族的，创造属于自己时代精神的新神话。但赫尔德没有对新神话产生的社会条件进行反思从而指明新神话实现的路径，只是给出创造性地使用原有神话的建议。"我们在赫尔德这里首先发现了一个'新神话'的转向。"③ 但是，赫尔德要对古典神话进行一种启发式运用的做法"是在根本上放弃了如下希望的，即18世纪可以发展出一套图像语言，这套语言通过一种可以与古典时代相比的约束力，从'民族和政治'方面承载同代人的世界观"④。

启蒙在批判神话时自己唯一承认过的一个困难，"这就是处理人类想象力的困难。如果神话真的是虚构的，那么它就是源自一种让理性无法掌控的能力。非全能的理性就无法坚持自己的普适性诉求，而必须承认自己是局部有效的。要解决这个难题，只能要么让想象力展现其自身是受控于理性的：但这是行不通的，人们恰恰声称古人的寓言是毫无道理的。要么反过来说明理性是出自想象力的"⑤。与抽象的理性相比，赫尔德提出了生动的理性。他就认为，理性源自人的想象力这一能力，理性自身也是通过虚构并在虚构中形成的。赫尔德认为理性就是按照一定的角度将多样性进行组合和综合、化多为一形成概念，在一个概念与其他概念的关联中形成了

---

① 《马克思恩格斯选集》第2卷，人民文学出版社1995年版，第29—30页。

② ［德］弗兰克：《浪漫派的将来之神——新神话学讲稿》，李双志译，华东师范大学出版社2011年版，第148页。

③ 同上书，第151页。

④ 同上书，第152页。

⑤ 同上书，第163页。

世界之物。"谁要是对这些规律加以抽象化的理解和编目,他就以此写下了在该世界的秩序中表达出来的逻辑;而这正是人们所称的理性。理性是从一种语言的语法中抽象而成的,而语言是理性具体化了的(而且本身也是完全符合规律的)现实。换言之:理性始终是某一世界的理性;而一个世界总是一个符号体系的意义语境,某一文化的持有者(Teilhaber)通过获取这个语境来获取一种世界图景的共同性,也就是反观他们的以下这种能力,彼此沟通以达成对同一个(他们的)世界的理解的能力。"① 因此,理性不过是以前综合行动僵化的变体,是先前赋予意义过程的已经失去生命力的骨架。在这个意义上,一个民族拥有属于自己民族的神话十分必要,这样也就使得神话与语言紧密相连。赫尔德认为,所有民族的诗人在其母语中进行的想象是最快乐的。因为语言是想象力,是创造世界的潜能,所以他希望从语言学的角度阐发日耳曼神话。

三 德意志浪漫派新神话诗学的政治视野

紧接赫尔德之后,在"具有浪漫派审美形式的德意志唯心主义奠基性文件"② ——《德国唯心主义的最初的体系纲领》中,提出了一个新理念,"在这里,我还要谈一种理念,就我所知,至今还没有人了悟其意义。这就是,我们必须要有一种新的神话学,但这种神话学必须服务于理念,这就是说,理念必然成为理性的神话学"③。抛开对作者问题的追究,可以将这一思想看作一整代德意志浪漫派共有的精神。与赫尔德从语言学角度期待属于自己时代和民族的神话相比,这篇纲领有一种政治倾向。纲领中新神话的构想是从批判国家扼杀人的自由这一角度出发。"并没有什么国家的理念,因为国家是某种机械的东西,一种关于机器的理念是不存在的。理

---

① [德]弗兰克:《浪漫派的将来之神——新神话学讲稿》,李双志译,华东师范大学出版社 2011 年版,第 169—170 页。

② 同上书,第 176 页。

③ [德]谢林:《德国唯心主义的最初的体系纲领》,载刘小枫《现代性中的审美精神》,学林出版社 1997 年版,第 167 页。

念只是自由的对象。因此，我们必须超逾国家！因为任何国家都要把自由的人当作机器齿轮来对待。国家不应该这样，也就是说，它应被废止。"①当把国家当作机械来批判的时候，就引出了有机体的理念。"新神话的理念（在文学内部和外部）始终同时也是一份政治纲领，它表现为与启蒙的分析式社会互动构想那'机械化'的基本特征相对立。"②德国古典哲学对有机体理论的探讨、浪漫派对自然哲学的发展影响到了19—20世纪的后继者，他们用有机体理论来批判市民国家的"机械化"。

在纲领中，值得我们注意的还有对人的理念的关注，而人的理念最终指向的是自由。我们知道，自由是德国古典哲学非常关注的一个概念。而这个自由不是因果的推导，指向的是一种"合目的性"。在康德看来，自由是纯粹理性的事实，是我们先验地意识到的，是一种有效性诉求，该有效性不会在理论上得到检验，但它的确定性是无可争辩的。根据弗兰克的观点：神话是叙事，它证明了一个（历史的或者自然界的）事实。而证明的方式有因果推导和确证（rechtfertigen）两种，这两种证明与《德国唯心主义的最初的体系纲领》（以下简称《纲领》）里所区分的机械化证明和以理念、目的所进行的证明相对应。③如果将整个自然界设想为是合目的性的，那么我们就在幻想中为它设定了一个草图，而且即便自然的机械化规律也是由草图来确立的，这个确立以目的起因来进行。在《纲领》中，将理念里自由行动的自我解释为整个哲学的基础，然后提出了自然界必须如何创造以展现这一理念的问题。因此，必须把自然界设想为有机体，自然界是通过合目的性来构想的。这样，自然界就被看作一个具备自由理性意志的结果。《纲领》中将国家与自然进行类比，"两者之间的焊接点是合目的性：这里的合目的

---

① ［德］谢林：《德国唯心主义的最初的体系纲领》，载刘小枫《现代性中的审美精神》，学林出版社1997年版，第165页。

② ［德］弗兰克：《浪漫派的将来之神——新神话学讲稿》，李双志译，华东师范大学出版社2011年版，第180页。

③ 同上书，第183页。

性被理解为一个结构的机制符合一种被设想为该结构始创者的理性"①。在浪漫派那里，对新神话的诉求是通过对机械国家把自由人当机器的齿轮这一暴力的批判发展而来。在以自然转喻社会的逻辑中，我们将看到浪漫主义者放入了艺术。席勒曾指出："我们为了在经验中解决政治问题，就必须通过审美教育的途径，因为正是通过美，人们才可以达到自由。"② 艺术"因此而获得了一种乌托邦功能，并且在最后一个级层上指向了神话"③。

启蒙运动之前，基督教是整个欧洲社会共同认可的价值规范。启蒙运动以分析理性建构的普适性构想使市民社会支离破碎，宗教再也无法成为整个社会共有的价值规范。德意志浪漫派开始寻找整体的有效性，因为只有一种普遍有效性才能修复启蒙时代的自私性、机械性。因此，人们开始希望在价值信仰上重塑集体身份的认同感，来满足个人生存的意义需求。面对分析理性造成的人的绝望与生存意义的灾难，浪漫派出现了对中世纪的回望，他们开始怀念中世纪宗教的综合精神，希望从分裂的原子状态中分离出来，重建普遍的道德维度。对古人来说神话就是整体性，所以浪漫派希望新神话的建立。"德语中的 Volk（民族或大众）自从 18 世纪中期以来，首先是指同一语言、同一文化的统一共同体，这一定义最初并没有包含一种被人建构成的共同体即'国族'（Nation）这样的法制外延。"④ 德意志浪漫派努力寻求民间文学，在他们看来，当一个民族以唯一的声音说话时，这个民族文学便成为神话。因为神话是大众的创造，具有的综合精神，所以被德意志浪漫派用来反对竞争性市民社会中的对抗性、自私性、机械性。

谢林和施莱格尔都认为新近的文化是没有神话的，新神话不仅

---

① ［德］弗兰克：《浪漫派的将来之神——新神话学讲稿》，李双志译，华东师范大学出版社 2011 年版，第 186 页。

② ［德］席勒：《美育书简》，徐恒醇译，中国文联出版公司 1984 年版，第 116 页。

③ ［德］弗兰克：《浪漫派的将来之神——新神话学讲稿》，李双志译，华东师范大学出版社 2011 年版，第 185 页。

④ 同上书，第 278—279 页。

可以让一个民族用同一种声音说话，而且还可以让人类在一个中心重新统一。他们对新神话的期待不是简单地迷恋古典的时代，而是建立在他们对所处时代的社会生活的考察之上，建立在公共生活瓦解，私人生活琐碎、贫弱、漠然的基础之上，建立在没有德意志的共有精神和公共意见的洞察之上。德意志浪漫派之所以关注文学是源于在文学发展的最初神话世界里，有一种联合体的综合性存在。在古希腊，神话诞生在与宏大的公共生活相连的语境中，既是整体的也是私人的。而当下社会综合性、公共性不复存在，破碎和分散成为其主要特征。如何才能重建一种整体性？在一个被建构的、消除了阶级的市民公共领域形成之前，只有一种"普遍象征"的诞生才能带来新的共同体。这种真实的象征材料只会存在于神话中，因此我们需要一种象征化视角的重新诞生，因为这是走向新神话的第一步。神话的可能性本身将我们引向人类的重新融合为一，神话无法存在于个体之中，而只能诞生于一个民族的整体性中，这一整体性同时也是个人的。也就是说没有普遍与局部的区分，没有个人与整体的区分，是"人类的重新融合为一"。在谢林看来，神话是一切艺术的必不可少的条件和最初的质料。在丧失了宗教的整体性的现代社会里，社会秩序被摧毁，普遍的道德维度不见了。分析精神制造出自私、绝对、单一、脱离了共同性的个人，人们希望从整体性的分裂中挣脱出来。德意志浪漫派期待新神话的回归是对完整的人的追忆，实际上寄托了在艺术世界里重建完整的人的深切希望。他们认为，艺术可以将被异化了的人重新统一为一个整体，艺术可以成为一种新宗教。

艺术的拯救功能也被马克思所继承。马克思虽然没有系统的美学著作，但是在马克思的政治学、经济学、哲学手稿中有着熠熠闪光的美学思想。马克思本人重视艺术，并认为艺术是现代社会的批判力量，是人的全面发展的促成和彰显。麦克莱伦在谈到《手稿》论述人的异化及其克服时指出："马克思的人类行为模式是一个艺术的模式，他是从浪漫主义，特别是席勒那里，汲取素材来描绘人的形象的。这种关于人的异化感觉只发现适合它们的对象的思想，把自由与美学活动联系起来的企图，关于全面人的描写，这一切都源于席勒的《书信集》。"① 从《1844 年经济学哲学手稿》到《资本论》，马克思对现代社会"异化"的思考始终是其理论活动的主导线索，他透视资本主义运行中的病症并阐释所面临的危机。马克思对现代性的正面作用给予了肯定，但他更多地注意的不是现代性的成就而是现代性的问题。卢卡奇说："异化首先意味着对于形成完整的人的一种障碍。"② 从这个意义上说，德意志浪漫派的时代所面临的也是人的异化，艺术的矛头就是指向阻碍人的全面发展的启蒙理性的独自尊大。德意志浪漫派是在思维、艺术的领域里对现代性进行批判，马克思是在现实的社会领域对现代社会展开批判。他从异化劳动造成的种种后果出发来关怀人的生存状态。人类真正意义上的劳动是一种自由生命的表现，人类真正的美的创造是一种自由的创造。但是在异化劳动的情况下，劳动对工人来说不是对自己的肯定而是否定，不是自由的生命表现而是肉体的折磨和精神的摧残。工人在劳动中并不属于自身而属于资本家。马克思把自由看作人类理想生存状态的根本特征，异化劳动是人的自由本质的遮蔽，美和艺术是同由劳动异化引起的人的异化相敌对的。

　　异化的世界使人的本质变得异化，那么，人的本质是什么？这就涉及异化的扬弃问题。异化的扬弃是要解决异化世界中人的最终的归宿。既然美和艺术是同异化劳动相敌对的，那么只有扬弃异化才能实现美的本质的复归。马克思认为，整个的革命运动必然在私有财产的运动中，也就是在经济的运动中，为自己找到经验的和理论的基础。物质的、直接感性的私有财产，是异化了的人的生命的、物质的、感性的表现。因此，对私有财产的积极的扬弃，是对

---

① ［英］哈维·麦克莱伦：《马克思主义以前的马克思》，李兴国、周小普、郝勒译，社会科学文献出版社 1992 年版，第 195—196 页。

② ［匈牙利］卢卡奇：《关于社会存在的本体论》下卷，白锡堃等译，重庆出版社 1993 年版，第 644 页。

一切异化的积极扬弃，是人以一种全面的方式，作为一个总体的人，占有自己的全面的本质。在异化的状态中，不可能有真正的美和艺术。一切肉体的和精神的感觉都被这一切感觉的单纯异化即拥有的感觉所代替。"对私有财产的扬弃，是人的一切感觉和特性的彻底解放。"① 感觉的解放是艺术和审美解放的前提，感觉在自己的实践中直接成为理论家，感觉会将表象的东西提炼升华，概括出本质来。

马克思认为，异化的积极扬弃在共产主义能够实现，"共产主义是私有财产即人的自我异化的积极的扬弃，因而是通过人并且为了人而对人的本质的真正占有；因此，它是人向自身、向社会的即合乎人性的人的复归，这种复归是完全的，自觉的和在以往发展的全部财富的范围内生成的。这种共产主义，作为完成了的自然主义＝人道主义，而作为完成了的人道主义＝自然主义，它是人和自然界之间、人和人之间的矛盾的真正解决，是存在和本质、对象化和自我确证、自由和必然、个体和类之间的斗争的真正解决"②。共产主义是自然界向人的生成，自然界具有了文化的本质内含，人把自然界改造为体现了人的自然本性的自然界。人走向共产主义，自然界是人的自然界，人的本质力量充分体现的自然界。所以说，历史的全部运动，既是共产主义的现实的产生活动，"同时，对它的思维着的艺术来说，又是它的被理解和被认识到的生成运动"③。主观主义和客观主义、唯心主义和唯物主义、活动和受动，只是在生成的社会、扬弃异化实现人的本质复归的社会才失去它们彼此间的对立。而理论的对立本身的解决，只有通过实践方式，只有借助于人的实践力量，才是可能的。因此，马克思指出，这种对立的解决绝对不只是认识的任务，而是现实生活的任务。人是马克思哲学的出发点和归宿点，同样也是马克思美学的出发点和归宿点。马克思

① ［德］马克思：《1844年经济学哲学手稿》，人民出版社2000年版，第85页。
② 同上书，第81页。
③ 同上。

在《1844 年经济学哲学手稿》中确立了以人的感性存在和感性活动为出发点的人学观点，认为人是一种实践的存在，构成人的本质的实践是自由自觉的活动。他第一次把人与自然、人与人的辩证关系放在历史发展的背景下来考察，认为美的本质、美感的发生、美的创造、人的解放、人的自由自觉的生命活动和人性的完满在人类自身的实践活动中。伊格尔顿说："马克思并不强调通过审美化的方式来认识人类自己，这不是某种贫血的理性主义：对于马克思来说——与亚里士多德一致——人类生活的目的不是真理，而是幸福或美好的生活。"①

德意志浪漫派发现了现代社会主体与客体、存在与本质的对立达到了空前尖锐的程度，因此立足于时代的主题来展开自己的思考，试图从艺术哲学的角度说明人的解放需要一种综合和统一，以理论的方式凸显了人的存在本身的内在悖论。人的存在的二元分裂及其弥合问题不是马克思的新发现，但是，马克思开辟了真正解决这一问题的现实的可能性。马克思认为，人以一种全面的方式作为一个总体的人，占有自己的全面的本质。马克思语境中的"共产主义"实际上正是德意志浪漫派所提出的"新神话"世界中，人的解放、人的和谐发展问题在现实中的回答。马尔库塞在《历史唯物主义的基础》一文中指出"在《1844 年经济学哲学手稿》中有两个段落给人下了明确的定义，它概括了整个人的存在。即使这仅仅是粗略的描述，但已清楚地表明了马克思的批判的真正基础。在有些地方，马克思是把消灭了异化和物化的'实证的共产主义'看作人本主义来加以叙述的，人本主义这一术语表明，对马克思来说共产主义的基础就是人的本质的某种实现"②。可以看出，马克思在论证人的自由问题时与德意志浪漫派哲学是一致的，其差异在于获得

---

① ［英］伊格尔顿：《美学意识形态》，王杰等译，广西师范大学出版社 1997 年版，第 219 页。

② ［德］马尔库塞：《历史唯物主义的基础》，载上海社会科学院哲学研究所外国哲学研究室编《法兰克福学派著作选辑》，商务印书馆 1998 年版，第 307 页。

自由的方式和途径不同，马克思走的是历史的道路，德意志浪漫派哲学走的是理论的道路。但是殊途同归，最终的目标都是实现人的自由。德意志浪漫派在理论上、在思辨中阐明了人的自由存在，马克思在历史实践中要实现这个思辨领域的自由。

马克思在《手稿》中说："我的真正的自然存在是自然哲学的存在，我的真正的艺术存在是艺术哲学的存在，我的真正的人的存在是我的哲学的存在。同样，宗教、国家、自然界、艺术的真正存在＝宗教哲学、自然哲学、国家哲学、艺术哲学。"① 马克思把艺术哲学作为一种真正的艺术的存在。马克思从社会生产角度来理解和考察人类的艺术活动，认为只有在与物质生产的联结中考察艺术生产才能对艺术问题形成科学的认识。他把哲学、科学、艺术等纳入精神生产，认为艺术是一种特殊的精神生产活动。这样马克思就为艺术在人类社会复杂总体的结构中寻得了地位，把它作为一种把握世界的方式。艺术活动是一种主体性的审美创造活动，它不仅是一种认识、创造，从根本上说是人的本质力量的确证和实现。因此，马克思把人类的艺术生产看作是一种特殊的对象化活动，他遵循物质生产的一般规律，但又有自己特殊的规律。马克思能够在德国古典哲学，特别是黑格尔哲学的泛逻辑化、泛理性化体系中突围出来，认为感性具有破坏历史的潜能，走向感性的实践活动，同德意志浪漫派在德国古典哲学的理性王国中形成的非理性氛围有着某种联系。德意志浪漫派实现了对德国古典哲学理性壁垒的突围，重视科学、艺术、道德的结合和非理性，马克思在此基础上走向了感性的实践活动，在方法论上超越了德意志浪漫派，马克思的艺术生产理论使我们对艺术问题的探讨从一般的思维领域转到了实践领域。马尔库塞指出："在马克思那里，正是感性（作为对象化）这一概念，导致了从德国古典哲学到革命理论的决定性转折。"② 马克思在

① ［德］马克思：《1844 年经济学哲学手稿》，人民出版社 2000 年版，第 111 页。
② ［德］赫伯特·马尔库塞：《历史唯物主义的基础》，载上海社会科学院哲学研究所外国哲学研究室编《法兰克福学派著作选辑》，商务印书馆 1998 年版，第 314 页。

《手稿》中说感性必须是一切科学的基础，"人作为对象性的、感性的存在物，是一个受动的存在物……激情、热情是人强烈追求自己的对象的本质力量"①。马尔库塞认为："这里所讲的感性是用以解释人的本质的一个本体论概念。"②

传统美学被置于感性与超感性的理性思辨模式中，造成了主体与客体、此岸与彼岸、感性与理性、必然与自由等的二元对立。启蒙运动"主体性"的彰显，更加深了"主客二分"对西方传统美学的框定。将艺术作为一个对象，从而将艺术品与主体（创造者或欣赏者）置于物我两峙的对立关系。德意志浪漫派以艺术哲学、神话诗学打破了这种传统的重心，马克思把感性世界理解为构成这一世界的个人的、共同的、活生生的感性的活动这一视角，使我们从不以人的主观意志为转移的"客观规律"转向与人的实践活动紧密联系的人的历史活动的规律。他批评了过分注重理性作用、过分注重以历史决定论为基本理论原则的倾向，认为实践活动是人的全部精神和生命，是人的能动的创造性活动。马克思从实践主体出发，认为艺术就是人的一种感性的、对象性的实践活动。在这种活动中，对象客体不是"先于人类而存在"的"自在存在物"，而是人类实践活动的产物。人与对象之间不是纯粹的"感性直观"，而是一种包含着价值判断和选择的实践活动。在艺术生产活动中，人一方面根据自己置身于其中的社会生活创造出体现一定价值追求的艺术作品，另一方面使自身的存在和存在的价值得到确证和实现。马克思从艺术生产的视角来研究艺术活动，意味着它不仅是一种精神劳动，同时也如同物质生产那样是一种感性的物质活动。艺术生产具有精神生产和物质生产双重性质，这样我们就不能像传统艺术理论那样，仅凭天才、灵感等概念来说明艺术家的才能，艺术生产理论拓展了艺术

---

① ［德］马克思：《1844 年经济学哲学手稿》，人民出版社 2000 年版，第 89 页。

② ［德］赫伯特·马尔库塞：《历史唯物主义的基础》，载上海社会科学院哲学研究所外国哲学研究室编《法兰克福学派著作选辑》，商务印书馆 1998 年版，第 312 页。

的研究领域，在实践领域为艺术找到了安身立命之本。艺术按照自己的历史本性必然参与到历史中去，成为历史开启自身的基础和契机。艺术本身是社会生命活动的最重要的形式之一，是现实生活过程的一个方面，艺术基于自己的相对独立性或者说历史性而产生的对于社会历史发展的推动作用而言，具有真理性。艺术的掌握世界的方式本质上就是按照美的规律实现对象化的方式，直观是艺术对世界的形象掌握的独特方式。可见，马克思和德意志浪漫派都把艺术作为掌握世界的一种方式。

德意志浪漫派现代性批判的构架是：希腊神话世界是完满的和谐统一，现代社会没有真正的神话，是分崩离析的，因此他们期待新神话的建构，期待在新神话里世界和谐能够复归。马克思现代性批判理论的构架是：人的本质、异化、异化扬弃和人性复归。马克思认识到资本主义的科技革命在给人类带来"福音"的同时，也给人类带来了一系列无可争议的"不幸"。"在我们这个时代，每一种事物好像都包含有自己的反面。我们看到，机器具有减少人类劳动和使劳动更有成效的神奇力量，然而却引起了饥饿和过度的疲劳。财富的新源泉，由于某种奇怪的、不可思议的魔力而变成贫困的源泉。技术的胜利，似乎是以道德的败坏为代价换来的。随着人类愈益控制自然，个人却似乎愈益成为别人的奴隶或自身的卑劣行为的奴隶，甚至科学的纯洁光辉仿佛也只能在愚昧无知的黑暗背景上闪耀。我们的一切发现和进步，似乎结果是使物质力量成为有智慧的生命，而人的生命则化为愚钝的物质力量。现代工业和科学为一方与现代贫困和衰颓为另一方的这种对抗，我们时代的生产力与生产关系之间的这种对抗，是显而易见的、不可避免的和毋庸争辩的事实。"① 机器是人们生产创造出来的本来应该使人从繁重的体力劳动中解放出来，但在资本主义社会化大生产条件下，机器生产使工人物化为机器本身的一部分，导致工人过度的疲劳和饥饿。在资

① 《马克思恩格斯选集》第 1 卷，人民出版社 1995 年版，第 775 页。

本主义生产条件下一切发展生产的手段都变成统治和剥削生产者的手段，都使工人畸形发展，成为局部的人，把工人贬低为机器的附属品。美和艺术是同异化相敌对的，因此，马克思期待异化的扬弃，对异化的扬弃就是艺术和美的复归，就是人的本质的全面占有。尽管形式不同、方法不同，德意志浪漫派是在理论中、在艺术领域里对现代性进行批判，马克思是在现实的社会领域对现代社会展开批判，但是殊途同归，批判线索的内在精神是一样的，最终的目标都是实现人的自由。德意志浪漫派在理论上、在思辨中阐明了人的自由存在，马克思在历史实践中回答了德意志浪漫派在思辨领域中提出的人的自由问题；德意志浪漫派把完整的人的建构和社会的和谐发展寄托在艺术上，实现了精神上人的变革。马克思以唯物史观为基础，立足于物质生产实践，实现了从精神的人到物质的人、从自然的人到社会的人、从抽象的人到现实的人的根本转变。马克思继承了完整的人的构想，并把这种构想扩展为一种社会理想，从社会现实入手将艺术的认知功能扩展到实践领域，实现了美学向实践领域的转向。

可以看出，德意志浪漫派探讨了近代以来一直处于学术关注核心的人性分裂问题，关注的是在这个物质极其发达的时代已经隐退的艺术。他们以焦虑的心情和激情的声音告诉我们，只有艺术能肩负起现代性批判的使命、恢复人本真的生存方式，在德意志浪漫派那里艺术是一种对异化的现实的否定力量。德意志浪漫派借助艺术问题，开启了对启蒙现代性问题的反思与批判。他们重视直观、重视非理性维度的做法是对德国古典哲学以理性为主导的哲学观念的变革，影响了整个德国古典哲学的精神转向；他们在理性启蒙时代重提神话，通过神话完成了对非神话时代人的生存世界的批判并在神话世界中为人建构了理想的意义世界；最后通过把艺术与真理和历史相联系，在真正意义上开启了艺术在现代性批判中的话语力量。德意志浪漫派对艺术的哲学研究使我们超越了日常思维对艺术本质的狭隘理解，使艺术参与到人类历史的现实斗争中，并作为反抗启蒙现代性的力量出现在我们的视野里。德意志浪漫派开辟了一条通过艺术、审美来解决西方哲学史上二元分裂的问题的新路，使艺术获得了现代性批判的要领。从思想史的角度来看，德意志浪漫派对艺术的关注已超越了单纯美学上的范畴，它在本质上与人类历史的当代状况密切相关。德意志浪漫派对艺术的重视影响了马克思，他们都把艺术作为对现实异化的反抗，把艺术作为人的自由解放的维度，这种思想光芒也一直或隐或显地渗透在当代思想家关于艺术与生存的讨论中。尼采认为"艺术比'真理'要神圣"，"艺术比真理更宝贵"[①]；海德格尔认为"艺术为历史建基；艺术乃是根本性意义上的历史"[②]；杜威认为"简言之，人类经验的历史就是一部艺术发展史"[③]。法兰克福学派第一代理论家也把艺术作为主要的研究领域和最终归宿。

但是，艺术在大众文化占主导地位的现代社会中正面临着一场意义的危机。艺术沦为娱乐的附庸而失去了真理的性质，人们对艺术问题的关注被斥为"审美乌托邦"。笔者通过对德意志浪漫派神话诗学的考察，可以看出艺术具有自己本真的真理性质，它可以参与到我们现实生活的斗争中来，担当起艺术对现代性的批判任务。德意志浪漫派思想家、马克思、尼采、海德格尔、法兰克福学派思想家对艺术问题的看法与我们日常思维的理解是不同的，他们在哲学的高度为艺术找到了安身立命之所。艺术不再变得可有可无，而成为人的生存的维度。他们对艺术的关注再一次提醒我们，应该反思对艺术的日常理解，放下理性对艺术的傲慢、轻蔑和责难，从而恢复艺术真正的本质和功能。在丑陋的现代世界，美的丧失成为失去社会普遍性的信号，人类的整体性已变得残缺不全。在未来社会，只有艺术可以取代宗教成为重建社会普遍性的可能。因此，未

---

① ［德］尼采：《权力意志——重估一切价值的尝试》，张念东、凌素心译，商务印书馆1991年版，第444页。

② ［德］海德格尔：《林中路》，孙周兴译，上海译文出版社2004年版，第65页。

③ ［美］杜威：《经验与自然》，傅统先译，江苏教育出版社2005年版，第246页。

来艺术家的任务是要寻找一种纽带在人被极度异化的现代社会中将人类再一次统一成一个整体。或许，在现代社会让艺术重新成为道德普遍性反映媒介的是让艺术走向公共空间，使公共空间大众化、普遍化。

第 三 章

德意志审美现代性的
"希腊想象"话语

第一节　德意志启蒙与身份重构

德意志希腊想象是德意志启蒙的产物，德意志启蒙新的时代主题决定了德意志希腊想象的精神始基和建构原则。"从神圣罗马帝国成立到启蒙以前的七百年中，在德意志版图内，从君主到普通百姓至少名义上都是领洗的基督徒，无一例外生活在基督教文化（宗教改革前相当于天主教）的语境中……对于生活在中世纪的每一个个人，基督徒的身份都是其最基本的社会认同。直到启蒙以前，无论在天主教还是路德教中，无论对于君王还是百姓，被开除教籍的'绝罚'都是比死刑更为严酷的惩罚。"① 作为宗教改革之后最重大的德意志文化事件，启蒙运动划时代地终结了基督教文化在德意志的绝对统治地位。但是，当基督徒的身份丧失其最基本的社会认同这一文化命运发生之后，新的身份认同的重构工作已然刻不容缓，德意志"希腊狂热"（Graecomania）以及德意志—希腊亲和性叙事建构就是在这样启蒙的文化剧变背景下兴起的。

---

① 谷裕：《隐匿的神学——启蒙前后的德语文学》，华东师范大学出版社 2008 年版，第 22—23 页。

一 德意志启蒙与人文主义传统

(一) 马丁·路德与北欧人文主义

18 世纪初叶开启的德意志启蒙推进并完成了德意志社会形态的"世俗化"（Säkularisierung）转型。所谓"世俗化"，"狭义上特指启蒙以后出现的神学让位于人学，宗教体系让位于人文体系的转型过程"①。整个西方社会形态的现代性"世俗化"转型肇始于14—15 世纪的意大利文艺复兴，然后由南向北地渗透和蔓延，很快与当时仍处中世纪基督教形态的北欧德意志民族区域产生了文化碰撞。作为意大利文艺复兴主导思潮的人文主义在这里扎根生长，逐渐形成了独特的北欧人文主义传统和具有一定规模的北欧文艺复兴。马丁·路德发起的德意志宗教改革运动一方面仍将德意志社会维系在中世纪基督教形态之内，在许多根本性问题上同人文主义尖锐对立，极大地延缓了神学让位于人学、宗教体系让位于人文体系的现代转型；另一方面又借鉴和吸收了人文主义的大量精神要旨，对抗中寓调和。正如阿伦·布洛克所言，"北欧人文主义传统是宗教改革运动最重要的源泉之一……路德反对牧师的中间角色以及他坚持个人与上帝的直接沟通，可以被看作是人文主义的自然发展"②，这样，宗教改革事实上又吊诡地成为由意大利文艺复兴通向德意志启蒙的中介与桥梁。那么，宗教改革与人文主义究竟形成了怎样复杂的纠葛情态呢？

关于文艺复兴以来人文主义的性质，阿伦·布洛克做出了简洁明确的概括："人文主义基本上是个非宗教的运动……人文主义者认为教育是把人从自然的状态中脱离出来发现他自己的 humanitas（人性）的过程。"③ 需要说明的是，在当时欧洲思想的话语系统

---

① 谷裕：《隐匿的神学——启蒙前后的德语文学》，华东师范大学出版社 2008 年版，第1 页。

② ［英］阿伦·布洛克：《西方人文主义传统》，董乐山译，生活·读书·新知三联书店1997 年版，第 40—41 页。

③ 同上书，第 44—45 页。

中，基督教大体就是宗教的代名词，主要指称古希腊、罗马文化的"异教"，即便关涉古希腊、罗马宗教的维度，也仍然从根本上被认为是非宗教的。在这样一种认识的前提之下，以下的问题自然成为焦点："文艺复兴时期的人文主义者对基督教持何种态度，他们在何种意义上和何种程度上倾向于异教？"① 在这个问题上，人文主义阵营内部衍生出两种不同的倾向性，一派倾向于彻底地复归古典和异教的光明家园，尽力摆脱掉罗马基督教和中世纪基督教的阴影；另一派倾向于在基督教文化与异教古典文化之间取得平衡和协调，形成"基督教人文主义"，如被称作第一位人文主义者的彼得拉克就"表明他自己对于古典文化和基督教文化的兴趣各居其半"②。基督教人文主义者相对占据着主流，尤其是在北欧，北欧文艺复兴的领袖人物伊拉斯谟就属于这一思潮派别的伟大代表。伊拉斯谟与马丁·路德的思想论争可以浓缩这一时期人文主义与宗教改革的微妙离合关系。

马丁·路德作为神职人员选择了结婚生子的生活，认为建立家庭的神职人员会发出神圣的光辉。1524年，路德呼吁全德意志的市政官员们为所有孩子建立公校，把教育目标设定为男人能够统治国家与人民、女人能够管理家政。在类似的宗教改革措施中，可以非常明显地感受到人文主义精神的渗透与折射，"宗教改革运动与文艺复兴运动的共同点在于，它也认可当世生活，并赋予尘世生活以新的价值"③。不过，当马丁·路德与伊拉斯谟就"自由意志"问题展开论争的时候，激烈宣称信仰不需要理性的帮助、理性无助于理解上帝的恩典，拒绝接受人文主义倡导的理性的、世俗的教化。

马丁·路德与伊拉斯谟的另一重要思想冲突聚焦于同大众的关

---

① ［美］保罗·奥斯卡·克里斯特勒：《文艺复兴时期的思想和艺术》，邵宏译，东方出版社2008年版，第39页。

② ［瑞士］雅各布·布克哈特：《意大利文艺复兴时期的文化》，何新译，商务印书馆1996年版，第172页。

③ ［德］卡西尔：《启蒙哲学》，顾伟铭等译，山东人民出版社1996年版，第134页。

系方面。伊拉斯谟承袭了意大利文艺复兴以来人文主义者疏离大众的传统。布克哈特站在现代民主观的角度批判"这个运动的最大的坏处可以说是排斥人民大众的，通过它，欧洲第一次被鲜明地分成有教养阶层和无教养阶层"①。阿伦·布洛克也指出："文艺复兴人文主义按其性质来说是属于个人主义的……它只以受过教育的阶级为对象，这是人数有限的城市或贵族精英。"② 与伊拉斯谟的情况相反，"马丁·路德与德意志大众的关系很像圣方济与意大利民众的关系或是贞德与法国大众的关系，马丁·路德也是为了大众，从大众之中去寻求得救的途径"③。F. C. 斯普纳准确地捕捉到这一根本性分歧："在文艺复兴这场理性运动的核心，反民众的传统显示了自己的威力……人文主义与宗教改革的分裂在许多方面显示了宗教改革的大众化特征。"④ 马丁·路德对抗伊拉斯谟，这场"巨人之战"的余响必将久久回荡在 200 年后德意志启蒙的上空。

关于启蒙时代的核心精神，卡西尔的勾要提玄堪称经典：

> 大概没有哪一个世纪像启蒙世纪那样自始至终地信仰理智的进步的观点……所有形形色色的精神力量汇聚到了一个共同的力量中心。形式的差别和多样性，只是一种同质的形成力量的充分展现。当 18 世纪想用一个词来表达这种力量的特征时，就称之为"理性"。"理性"成了 18 世纪的汇聚点和中心，它表达了该世纪所追求并为之奋斗的一切……18 世纪浸染着一种关于理性的统一性和不变性的信仰。⑤

---

① ［瑞士］雅各布·布克哈特：《意大利文艺复兴时期的文化》，何新译，商务印书馆 1996 年版，第 167 页。

② ［英］阿伦·布洛克：《西方人文主义传统》，董乐山译，生活·读书·新知三联书店 1997 年版，第 67 页.

③ ［奥地利］弗里德里希·希尔：《欧洲思想史》，赵复三译，广西师范大学出版社 2007 年版，第 229 页。

④ G. R. 埃尔顿编：《新编剑桥世界近代史》第 2 卷，中国社会科学院世界历史研究所组译，中国社会科学出版社 2003 年版，第 283 页。

⑤ ［德］卡西尔：《启蒙哲学》，顾伟铭等译，山东人民出版社 1996 年版，第 3—4 页。

　　经过 17 世纪笛卡尔式的现代哲学革命和现代科学革命的强力弘扬，文艺复兴人文主义中的理性之维在 18 世纪已经取得了压倒性的统摄地位。德意志启蒙正是在"理性"作为第一关键词这一点上背离了宗教改革传统，接续并进一步巩固了文艺复兴人文主义传统。被称作德意志启蒙之父的托马西乌斯（1655—1728）坚定地强调知识就是力量，而这一力量的价值应该主要体现在启迪民众、重塑社会现实、为生命的实践目的服务诸方面。托马西乌斯勇敢地打破了当时德意志大学以拉丁语为唯一学术语言、不准使用德语的禁忌，用德语撰写学术著述和作学术报告。经过他的不懈努力，德意志启蒙终于使民族语言德语承担起思想传达的文化功能并迅速取代了拉丁语曾经的思想统治地位。托马西乌斯开创的思想事业，到了沃尔夫（1679—1754）那里更为成熟完善。沃尔夫创立了德语的哲学语汇体系，把理性至上的哲学思想真正进行了普及。他明确表示使用德语来写作哲学作品就是为了使那些没有上过大学、不懂得拉丁文的普通人也有机会阅读学习。

　　吊诡的是，德语取代拉丁语成为德意志启蒙语言改革重大胜利这一事实，一方面极大地强化了人文主义传统中的理性之维，另一方面却是马丁·路德宗教改革中语言改革这一重大环节的延续，托马西乌斯与沃尔夫在德语的大众性启蒙这一点上继承的无疑是马丁·路德以德语翻译《圣经》的伟大事业。如果单纯就语言问题而言，德意志启蒙恰恰接续并进一步巩固了宗教改革传统，而背离了文艺复兴人文主义传统。

　　让我们先来回顾一下文艺复兴人文主义传统中的正统语言观。如布克哈特所说的："在整整两个世纪里，人文主义者所做的就像是说，拉丁文是、而且必须一直是唯一值得用来写作的语言。"① 根据阿伦·布洛克的说法，"早期人文主义者最大的愿望莫

---

① ［瑞士］雅各布·布克哈特：《意大利文艺复兴时期的文化》，何新译，商务印书馆 1996 年版，第 248 页。

过于恢复拉丁文古典用法的纯洁性"①。克里斯特勒亦实事求是地指出:"研习希腊语和拉丁语文学构成了人文主义教学的核心,同时十分强调这种教育对于未来市民和政治家的价值。"② 由此可以清楚地看到文艺复兴人文主义传统中正统语言观中的反大众色彩。马丁·路德用德语翻译《圣经》是建立在他信仰至上的思想之上的,他认为只有《圣经》才能够真正成为信仰的依据,否认任何人甚至教皇有代表上帝传递话语的权力,把《圣经》翻译成德语,每一个信徒大众不需要拥有古典语言教养,就能通过明晓的阅读直接与上帝沟通,不再需要教会的中介。马丁·路德宗教改革的语言观的首要原则便是面向大众,德意志启蒙所要做的只是把宗教改革信仰至上前提下的大众启蒙转向理性至上前提下的大众启蒙,但无论如何,马丁·路德史前史意义上的启蒙精神还是为 200 多年后的德意志启蒙夯实了地基,或许我们可以将他尊奉为"启蒙之祖"。

耐人寻味的是,德意志启蒙所面向的大众,事实上并不是马丁·路德意义上的以社会中下层农民和手工业者为主体的全体大众,而是收束到一定的界域范围之内。他所致力于弘扬的理性的、世俗的教化(Bildung)主要指向一个德意志特色鲜明的社会阶层:有教养市民阶层(Bildungsbuerger)。在德意志,有教养市民阶层是大体上于"三十年战争"后崛起的新兴城市市民阶层,其身份和社会属性介于贵族阶层与中下层手工业者之间,较多供职于宫廷官僚机构或构成文化教育部门。不同于传统市民阶层多属于特定行业或同业公会的情况,这一新兴市民阶层一般脱离于社会团体,个人教养和个体成长发展成为其人生的主题。正如谷裕所言,"不属于有教养市民阶层的城乡小市民、手工业者因受到等级和教育局限,并

---

① 〔英〕阿伦·布洛克:《西方人文主义传统》,董乐山译,生活·读书·新知三联书店 1997 年版,第 46—47 页。

② 〔美〕保罗·奥斯卡·克里斯特勒:《文艺复兴时期的思想和艺术》,邵宏译,东方出版社 2008 年版,第 44 页。

没有获得启蒙运动的话语权，他们比较完好地保持了传统教会信仰"①。这样看来，德意志启蒙其实是在文艺复兴人文主义的贵族式理想与马丁·路德宗教改革的大众化理想之间取得了一种协调和平衡，一方面尽力推广扩大"理性"在大众中的影响和传播，另一方面对启蒙受众的资格有着隐微的限定。

（二）"古今之争"问题

德意志启蒙同文艺复兴人文主义传统之间还存在着另一种重要关联，主要发生于17—18世纪之交法、英两国的"古今之争"是贯通这一重要关联的枢纽性大型文化事件。

"古今之争"首先爆发于17世纪末的法国文艺理论界。1687年1月27日，法国文艺理论家佩罗在法兰西学院宣读了《路易大帝的世纪》一诗，公开反对厚古薄今，与崇尚古典的布瓦洛发生了直接的思想冲突。佩罗与他的同道圣厄弗若蒙等人认为，根据人类进步的法则，今人理应而且已经在文学艺术方面多有超越古人之处，反对以布瓦洛为代表的尊崇古希腊、罗马文艺为理想极致的古典主义思想。"古今之争"的战火很快由文艺学领域蔓延开去，英国作家斯威夫特的名作《书的战争》就以诙谐的笔法形象地勾勒出了关于现代与古代在诗、哲学、科学、政治等诸多领域孰优孰劣的巨大争执概貌。"该论争更像一场伴随有许许多多小冲突的持久战，而非只是大战一场，它铺天盖地地展开战斗，涉及了无数问题，但论战双方最终都没有分出胜负，而是陷入了某种僵局。"②

克里斯特勒敏锐地发现，看似发端于文艺领域的"古今之争"其实"主要是由于自然科学的诸多发现而引起的"③，17世纪科学革命的巨大成就标志着现代人在科学领域已经远远将古人甩在后

---

① 谷裕：《隐匿的神学——启蒙前后的德语文学》，华东师范大学出版社2008年版，第83页。

② 列维尼：《维柯与古今之争》，载刘小枫、陈少明主编《维柯与古今之争》，林志猛译，华夏出版社2008年版，第107页。

③ ［美］保罗·奥斯卡·克里斯特勒：《文艺复兴时期的思想和艺术》，邵宏译，东方出版社2008年版，第194页。

面，再明显不过地体现着人类的进步。由这一今胜于古的个案自然会推演出下面的问题：科学领域的人类进步是否可以贯通于文学艺术、人文学科以及人类道德的领域？事实上，正是这些领域才成为这场论争真正的战场。文学艺术、人文学科以及人类道德的领域存在着人类进步的法则吗？这些领域中理想过去的"黄金时代"是不是不可超越的？佩罗派的答案为是；布瓦洛派的答案为否，而布瓦洛派的观念正是从文艺复兴人文主义者那里一脉相承的。

对于古代在文艺复兴时期相对于现代的绝对优势，布克哈特的概括清晰有力："1400 年以后人文主义的迅速发展破坏了人们的天赋本能，从那时起，人们只是靠古代文化来解决每一个问题。"[①] 当时的人文主义者强调把古代经典作为一切教育的始基，他们确信，古典作家至少在语法、修辞、历史、诗歌、道德哲学等领域是完美无缺、不可逾越的，现代人所能取得最大的成功亦只是无限地接近他们的巅峰。文艺复兴时期的绝大多数人文主义者都贬低数学，对科学的发展不甚关注，17 世纪科学革命发生后人类进步现实的巨大冲击在这时尚不存在。因此，这一时期至多只是出现了"古今之争"的些许萌芽，而且这些许萌芽中，"厚古薄今"的基调也是不可动摇的。

与意大利文艺复兴时期的情况有所不同，17—18 世纪之交的法、英"古今之争"的总体格局体现为现代明显占据了对于古代的上风。这主要是由于 17 世纪科学革命中科学理性的成功太过震撼，自然科学事实上已经顶替了文学艺术和人文学科，成为法、英启蒙运动的第一推动力。在启蒙时代的英、法思想界，伟大的自然科学家牛顿无可争议地被推上了至尊英雄的宝座。德意志启蒙尽管也把弘扬科学理性、发展自然科学作为一大重要工程去着力实现。但是，科学理性在根本上未能取代人文主义传统中人文理性在德意志文化精神建构中的主导地位，这种情况应该与宗教改革这一德意志

---

① ［瑞士］雅各布·布克哈特：《意大利文艺复兴时期的文化》，何新译，商务印书馆 1996 年版，第 200 页。

特殊的最重大前启蒙文化事件有着本质关联。宗教改革作为德意志启蒙的"潜意识"或冰山底基奠定了它不可动摇的人文关怀本位的特质。在这层意义上，德意志启蒙在气质方面遥接意大利文艺复兴，较之英、法启蒙远为切合于早期人文主义崇尚古风的血脉，在"古今之争"中明显地偏向于古代之维，"对古代的眷恋以及对现代发展的焦虑深深地植根于当时的德意志文化当中"①。诸多德意志启蒙思想家用"第二次人文主义"的说法来命名他们的思想宗旨，从这一命名中可以清晰地直观德意志启蒙与意大利文艺复兴人文主义传统之间的精神亲和力。

二 德意志启蒙中的"文化与政治"问题

（一）德意志的文化与政治分裂

启蒙时代的德意志与文艺复兴时代的意大利有着极其相似的政治形态，即同一语族联合体下的松散而分裂的邦国群体。18世纪的德意志帝国神圣罗马帝国表面上维系着各个德意志邦国的政治集团性，实际上已名存实亡，与英国、法国、西班牙等现代意义上的统一民族主权国家不可同日而语，因此，1806年神圣罗马帝国的正式解体对当时的德意志基本政治格局并未产生多大的影响。"神圣罗马帝国在名义上表示着德意志民族的存在，但是并没有提供一个国家主权作为核心使之统一起来。德意志民族的统一走了一条特殊的、不同于其他欧洲民族的文化统一的道路。启蒙运动就是德意志民族文化实现统一的过程。"② 也就是说，德意志启蒙的意义在于它是一次重大的文化事件而非政治事件。"德意志启蒙运动是一场政治色彩很淡的思想运动，它关注的焦点并不是政治问题、更不是政权问题，非政治性是它的一大特点。"③ 文化与政治的分裂构成了德

---

① Domenico Losurdo, *Hegel and Freedom of Moderns*, Cambridge：Cambridge University Press, 2004，p. 246.

② 刘新利：《德意志历史上的民族与宗教》，商务印书馆2009年版，第440页。

③ 范大灿：《德国文学史》第2卷，译林出版社2006年版，第3页。

意志启蒙的特殊民族性张力，"作为政治的民族，德意志民族的散裂一直持续到 19 世纪中叶德意志第二帝国诞生；作为文化的民族，德意志民族在神圣罗马帝国解体前夕就完成了统一"①。

德意志启蒙中的"文化与政治"问题同样可以在马丁·路德的宗教改革中寻得其根源。马丁·路德的宗教改革共时性地导向了一个文化上趋于统一的德意志和一个政治上走向解体的德意志。一方面，"德意志民族最开始的统一是跨地域的语言与文化的统一，而这一统一正是通过路德采用德语的布道宣讲、宣传册、《圣经》翻译、赞美诗和教义问答手册来展开的"②。另一方面，"宗教改革和随之发生的战争不但未能对缔造一个更强大而统一的德意志有所裨益，相反，却加速完成了它的解体过程"③。

宗教改革使德意志成功地脱离了罗马教会的控制，也使德意志人更加明确地意识到自别于其他民族的文化一体性，而语言问题在这文化一体性的身份认同中尤其占据着核心地位。在从古日耳曼人部落迁移集结、形成德意志民族初始形态的时期，德意志语言就已经成为德意志人最重要的认同因素，只有明确了这一点才能够真正懂得马丁·路德的《圣经》德译对于德意志文化统一的里程碑式意义。在马丁·路德之前，即使在文字产生以后，也一直没有真正形成统一的书面德语。路德的伟大功绩在于他的德语书面表达既贴近大众，又去粗取精，逐渐成为联系德意志各个领域、各个阶层人民的纽带。马丁·路德对德语的规范和统一为德意志文化统一奠定了坚实的精神基础，堪称德意志启蒙的有力先导。

宗教改革的巨大浪潮极大地推进了德意志神圣罗马帝国与罗马教会分离的进程，而失去了罗马教会的大背景，德意志神圣罗马帝国对于德意志民族的精神凝聚力自然一落千丈。事实上，宗教改革

① 刘新利：《德意志历史上的民族与宗教》，商务印书馆 2009 年版，第 335 页。

② Steven Ozment, *A New History of The German People*, Cambridge：Harvard University Press, 2004, p. 88.

③ Liah Greenfeld, *Nationalism：Five Roads to Modernity*, Harvard University press, 1992, p. 284.

已经在精神上肢解了这一名义上的德意志民族的帝国，德意志政治上的分崩离析的状况无疑被进一步加剧了。宗教改革没有做出致力于德意志政治统一方面的任何努力，其立场是属于超政治性的，或者说非政治性的。路德意义上的德意志人以及整个德意志民族被设定在了一个超政治或非政治的命运语境当中，即便在德意志启蒙时期也不例外。

（二）关于"日耳曼民族纯粹的内在性"

威尔·杜兰这样描述马丁·路德在整个日耳曼人历史上的重大意义："在日耳曼人中，路德的言说论著被广为引用的程度无人堪与匹敌，涌现出许多思想家及作家，不过，若要谈及日耳曼人心灵气质的影响，路德绝对是首屈一指。在日耳曼民族历史上，路德第一人的位置不可动摇。……他比一切日耳曼人都更具有日耳曼性。"① 对于马丁·路德所代表的日耳曼性的本质，黑格尔精辟地概括为"日耳曼民族的纯粹内在性"②。黑格尔在比较德意志启蒙与法兰西启蒙的重大分野时提出了这样的问题："为什么法兰西人能够从理论之维迅速转入实践之维，日耳曼人却总是沉醉于理论的抽象观念呢？"③ "日耳曼民族纯粹的内在性"便是这一问题最恰当的答案。

德意志启蒙在"纯粹的内在性"这一核心气质方面完全传承了马丁·路德的民族传统。狄尔泰高屋建瓴地指出：

德意志特殊的社会和政治环境使我们的思想家和作家的道德素质具有独特的性质。自路德的宗教热忱以来，德意志人思考方式特有的基本特色是道德意识的内在性，仿佛宗教运动回归到自身之中——确信生命的最高价值不在外部的事业而在思想品质中。民族的四分五裂、有教养的市民阶层对政府毫无影

① Will Durant, *The Reformation*, Simon & Schuster, 1957, p. 433.
② Hegel, *The Philosophy of History*, translated by J. Sibree, London: Colonial, 1900, p. 392.
③ Ibid. , p. 427.

响，都加重了这一特色。作为市民生活坚定基础的新教国家的
纪律，曾维持正直诚实、履行义务、主体对良知负责的拘谨意
识的有效性，而启蒙运动则仅仅使道德意识摆脱了曾经使其与
超验世界发生关系的基督教教义，由此更加强了那种拘谨的坚
定性。德意志启蒙运动最重要的人物都这样地在全世界面前坚
持他们个人的独立价值……逃避到道德原则的抽象世界中去。①

马丁·路德的"纯粹内在性"的信仰在德意志启蒙那里的世俗
化变体就是"纯粹内在性"的"教化"（Bildung）。

阿伦·布洛克认为："德意志人把人文主义与'教化'（Bil-
dung）等同起来，这样做的缺点是，个人可能只顾自己而不关心社
会和政治问题。"② 这种观点中存在着一个比较严重的误解，从宗教
改革到德意志启蒙，德意志主流思想家一以贯之的超政治性或非政
治性绝非不关心社会问题和政治问题，而是倾向于把社会问题和政
治问题置换为思想文化问题。在马丁·路德那里，宗教上的革命自
然寄寓着社会和政治的理想，那是一种非常近似于奥古斯丁"上帝
之城"式的宗教政治学。在德意志启蒙思想家那里，文化上的启蒙
的强势的确使政治色彩显得很淡，政治问题也的确并未成为其焦点
所在，但对于德意志社会和政治现实的逃避本身其实是出于一种反
向的政治介入，即对于理想社会和政治状态指向过去的想象性追忆
和指向未来的想象性建构。对于这个关键性的问题，弗里德里希·
迈内克有着鞭辟入里的精彩阐述：

在这令人痛苦的形势中，德意志知识分子面前只剩下两
条路可走：一是最终将德意志知识分子的命运与德意志国家

---

① ［德］狄尔泰：《体验诗学》，胡其鼎译，生活·读书·新知三联书店 2003 年版，第
55—56 页。

② ［英］阿伦·布洛克：《西方人文主义传统》，董乐山译，生活·读书·新知三联书店
1997 年版，第 151 页。

的命运分开，在一个人自己内心的宁静圣地中寻求避难所，以便建设一个纯精神、纯思想的世界；另一是在这思想世界与现实世界之间创造一种明智和谐的关系，同时也进而寻求实际存在的国家与理性理想之间的统一纽带，成功地做到这一点，理性与现实之间就必然出现一种至此为止梦想不到的全新关系。①

绝大多数德意志思想家选择了上述两条道路并行的方式，一方面沉浸于纯粹思想的世界，另一方面幻想着理性与现实政治交汇的种种美好可能性。

德意志启蒙把基督教时代的"上帝之城"转换成为现代意义上的政治乌托邦。这种政治乌托邦对现实政治状况的变革产生的作用微乎其微，事实上是把社会和政治问题统统归并入文化问题的界域之内，游离于现实之外而仅仅关涉于理想之维，我们可以称之为"政治想象"。在法兰西启蒙中，哪怕政治乌托邦的想象在思想界也普遍存在，但法兰西启蒙精神中强烈的现实感和政治介入气质使得启蒙思想对于社会和政治的现实变革产生巨大的影响和推动力，文化启蒙同时意味着政治启蒙。反观德意志，当文化启蒙已然实现之际，政治启蒙却依然遥远，文化与政治如同马丁·路德的时代一样，悲剧性地分裂着。

三 德意志身份重构问题

（一）日耳曼本位的德意志身份重构

德意志启蒙终结了德意志民族基督教身份作为第一性自我认同的漫长历史，同时，也使德意志身份重构这一决定民族命运和未来的重大问题凸显出来。德意志身份重构的重心无疑要落到文化之维而非政治之维，其参照范式就是文艺复兴时期的意大利身份重构。

---

① ［德］弗里德里希·迈内克：《马基雅维利主义》，时殷弘译，商务印书馆 2008 年版，第 489—490 页。

德意志启蒙的"第二次人文主义"很自然地沿袭和复制了意大利文艺复兴的古典寻根模式，但是，在这一文化模仿中存在着一个看似不可调和的矛盾：意大利民族的文化故乡和源头本来就在于南方的古典世界，而德意志民族真正的文化故乡和源头却是来自于北方的古典视角下的"野蛮"（barbarous）世界。在启蒙语境下，古典世界是人文主义和理性主义的本根所在，而古代日耳曼"野蛮"世界显然属于边缘化界域。如果把德意志身份重构扎根于自身的北方传统，那么，正统的启蒙立场显然是行不通的。从民族原性的角度来讲，与意大利文艺复兴古典文化寻根对位的德意志文化寻根理应以日耳曼本位为前提。返回前基督教时代的日耳曼文化之根无疑成为此际德意志身份重构可供选择的路径之一，选择了这条路途，就意味着其立场中必然包含"反启蒙性"。

德意志启蒙时代"反启蒙性"的宗师首推哈曼（1730—1788）。哈曼的启蒙批判首先指向了理性至上的核心原则，强调原始的、自然的、前理性的诗性在文化建设中的始基地位。以赛亚·伯林把哈曼描述为"一切领域中的反理性主义先锋"[1]，却未免过分夸大了他的"反启蒙性"的独创性和影响力。我们必须清楚，"反启蒙性"其实是启蒙工程本身的一部分，启蒙理性与宗教信仰的一大根本区别就在于具有自我批判甚至自我颠覆的意识和能力。理性主义批判或反理性主义在法兰西启蒙中由卢梭开启。卢梭关于原始自然力与文明理性张力的思考表面看来站在了理性至上者的启蒙的反面，究其根本，却与之相反相成，卢梭法兰西启蒙第一人的历史地位已足以说明一切。哈曼的启蒙批判从卢梭那里传承而来，形成了德意志启蒙的内部张力，引导出其后的"狂飙突进"运动和德意志浪漫主义运动，而这两大运动的主旨都是要同意大利文艺复兴人文主义拉开一定的距离。

"哈曼是以杂乱无章和不时闪烁出独到见解的方式讨论问题，

---

① Isaiah Berlin, *Three Critics of Enlightenment: Vico, Hamann, Herder*, Princeton: Princeton University Press, 2000, p. 257.

他的门徒赫尔德（1744—1823）则要建立一种严密的学说体系，来解释人性及人在历史中的经验。"① 赫尔德主张从本质上属于前基督教文化的民间传说和歌谣中去追寻德意志的语言和文化之根，他把德意志民族的灵魂牢牢地锁定在本土自身的北方欧洲大地之上。赫尔德是"文化民族主义的最伟大倡导者"②，"在赫尔德那里，纳粹看到了德意志民族主义、关于文学的民族性概念以及'血与土'意识形态的源头"③。赫尔德的德意志身份重构强调了德意志性或日耳曼性的第一性前提，因此这一思路显然与同化于意大利文艺复兴而向前基督教古典时代寻根的思路大相径庭。然而，耐人寻味的是，赫尔德并未对何为"德意志性"或"日耳曼性"做出明确的界定和说明，他选取的民间传说和歌谣恰恰是民族风格和特性最为模糊的文明体式。德意志民间传说和歌谣同斯拉夫或法兰西的民间传说和歌谣存在着怎样的民族性差异？这是赫尔德理论中的一大盲点，他没能成功地推出一幅前基督教时代德意志民族精神现象学的清晰图景。

赫尔德是德意志启蒙"文化与政治"问题的一个典型个案，他把德意志身份重构问题归结为文化问题，又把文化问题的重心落到了语言之维。为了与路德式基督教中心的语言之维区分开来，他试图在前基督教民间传说与诗歌中找到德语与德意志根性的本真存在，而政治与意识形态之维的悬置使得他的这一尝试显示出空中楼阁式的内在脆弱性和虚空性。

事实上，早在古罗马时代，恺撒和塔西佗就曾经对德意志民族的特性做出过较为客观而明晰的概括，尤其是塔西佗的《日耳曼尼亚志》，更堪称"日耳曼性"现象揭示的经典中的经典，"塔西佗不仅观察到了日耳曼部落在种族方面的纯洁性，也赞扬了他们的一

---

①　［英］以赛亚·伯林：《反潮流：观念史论文集》，冯克利译，译林出版社 2002 年版，第 12 页。

②　同上书，第 13 页。

③　René Wellek, *A History of Modern Criticism 1750–1950*, Volume 1, Yale University Press, 1955, p. 183.

夫一妻制、婚姻上配偶平等、牢固的家庭纽带和对妇女的基本尊重……塔西佗也强调了他们性格上的缺陷：喜爱冒险甚于喜爱和平。他发现，部落民众无论在出席会议还是处理贸易和其他商业事务时，都全副武装，同样，他们在教育孩子时，教育他们使用武器是唯一的内容"①。在中世纪基督教思想已经有所渗透的日耳曼民族史诗《尼伯龙根之歌》中，这样一个"尚武"精神本位的德意志形象仍然清晰真切，其文化之维和政治之维的本质同一性也是显而易见的。赫尔德一方面要把德意志身份重构建立在德意志原性的基础之上，另一方面却又有意回避真实的古日耳曼历史实存。因为如果把现代德意志身份与这一传统通连，就势必意味着德意志启蒙本质非政治性的、以语言为中心的文化启蒙理想的崩塌。赫尔德采集民间传说和歌谣建立起一个抽象的、人类共通感本位的、诗意的德意志之根，但他的努力以失败而告终，德意志身份重构只能通过与南部欧洲古典传统的通连才有望取得成功。

（二）德意志—希腊亲和性叙事

古典的欧洲文明由古希腊文明和古罗马文明共同汇成，意大利文艺复兴的回返故乡其实主要回返的是罗马的故乡，正如 C. S. 路易斯所说的那样，希腊被给予了许多"口头上的荣耀"，而当时的"人文主义文化却是压倒性的拉丁中心的"②。被称为第一位人文主义者的彼特拉克则干脆连口头上荣耀的希腊也加以"脱冕化"："我们不是希腊人，不是野蛮人，而是意大利人，是拉丁人。"③"彼特拉克认为，历史，所有的历史，都是对罗马的赞颂……他不仅盼望罗马权力和荣耀的恢复，而且盼望维吉尔、贺拉斯、西塞罗

---

① ［德］史蒂文·奥茨门特：《德国史》，邢来顺等译，中国大百科全书出版社 2009 年版，第 7 页。

② C. S. Lewis., *English Literature in the Sixteenth Century*, *Excluding Drama*, Oxford Uniwersity Press, 1954, p. 23.

③ 转引自［英］丹尼斯·哈伊《意大利文艺复兴的历史背景》，李玉成译，生活·读书·新知三联书店 1988 年版，第 101 页。

的优美语言的恢复。"① 很明显，文艺复兴人文主义者意欲回返的"黄金时代"首先是属于恺撒、屋大维、维吉尔、西塞罗的前基督教的神圣罗马，意大利人是罗马人的后裔，是拉丁文化圈的中心。17 世纪之后，法国逐渐取代了文艺复兴时期意大利在拉丁文化圈中心的地位，但拉丁文化在所谓古典复兴中占据绝对主导、罗马形象完全压倒希腊形象等基准方面大体上仍然没有发生变化。尽管在理论上希腊文明是罗马文明的源头，更具有始基性和创造性，但是实际上，希腊世界之于现代西方世界的亲缘关系构建在意大利文艺复兴传统的语境中总是间接性和从属性的，较之于全方位和深度展开的罗马复兴，希腊复兴的确是更多地停留在"口头上的荣耀"上。

德意志启蒙的"第二次人文主义"从根本上扭转了意大利文艺复兴人文主义以来的罗马中心传统，在德意志身份重构的总体工程中，德意志—希腊的亲和性叙事成了基本主题和绝对主导性维度，实现了全方位和深度展开的希腊复兴。"生活在第二次文艺复兴的德意志人发现不朽的希腊天才，感觉与希腊人非常亲近，渴望从那里汲取精华——让自由的福音、优美的福音得到升华。"② 德意志民族在现代世界的民族文化竞争中试图与作为先导的拉丁民族文化圈建立起一种对抗性的关系，这在罗马中心的前提下显然无法实现，只有借助于宣称与罗马文明的源头希腊文明存在着本质上的亲缘关系，德意志身份的重构才最有可能取得一种指向民族未来文化趋势的结果。德意志世界脱离拉丁文化圈的意识在马丁·路德时代已经极为强烈，"宗教改革往往伴随着对罗马的敌意与狂热的民族主义"③，德意志启蒙延续了这一传统并

---

① ［英］E. H. 贡布里希：《文艺复兴：西方艺术的伟大时代》，范景中译，中国美术学院出版社 2000 年版，第 2 页。

② ［德］维拉莫威兹：《古典学的历史》，陈恒译，生活·读书·新知三联书店 2008 年版，第 119 页。

③ ［英］G. R. 埃尔顿编：《新编剑桥世界近代史》第 2 卷，中国社会科学院世界历史研究所组译，中国社会科学出版社 2003 年版，第 4 页。

找到了对抗罗马世界以及现代拉丁世界的方向——返回希腊。德意志"希腊想象"就是在这样的德意志身份重构和德意志民族主义新兴起的背景下展开的。

巴姆巴赫指出："在 18 世纪中后期和 19 世纪早期，这种希腊—德意志原生性神话由温克尔曼、洪堡、席勒、费希特、荷尔德林等人设置起来，其目的是为了建立一种新的德意志文化身份。"① 施莱希塔同样清晰地意识到了这一重大文化现象的思想核心所在："从一开始，德意志古典主义就一直是在一种德意志民族重生的希望下产生的。返回古希腊，轻视法国传统，这总是被解释为一种民族身份的发现……人们相信，只能在遥远的过去，才能发现一个民族被选定的身份……路德在他那个时代倾听着古老圣经的纯粹之言，而现在，人们则诉诸于纯粹的人的形式，这种人的形式就是温克尔曼在其希腊人意象中创造的形式。"② 现在，在德意志启蒙建构起来的新的文化景观中，希腊文明作品取代了基督教时代圣经的文化身份确立的始基地位，德意志"希腊想象"的开山领袖温克尔曼成为启蒙时代的"新马丁·路德"。

第二节 温克尔曼与德意志"希腊想象"的范式确立

18 世纪启蒙时代的德意志身份重构确立了一条最佳路途：返回古代且越过古罗马，直指西方文明最本源的古希腊，建构起一种希腊—德意志的亲和性叙事。循着这一思路，如果明确了希腊本质是什么，那么，德意志本质也理应成为那样：如果希腊意味着人类理想存在在现实中的完美实现，那么，德意志也理应从潜能状态进入那样的现实状态中去。德意志民族需要设定出一个历史上曾经的

① ［美］C. 巴姆巴赫：《海德格尔的根》，张志和译，上海书店出版社 2007 年版，第 308 页。
② ［美］施莱希塔：《尼采著作中的德意志"古典主义者"歌德》，田立年译，载［美］奥弗洛赫蒂等编《尼采与古典传统》，华东师范大学出版社 2007 年版，第 244 页。

既是他者又与"自我"本质同一的理想文明存在形象，这样，德意志"希腊想象"便由是而启动。

　　作为德意志第一位伟大艺术史家的温克尔曼（1717—1768）以对希腊雕塑的观照为基点，推出了关于希腊本质的"高贵的单纯和静穆的伟大"的经典命题。托马斯·库恩在《科学革命的结构》一书中谈到了科学史中的"范式"（Paradigm）问题："在其确定的用法中，一个范式意谓一个公认的样板或模式……范式地位的获得源于对少数基本问题较之竞争者更成功的解决，而这样的问题的核心性又是参与其中者都会意识到的。"① 温克尔曼建立起第一个德意志"希腊想象"的范式，这一范式的绝对统治力一直持续到尼采《悲剧的诞生》出现之前。

　　温克尔曼是德意志"希腊想象"思想谱系的伟大开端，"关于'高贵的单纯和静穆的伟大'的阿波罗式理想已经强大地规定了构想德意志与古代事物之关系的方式，通过提供与启蒙的种种阿波罗式价值相融合的一幅高度可见，高度审美的希腊肖像，温克尔曼成功地奠定了德意志希腊主义的基调"②。

　　温克尔曼决定了18世纪中叶至19世纪中叶百余年间德意志思想家观照希腊的"期待视野"，"歌德、席勒、荷尔德林和威廉·洪堡都通过温克尔曼的眼神怀着敬畏和挚爱端详希腊艺术'高贵的单纯和静穆的伟大'，深信人类在希腊人身上达到了人性的至高无上的标准"③。黑格尔指出："不管希腊艺术方面的知识推广到多远，温克尔曼的成就都必须定做重要的出发点。"④ 在严格意义上讲，希腊的复兴从温克尔曼开始。

---

　　① Thomas S. Kuhn, *The Structure of Scientific Revolutions*, Chicago：The University of Chicago Press，1962，p. 23.

　　② ［美］C. 巴姆巴赫：《海德格尔的根》，张志和译，上海书店出版社2007年版，第346页。

　　③ ［德］弗里德里希·梅尼克：《历史主义的兴起》，陆月宏译，译林出版社2009年版，第270页。

　　④ ［德］黑格尔：《美学》第3卷上册，朱光潜译，商务印书馆1979年版，第136页。

一 温克尔曼与德意志启蒙

（一）温克尔曼与审美现代性

德意志启蒙指向德意志文化的统一。如果延续马丁·路德的思路，德意志文化统一的支点在于语言之维。但是，由于马丁·路德的《圣经》德译已经在大原则上实现了德语的统一，这就迫使新时代的文化启蒙必须寻找到语言之维之外的新的支点所在。温克尔曼在德意志启蒙中的重大意义正在于，他以艺术史家的身份奠定了这一运动的新的支点——审美之维。

温克尔曼建构的希腊世界是一个审美本位的世界，或者说是一个审美乌托邦。根据马泰·卡林内斯库的说法，"同基督教传统地位衰退直接相联系的是乌托邦主义的强力登场，这也许是现代西方思想史上独一无二的最重要的事件"①。"乌托邦主义"中与进步观念密切相关的未来性指向占据主导，其主旨是对相对于古代和过去的现代的肯定，关于未来理想文明形态存在的构想立足于现代性原则之上，"古今之争"中英、法启蒙现代一方的明显上风标志着这两个国家总体文化格局的现代性定位。"乌托邦主义"的另一变体指向古代和过去，把理想文明形态的存在设定于某一历史时段，或明或暗地蕴含着历史退化论的立场，"古今之争"中德意志启蒙古代一方的明显上风标志着在这里总体文化格局的现代性批判定位。从西方思想的传统来看，在文学艺术的审美的历史文化领域，退化论远比进步论深入人心，"近不及古"的价值批判在绝大部分的历史时期成为主流。温克尔曼的希腊审美乌托邦建构鲜明地体现了德意志启蒙现代性批判的整体导向。

不过，吊诡的是，与理性批判之为广义理性主义的情况相仿，现代性批判同样也是广义现代性的内在组成部分。德意志启蒙与英、法启蒙共同汇聚为启蒙现代性，启蒙的基点就在于"现代性"，

---

① ［美］马泰·卡林内斯库：《现代性的五副面孔》，顾爱彬、李瑞华译，商务印书馆2002年版，第71页。

即便是现代性批判或"古今之争"中的复古派,仍然无可逃避地以对现代的实存和现代人身份的自我认定为理论前提。正如哈贝马斯指出的那样,所谓现代性就是启蒙以来一个尚未完成的巨大工程,而且,"现代首先是在审美批判领域力求确证自己的"①。审美乌托邦建构是启蒙现代性工程内在组成部分,温克尔曼把希腊作为审美理想存在的审美现代性批判既然秉承着启蒙主题,那么,其实质就依然是审美现代性。事实上,所谓启蒙现代性与审美现代性的二元对立并不存在,准确地说,审美现代性乃是强调审美之维的启蒙现代性。

在英、法诸国的启蒙现代性规划中,审美现代性并未被放置在显要位置上,重要的启蒙思想家中也绝不包含温克尔曼这样艺术史家身份的人士。这是由于在这些国家,制度与社会形态转型的现实之维远比审美之维更具意识形态建设的急迫性。德意志启蒙文化与政治分裂的特殊状况决定了其乌托邦主义的非政治性,即便存在着政治乌托邦想象,也不同于英、法政治乌托邦想象强烈的现实意向性,而是指向文化之维,尤其是文化之维中作为核心的审美之维,导致了政治审美化的思想倾向,这样,政治从属于审美的结果便是政治乌托邦成为审美乌托邦的附属品。在温克尔曼那里,对希腊政治与希腊艺术关系的处理便体现了典型的德意志启蒙特色。

温克尔曼提出:"从希腊的国家体制和管理这个意义上说,艺术之所以优越的最重要的原因是有自由……在自由中孕育出来的全民族的思想方式,犹如健壮的树干上的优良的枝叶一样……享有自由的希腊人的思想方式当然与在强权统治下生活的民族的观念完全不同。"② 表面看来,温克尔曼对政治自由的赞颂似乎与法国启蒙思想家无异,但是,弗里德里希·梅尼克在《历史主义的兴起》一书中却做出了这样的判断:"事实上,他把政治自由赞颂为所有崇高

---

① 〔德〕哈贝马斯:《现代性的哲学话语》,曹卫东等译,译林出版社 2004 年版,第 9 页。
② 〔德〕温克尔曼:《论古代艺术》,邵大箴译,中国人民大学出版社 1989 年版,第 135—137 页。

思想、真实的卓越非凡和伟大艺术的源泉的观点，反映了一个极为非政治化人物的态度。"[1] 我们只要进一步联系温克尔曼关于政治自由表现形式的相关说法，就可以确认以上判断的正确性。"在希腊，人们从青年时代起就享受欢乐和愉悦，富裕安宁的生活从未使心情的自由受到阻碍"[2] ——很明显，温克尔曼所谈及的希腊政治自由几乎完全回避了希腊城邦建制的立法性，将其与享乐主义几乎完全等同起来，政治自由的政治第一性已被剥离殆尽。

温克尔曼的自由观颇为契合于意大利文艺复兴作家薄伽丘《十日谈》中描述的生活世界。德意志宗教改革的事件极大地延缓了意大利文艺复兴展开的对基督教禁欲主义的反拨和现世享乐主义的个体生活自由的复苏，当法、英启蒙已经从这一阶段跃进到集团性体制自由探索阶段的时候，温克尔曼却仍要返回到薄伽丘时代的意大利，把文艺复兴个体生活自由观念植入后马丁·路德时代的德意志精神中去。

（二）温克尔曼与德意志"内在性"原则

与马丁·路德时代北欧文艺复兴中基督教人文主义占据人文主义主导地位的情况相比，温克尔曼已经代表了德意志第二次人文主义彻底的异教性与反基督教的总体走向。歌德关于温克尔曼"与整个基督教世界远离"[3] 的论断看起来理应不存在疑义。

然而，在弗里德里希·梅尼克看来，问题并不那么简单：

> 温克尔曼获得的对希腊艺术富于同情性的洞察是德意志精神的产物……歌德具有一种与温克尔曼情趣相投的精神，为我们提供了一种对于温克尔曼身上的古代和异教因素无与伦比的描述。在温克尔曼对希腊美的标准的经典化中，我们同样见证

---

[1] ［德］弗里德里希·梅尼克：《历史主义的兴起》，陆月宏译，译林出版社 2009 年版，第 263 页。

[2] ［德］温克尔曼：《论古代艺术》，邵大箴译，中国人民大学出版社 1989 年版，第 30 页。

[3] ［德］歌德：《评述温克尔曼》，载［德］温克尔曼《论古代艺术》，邵大箴译，中国人民大学出版社 1989 年版，第 263 页。

了古代思想方式的一场胜利。然而，甚至在温克尔曼看来完全是古典世界的异教徒的地方，他还是一个德意志人……保存了一些德意志新教的遗产。即使在罗马，在他为自己的感悟而欢呼唱歌时，也是在唱一首来自新教的赞美诗集的晨赞歌。那么是否可以说，他在思想史中获得的伟大成就、对希腊艺术的同情或理解，也具有一种德意志新教的内在性气息了呢？①

弗里德里希·梅尼克的确点中了问题的要害：温克尔曼包括像歌德这样为数众多的追随者，在意识的层面无疑明确地指向彻底的异教性和反基督教性，他们自觉地脱离马丁·路德的世界。不过，在潜意识的层面，新教的德意志精神的"内在性"因子却并未被真正地消灭掉，仍然不时地涌出。

马丁·路德在宗教意义上确立了"内在性"原则，"圣灵的临在，就其一切自由的，直接的圣灵感动的而非制度化的自由而言，就是每一个基督徒反对罗马教会的掣肘。信徒个人内心对基督恩宠的回应，而不是梵蒂冈教会机器，构成了真正基督教的经验"②。温克尔曼要做的是把这一"内在性"原则从宗教之维置换到审美之维，强调审美体验的柔和性气质，扬弃宗教体验的炽烈性气质：

> 内在的感觉必须启导心灵的活动……这种感觉与其说是炽烈的，不如说是柔和的，因为优美在这个部分的和谐中形成，而各部分的完美在逐渐的高涨中显示出来，自然也平稳地渗透和作用于我们的感觉，柔和地把我们的感觉吸引在身旁，而没有突然的情感爆发。所以激奋的感觉急速地趋向于直接的爆发，撇开一切过渡的阶段，但是感情的孕育犹如晴朗的白天，

---

① ［德］弗里德里希·梅尼克：《历史主义的兴起》，陆月宏译，译林出版社 2009 年版，第 269 页。

② ［美］理查德·塔纳斯：《西方思想史》，吴相婴等译，上海社会科学院出版社 2007 年版，第 267—268 页。

由光明的朝霞所预示。炽烈的感觉之所以对观照优美和愉悦感有所损害，还在于它的发生过于短促，它立刻引向本来需要逐渐体验的目标。①

在温克尔曼那里，启蒙语境下"内在性"原则一方面并未脱离新教的底蕴，另一方面则已然实现了世俗化转型，很明显地反映了德意志有教养市民阶层教化与生活合二为一的愉悦感追求。相比于薄伽丘《十日谈》时代的意大利，温克尔曼式的德意志启蒙享乐主义极大地弱化了肉体和感官快感刺激愉悦的因素，在"灵与肉"的冲突对立中仍然倾向于"灵"的方向。

温克尔曼的希腊想象在这样特定的德意志"内在性"原则下展开，把德意志有教养市民阶层的现实状态进一步理想化并加以提纯，便形成了一幅自由、宁静、愉悦、安闲的希腊人肖像。温克尔曼建构的希腊世界本质上是希腊的心灵世界，希腊人心灵的自由孕育出一个审美的王国。温克尔曼表面上将政治自由摆在了第一性的位置，"艺术'仿佛'从政治自由中获得了生命"②，事实上，这仅仅是个假象而已。德意志启蒙企图复制法兰西启蒙在"政治自由"领域所取得的辉煌成就，往往在言论上公开标榜政治自由第一性的原则，但是，特殊的宗教改革的潜意识背景制约却总使其实质落到个体内在性第一性的原则上去。史蒂文·奥茨门特指出："德意志启蒙教育不是法国人所倡导的'自由、平等、博爱'式的革命启蒙教育……德意志的启蒙运动是自我意识的觉醒和自立，是德意志人在审美或精神上的酝酿，而并不是有针对性关涉现代政治生活实际的。"③ 温克尔曼的"希腊想象"正是这一德意志启蒙气质投射的

---

① [德] 温克尔曼：《论古代艺术》，邵大箴译，中国人民大学出版社 1989 年版，第 113—115 页。

② [德] 弗里德里希·梅尼克：《历史主义的兴起》，陆月宏译，译林出版社 2009 年版，第 262 页。

③ Steven Ozment, *A New History of The German People*, Cambridge：Harvard University Press, 2004, p. 154.

产物。

温克尔曼所引领的第二次人文主义与法、英启蒙现代性进步论主导的全局意识趋向迥异，更多地取法借鉴于意大利文艺复兴第一次人文主义的经验。文艺复兴人文主义者重构起了一个黄金时代的罗马，而这个罗马世界的主角显然是维吉尔、西塞罗而并非恺撒、屋大维。罗马政治荣耀的复兴从属于罗马文化，尤其是古典拉丁语言与文学的复兴。文艺复兴人文主义者重构的罗马具有审美乌托邦的性质，温克尔曼意欲重构的希腊正是这一情况的重演。

温克尔曼审美乌托邦式的"希腊想象"区别于文艺复兴人文主义审美乌托邦式罗马重构的一大方面在于，他把后者的语言之维重心置换到了造型艺术之维的重心之上，文艺复兴时期古典建筑、雕塑风格的复兴尽管也声势浩大，但是终究无法动摇古典拉丁语言与文学复兴在这场运动中的轴心地位，当时严格意义上的人文主义者首先应是古典语文学者，人文学科（studia humanitatis）的始基是语法学、修辞学和诗学。温克尔曼在德意志开展的希腊复兴当然不能照搬这一思路，德语与古典希腊语之间根本不具有作为拉丁语之裔的意大利语与古典拉丁语之间的亲缘关系，再加之马丁·路德宗教改革中德语本位的立场在德意志启蒙中的进一步巩固，温克尔曼引领的第二次人文主义一定要脱离古典语文学本位的意大利状况而另辟蹊径。与尼采同时代的著名德国古典学家维拉莫威兹在《古典学的历史》中认为："就风格而言，温克尔曼是第一位堪称古典学家的德意志人。"① 作为第一位古典学家的德意志人的温克尔曼并非文艺复兴意义上的古典语文学家，而是古典艺术史家，这一事实颇为耐人寻味。德意志"希腊想象"起始于温克尔曼的希腊雕塑观照。较之语言文本，雕塑的视觉图像性明显更加有利于剥离意识形态属性的纯粹审美之维的直观和凸显。

---

① ［德］维拉莫威兹：《古典学的历史》，陈恒译，生活·读书·新知三联书店 2008 年版，第 125 页。

二 温克尔曼与"希腊美的理想"

(一) 温克尔曼的"历史主义"与本质主义

温克尔曼是西方现代思想中"历史主义的兴起"的预流者，"他开创了艺术史这门学科，有史以来第一次追溯了各种艺术风格的兴趣、发展和衰落，并且把它们与社会和文化联系起来"，[①] "把'艺术'和'历史'这两个词组合在一起，这或许是未有先例的"[②]。从理论上讲，美学上的历史主义，或者说关于美的历史的描述，势必同美学上的本质主义产生矛盾。不同历史时空的美的存在万籁参差，如何能用一种永恒不变的"美的理想"的本质来统一呢？以赛亚·伯林考察了意大利思想家维柯的变化支配全部人类历史的命题并且指出："在维柯之后，在一元论和多元论之间，永恒价值和历史主义之间的冲突，注定迟早会成为一种关键的分歧。"[③] 有趣的是，在温克尔曼那里，美的永恒价值和美的历史主义和谐共在，并未显示出冲突的印迹。

温克尔曼采取了一种审美历史目的论的思路："美的理想"是绝对的、一元的，这一理想在希腊获得了唯一的完美实现，因此，"美的理想"与"希腊美的理想"几乎完全等同。在这种审美希腊中心主义的视域下，所有其他民族的艺术创作全都成了陪衬。弗里德里希·梅尼克指出："温克尔曼的艺术史是一部教条的教会史的附着物，它移植基督教的绝对价值观来权衡所有的事件。"[④] 温克尔曼建立起了一种奇特的艺术神学，它赋予希腊艺术独一无二的神圣地位，推广对于希腊美的理想的信仰。美的信仰取代宗教的信仰，

---

① [英] 阿伦·布洛克:《西方人文主义传统》，董乐山译，生活·读书·新知三联书店1997年版，第107页。

② Vernon Huge Minor, *Art History's History*, Prentice Hall, 1994, p. 109.

③ [英] 以赛亚·伯林:《反潮流：观念史论文集》，冯克利译，译林出版社2002年版，第155页。

④ [德] 弗里德里希·梅尼克:《历史主义的兴起》，陆月宏译，译林出版社2009年版，第264页。

美的希腊取代基督教的"上帝之城"，德意志启蒙就这样寻找到了它的"扎根状态"（Bodenständigkeit）。

"历史主义"的温克尔曼构拟了希腊艺术发展的四个阶段，"有意识地做出书写希腊雕塑风格内在演化理式的尝试"[①]。根据温克尔曼的说法，这一历时运动的轨迹大体如下。

第一阶段：远古风格，发展到菲狄亚斯之前为止。这种风格的希腊雕塑主要特色为：热衷于表现富于激情的强烈动作性，轮廓清晰准确，但比较僵硬，气象雄奇，突出强力而罕见优美。

第二阶段：崇高阶段，代表人物有菲狄亚斯、波利克里托斯、斯科巴斯、阿尔卡美奈斯、米隆等大师。这种风格的希腊雕塑主要特色为：轮廓从僵直趋于柔和，但依然保留了直线的特征，动作和姿态的表现更具合理性和完善性，宏壮中寓含优美，但优美或优雅的元素并未独立出来，可谓崇高中的优雅，造型的圆融仍从属于比例和尺度的准确与严谨。

第三阶段：典雅风格，始于普拉克西特列斯，而在留西波斯和阿匹列斯时代达到繁荣。一直持续到亚历山大大帝之后很长时间。这种风格的希腊雕塑主要特色为：更加突出柔和的因素和感性的魅力，形体突出浪漫式的圆润感，进一步淡化力的表现而偏向于精致优雅之美。

第四阶段：模仿者的风格，希腊雕塑走向衰退，创造能力日趋弱化萎靡，局部雕镂琐碎，气格渐失。

通过希腊艺术四个发展阶段的勾勒，可以看出，温克尔曼并未把所有的希腊艺术都说成是尽善尽美，却是把美的理想的合目的性实现限定在第二和第三阶段。而具体落实到第二和第三阶段的比较，又显示出只有第二阶段的希腊雕塑才真正称得上是"黄金时代"的无上神品：

---

① René Wellek, *A History of Modern Criticism 1750 – 1950*, Volume 1, Yale University Press, 1955, p. 151.

　　崇高风格的大师们，运用各部分异常完美的和谐和表现的宏伟，更多地追求真正的美，而不是追求妩媚可爱。由于只能形成一个关于美的崇高的、专一不变的概念，而且这个概念又经常在这些艺术家的头脑中徘徊，所以，在作品中的美自然会接近于一种形象，并且相互接近，彼此无甚差异……像天国的维纳斯出身高贵，她从和谐中产生，是恒久和永不变化的，犹如这种和谐的永恒法则。（第三阶段）第二种优雅，则如同狄俄涅养育的维纳斯，她更多的是体现了物质的法则……不想讨人喜欢，但也不想受到冷落。第一种优雅是所有神灵的同伴……她包隐着自己内心的活动，靠近那神圣世界怡然自得的安乐，按照古代著作家们的意见，这种神圣世界的形象，正是伟大的艺术家们孜孜以求地去捕捉的。①

　　在这里，"历史主义"的温克尔曼汇入了"本质主义"的温克尔曼，历史在菲狄亚斯的时代凝结成了永恒，"美的理想"与"希腊美的理想"只有在这样的时刻才形成了真正的本质同一。

　　（二）温克尔曼与拉斐尔式风格

　　温克尔曼对希腊雕塑风格历时演变的描述并不具备科学精确的考古学背景的支撑，玄想和虚构的色彩极其浓烈，以至于他本人也禁不住把这一图式和一部五幕剧相类比。温克尔曼的图式建构在一定程度上参考借鉴了意大利画家、画论家瓦萨里（1511—1574）《名人生平》中的意大利文艺复兴艺术发展阶段论的图式，"瓦萨里的故事和许多其他的故事相仿，有开头、中间和结尾"②。

　　在瓦萨里的图式中，意大利文艺复兴的艺术发展共分为三个阶段：第一阶段以契马布埃和乔托等 14 世纪艺术家为代表，他们是新技法和新观念的探索者和先驱，但显得过于粗糙稚拙。第二阶段

---

　　① ［德］温克尔曼：《论古代艺术》，邵大箴译，中国人民大学出版社 1989 年版，第 214—215 页。

　　② Vernon Huge Minor, *Art History's History*, Prentice Hall, 1994, p. 88.

从 15 世纪到达·芬奇之前，这一阶段的艺术家比前辈前进了一大步，但仍未达到最终的完善。第三阶段就是这最终完美的实现阶段，文艺复兴三杰达·芬奇、拉斐尔和米开朗琪罗共同把艺术带上最高峰。瓦萨里的图式与但丁《神曲》地狱、炼狱、天堂的递进式结构有一定相似性，可以称为喜剧式的；而温克尔曼的图式却颇有些悲剧式的意味，日后尼采的《悲剧的诞生》就沿用了这一叙事格局。温克尔曼希腊艺术史叙事的曲线升沉较之瓦萨里的直线递进型构成要复杂一些，作为其高潮和顶点的第二阶段与《名人生平》中文艺复兴三杰的第三阶段大体相当。瓦萨里把叙事的重心放在了技法和观念的进步，温克尔曼的叙事重心则在于风格；瓦萨里第三阶段的三位大师风格各异而各臻完美，温克尔曼心目中的完美风格却只是唯一的，那就是拉斐尔式的风格。

贡布里希精确地概括了拉斐尔创作的特色所在："拉斐尔被认为已经实现了老一辈人曾极力追求的目标：用完美而和谐的构图表现自由运动的人物形象。拉斐尔的作品还有另一个性质，受到他同代和后代的赞扬，即他的人物形象的纯粹美……他并不模仿任何一个具体的模特儿，而是遵循着他心理已经形成的'某个理念'……有意地使用了一种想象的标准美的类型。"① 拉斐尔的这一创作理念显然与温克尔曼对"美的理想"纯粹本质的信念最为相合。温克尔曼对拉斐尔的推崇在理论视域方面是由新古典主义的原则所规定的，韦勒克对此做出了精辟的阐述："理想化会意味着对艺术家内心视界的诉求。新古典主义美学的主脉强调艺术家心灵中的这种'内在模式'，他在新柏拉图主义传统中找到了其哲学上的契合点……后期文艺复兴艺术理论中弥漫着这种最终被假定为符合规定的艺术家内在性观念，在英国，它激发了锡德尼的《为诗辩护》，通过意大利关于理想美的理论弘扬，它又重新进入了 18 世纪的英、法观照之中，并且保持为意味深长的暗流，直至在温克尔曼关于理

---

① ［英］E. H. 贡布里希：《艺术发展史》，范景中译，天津人民美术出版社 1991 年版，第 176 页。

想美的新宣言中再度取得了统治地位。"① 新古典主义真正吸引温克尔曼的仍然在于其可与德意志新教传统形成汇通的"内在性"原则，而温克尔曼在德意志带动的新柏拉图主义复兴也正是建立在这一基点之上的。

希腊化时期新柏拉图主义的开创者普罗提诺提出了美来源于精神的观点，"新柏拉图主义传统乃是中世纪美学学术的主要要素……美是理性在感官性形式中的显露。美的魔力在于它和心灵的亲和力，因此，整个可以知觉到的宇宙，作为神的理性的象征，在能够看到它和造物主的关系的眼睛看来，就不能不美——这一切见解都融合到基督教的情绪中去"②。温克尔曼扬弃了这旧有的新柏拉图主义的宇宙论神秘主义，将其神学指向转移到希腊菲狄亚斯时代的伟大艺术之上，于是便推出了著名的"高贵的单纯和静穆的伟大"这一经典命题。

温克尔曼宣称："希腊雕像的高贵的单纯和静穆的伟大，这些特征构成了拉斐尔作品的非凡伟大，拉斐尔之所以达到这一点，是通过模仿古代这条道路的。"③ 温克尔曼对希腊艺术与拉斐尔艺术的精神进行了本质同一化的处理，他先是在最符合新古典主义和新柏拉图主义标准的拉斐尔那里确立了美的极则，然后再把这一美的极则置放在希腊，因此，他眼中的希腊美的理想实际上已经"拉斐尔化"了。

温克尔曼最为迷恋的拉斐尔绘画中的题材是圣母像："她的脸上充满纯洁表情和一种高于女性的伟大的东西，姿态神圣平静，这种宁静总是充盈在古代神像之中。"④ 通过这种联类，拉斐尔圣母像与古希腊神像的文化意识形态和宗教性歧异被极大地淡化甚至消解

① René Wellek, *A History of Modern Criticism 1750 – 1950*, Volume 1, Yale University Press, 1955, p. 17.

② ［英］鲍桑葵：《美学史》，张今译，商务印书馆 1995 年版，第 196 页。

③ ［德］温克尔曼：《论古代艺术》，邵大箴译，中国人民大学出版社 1989 年版，第 44 页。

④ 同上书，第 45 页。

了，只有神性之为宁静的论断凸显出来。也就是说，"高贵的单纯"和"静穆的伟大"这两种形容并非看起来那样的并列等值关系，而是后者统摄前者，"宁静"乃是温克尔曼艺术神学的第一关键词。

（三）温克尔曼的"内在性"原则

在温克尔曼那里，"宁静"与"神圣性"互为表里，其根本仍在于"内在性"，只有宁静的心灵才会外化出宁静的动作，而宁静的心灵必定体现为对俗世喧嚣的弃绝与超脱，同竞争、对抗和战争状态的格格不入。温克尔曼一方面把宁静规定为最高之美，另一方面则又赋予宁静之美一种伦理学指向的意蕴：

> 宁静，对于美和大海都是最富有特征的状态。经验还表明，最优美的人们总是以宁静和品行端正的性格出众。高雅美的表现只能在脱离了任何个性化形象的、宁静的和抽象的心灵观照中产生，舍此别无他法。伟大的诗人荷马在这种平静中为我们创造了众神之父宙斯超脱的……但是由于在运动和行为的状态中不可能表现完全的冷漠，还由于神灵的形象是以人的面貌出现的，那么，在这些描绘中不是时时都可以寻求和实现美的最高表象的……梵蒂冈的阿波罗像表现这位神在气愤之中用箭征服毒蛇皮封，同时又表现出他对这一微不足道的胜利完全蔑视的神态。①

笔者发现，在温克尔曼牢固的"内在性"原则制约下，他在希腊神像中认定的宁静的美的动作一定要归根于宁静的心灵的伦理之维，这样就产生了美的形式或表象同美的心灵或道德的巨大矛盾。希腊诸神大多拥有美的外观，但也大多谈不上品行端正。当希腊艺术家表现诸神外观比例和形体之美时。并不必然承载揭示其道德完美的任务。而且，尤为关键的是，希腊诸神的行为和品格恰恰表现

---

① ［德］温克尔曼：《论古代艺术》，邵大箴译，中国人民大学出版社 1989 年版，第 165 页。

出强烈世俗化的特征：喜欢介入人间事务，关注自我利益，具有与凡人相仿甚至是更为强烈的七情六欲。荷马笔下的宙斯绝对与高雅和品行端正无缘，即便日神阿波罗的超脱和宁静也往往是姿态性的，回想一下《伊利昂记》中关于阿波罗热衷于参战的那些经典段落吧！就连温克尔曼也无法回避梵蒂冈的阿波罗像的战斗题材和气愤情绪，当他用"超脱"的蔑视这一形容来掩盖阿波罗的非超脱性时，实际上反倒愈加证明了阿波罗的不平和与不宁静。

温克尔曼的"内在性"原则本质上仍然是基督教式的，在这一前提下，"美"必须从属于"善"，他解读拉斐尔的圣母像时就是"美""善"一体的。但是，温克尔曼的反基督教性和异教主义意识又促使他努力地把"内在性"原则引到审美本位的方向上去，他意欲揭示的核心在于美本身。在这样的思想张力状况下，温克尔曼希腊想象中的"宁静"这一第一关键词当然就显示出美与道德含义指向上的迷茫状态。

在审美形式主义与基督教本位的道德主义之间，温克尔曼潜意识中寻求的平衡还是势必要被打破，当他一旦承认"形式的美乃是希腊艺术家的首要目的"①，也就意味着思想的天平向作为形式和表象的美的理想的绝对倾斜。包含在希腊古典艺术中的美学首先是一种关于规则形式的美学，它基于这样一种观念："客观的美和客观上的完美的比例确实存在。"② 当温克尔曼用"高贵的单纯"来形容希腊美的理想时，如果说"高贵的"一词中还兼有道德性含义的话，那么，"单纯"一词可以说就是完完全全地在美的形式的意义上来展开了。温克尔曼提出："统一与单纯把任何一种美提高一步……正是这种清晰性向我们显示对象的规模，我们的精神也在把握它时不断开阔，同时不断提高。如果我们要观照的一切是零散的

---

① ［德］温克尔曼：《论古代艺术》，邵大箴译，中国人民大学出版社1989年版，第143页。

② ［波兰］塔塔科维兹：《古代美学》，杨力等译，中国社会科学出版社1990年版，第98页。

部分，或者组成部分很烦琐，不能一样把握，那么就会失去规模感。"① 很明显，温克尔曼的"内心性"原则在这里是审美本位的，他提倡"单纯"是为了反抗巴洛克艺术的烦琐。同样，他提倡"宁静"在美学的意义上也是为了反抗巴洛克艺术的"运动"。温克尔曼崇敬却不喜欢米开朗琪罗，就是因为米氏的艺术与巴洛克艺术的烦琐和运动有着直接的承传关系，偏于炽烈而少了他理想中的优雅。不妨看一看温克尔曼关于"优雅"的界定："优雅，是一种理性的愉悦……它包含在心灵的单纯与宁静之中，在激情澎湃时，为狂暴的火焰所遮掩。它赋予人的一切行为和动作的愉悦感，并在优美的人体中以其难以逾越的魅力独占鳌头。"② 在这里，"单纯"与"宁静"都成为"内心性"愉悦感的体现，"宁静"的道德维度被悬置起来，审美本位的立场昭然若揭。

三　"拉奥孔"问题

（一）温克尔曼的"拉奥孔解读"

1506 年一组云石雕像在意大利的罗马被发掘出来，考古学界认为这组雕像属于希腊时期的作品，其题材是关于特洛伊战争中的一个片段：特洛伊的祭司拉奥孔警告特洛伊人切勿将木马带进特洛伊城，这引起了阿波罗的愤怒，他授意两条巨蟒袭击了拉奥孔和他的两个儿子。这组雕像表现的就是拉奥孔等被巨蟒袭击时的惨烈情景。"在 16、17 世纪期间'拉奥孔'被尊奉为最著名的古典雕像之一，吉亚考波·萨多勒托在发现这组作品的当年创作了一首拉丁语诗歌，表明其被尊奉之处在于强烈的表情和对可怕痛苦的自然主义刻画。17 世纪的复制品夸张了肌肉的表现，显示出当时人们所热衷的对于人体结构解剖的崇拜以及对于恐惧的巴洛克趣味。"③ 温克

---

① ［德］温克尔曼：《论古代艺术》，邵大箴译，中国人民大学出版社 1989 年版，第 151 页。

② 同上书，第 100 页。

③ René Wellek, *A History of Modern Criticism 1750 – 1950*, Volume 1, Yale University Press, 1955, p. 159.

尔曼向有关"拉奥孔"的这一流行看法发起了挑战，他力图证明，这组雕像的整体精神并非巴洛克式的"运动"，而是古典式的"宁静"。

温克尔曼的"拉奥孔解读"堪称其"希腊想象"最经典的个案：

> 希腊杰作有一种普遍和主要的特点，这便是高贵的单纯和静穆的伟大。正如海水表面波涛汹涌，但深处总是静止一样，希腊艺术家所塑造的形象，在一切剧烈情感中都表现出一种伟大和平衡的心灵。这种心灵就显现在拉奥孔的面部，并且不仅显现在面部。显然他处于极端的痛苦之中，他的疼痛在周身的全部肌肉和筋脉上都有所显现……但这种痛苦并未使拉奥孔面孔和全身显示出狂暴的动乱……身体感受到的痛苦和心灵的伟大以同等的力量分布在雕像的全部结构，似乎是经过平衡了似的……他的悲痛触动我们的灵魂深处，但是也促使我们希望自己能像这位伟大人物那样忍耐这种悲痛。①

"拉奥孔"雕像中对于面孔和身体的极端痛苦的真实展现是非常直观而不容否认的，在温克尔曼之前，没有人在它那里发现"宁静"实在是再自然不过的事情，因为这样的题材的确不可能容纳任何"宁静"的东西。"整座雕像群实际上是希腊化时期'巴洛克风格'的一个鄙俗的个案，与所谓古典式的'宁静'相去径庭。"②温克尔曼要做的正是变不可能为可能，强行把预设的"宁静"主题植入诠释对象中去，而且还要尽量使其看起来熨帖而合乎逻辑。

温克尔曼解读"拉奥孔"的出发点仍然是"内在性"原则，

---

① ［德］温克尔曼：《论古代艺术》，邵大箴译，中国人民大学出版社 1989 年版，第 41—42 页。

② René Wellek, *A History of Modern Criticism 1750 – 1950*, Volume 1, Yale University Press, 1955, p. 166.

在这里，"美"暂时从属于"善"，也就是说，道德原则暂时地占据了上风。温克尔曼一方面无法不承认"拉奥孔"中痛苦的客观存在，另一方面却又异常机巧地把痛苦的客观存在同痛苦的克制共时地呈现，然后再进一步强调痛苦的克制在二者中的主导性，而对痛苦的克制能力正是源于心灵的宁静。吕迪格尔·萨弗兰斯基清晰地意识到了这一思路中的伦理学本位立场："这种痛苦中的克制和心灵平静，对温克尔曼来讲是一种精神的自由。这样的精神最终不会被痛苦和折磨弄得不知所措。它保持镇定，所以持留为美。"[①] 温克尔曼观照"拉奥孔"，像是在观照基督受难图，他眼中的能从极端痛苦中超拔出来的拉奥孔有着十字架上担荷人类苦难的基督原型的投射。很明显，这里的"内在性"原则本质上是基督教式的。

当然，温克尔曼的"拉奥孔解读"不可能仅仅止于基督教式内在道德原则这一起始点之上，他的思路的重心会向审美本位的方向一步步偏移。鲍桑葵敏锐地发现了这一点："温克尔曼认为他在拉奥孔的面部所看到的比较宁静的神情是一个伟大而静穆的灵魂的体现……差不多就是在形式美的范围以内……或者说完全在形式美的范围以内。"[②] "美"摆脱"善"而独立存在，成为"内在性"原则的核心——这一"为艺术而艺术"的主题在温克尔曼的"拉奥孔解读"中又是如何实现的呢？

沿着审美本位的方向，温克尔曼把"拉奥孔"问题放置于"美"与"表现"张力的形式论语境中来讨论。温克尔曼所说的最高的理想美是纯粹的抽象美，"由此产生的形象不是某个特定人物的表现，不表达任何心境状态和激奋的感情"[③]。就是说，纯粹的抽象美超脱了七情六欲，与之对应的心灵状态是一种怡然自得、优游不迫的状态，这种心灵的和谐和宁静显然属于道德原则之外的审美

---

① ［德］吕迪格尔·萨弗兰斯基：《席勒传》，卫茂平译，人民文学出版社 2010 年版，第254 页。

② ［英］鲍桑葵：《美学史》，张今译，商务印书馆 1995 年版，第289 页。

③ ［德］温克尔曼：《论古代艺术》，邵大箴译，中国人民大学出版社 1989 年版，第151 页。

范畴，出自智慧之源，而智慧的根本正在于理性。温克尔曼就这样把美的理想与启蒙理性打通，纯粹理性带出纯粹之美，理性至上自然意味着审美至上。另外，温克尔曼也承认，纯粹美的情况并不多见，常规的情况是"必须把美带入动作和情感的状态之中"①，这即是"表现"。具体的世间动作和情感千差万别，因此，"表现"也以丰富性和多样性为其特色。当艺术家要"表现"某种状态时，移情、共鸣性体验以及关涉现实实存的知识和细节就都成为重要的先决条件。温克尔曼所谓"高贵的单纯和静穆的伟大"在狭义的方面仅指最高的理想美；而在广义的方面，只要艺术中的理性仍然统摄着情感，"美"仍然制约着"表现"，就可以算是符合这一准则，"拉奥孔"的情况属于后者。

鲍桑葵指出："温克尔曼是从抽象美出发的，但是，由于他具有深湛的历史知识和同情，他又被迫不断用更多的表现去补充这种抽象美。表现虽然是美所必需的，但是，随着表现的增加，真正的美也就减少了。"② 按照温克尔曼的思维逻辑，"拉奥孔"的特定题材决定着他肯定不在纯粹理性和纯粹美的范畴之内，对极端痛苦的动作和情感的"表现"无疑是存在的，而且与"美"形成张力并在某种程度上对其产生损耗。但是，只要"拉奥孔"仍是美的，其对于痛苦的"表现"就必然是克制性的，只要"美"制约着"表现"，那么，它就至少是趋向于"高贵的单纯和静穆的伟大"这一审美理想的。温克尔曼并非没有看到或者不承认"拉奥孔"显见存在的"运动"，但他要强调的是，像大海一样"运动"归根结底是依托于底部的深沉的"宁静"的。

温克尔曼把希腊雕塑中"高贵的单纯与静穆的伟大"的体现分成两类情况：一类情况是完全而纯粹的体现，只限定在神像题材，尤以阿波罗像为典型。温克尔曼认为："在希腊艺术家那里，神的

---

① ［德］温克尔曼：《论古代艺术》，邵大箴译，中国人民大学出版社 1989 年版，第 151 页。

② ［英］鲍桑葵：《美学史》，张今译，商务印书馆 1995 年版，第 394 页。

形象是那样明确和不容混淆，像是由某项法则所规定了似的。"① 这里所说的"法则"无疑是理性的法则，根据理性的法则产生出的艺术作品会散发出单纯的愉悦感。温克尔曼眼中的"拉奥孔"属于降格式体现"高贵的单纯与静穆的伟大"的另一类情况，这类情况的主人公一般是英雄而不是神灵：

> 古代人从人间美逐步升华到神灵美之后，还建立了永久的美的等级。在描述自己的英雄即那些被赋予人性的最高品质的人物时，他们接近神的边缘，但不越雷池一步，不混淆神灵与英雄之间的细微差别……古代人赋予英雄以英雄气概的形，让某些人体的部位鼓起来、加强、超过正常的尺寸。他们还强调筋肉的变幻与稳定感，并在激烈的运动中造成人体一切筋肉的活动。他们还用这种方法力图达到尽可能的多样化。……倘若把拉奥孔雕像的肌肉与神的或神化了的雕像，如赫拉克勒斯和贝尔韦德里官的阿波罗的同一部位加以比较，我们就可以看得更为明显：在拉奥孔的雕像中，自然升华到了理想的高度。拉奥孔雕像上的肌肉运动已达到极限，它们像一块块的小山丘相互紧密毗连，表达出在痛苦和反抗状态下的力量与极度紧张。在神化的赫拉克勒斯的躯体中，这部分肌肉却显示出崇高的理想形式与美的特征，它们犹如平静的大海中轻轻晃动与扬起的海浪。众神最美的阿波罗像上的这些肌肉温柔得像熔化了的玻璃，微微鼓起波澜，与其说它们是为了视觉的观照，毋宁说是为了感觉享受。②

可以看出，在温克尔曼的审美价值评判体系中，"拉奥孔"的等级明显低于贝尔韦德里官的"阿波罗"，相比于"最美的"，它

---

①　[德]温克尔曼：《论古代艺术》，邵大箴译，中国人民大学出版社 1989 年版，第 164 页。

②　同上书，第 162—163 页。

至多只能算是"次美的"。温克尔曼有意选取"拉奥孔"这一非典型"宁静"作品作为重点解读对象，主要是出于因与流行观点的显豁观点差异而强化论战性的动机。温克尔曼要从审美之维的立场来弘扬启蒙理性，要用理性而非习惯上的情感或激情来统治审美王国。他解读"拉奥孔"采用的是欲擒故纵的策略，先是认可情感或激情在审美王国中的合法地位，然后再将其置于理性统治之下。"拉奥孔"绝对不是温克尔曼最钟情的希腊作品，但却绝对是温克尔曼"希腊想象"工程中最经意的诠释对象。温克尔曼的"拉奥孔解读"展示了经典的启蒙的理性暴力，他所要证明的"高贵的单纯和静穆的伟大"，"这种正统的美不折不扣地类似于启蒙运动正统的理性"①。美即理性——这是温克尔曼"希腊想象"的真正主旨所在。耐人寻味的是，温克尔曼赖以支撑整个理论体系的"内在性"原则并未实现完全的理性化，它还保持着相当的弹性和多元共生性。当温克尔曼谈到"内在感觉"时，并未根本离开"美学"（Aesthetics）希腊文词源的"感觉学"本义，"他深受感官主义影响，他的希腊雕像体验是感官化的，甚至是性欲化的……他描绘起希腊雕像来心醉神迷，激情洋溢"②。温克尔曼的"内在性"原则的马丁·路德"影响的焦虑"的存在，也证明着基督教尤其是新教的非理性力量在其潜意识深处的暗流涌动。温克尔曼确立了德意志"希腊想象"理性中心主义的范式，但这范式内部潜藏着种种内在张力和危机感，"在新的更尖锐挑战的情况下，它注定要趋向于进一步的精确化和专门化"③。

（二）莱辛的"拉奥孔解读"与诗画分界问题

温克尔曼的主要研究领域是以雕塑为中心的古代造型艺术史，

① ［德］弗里德里希·梅尼克：《历史主义的兴起》，陆月宏译，译林出版社 2009 年版，第 266 页。

② René Wellek, *A History of Modern Criticism 1750 - 1950*, Volume 1, Yale University Press, 1955, p. 150.

③ Thomas. S. Kuhn, *The Structure of Scientific Revolutions*, Chicago: The University of Chicago Press, 1962, p. 23.

对于雕塑之外的其他希腊文化领域极少涉及，但他还是坚定地宣称："希腊雕塑的高贵的单纯和静穆的伟大，也是繁盛时期希腊文学和苏格拉底学派的著作的真正特征。"① 尤其当谈到希腊文学的时候，温克尔曼更是强调了其与希腊艺术精神的本质同一性："古代作家和古代艺术家一样，在表现自己的人物时，让他们处于可能引起恐怖或痛苦呻吟的情节之外，以表示人的尊严和心灵的坚定。"② 这一论断引起了启蒙思想家莱辛（1729—1781）的强烈质疑。

莱辛针对温克尔曼的"拉奥孔解读"，撰写了文艺批评论著《拉奥孔》。狄尔泰评价"《拉奥孔》乃是德意志精神现象领域分析性探讨方式的第一个伟大范例"③。韦勒克对该书的主旨概括精当："莱辛接受了温克尔曼对拉奥孔雕像的描述，但反对温克尔曼关于希腊艺术与文学的同一化处理……在文学方面，莱辛明确主张要突出情感效果，而在美术方面，他则坚持一种非常抽象的形体之美的理念，在这一领域情感的表现处于绝对从属的地位。"④ 吊诡的是，莱辛同温克尔曼的对抗一方面敏锐地发现了其"希腊想象"范式中的"阿喀琉斯之踵"；另一方面却又进一步巩固了这一范式的统治性地位。

事实上，莱辛关于诗与造型艺术异质性原则的陈述，温克尔曼本人亦有一定的体认。他明确提出："艺术家在描绘英雄方面不如诗人自由，诗人可以把英雄描绘成他们的感情还没有受法则或共同生活准则控制……艺术家则不然，他需要在最优美的形象中选择最优美的加以表现。他在相当程度上与情感的表现相联系，而这种表现又不能对描绘的美有所损害。"⑤ 温克尔曼的论述中至少透露出这

---

① ［德］温克尔曼：《论古代艺术》，邵大箴译，中国人民大学出版社 1989 年版，第 44 页。

② 同上书，第 102 页。

③ ［德］狄尔泰：《体验诗学》，胡其鼎译，生活·读书·新知三联书店 2003 年版，第 47 页。

④ René Wellek, *A History of Modern Criticism 1750–1950*, Volume 1, Yale University Press, 1955, p. 166.

⑤ ［德］温克尔曼：《论古代艺术》，邵大箴译，中国人民大学出版社 1989 年版，第 68 页。

样一个信息：美对于诗歌而言不像对于造型艺术那样基本和迫切，而情感表现对于诗歌的意义则要比对于造型艺术的意义大得多。莱辛的观点从根本上讲不过是对温克尔曼这一说法的进一步补充和完善。温克尔曼的问题在于，当他过分急于把自己局限于希腊雕像解读的"高贵的单纯与静穆的伟大"命题贯通于全部希腊文化精神时，或许是不自觉地遗忘了先前的精神辨析，而莱辛正是异常机敏地捕捉到了这一重大的漏洞。

莱辛认为，希腊人情感丰富，而且不以表现痛苦和哀伤为耻，按照希腊方式，因身体的疼痛而哀号完全不妨碍其拥有伟大的心灵，希腊诗人的职责就在于有意识表现这样的伟大的心灵的情感震荡，哪怕这样的描写与美相冲突。按照莱辛的分析，"高贵的单纯和静穆的伟大"的命题完全不适用于希腊诗歌和其所代表的一个重要维度的希腊方式与精神。莱辛雄辩而有力的阐述意味着温克尔曼"希腊想象"范式面临着巨大的威胁：如果希腊诗歌尤其是悲剧成为希腊观照的主导，那么，"宁静"的希腊必将让位于"激情"的希腊。

温克尔曼"希腊想象"范式长久的传统让人不禁生疑，那显而易见的巨大的威胁为何延宕到了百年之后的尼采那里才酿成了巨变？这恰恰是因为温克尔曼拥有了一位无比强大的思想盟友——莱辛。莱辛基本认同了温克尔曼对于"拉奥孔"以及希腊雕塑的全部解读，他所做出的主要修正是进一步剔除了温克尔曼"内在性"原则中的基督教道德主义残余，实现了造型艺术形式主义美学的最终完型。米奈认为："莱辛使美学脱离了对于主题的严格关注，而转向了对空间存在的基本形式要素的关注。"[①] 就造型艺术而言，事实的确如此。当莱辛宣称"美是造型艺术最高法则"的时候，温克尔曼的"美的希腊"的叙事话语获得了最坚定的回声。只要德意志"希腊想象"中的希腊被认定为本质上的"美的希腊"，温克尔曼

---

① Vernon Huge Minor, *Art History's History*, Prentice Hall, 1994, p. 107.

范式的统治就仍旧会持续下去。

第三节 歌德、席勒与"古典希腊"

从 1794 年一直到 1805 年席勒逝世，歌德（1749—1832）与席勒（1759—1805）这两位德意志文学巨擘结成创作同盟，共同缔造了"魏玛古典文学"的巅峰时代。"魏玛古典文学"的基本理念在歌德的意大利旅行（1786—1788）之后即已成型——"完全转向古希腊文化……把基督教看作是一种被克服的前现代事件而与之疏远"①，"古希腊的社会和古希腊人的特点，就是存在与应该、自然与人为、感性与理性的和谐统一，这种和谐统一在现代人身上已经丧失……艺术的任务就是让人知道古希腊人所具有的那种平衡性、整体性、人道性和完美性是当代人的理想，就是揭示和谐地生长起来的个体的各种可能，从而对抗人的异化和肢解"②。

在晚年与爱克曼的谈话中，歌德反复强调，"如果需要模范，我们就要经常到古希腊人那里去找，他们的作品所描绘的总是美好的人"，"首先要学习古希腊人，永远学习希腊人"③。根据萨弗兰斯基的考察，"在基督教的一神论与现象抽象的理性统治之间，可能存在一种关联，这是席勒独创的想法"，"对他来说，希腊古典文化具有一种审美的世界关系的烙印……它可以色彩鲜明地反衬现代"④。歌德与席勒共同构建了现代性批判理论前提下的"古典希腊"思想景观，希腊崇拜成为他们作为思想盟友的最牢固的联结纽带。

---

① ［德］汉斯·昆、瓦尔特·延斯：《浪漫主义诗歌中的宗教》，载《诗与宗教》，李永平译，生活·读书·新知三联书店 2005 年版，第 167 页。

② 范大灿：《德国文学史》第 2 卷，译林出版社 2006 年版，第 347 页。

③ ［德］爱克曼辑录：《歌德谈话录》，朱光潜译，人民文学出版社 1978 年版，第 114、129 页。

④ ［德］吕迪格尔·萨弗兰斯基：《席勒传》，卫茂平译，人民文学出版社 2010 年版，第 260、256 页。

歌德与席勒均将温克尔曼尊奉为精神导师，他们心目中的"古典希腊"是"高贵的单纯和静穆的伟大"这一经典主题设定的深化和延展。不同于温克尔曼大体局限于雕塑领域的希腊观照，歌德与席勒希腊观照的视野已拓宽到希腊文化的多重维度，尤其是诗歌之维，这样也就不可避免地会遇到莱辛《拉奥孔》中诗歌与造型艺术最高原则异质性的棘手难题。歌德与席勒在总体理论方向上采取的策略是强行移植温克尔曼希腊雕塑观照的基本观念于希腊文化的其他维度，尤其是诗歌之维，但是同时最大可能地保持与这一基本理念相对抗的对立面力量所制造的张力，从而在捍卫温克尔曼范式的前提下对其做出重大修正，使其更趋化合理化。

歌德与席勒"古典希腊"建构中的思想盟友关系并不意味着两人的理论宗旨和主张不存在分歧和矛盾。耐人寻味的是，在他们极为默契的伟大合作过程中，永远伴随着迥异的思想方式以及判断立场的热烈交锋，一场"和而不同"的思想对话使得温克尔曼时代诸多隐而未发的德意志"希腊想象"重大理论问题以饱满的形态凸显出来。

一　歌德、席勒与"古典希腊"的"完整性"问题

（一）歌德、席勒的"希腊人"与卢梭的"自然人"理念

1805年，歌德主编的《温克尔曼和他的世纪》一书在图宾根出版，本书收入了歌德本人于许多年前撰写的高度评价温克尔曼成就的一篇文章。在这篇文章中，歌德把温克尔曼理想希腊的"和谐"要旨进一步明确到"完整性"这一核心点之上：

> 人完全可以通过有目的地使用个别力量来办成一些事情，他可以通过好几种能力的联合办成不同寻常的事情，但是，只有在他身上均匀地集中了所有这些特性，他才办得成那件独一无二的、令人惊异的事情。最后这种情况便是上苍赐予古人，尤其是处于鼎盛时期的希腊人的幸运……人类健康的天性是作

为一个整体在起作用的感觉和观察还没有变得支离破碎，那几乎无法治愈的人类健康力量的分离还没有发生。①

在歌德看来，在现代人那里希腊和谐理想丧失最关键的标志就在于人的分裂性代替了人的完整性，对希腊人曾经实现过的完整性存在状态的复兴便成了其现代性批判的思想基点所在。

歌德对希腊"完整性"的关注取得了席勒的积极共鸣：

那时，精神力正在壮美地觉醒，感性和精神还不是两个有严格区分的所有物……理性虽然升得很高，但它总是怀着爱牵引物质随它而来，理性虽然把一切都区分得十分精细和鲜明，但它从不肢解任何东西，理性虽然也分解人的天性，放大以后再分散在壮丽的诸神身上，但是，它并不是把人的天性撕裂成碎片，而是以各种不同的方式进行混合，因为每个单独的神都不缺少完整的人性。这同我们现代人完全不同！在我们这里，类属的图像也是放大以后分散在个体身上——但是，是分成了碎片，而不是千变万化的混合体……人的天性的内在联系就要被撕裂开来，一种破坏性的纷争就要分裂本来处于和谐状态的人的各种力量……在希腊的国家里，每个个体都享有独立的生活，必要时又能成为整体；希腊国家的这种水螅性如今已被一架精巧的钟表所代替，在那里无限众多但都没有生命的部分拼凑在一起从而构成了一个机械生活的整体……人永远被束缚在整体的一个孤零零的小碎片上……他永远不能发展他本质的和谐。②

---

① ［德］歌德：《温克尔曼》，载《论文学艺术》，范大灿等译，上海人民出版社 2005 年版，第 382—383 页。
② ［德］席勒：《审美教育书简》，冯至、范大灿译，北京大学出版社 1985 年版，第 28—30 页。

笔者注意到，尽管席勒在讨论希腊精神力觉醒的时候，仍然沿用了"理性"这一概念，但是他所说的"理性"已经与正统启蒙观中与本能、感性以及直觉相对立的"理性"有了相当大的区分，而是成为一个标示心灵"完整性"的调控功能，本身涵括本能、感性以及直觉的概念形态。席勒称这样的理性为把一切结合起来的自然本性，而大体上把现代意义上习称的理性对等于知性。在他看来，希腊人拥有的自然理性使其无论从个体还是从国家来说都自然地拥有和谐的完整性，而在现代人那里过分发达和膨胀的知性理性则倾向于把一切分解开来，使个体和国家均处于机械式的非自然性碎片缀合状态。歌德不像席勒那样热衷于抽象概念的思辨推演，也很少直接谈及"理性"概念，不过，他所讲的感觉和观察统而未分的希腊精神情态与席勒阐发的希腊式理性还是基本相当的。

歌德与席勒完整性希腊人与碎片性现代人的二元对立模式建构共同取法于法国启蒙思想家卢梭的思路。卢梭悬设了"自然人—文明人"这样一对二元对立概念来揭示他独特的思想主题。假设在人的文明生活形态之前存在着一种人的自然生活状态，卢梭想象中的自然人全然不知晓任何文明禁忌，当然也不具备任何文明理性，只是孤独的漫游者，没有伤害他人之心，只有自爱或者说自我保全的关切。这种自然人想象可谓对于传统上对立于文明人的野蛮人想象的诗化重塑，也可以说是将其进行了黄金时代化的处理。"卢梭的自然状态说与基督教天真状态的教义之间在形式上有着十分明显的相似之处，卢梭也确信人类是从天真的乐园被逐出的，他也在人类发展为理性动物的过程中看到了一种'丧失神恩'，这让人类永远失去了此前一直享有的可靠的、有保障的幸福。"[①] 卢梭倡导"返回自然"，并不是要人类真的复返于前文明的自然状态，而是"企图把自然作为人类存在的真正标准"[②]，克服文明进程中人性本真状

---

① ［德］恩斯特·卡西勒：《卢梭问题》，王春华译，译林出版社 2009 年版，第 68 页。

② ［美］凯斯·安塞尔－皮尔逊：《尼采反卢梭》，宗成河等译，华夏出版社 2005 年版，第 61 页。

态丧失的危机，把文明的正当性重新树立在自然性的始基之上，以达到文明与自然的统一与和解，塑造出趋于理想的自然的文明人。卢梭的思路表面上看去有着重返伊甸园的浓厚复古意味，实质上是指向未来的乐观主义的希望哲学，异常激烈的现代性批判包裹着现代性重建的内在动机。

歌德与席勒"古典希腊"建构中的"完整性"问题其实正是卢梭自然性问题的移植。相对而言，席勒对卢梭思想的继承更加显豁而直接，席勒想象中自然理性的希腊人保持了卢梭想象中自然人的本质构型，只是经过了理性化和文明化的理论过滤。从孤独的漫游者的非社会性和非政治性性质转型成为个体完整性同国家完整性统一的政治乌托邦性质。席勒指出："给现代人造成这种创伤的正是文明本身。只要一方面由于经验的扩大和思维更确定因而必须更加精确地区分各种科学，另一方面由于国家这架钟表更为错综复杂因而必须更加严格地划分各种等级和职业，人的天性的内在联系就要被撕裂开来，一种破坏性的纷争就要分裂本来处于和谐状态的人的各种力量。"① 在这里，席勒并未像卢梭那样抽象地悬设人类既有历史中文明与自然的必然对立，而是仅仅把文明破坏自然的鲜明创伤状态指向现代人。这也就意味着，卢梭理论中只会在未来实现的文明与自然的统一与和解在席勒理论中已然在希腊历史中实现。

席勒肯定了自然理性的希腊人相对于知性或理性的现代人"完整性"上的巨大优越感，但是，他也并不否认知性式理性较诸自然理性的进步性意义。一如卢梭"返回自然"理念的未来指向，席勒的"返回希腊"事实上也是现代性重建的重要组成部分，完整性的希腊与分裂性的现代同样要经历扬弃而达成更高一级的自然理性与知性式理性统一与和解的理想未来状态：

尽管个体在他的本质遭到肢解的情况下不可能幸福，可是

---

① ［德］席勒：《审美教育书简》，冯至、范大灿译，北京大学出版社 1985 年版，第 29 页。

不采用这样的方式族类就不可能进步。希腊人的那种现象无疑是一个最高的水准,但它既不能长期坚持在这个阶段上,也不可能进一步提高。所以不能长期坚持,是因为知性由于它已有的储存不可避免地要与感觉和观照相分离,去追求认识的明晰;所以不能进一步提高,是因为只有一定程度的清晰性能与一定程度的丰富和热度共存。希腊人已经达到了这样的程度,如果他们要向更高的教化前进,他们就必须像我们一样放弃他们本质的完整性,在分离的道路上去穷究真理。①

卢梭的图式是自然人—文明人—自然的文明人。这一图式到了席勒那里变成了自然理性的希腊人—知性式理性的现代人—更高教化的自然理性与知性式理性统一与和解的未来现代人。

席勒对卢梭"自然人—文明人"理论在诗歌之维的变形移植体现于他的诗学名著《论素朴的诗和感伤的诗》之中。依照卢梭的理论,席勒提出:

> 只要人继续是纯粹的(当然不是粗糙的)自然,他就会作为一个不可分割的感性的统一体、一个和谐的整体发生作用,感觉和理智,接受的能力和主动的能力,在实现它们的功能上还没有互相分离,更是没有彼此对抗……如果人踏上文明的道路,如果艺术开始陶冶他,他的感觉的和谐就消失不见了。②

席勒分别以"素朴的"和"感伤的"来概括古代诗人和现代诗人的创作气质,而素朴诗人的主体无疑是以荷马为首的希腊诗人。在席勒那里,素朴诗人与感伤诗人的对立,大体相当于自然人

---

① [德]席勒:《审美教育书简》,冯至、范大灿译,北京大学出版社 1985 年版,第 32 页。

② [德]席勒:《论素朴的诗和感伤的诗》,载刘小枫选编《德语诗学文选》上卷,曹葆华译,华东师范大学出版社 2006 年版,第 117 页。

与文明人的对立。"感伤诗人是现代诗人,是文明、习俗以及专业化时代的诗人——自身内部四分五裂,与社会形成冲突。席勒有一种外在于自己时代艺术家的疏离感,他意识到'素朴的'对他的时代而言是陌生的。"① 席勒强调了素朴诗人的"完整性":"自然赋予素朴诗人以这样一种能力:总是以不可分割的统一的精神来行动,在任何时候都是一个独立的和完整的整体。"② 席勒承认现代感伤诗人丧失了这样的完整性,但他以一贯的辩证立场又认可了其在表现力方面的历史进步,并且把素朴的诗和感伤的诗的融合汇通视为未来诗歌的发展方向。席勒谈到"素朴的诗引起心灵的平静,引起松弛和宁静的感觉"③,这又明显看得出温克尔曼的影响。温克尔曼宁静的希腊人图像与卢梭前思考状态的自然人图像奇妙地合成了席勒的素朴诗人图像。

（二）歌德的"形态学"

对于席勒所说的素朴的诗和感伤的诗,歌德更习惯表述为古典诗和浪漫诗。其在晚年与爱克曼的谈话中声称:"古典诗和浪漫诗的概念现已传遍了全世界,引起许多争执和分歧。这个概念起源于席勒和我两人。"④ 歌德明确表示不赞同席勒的持平立场:"我把'古典的'叫做'健康的',把'浪漫的'叫做'病态的'……最近一些作品之所以是浪漫的,并不是因为新,而是因为病态、软弱,古代作品之所以是古典的,也并不是因为古老,而是因为强壮、新鲜、愉快、健康。"⑤ 歌德关于"完整性"问题的思考更多地与健康性问题相关联,他的思想方式不像席勒那样几乎是亦步亦趋地模仿卢梭,而是突破了卢梭的笼罩,发展出了个性色彩极为强

---

① René Wellek, *A History of Modern Criticism 1750 – 1950*, Volume 1, Cambridge University Press, 1955, p. 239.

② ［德］席勒:《论素朴的诗和感伤的诗》,载刘小枫选编《德语诗学文选》上卷,曹葆华译,华东师范大学出版社 2006 年版,第 154 页。

③ 同上书,第 155 页。

④ ［德］爱克曼辑录:《歌德谈话录》,朱光潜译,人民文学出版社 1978 年版,第 220 页。

⑤ 同上书,第 188 页。

烈的"形态学"理念。

所谓"形态学",是歌德在植物变形研究中提出并移植于文艺美学领域的概念,以有机论为其内核。在意大利旅居期间(1786—1788),歌德初次萌发了关于"本原植物"(Urpflanze)的想法;1790年,歌德发表《植物的变形》一文,探讨了植物的个别部分在从一个形态向另一个形态转化的规律,并正式提出了"形态学"(Morphologie)的概念。歌德通过对植物的观察,认为千种万类的植物都是从最早的一个"原形"即"本原植物"演化出来的,它们一个阶段一个阶段地转变,而且不断提高。正是在植物变形研究的基础上,歌德提出了他关于"本原现象"(Urphänomen)的构想。"本原现象"就像"本原植物"一样,是一种可以通过直观的方式显现却不会在现实生活中直接出现的象征式本初存在,而且被规定为一种最简单、最朴素、最原始的形态构成。

对于歌德"古典的是健康的,浪漫的是病态的"这一命题的形态学内涵,朱光潜做出了精辟的阐发:

> 作为一个自然科学家,他经常爱拿艺术作品和生物相比拟。他所用的"有生命的""显出特征的""健全的"和"完整的"等词都多少带有生物学的含义,从生物学的观点看完整就等于健全。一件事物如果能按照它的本质最完满地来表现出来,那就是完整的:也就是健全的,也只有完整的或健全的东西才能充分地显示它的特征,这里"健康的"含义之一也就是"完整"或"健全"。①

很明显,歌德的"形态学"理念中贯穿着这样一条思维逻辑:本原的是完整的,完整的是健康的,健康的是古典的,因此,本原的是古典的。

---

① 朱光潜:《西方美学史》下卷,人民文学出版社1985年版,第429页。

当歌德的"本原植物"和"本原现象"理论从自然哲学领域转移到历史人文领域时，所谓"本原"（Ur）在这里并不意味着原始形态，而是意味着最完美和最典范的形态，也就是古典形态。因此，歌德提出的"本原人"（Urmensch）概念对等于古典人，在最严格的意义上形成的命题为："本原人"是希腊人。歌德希腊文化唯一典范性的论断，其理论根源正在于"形态学"，"'本原人'（Urmensch）与'本原植物'（Urpflanze）两个概念异常清晰平行对位"①。

歌德对于造型艺术的热爱使他较之席勒远为贴近温克尔曼的心灵，受温克尔曼《古代艺术史》的熏陶也要浓烈得多，他的"本原人"思考与卢梭的"自然人"想象关系很小。正如特雷维尔延指出的那样，"通过希腊雕像观照，歌德推导了'本原人'的形式"②。歌德接下来要做的就是把"本原人"的形态学立场从希腊雕像的美的外观领域拓展到希腊诗歌的美的心灵领域："在荷马笔下，他发现了自己追寻的图画：人按照上帝设定的完美性本能无误地发展所有的潜能，这样的'本原人'与自然和谐共生。"③ 荷马式英雄成为歌德心目中"古典希腊""完整性"的典范，但是，歌德却对于阿喀琉斯这样明显具有道德缺憾的史诗英雄身上究竟如何体现完美的"完整性"语焉不详，温克尔曼的新教道德主义内核依然牢牢地盘踞在歌德的灵魂之中，歌德的这一内在道德视域限制了他对于荷马式英雄"完整性"的观察，这也使得道德问题和完整性问题无法在形态学的意义上真正地贯通起来。

二　歌德、席勒与"古典希腊"的"理想性"问题

（一）主观性与客观性问题

温克尔曼把美的理想的实现设定为他心目中希腊存在的第一

---

① Humphry Trevelyan, *Goethe and The Greeks*, Cambridge：Cambridge University Press, 1941, p. 179.

② Ibid. , p. 172.

③ Ibid. .

性。在他的理论体系中与其说希腊雕塑"黄金时代"艺术家的创作有意识地表现出了美的理想，不如说美的理想灌注于这些艺术家的头脑之中并被无意识地传达出来，因此，他们的作品相互接近，彼此无甚差异，这种非个性化的状况表明了永恒不变的抽象本质对人的自我意识的绝对统摄力。温克尔曼思路的逻辑推演便是：随着艺术家的自我意识和艺术创作人性化的逐渐加强，美的理想的纯粹性则会反向地趋于弱化乃至解构。

"自近代以来，尤其通过笛卡尔对'我思故我在'之反思提出，西方哲学首开主—客体分离和对立的先河。"① 歌德与席勒按照这一二元模式的概念体系重新表述了温克尔曼的思想，用"客观性"的"古典希腊"来对照"主观性"的现代。

歌德重客观而轻主观、厚古而薄今的立场相当分明："一切倒退和衰亡的时代都是主观的，与此相反，一切前进上升的时代都是一种客观的倾向。我们现在这个时代是一个倒退的时代，因为它是一个主观的时代……与此相反，一切健康的努力都是由内心世界转向外界世界……都是具有客观性格的。"② 席勒称歌德为最具希腊气质的现代诗人，就是主要着眼于其创作中极其强烈的客观性意向性。歌德的自我评价颇为看重自己出于对二者客观性意向与主观性意向分别的原则性判断，如他对于《浮士德》上、下卷的看法："上卷几乎完全是主观的，全从一个焦躁的热情人生发出来的……至于下卷，却几乎完全没有主观的东西，所显现的是一种较高较广阔，较明朗肃穆的世界。"③ 歌德评述《浮士德》下卷"客观性"的用语中明显看得出温克尔曼有关希腊理想"静穆的伟大"说法的影响和渗透。

席勒《论素朴的诗和感伤的诗》以客观性和主观性之分为基本

---

① 倪梁康：《自识与反思》，商务印书馆2002年版，第40页。
② ［德］爱克曼辑录：《歌德谈话录》，朱光潜译，人民文学出版社1978年版，第97页。
③ 同上书，第232页。

理论框架，"在素朴中起效的是自发的存在，在现代中是意识"①。根据席勒的理论立场，"希腊人是客观的，没有自我意识，在伦理关系方面直截了当"②。席勒把表现的纯粹客观性视为优秀风格的本质和艺术的最高原则，更加明确地规定了温克尔曼"美的理想"的客观性本质。比厄斯利从席勒与康德美学关系的角度出发阐明了这一问题："对席勒来说，美具有客观的性质……康德对使他困惑的问题之一，他寻求一种能给美以更多的客观性的说明。"③ 席勒突出了"美学"（Aesthetic）希腊文词源"感觉学"的本义，然后再强调审美本质前反思和前观念的素朴性，而"素朴的天才是允许自己受自然的无限制的支配的"④，因此，表现的纯粹客观性便成为感觉意义上的美学的最高原则。

　　看起来，歌德与席勒对"古典希腊"理想性的推崇几乎必然意味着对"客观性"原则的推崇，然而，奇怪的是，歌德本人的说法却是另一番情形："我主张诗应采取从客观世界出发的原则，认为只有这种创作方法才可取。但是席勒却用完全主观的方法去写作，认为只有他那种创作方法才是正确的。"⑤ 正如鲍桑葵所言，席勒"把古代原则和近代原则放在平等的地位"⑥。歌德在席勒的这种折中调和立场中嗅出了一种现代性本位的味道，他洞察到席勒只是推崇希腊理想而并未将其作为最高人类理想。应该承认，歌德的判断的确点中了他与席勒思想分歧的要害。

　　（二）希腊"客观性"成因与典范性意义

　　席勒热衷于德意志抽象思辨的哲学传统，他对于美的问题的思

---

①　［德］吕迪格尔·萨弗兰斯基：《席勒传》，卫茂平译，人民文学出版社 2010 年版，第 381 页。

②　René Wellek, *A History of Modern Criticism 1750－1950*, Volume 1, Cambridge：Cambridge University Press, 1957, p. 238.

③　［美］门罗·C. 比厄斯利：《西方美学简史》，高建平译，北京大学出版社 2006 年版，第 201—202 页。

④　［德］席勒：《论素朴的诗和感伤的诗》，载刘小枫选编《德语诗学文选》上卷，曹葆华译，华东师范大学出版社 2006 年版，第 163 页。

⑤　［德］爱克曼辑录：《歌德谈话录》，朱光潜译，人民文学出版社 1978 年版，第 221 页。

⑥　［英］鲍桑葵：《美学史》，张今译，商务印书馆 1995 年版，第 388 页。

考从根本上不同于温克尔曼艺术史家式的艺术作品直观的路数，而是依从了"美学之父"鲍姆加登（1714—1762）作为认识论问题提出的美学研究的方向。席勒从感觉的角度来阐释美就纯然本于鲍姆加登的理论。鲍姆加登认为美学研究的对象是人的感性认识，即凭感官认识到的完善，作为感性学的美学面对着的是低级认识能力而区分于面对着高级认识能力，即理性能力的逻辑学，可以说，美是前理性的，或是为理性到来而做的感性准备。朱光潜敏锐地指出："鲍姆加登的基本观点的毛病倒不在克罗齐所说的感性认识还没有和理性认识彻底分开，而在把这两项分开过于彻底，艺术仿佛就绝对没有理性的内容。"① 席勒采用了自然理性与知性式理性的二元模式来描述希腊方式和现代方式的分别，表面看去赋予了希腊艺术以理性的内容，改变了鲍姆加登的思路，然而究其根本，却仍然以"素朴的"这一表述揭示出了自然理性之为低级认识能力的深层所指。席勒一方面认可康德在《判断力批判》中表明的立场，"理想美不能只在感性形式或空洞的形象显现，同时也要涉及理性概念"②；另一方面德意志理性主义传统中与感官相连的事物不关涉最高原则的理念在他那里也仍然是牢不可破的。席勒所说的希腊理想的客观性是美的客观性，也可以说是感觉的客观性，又可以说是自然理性的客观性。在这个界域内，希腊艺术达到了完美的境地。但是，最高原则的审美必须实现一种自我扬弃，超越感觉学的界域而通连于高级认识能力的知性空间，对希腊人的"无意识"自然客观感知状态的复兴固然可以有效地克服现代知性式理性自我意识过强所带来的矫饰与分裂，然而这种希腊"客观性"理想的效力必须建立在现代"主观性"进步力量即人的自我意识的成熟完善的基础之上。席勒想象中的"古典希腊"并未真正脱离卢梭"自然人"悬设的原始主义色彩，他回视希腊的目光中隐约地流露出现代理性优越感前提下的俯瞰意味，启蒙进步论和乐观主义使他有理由相信一

---

① 朱光潜：《西方美学史》，人民文学出版社 1991 年版，第 301 页。
② 同上书，第 395—396 页。

种更高意义上的与知性或理性合而为一的审美形态必将到来。

截然不同于席勒的情况，歌德异常敏感地远离德意志抽象思辨的哲学传统。他对于美的问题的思考一方面极大地得力于温克尔曼式的艺术作品直观，另一方面仍有其独特的"形态学"思想的巨大作用力。这样，歌德所规定的希腊"客观性"在思维路径上与席勒可谓大相径庭，歌德亦从美的理想来看待希腊的"客观性"，他如是界定美："我对美学家们不免要笑，笑他们自讨苦吃，想通过一些抽象名词，把我们叫做美的那种不可言说的东西化成一种概念。美其实是一种本原现象（Urphänomen），它本身固然从来不出现，但它反映在创造精神的无数不同的表现中，都是可以目睹的，它和自然一样丰富多彩。"① 歌德摆脱了美学研究相沿成习的认识论立场，跳出感性、理性等关于人类认识功能的概念，在非人本主义的自然论视角下把美规定为"本原现象"。根据这一视角，艺术美的健康和活力完全贯通于自然美的健康和活力，希腊艺术中美的理想的实现是自然目的的实现，希腊艺术家仿佛是自在的美的事物的发现者，仅仅需要将其本初面貌忠实地呈现出来，即已实现了最高原则。歌德不甚喜欢席勒对古代方式"素朴的"这一形容，因为他看到了其中所蕴含的原始主义性质判断。在他那里，本原的必然是最完美的、无所不包的、最具生命力的，本原性的艺术美只能通过从客观世界出发的原则来表现，这是唯一正确的创作方式。歌德反对席勒那样共时展开"客观性"原则优越性和局限性的思想策略，认为这种做法事实上已然倒向了现代"主观性"原则一方。他所依据的评判标准只有一个，即是否体现自然的健康和活力。而他的结论是，只有古典的，才是健康的，只有希腊的，才是健康的古典中的最高典范。

笔者发现，尽管歌德与席勒关于希腊"客观性"成因以及典范性意义的理解存在着诸多重大分歧，但是两人在希腊艺术家不具备

① ［德］爱克曼辑录：《歌德谈话录》，朱光潜译，人民文学出版社 1987 年版，第 132 页。

自我意识这一基本点上仍然保持着认识上的高度一致性。温克尔曼想象中宁静的希腊方式到了歌德与席勒这里演化成为处于意识空场状态下的希腊方式。

（三）温克尔曼理论与希尔特理论的统一调和问题

如果说"客观性"是歌德与席勒从人的角度对温克尔曼"希腊想象"范式所做的相对轻松的加工改造的话，那么，从艺术作品本身的角度来确认"古典希腊"的"理想性"，他们遇到的难题则要远为棘手。

一方面，歌德与席勒共同试图将温克尔曼"高贵的单纯和静穆的伟大"命题从雕塑之维延展适用于希腊文化的所有领域，歌德甚至在创作希腊题材悲剧《伊菲革涅亚》阶段，"应用温克尔曼式希腊雕塑理想，把某些希腊造型艺术的特质用诗的媒介再现出来"[1]。然而，另一方面，歌德与席勒也共同认识到温克尔曼范式的缺陷和问题所在，"莱辛的拉奥孔对青年歌德产生了极为深刻的影响，他清楚地看到了诗与造型艺术的类别差异"[2]，"席勒讥笑年轻的弗里德里希·施莱格尔，后者试图在索福克勒斯的《俄狄浦斯王》一剧中揭示'和谐的理想'这一特征，席勒挖苦地写道：'俄狄浦斯剜出了自己的眼睛，约俄卡斯特悬吊而死，他们俩都是无辜的，剧本和谐地解决了'。"[3]

在歌德、席勒的时代，对温克尔曼"希腊想象"范式最严峻的挑战来自于当时伟大的艺术史家希尔特。"希尔特否认莱辛所秉持的美或温克尔曼所谓'高贵的单纯和静穆的伟大'是希腊艺术的基本原则，他认为希腊艺术的特别之处在于对个体意义和独立个性的

---

[1] Humphry Trevelyan, *Goethe and The Greeks*, Cambridge: Cambridge University Press, 1941, p. 96.

[2] Ibid., p. 45.

[3] 邵大箴:《温克尔曼及其美学思想》，载［德］温克尔曼《论古代艺术》，邵大箴译，中国人民大学出版社 1989 年版，第 14 页。

处理。"① 希尔特在《古代造型艺术史》中所提出的观点对包括歌德、席勒在内的德国文化界人士产生了巨大的震动：

> 我的见解同我的前辈温克尔曼和莱辛发生冲突……这些不朽作品表现了各种各样的姿容，既有最美的，也有最普通的，甚至有最丑的，而表情的再现也总是符合性格和动机。因此，我认为古代艺术的原则不是客观美和表情的糅合（Milderung），而只是富于个性的意蕴，即特征，不管所牵涉的是神和英雄的理想形象，还是任何卑贱的或普通的对象。②

希尔特的批评使温克尔曼美的希腊理想中对个性和特征的回避甚至排斥这一关键性问题凸显出来，普遍性的美的希腊理想的"一"是否应该承载个性的和特征的"多"？这个问题强烈地困扰着歌德和席勒，不管怎么说，在如此强有力的挑战后，温克尔曼的范式势必加以巨大的修正、充分吸纳竞争理论的合理之处，才有可能继续维系其统治力。

"在当时整个时代风尚仅仅从理想化方面理解希腊艺术的情况下，歌德和席勒均赞同应该把独立个体和个体意义强调为希腊艺术特质的观点。"③ 不过，由于席勒概念演绎式的抽象思辨事实上无法介入艺术现实个别状态的现象学直观中去，他也就无力在自己的理论体系中实现对温克尔曼理论和希尔特理论的调和统一。席勒当然明晓希尔特理论的局部正当性和价值所在，但是，对康德式先验理念的遵循使他只能选择了放弃：

> 我们现在必须从自己提高到人的纯粹概念上，经验指给我

---

① Humphry Trevelyan, *Goethe and The Greeks*, Cambridge：Cambridge University Press, 1941, p. 220.

② 转引自［英］鲍桑葵《美学史》，张今译，商务印书馆 1995 年版，第 388 页。

③ Humphry Trevelyan, *Goethe and The Greeks*, Cambridge University Press, 1941, p. 220.

们的只是个别人的个别状态，从来就不是人类，我们必须从人的各种个体的和可变的现象中发现绝对的和永存的东西，通过抛弃一切偶然的局限来获取人生存的各种必要条件。这条先验的道路固然会使我们有一段时期不得不离开熟悉的现象的范围，离开事物活生生的现实，停留在抽象概念这个空旷的地带——但是，我们是在探求一个什么也动摇不了的、坚定的认识基础，谁若不敢超越现实，谁就永远得不到真理。①

经过这样的自我辩护后，席勒并非十分心安理得地在理论操作中沿用温克尔曼范式，尽管他承认个性和特征作为希腊艺术特质的现实存在。

对温克尔曼理论和希尔特理论实现调和统一的目标只能由歌德独立地去实现。"歌德不同意莱辛的看法——古代艺术所表现的仅仅是美，也不同意温克尔曼所说——古代艺术表现的只是高贵的单纯和静穆的伟大，认为古代艺术在各种可能的形式下表现出了多样的特有的个性。"② 但是，他又指出希尔特单单强调希腊艺术个性与特征的观点失之片面，因为美的古典性如果仅仅停留在个性与特征的层面上，便与其他一切非古典性有个性和特征的创作无法形成区分，自然存在着"希腊性"丧失的危险。在以虚构故事形式讨论文艺问题的《收藏家及其亲友》这部作品的"第五封信"中，歌德以一个"客人"的形象来代表希尔特的立场，而作品中的"我"代表歌德本人的立场。"客人"如是说：

古人的一切美的东西都仅仅是特征化的东西……莱辛曾以这样的原则诓骗我们，说什么古人只培育了美，温克尔曼以静

---

① ［德］席勒：《审美教育书简》，冯至、范大灿译，北京大学出版社 1985 年版，第 54 页。

② ［意］里奥奈罗·文杜里：《西方艺术批评史》，迟轲译，江苏教育出版社 2005 年版，第 130 页。

穆的伟大、质朴和宁静来麻痹我们……请您站在拉奥孔面前，看看满怀愤怒和绝望的天性，看看令人窒息的痛苦，看看抽搐式的焦急心情，看看由于愤怒而引起的痉挛……①

这里又一次涉及著名的"拉奥孔"问题。如韦勒克所言，"在关于造型艺术的趣味方面，歌德倾向于当时学院式的抽象主义"②。因此，作品中的"我"对拉奥孔式表现惊恐和死亡题材的希腊雕像的解读在大方向上仍是按照温克尔曼式思路来展开的：

> 这些人物如此成功地彼此对照或者彼此伸展以致它们既让我们想起一种悲惨的命运，同时又给我们最舒心的感觉。一切特征化的东西都非常适度，一切自然暴力的东西都被抛弃，因而我要说，特征化的东西是基础，在它的基础上建立起来的是质朴和尊严，艺术的最高目标是美，它的最后效果是优美的感觉。③

较之于温克尔曼和莱辛，歌德对希腊美的"理想性"理解中包容了更多的特征化和个体化的因素，不过，他也并未像希尔特那样用特征和个性来压倒抽象理想，最终还是强调了美的理想普遍性对特征和个性的融解力量。

歌德调和统一温克尔曼理论和希尔特理论，一如既往地本于其独特的"形态学"思想方式。在歌德那里，美的理想性的相对静态和一元式的存在史是一个动态的、多元的、个性的和特征异彩纷呈的"造形"过程的结果。歌德所说的"造形"具有一种相对于

① 〔德〕歌德：《收藏家及其亲友》，载《论文学艺术》，范大灿译，上海人民出版社 2005 年版，第 82—83 页。

② René Wellek, *A History of Modern Criticism 1750 – 1950*, Volume 1, Cambridge：Cambridge University Press, 1955, p. 210.

③ 〔德〕歌德：《收藏家及其亲友》，载《论文学艺术》，范大灿译，上海人民出版社 2005 年版，第 84 页。

"美"的发生学意义上的先在性，意指在完善的美的形态凝固定型之前酝酿、萌发、展开的艺术内在生命的涌动变形状态，这同大自然从生命起源到美的造物形成的变形——定型——的伟大过程是神理相通的。由于尚未定型，一切仍处于运动变化之中。"造形"过程中所呈现出的艺术形态，其外在形式和比例或许不那么和谐优美，但是其内在的生命律动却保证了艺术有机体内部本质的健康和活力。

歌德心目中的"古典希腊"的"理想性"保持了温克尔曼"高贵的单纯与静穆的伟大"命题的全部内核，但是他的观察视域已经置换成了"形态学"式的，他把希腊美的理想看作是最完美的、唯一具有最高典范意义的美的定型形态。本雅明透彻地解析了歌德观照希腊的"形态学"思路："对歌德来说，古希腊人的作品首先是所有艺术作品中最接近初始画面的，在他眼里，它们成了相对的初始画面、成了典范……它们是完善的，是完美的。因为只有完全完成的创作物才能成为初始画面。"① 歌德超越温克尔曼的关键在于，他强调了这种画面式静态凝固的希腊美的定型有着充满个性和特征的、不排除暴力和恐怖因素的动态"造形"始基。

在《浮士德》中，歌德塑造的海伦形象体现了温克尔曼式理想化希腊古典美的极则。不过，有关浮士德寻找到海伦之前经历过的古典瓦尔普吉斯之夜描写同样是歌德"希腊想象"的重要组成部分。特雷维尔延认为，"古典瓦尔普吉斯之夜的所有部分均与海伦无关，显示给我们一个丑陋元素的世界"②。尽管这一看法略有绝对化之嫌，不过歌德致力于展现的的确是一种希腊美定型之前光怪陆离、参差万籁的希腊"造形"过程的纷乱状态。利希腾伯格准确地把握住了《浮士德》希腊世界建构的"形态学"底蕴："这里告诉

---

① [德]本雅明：《经验与贫乏》，王炳钧、杨劲译，百花文艺出版社 1999 年版，第 126—127 页。

② Humphry Trevelvan, *Goethe and The Greeks*, Cambridge：Cambridge University Press, 1941, p. 283.

我们在原始时代，希腊的想象怎样创造异常的、滑稽的或可怖的形象之后，渐渐变为纯洁而产生出不朽的典型——海伦。歌德想使我们感觉出希腊理想的萌芽，显出生物的等级，从怪象或可怕的低级丑陋直至美丽的最高峰。"① 歌德把温克尔曼式古典希腊的美的理想置放于大自然般广阔的总体文明与人性发展的视野之中，"他知道像世界上任何其他时代或地域一样，希腊也是充满了残酷、琐屑、无意义以及战乱纷争，即便特洛伊城前的英雄们亦有许多野蛮之举。然而，希腊人已然学会为这些东西赋形，给予它们的形式和意图，从错综纷乱中制造出了美，海伦并不是全部希腊生活的象征，而是希腊人的最高成就"② 歌德的做法揭示出前古典希腊世界的存在，这个世界并非以美的理想为最高原则，但它仍是健康的、活力充沛的，而且更具有本原意义，已隐隐地为尼采未来对于温克尔曼"希腊想象"范式的颠覆性革命铺下了伏笔。

三　歌德、席勒与"古典希腊"的自由问题

（一）席勒与作为自由游戏审美王国的希腊

在歌德看来，"贯穿席勒全部作品的是自由这个理想"③。席勒的自由观与启蒙时代追求思想自由的潮流保持着大方向上的一致性。在启蒙时代，"思想自由意味着，在宗教、道德、国家和科学中——亦即在生命所有重要的事务中——个人理性的自由使用……是借助自身理性的个人的自决权"④。温克尔曼观照希腊世界时，把自由设定为希腊艺术繁荣的先决条件，他所说的自由概念的所指大体为政治自由。在席勒的"古典希腊"建构中，政治自由与美却形成了一种矛盾对立的关系：

---

① ［德］利希腾伯格：《浮士德研究》，李辰东译，东大图书有限公司1976年版，第171页。

② Humphry Trevelvan, *Goethe and The Greeks*, Cambridge：Cambridge University Press, 1941, pp. 282－283.

③ ［德］爱克曼辑录：《歌德谈话录》，朱光潜译，人民文学出版社1987年版，第108页。

④ ［德］吕迪格尔·萨弗兰斯基：《席勒传》，卫茂平译，人民文学出版社2010年版，第224页。

当雅典人与斯巴达人保持他们的独立、以尊重法则为他们的宪法基础时，趣味尚未成熟，艺术还在童年期，还根本提不上美在支配人心……等到在伯利克里和亚历山大统治下艺术的黄金时代到来时，趣味的统治变得普遍而又广泛时，希腊人的力和自由就再也找不到了……在过去的世界里，不管我们的目光转到哪里，到处都能看到，趣味与自由各自分驰，美在英雄、美德的沦丧之上建立它的统治。①

席勒把希腊的伯利克里时代和亚历山大时代称作艺术上的黄金时代，却否认了那些时代政治自由的存在，这种看法显然与启蒙时代通行的希腊观大相径庭。那么席勒为什么会对"古典希腊"美与自由的关系产生出如此古怪的想象呢？

席勒在《审美教育书简》的第一封信中就开宗明义地指出本书的看法，"大多是以康德的原则为依据"②。康德在《判断力批判》中提出的一系列命题，诸如审美判断的非道德实践性、想象力和知性的自由游戏等，都深深地渗透进了《审美教育书简》的总体创作思路之中。依照康德的哲学，席勒设定出一个独立于政治和道德的独立审美王国：

在力量的可怕王国的中间以及在法则的神圣王国的中间，审美的创造冲动不知不觉地建立起第三个王国，即游戏和外观的快乐的王国。在这个王国里，审美的创造冲动给人卸去了一切关系的枷锁，使人摆脱了一切称为强制的东西，不论这些强制是身体的、还是道德的。

如果说在权力的动力王国里，人与人以力量相遇，人的活

① ［德］席勒：《审美教育书简》，冯至、范大灿译，北京大学出版社 1985 年版，第 53 页。

② 同上书，第 10 页。

动受到限制，而在义务的伦理王国里，人与人以法则的威严相对立，人的意愿受到束缚，那么，在美的交际范围内、在审美王国里，人与人就只能作为形象来互相显现，人与人就只能作为自由游戏的对象面面相对。通过自由来给予自由，是这个国家的基本法则。①

这里所谈到的审美王国中的自由，或者说自由游戏，严格区分于启蒙传统中以政治自由为核心的自由概念，"根据席勒的看法，思想、想象力和情感的自由的游戏，可以治疗由制造碎片的分工，纯理性的文化，放纵的兽性需要的阴郁世界给现代人造成的伤口"②。

席勒想象中的"古典希腊"正是这样一个自由游戏的审美王国：

> 只有当人是完全意义上的人，他才游戏；只有当人游戏时，他才完全是人……以这一命题的真理为指导，希腊人既让凡人的面颊皱纹纵横的严肃和劳作，也让使空空的脸面露出光泽的无聊的快乐都从幸福的群神的额头消失，他们使永远知足者摆脱任何目的、任何任务、任何忧虑的枷锁，使闲散和淡泊成为值得羡慕的神境的命运（命运只是为了表示最自由最崇高的存在而用的一个更合人性的名称）。不管是自然法则的物质压迫，还是伦理法则的精神压迫，都由于希腊人对必然有更高的概念而消失了，这个概念同时包括两个世界，而希腊人的真正自由就是来自这两个世界的必然性之间的统一。在这种精神鼓舞下，希腊人在他们理想的面部表情中既不让人看到爱慕之情，同时也抹去了一切意志的痕迹，或者更确切地说，使两者

---

① ［德］席勒：《审美教育书简》，张玉能译，译林出版社2009年版，第95页。
② ［德］吕迪格尔·萨弗兰斯基：《席勒传》，卫茂平译，人民文学出版社2010年版，第379页。

都无法辨认，因为他们懂得把这二者在最内在的联系中结合在一起。①

这样一幅"古典希腊"图像堪称康德审美理论与温克尔曼"希腊想象"范式的完美混合。也就是说，席勒把温克尔曼范式中享乐主义的、宁静超脱的希腊人肖像用康德式的理论话语重新着色润饰，使其更趋立体饱满。

耐人寻味的是，席勒在《审美教育书简》中所运用的康德审美自由游戏理论并非是康德自由观的全部内容，康德在道德领域和美的领域之间所设置的鸿沟使二者之中分别出现的自由概念存在着截然不同的内涵。在《实践理性批判》的道德哲学语境中，康德将自由理解为实践理性的应用，而这种应用的必然产物便是道德的判断。在 1784 年撰写的《答复这个问题：什么是启蒙运动》一文中，康德强调指出实践理性意义上的自由在启蒙运动中的核心性："启蒙运动就是人类脱离自己所加之于自己的不成熟状态……要有勇气运用你自己的理智！这就是启蒙运动的口号……只有少数的人才能通过自己精神的奋斗而摆脱不成熟的状态，并且从而迈出切实的步伐来。然而公众要启蒙自己，却是可能的，只要允许他们自由，这还确实几乎是无可避免的。"② 康德的这种实践理性自由观显然与马丁·路德新教伦理的自由意志论说有着渊源承传关系，"席勒对于康德的过分严肃的伦理学是不满意的"③，在他看来，"只有审美趣味才能够把和谐带入社会之中……只有美的传达才能够使社会联合起来"④。在康德那里自由概念审美之维与道德之维的张力状态被彻底打破了。

席勒清楚地意识到，他对于审美之维的极度关注同启蒙运动道

① ［德］席勒：《审美教育书简》，冯至、范大灿译，北京大学出版社 1985 年版，第 80—81 页。
② ［德］康德：《历史理性批判文集》，何兆武译，商务印书馆 1990 年版，第 22—23 页。
③ 张玉能：《席勒美学论稿》，华中师范大学出版社 2009 年版，第 53 页。
④ ［德］席勒：《审美教育书简》，张玉能译，译林出版社 2009 年版，第 95—96 页。

德与政治诉求紧迫性之间存在着一定的矛盾：

> 当今，道德世界的事务有着更切身的利害关系，时代的状态迫切地要求哲学精神探讨所有艺术中最完美的作品，即研究如何建立真正的政治自由。在这种情况下，为审美世界寻找一部法典，是不是至少说有点不合时宜呢？①

席勒的回答是："人们在经验中要解决的政治问题必须假道美学问题，因为正是通过美才可以走向自由。"② 按照席勒的思维逻辑，政治自由的经验性性质意味着它应以先验性的审美自由游戏为先决条件，现代人之所以要复返古希腊，正是因为那个世界已被设定为曾经的审美自由游戏实现的审美王国。"席勒当然知道，希腊古代的实际并不与审美的世界状况的幻想一致，但是他关心的不是对一个无法挽回的已逝历史时代的具体描写，而是一个可供选择的世界理解的基本模式……他幻想古希腊的象征世界，为的是拓展思维空间。"③ 席勒异常明确自己描述"古典希腊"审美自由游戏王国的先验性前提。因此，其"希腊想象"自觉、主动的虚构意识也就比温克尔曼乃至歌德更加鲜明而真切。

（二）歌德关于"自由希腊"的"形态学"观照

在《说不尽的莎士比亚》一文中，歌德尝试了一个大型的二元对立体系建构：

> 古典的—近代的
> 纯朴的—感伤的
> 异教的—基督教的

---

① ［德］席勒：《审美教育书简》，冯至、范大灿译，北京大学出版社1985年版，第12页。

② 同上书，第14页。

③ ［德］爱克曼辑录：《歌德谈话录》，朱光潜译，人民文学出版社1987年版，第256页。

英雄的—浪漫的

现实的—理性的

必然—自由

天命—愿望

笔者注意到，在必然与古典的、自由与近代的这样的对立中，作为古典性首席代表的希腊世界与"自由"概念竟然形成了悬隔对立的关系；而且，从歌德"古典的是健康的，浪漫的是病态的"这一命题出发，"自由"难道不是成为与"病态的"联系到一起的负面意蕴概念了吗？对于歌德思想中自由与必然关系问题的理解必须置放于主观性与客观性关系问题的语境前提之下，才有可能会其三昧。歌德把席勒列为近代主观性的典型代表，他眼中的席勒自由观无论如何都未能超出人类主体自由的界域。而根据他的"形态学"理念，只有把自然作为第一性，从自然天命的大背景下来看诗人的存在和意义，这样的态度方为健康的"客观性"态度。

歌德建构的"古典希腊"是一个人类主体自由服从于天命必然的世界，这重意义上的不自由状态是歌德所认为的完美自然状态，与美之为本原现象道理相通。从其"形态学"自然观的立场出发，亦可以称为自由。这种自由与必然相等同，用他所服膺的荷兰思想家斯宾诺莎的话来表达：自由就是对必然性的认识。在自然性本位的前提下歌德阐述了"美""自由""古典希腊"三者之间的关联：

美是有自由的完美境界……我们说一头动物是美的，如果它给我们以这样的印象：它可以随意使用它的肢体，一俟他确实随意使用了它的肢体，美的观念便立刻和可爱、舒适、轻松、美好等的感觉交织在一起。所以，人们看到，凡是美的、安谧便总是和力量、懒散便总是和能力联系在一起的。……所以古希腊人把他们的狮子也都塑造成极其平静和淡泊的样子，以便即使在观看狮子塑像时也能诱发出我们的美感来。所以我是想说：我们说一个完善的有机体是美的，如果我们在看见它时会想到，只要它愿意，它就能用多种多样的方式自由地使用它的全部肢体。①

笔者发现，在这段论述中，温克尔曼式宁静的希腊理想被嫁接到了"形态学"的理念之中，歌德眼中"古典希腊"的自由体现于希腊艺术中对一切随意偶然、自我任性的发挥的摒弃，所有的表现对象都按照真实的自然定性呈现出来。这样的自由就是必然。歌德强调指出，"天才，即负有使命的艺术家，就必须按照大自然给他立的规律、规则行动，这些规律和规则并不与自然相矛盾"②。根据这一立场，希腊艺术家在创作上的客观性态度使得其个人主体自由意志服从于一种自然的必然普遍性和事实本身。

歌德关于希腊性的一个极其重要的论断几乎被所有研究者所忽略："希腊人的理想和追求是把人神性化，而不是把神人性化，那是神本主义，而非人本主义。"③ 研究者习惯于想当然地把歌德和席勒的思想统一在人本主义的大前提下，却大都没有注意到歌德思想中迥异于启蒙思想主流的超人本主义色彩。歌德所说的神事实上意味着自然之必然，他把古典希腊理想称为神本主义，是将其设定为主体性自由意志原则统摄的现代性的对立面，即客观地把握自然之必然的原则。"歌德不太涉及社会问题，因为他相信自然的力量要比社会的力量强得多"④。他甚至完全放弃了席勒式的政治乌托邦想

---

① ［德］歌德、席勒：《歌德、席勒文学书简》，张荣易、张玉书译，安徽文艺出版社 1991 年版，第 11—13 页。

② ［德］歌德：《评狄德罗的〈画论〉》，载《论文学艺术》，范大灿等译，上海人民出版社 2005 年版，第 117 页。

③ ［德］歌德：《科隆的牛》，载《论文学艺术》，范大灿等译，上海人民出版社 2005 年版，第 188 页。

④ ［德］艾米尔·路德维希：《德国人——一个民族的双重历史》，杨成绪、潘琪译，生活·读书·新知三联书店 1991 年版，第 212 页。

象，"觉得公共空间的政治化，是灾难性的"①。这样，歌德想象中的"古典希腊"便成为一个彻底非政治化的"神本主义"乐土。

第四节 黑格尔、谢林、荷尔德林 与"艺术希腊"

歌德、席勒的"希腊想象"重在从历史时间的角度纵向地凸显对立于现代性的古典希腊图像，温克尔曼范式中美和艺术在希腊的绝对统摄仍旧主导着这一图像的主题。尽管莱辛《拉奥孔》所提出的诗歌之维与造型艺术之维张力问题引起了歌德、席勒的极大关注，他们的"古典希腊"建构也较之温克尔曼单纯观照希腊雕塑的思维格局开阔厚重许多；但是，何以希腊性核心体现为美和艺术而非宗教或哲学这一问题在他们的视域中还是一个盲点。把希腊正式确立为"艺术希腊"并横向地展开艺术—宗教—哲学三者在总体文化中地位和功用的理论思辨——这一德意志思想工程的主要建设者是生活年代稍晚于歌德、席勒的黑格尔（1770—1831）、谢林（1775—1854）、荷尔德林（1770—1843）。

黑格尔、谢林、荷尔德林在青年时代共同就读于图宾根神学院。1793 年 7 月 14 日，他们三人曾仿效法国当时流行的做法，种下了一棵自由之树。"在图宾根，谢林、黑格尔以及荷尔德林被相同的思想所控制"②，"这几位希腊文化的向往者将古代文化理想化了，他们推崇古希腊为一个能基于政治上自由，哲学上睿智和艺术上完美而建立一个优秀超拔而富于人性的文明邦国"③。

---

① ［德］吕迪格尔·萨弗兰斯基：《席勒传》，卫茂平译，人民文学出版社 2010 年版，第 359 页。

② ［德］狄尔泰：《体验诗学》，胡其鼎译，生活·读书·新知三联书店 2003 年版，第 299 页。

③ ［德］里夏德·克朗纳：《论康德与黑格尔》，关子尹译，同济大学出版社 2004 年版，第 150 页。

由 F. 罗森茨威格于黑格尔手稿中发现的《德意志唯心主义的最初的体系纲领》一文约撰写于 1796—1797 年间。关于具体执笔人究竟属谁，学术界聚讼纷纭。但是，哈贝马斯认为此文为黑格尔、谢林、荷尔德林青年时代共同观念的观点还是代表了一种基本共识。哈贝马斯指出："这里又一次提出了如下观点：艺术作为面向未来的和解力量……这个纲领让我们想起席勒于 1795 年提出的人的'审美教育观念'，它还引导谢林于 1800 年阐述了其'先验唯心主义体系'，并使荷尔德林终生苦苦思索。"① 在将理想化的希腊确立为"艺术希腊"这一点上，黑格尔、谢林、荷尔德林三人的认识终其一生并无分歧。然而，相比于宗教或哲学，艺术能否更有资格成为最具终极救赎意义的力量？对于这一问题，三个青年时代的同窗好友有着各自的看法："黑格尔很快就对这种审美乌托邦产生了怀疑"②，以哲学家的身份强调哲学的至尊地位；而与之同为哲学家的谢林却长时间地坚持艺术相对于哲学的优越性；诗人身份的荷尔德林则更多地致力于德意志浪漫派"艺术宗教"理念的实施和完善。在各自的问题视域下，黑格尔、谢林、荷尔德林分别建构起来的"艺术希腊"世界构成了一场分合错综的大型思想对话。

一　黑格尔的"艺术希腊"想象与"艺术的终结"问题

（一）黑格尔与作为古典型艺术中心的雕塑

黑格尔的"艺术希腊"想象是其空前庞大的艺术哲学体系中的重要一环。不同于温克尔曼那样以作品直观为前提来提出命题的艺术史家风格，黑格尔异常强烈的抽象思辨的哲学家本性使他即便在思考艺术问题的时候也把概念体系的建构摆在首要位置，而过分追求概念体系整齐有序的代价就是对艺术现象实际削足适履式的扭曲处理。韦勒克平实地列举出了黑格尔艺术哲学体系的主要问题：

---

① ［德］哈贝马斯：《现代性的哲学话语》，曹卫东等译，译林出版社 2004 年版，第 37—38 页。

② 同上书，第 38 页。

黑格尔用象征的、古典的、浪漫的三个阶段同不同的艺术对应起来，象征阶段对应的是建筑，古典阶段对应的是雕塑，浪漫阶段对应的是全部三门现代艺术：绘画、音乐和诗歌。这个体系看起来笨拙而造作，尽管也可以用某些阶段某门艺术为主导性的或最具特色的这一解释自圆其说。黑格尔似乎很坚定地把古典型艺术的代表雕塑确定为最完美的艺术类型，然而，在许多其他段落中又存在着与这一论断相矛盾的赞誉诗歌为最登峰造极艺术门类的说法。①

蒋孔阳也做出了与韦勒克相类似的评价："他一方面认为建筑是代表象征主义的艺术，可是另一方面，又不得不承认古典主义和浪漫主义的艺术中，也有相当有成就的建筑。他一方面说雕刻是代表古典主义的艺术，诗是代表浪漫主义的艺术，可是另一方面却又说诗是最高级的艺术，这不明显地违反了他关于古典主义是艺术发展的顶峰的说法吗？"② 黑格尔的"艺术希腊"想象在这样充满内部矛盾的艺术哲学体系中展开，自然不可避免地分有了这种内在矛盾。

黑格尔认为："雕刻是古典型艺术的中心……是古典理想中的真正的艺术。"③ 这一理论立场显然是忠实地遵循真正的温克尔曼主义的，把希腊雕塑作为希腊艺术的轴心意味着对于这一艺术形态中形式美与表象美统治地位的认定。黑格尔在讨论希腊雕塑所代表的古典希腊艺术精神的时候，几乎原样未动地采用了温克尔曼"高贵的单纯和静穆的伟大"的命题：

---

① Réne Wellek, *A History of Modern Criticism 1750 - 1950*, Volume 2, Cambridge: Cambridge University Press, 1964, p. 322.

② 蒋孔阳:《德国古典美学》，商务印书馆 1980 年版，第 318 页。

③ ［德］黑格尔:《美学》第 3 卷上册，朱光潜译，商务印书馆 1979 年版，第 117 页。

在真正的古典理想里，神们的精神个性并不是就它对外在事物的关系来理解的……而是就他们的永恒的镇静自持以及和平中的忧伤状态表现出来的……他们正是要离开一切冲突和纠缠，离开一切对本身不协调的有限事物的关系，才能回到纯然专注自我的状态。这种最严峻的静穆并不是僵硬的、冷淡的或死板的，而是沉思的、巍然不可变动的，这就是古典诸神的最高的最适合的表现方式。如果他们因此出现在确定的情境里，那也不应是导致冲突的情况或动作，而是本身无害而且也可让诸神保持他们的无害状态的那种情境。因此，在各门艺术中特别适宜于表现古典理想的是雕塑，它可以表现出单纯的镇静自持，使重点不在特殊性格而在普遍的神性……诗则不然，它却要诸神采取行动，这就是说，使诸神要对一种客观存在持否定态度，因而导致他们的冲突和斗争。①

笔者发现，在这段话的结尾处，黑格尔把冲突和斗争描述为希腊诗歌的题材重心所在，莱辛《拉奥孔》中所建立的诗与造型艺术的异质性原则得到了贯彻。黑格尔为温克尔曼式的古典希腊艺术理想设立了一个界域，在这一界域之内：

只是一定的自由个体处在适合它的实际存在中所感到的一种未受干扰的和谐，一种在它的现实存在中的平静，一种幸福，一种对自己的满足感和伟大感，一种永恒的肃穆和福祉，一种纵使在灾祸和苦痛中也不会失去镇定自持的态度……忽视罪孽和罪恶，以及主体同在生活本身的破坏、瓦解，不稳定，忽视在精神和感性两方面所产生的不美、丑陋和卑鄙的整个分裂领域。古典型艺术不越出真正理想的纯洁土壤的界限。②

---

① ［德］黑格尔：《美学》第 2 卷，朱光潜译，商务印书馆 1979 年版，第 231—232 页。
② 同上书，第 168 页。

> 希腊艺术流露出希腊精神的全副喜悦气象,在无数极可喜的境界中寻找幸福、欢乐和活动的场所……把痛苦的、恐怖的、扭曲的和可厌恶的东西抛开,只表现纯朴无害的人性。①

表面上看,黑格尔的遣词用语几乎与温克尔曼无甚分别,但是,这貌似礼赞的评价中却隐藏着一种在温克尔曼那里根本不存在的极深刻的认知。即对于雕塑式形式美和表象美心灵表现局限性的认知,宁静之美的代价是回避了冲突、斗争和心灵的罪恶,美的理想性存在缺乏一种黑格尔哲学所极力高扬的辩证运动因子。

黑格尔对温克尔曼式"内在性"原则进行了根本性的扬弃。他不再把"静穆的伟大"作为心灵的终极理想归宿,毋宁相反,心灵的运动甚至分裂过程才是心灵存在的更高境界:

> 神仙福分的慈祥的纯洁无瑕、无为的静穆、高度的独立自足的威力以及一般本身有实体性的东西所特有的那种完善和凝定——这就是达到理想定性的一些特质。但是内在的心灵性的东西也只有作为积极的运动和发展才能存在,而发展却离不开片面性和分裂对立。完整的心灵在分化为它的个别性相之中,就须离开它的静穆、违反它自己而进入紊乱世界的矛盾对立,而且在这分裂过程中也不免遭受有限事物的不幸和灾祸。就连多神教的永恒的诸神也不是生活在永恒的和平里。他们也带着互相冲突的情欲和旨趣,结党互相斗争。②

在黑格尔看来,希腊雕塑中对诸神的表象式理想表现事实上是游离于现实心灵真实之外的:

> 雕塑在它的鼎盛时期固然把诸神看作一些有实体性的力

---

① [德] 黑格尔:《美学》第 3 卷上册,朱光潜译,商务印书馆 1979 年版,第 184 页。
② [德] 黑格尔:《美学》第 1 卷,朱光潜译,商务印书馆 1979 年版,第 227 页。

量，把他们表现于形象，使他们泰然自若地安息在这种形象的美里……诸神也并不是永远地保持着静穆，他们带着不同的个别目的卷入运动中，因为他们被具体现实世界的现成情况和冲突时而牵引到这里，时而牵引到那里……卷入受条件限制的有限世界的矛盾和斗争里去。由于诸神本身就具有这种有限性，他们就和自己存在中的高贵、尊严和优美发生矛盾……真正理想如果要使这种矛盾不完全暴露出来，只有一个办法，那就是像真正的雕塑及其为神庙制作的个别雕像所做的那样，把个别的神表现为孤独地处在幸福的静穆中，但是没有生活的气息，不动情感。①

黑格尔把希腊雕塑确立为古典型艺术美的极则。这里所说的"美"是意指狭义的纯粹美，即美的形式外观的独立呈现。当他赞美诗歌为最高艺术门类时，是着眼于更高意义上的、超出形式外观之美的内在心灵表现。黑格尔认为，造型艺术要表现理想的美，"理想的美在于它未经搅扰的统一性、静穆和自身完满，冲突破坏了这种和谐，使本身统一的理想有了不协调和矛盾……诗在表现内在情况时可以达到极端绝望的痛苦，在表现外在情况时可以走到单纯的丑"②，诗歌在雕塑占主导古典型艺术阶段存在的意义恰恰在于它对于古典理想美的辩证对抗。

（二）黑格尔与希腊诗歌

相对于希腊雕塑，黑格尔眼中的希腊诗歌显然不具备典型的温克尔曼式古典艺术意蕴。不过，他并没有像莱辛那样以几何命题式的手法去抽象概括诗与造型艺术的异质性原则，而是仍然从"希腊人"和谐存在的大前提下，在宏观意义上对希腊诗歌与希腊雕塑伦理基础的统一性做出说明。黑格尔对"希腊人"和谐存在的描述中流露出对席勒自由希腊观照的强烈认同：

---

① ［德］黑格尔：《美学》第2卷，朱光潜译，商务印书馆1979年版，第251—252页。
② ［德］黑格尔：《美学》第1卷，朱光潜译，商务印书馆1979年版，第261页。

按照希腊生活的原则，伦理的普遍原则和个人在内外双方的抽象的自由是处于不受干扰的和谐中的；在这个原则在现实生活中还在流行而且保持住它的纯洁性的时期，政治要求和它有别的主体道德理想之间还没有显出彼此独立和对立；政治生活的实体就沉浸到个人生活中去，而个人也只有在全体公民的共同旨趣里才能找到自己的自由。美的感觉，这种幸运的和谐所含的意义和精神，贯串在一切作品中，在这些作品里希腊人的自由变成了自觉的，它认识到自己的本质。因此，希腊人的世界观正处于一种中心，从这个中心上美开始显示出它的真正生活和它的明朗的王国……根据这种世界观，希腊民族使他们精神方面的神现形于他们的感性的、观照的和想象的意识，并且通过艺术，使这些神获得完全符合真正内容的实际存在。希腊艺术和希腊神话中都见出这种对应，由于这种对立，艺术在希腊就变成了绝对精神的最高表现方式，希腊宗教实际上就是艺术本身的宗教。①

黑格尔在这里所说的希腊艺术里当然包含希腊诗歌，它同样是美的显现，只不过不同于希腊雕塑偏重形式外观的美的显现，这种美的显现更多地指向"表现全部丰满的精神内在意蕴"②，表现人性的现实情态以及伦理处境。

黑格尔宣称，"在希腊诗里，纯粹的有关人性的东西无论在内容上还是在艺术形式上，都达到最完美的展现"③。在他那里，希腊诗歌被处理成为一种与希腊雕塑"和而不同"的非典型性古典型艺术。当黑格尔讨论古典型艺术伦理基础问题的时候，他主要是就诗歌而言的：

① ［德］黑格尔：《美学》第 2 卷，朱光潜译，商务印书馆 1979 年版，第 169—170 页。
② 同上书，第 53 页。
③ 同上书，第 27 页。

在古典型艺术中，无论是神是人，不管他们怎样走向特殊的外在的方面，却都必须显出对肯定性的伦理基础的维护……主体把自己局限在小我时所具有的那些恶劣的、有罪的和丑陋的东西都是古典型艺术所一律拒绝表现的。在浪漫型艺术占地位的生硬、粗俗、卑鄙和凶恶，对于古典型艺术是特别陌生的。我们固然也看到许多罪行，如弑母、弑父以及其他损伤家庭之爱和虔敬之类恶事也经常用作希腊艺术的题材……在希腊艺术里，如果人们犯了这类罪行，他们往往是秉承神的意旨或是得到神的保护，所以这类行为每次都被表现为从某一方面看实际上有理由可辩护的。①

黑格尔一方面承认希腊诗歌中罪恶描写的客观存在，另一方面又排除了真正可能威胁到美的统治的罪感意识与丑陋刻画在希腊的存在空间。在深层结构的层面，黑格尔的希腊诗歌观照仍然是在温克尔曼理论的视域下展开的，他在一切希腊诗歌所描写的冲突和斗争背后都看到了和解和本质意义上的宁静。

黑格尔认为，"充满冲突的情境特别适宜于用作剧艺的对象"②，他对《安提戈涅》等希腊悲剧的解读也的确突出了冲突的要素，不过，在他那里，"冲突是对本来和谐的情况的一种破坏，但'这种破坏不能始终是破坏，而是要被否定掉'，使冲突消除，又回到和谐"③。黑格尔的结论是："本身抽象的雕塑中的人像和神像，比起任何其他方式的阐明和解释，都更好地证明希腊悲剧的人物性格。"④ 黑格尔的希腊悲剧解读事实上是温克尔曼"拉奥孔解读"经过变形的精神移植，他对于荷马史诗中希腊诸神形象的解读

① ［德］黑格尔：《美学》第 2 卷，朱光潜译，商务印书馆 1979 年版，第 248—249 页。
② ［德］黑格尔：《美学》第 1 卷，朱光潜译，商务印书馆 1979 年版，第 260 页。
③ 朱光潜：《西方美学史》下卷，人民文学出版社 1985 年版，第 503 页。
④ ［德］黑格尔：《美学》第 3 卷上册，朱光潜译，商务印书馆 1979 年版，第 285 页。

更能明显地见出温克尔曼理念的统治力：

> 不管他们怎样活动，他们总是显得有福气、和悦。作为个别的神，他们固然也交战，但是在这些战斗中，他们毕竟不那么认真，并不把全副精神和热情都集中到某一个目的上面，为这个目的斗争到底，到死才肯罢休。他们时而参加到这里，时而参加到那里，在某些具体情况里也把某一种利害关系看成是自己的，但是往往半途放手不管，泰然自若地回到奥林匹斯山的高峰……摆脱这种纠纷和争执回到他们的独立自足和静穆。因为他们形象的个性固然使他们卷入偶然境界，但是神圣的普遍性在他们身上既然占上风，个性就只现在外在形象上，而不能贯注到他们周身，成为真正的内在的主体性。他们的定性是一种或多或少地粘附到神性上去的形象。但是正是这种独立自足和无忧无虑的静穆使他们具有造型艺术的个性，而这种个性使他们感觉不到有限世界的忧虑和烦扰。①

耐人寻味的是，在这看似对温克尔曼理念亦步亦趋承传的表象之下，黑格尔已悄然接近了他本人的与温克尔曼大相径庭的目标。温克尔曼心目中的希腊尽善尽美，黑格尔心目中的希腊尽美却不尽善；温克尔曼奉为极则的希腊人超脱、愉悦的生活观在黑格尔那里被认定为一种席勒意义上朴素天真但却未臻深刻庄严境界的存在状态。艺术史家温克尔曼试图用美和艺术来统治一切，美和艺术的王国希腊乃一切领域的永恒典范，哲学家黑格尔要做的却是证明美和艺术的局限性，美和艺术的王国希腊的永恒典范意义仅仅在美和艺术的界域之内方才有效。

在黑格尔看来，"艺术希腊"中不会真正容纳深刻庄严的死亡意识的存在：

---

① ［德］黑格尔：《美学》第1卷，朱光潜译，商务印书馆1979年版，第283—284页。

希腊人不能说是已经理解了死的基本意义……他们把死看作只是一种抽象的消逝，不值得畏惧和恐怖……死在古典型艺术中也不曾获得它在浪漫型艺术中所获得的那种肯定的（正面的）意义。希腊人对于我们近代人所说的不朽并不那么认真。只有到后来在苏格拉底的思想里，不朽对于主体意识才有一种较深刻的意义，才满足一种文化较前进的时代的需要……对于希腊人，生只有在与自然的、外在的、尘世的存在统一起来时才是肯定的，所以死只是单纯的否定、对直接实际存在的解脱。但是在浪漫型的世界里，死却意味着否定的否定，这就使它转化为肯定，成为精神从单纯的自然性和不适合的有限性之中解放出来的复活。消逝的主体的痛苦和死亡转化到自己的反面，转化到欣慰和幸福，转化到经过和解的肯定性的存在。[1]

黑格尔想象中的希腊人沉浸在感性形象之中，或者是雕塑中的纯粹外观形式理想美状态，或者是诗歌中尤其是悲剧中展现现实冲突而终归理想和谐的状态，"造型艺术中的诸神形象表现不出精神的运动……它们所缺乏的是自为存在的主体性那方面的实际存在即关于它们自己的知识和意志"[2]。在希腊诗歌中，尽管精神的运动有所显现，但是与造型艺术趋同的抽象本质使其无法真正面对死亡这样关涉人生实相终极的精神现象，在这重意义上，希腊人是孩子式的乐天而肤浅的。值得注意的是，黑格尔特地把哲学家苏格拉底从希腊人族类群体中超拔出来，认为在他身上体现出了"满足一种文化较前进的时代的需要"的死亡意识与不朽意识认知。苏格拉底以哲学家的身份独立于"艺术希腊"的世界，他的卓尔不群标示着哲学相对于艺术的优越性以及艺术必须被扬弃从而上升到更高精神现

---

① ［德］黑格尔：《美学》第3卷上册，朱光潜译，商务印书馆1979年版，第280—281页。

② 同上书，第278页。

象的命运。

（三）"艺术的终结"问题

黑格尔宣称："就它的最高的职能来说，艺术对于我们现代人已是过去的事了。因此，它也已丧失了真正的真实和生命，已不复能维持它从前的在现实中的必需和崇高地位，毋宁说，它已经转移到我们的观念世界里去了。"[1] 在这里，黑格尔提出了著名的"艺术的终结"问题。他认为，在古希腊，艺术是希腊人认识真理的最高形式，它统率着宗教，也压制着哲学；但是，艺术的感性显现方式，尤其是作为希腊艺术核心的雕塑的形式美和表象美重心，使得"艺术希腊"对真理或绝对精神的传达仍处于初级朴素的阶段。因此，"古典型艺术达到了最高度的优美，尽了艺术感性所能尽的能事，如果它还有什么缺陷，那也只在艺术本身，即艺术范围本来是有局限性的"[2]。正如威克斯指出的那样，"黑格尔思考艺术问题的一个显著特征，就是以压倒性的哲学冲动去把纯粹概念的表达方式提升于感性表达方式之上"[3]。艺术哲学在黑格尔庞大的总体哲学中作为起点和初始阶段而存在，因此，在艺术哲学中体现最完美境界的"艺术希腊"当然不可能成为总体人类文明的最高典范。

黑格尔的全部哲学的主旨在于揭示绝对精神自我运动发展的辩证关系过程，艺术—宗教—哲学代表了这一辩证过程的三个阶段：艺术的直观形式是初级的，宗教的表象形式居中，哲学的概念思维形式是高级的。在黑格尔看来，用感性形式来传达真理和精神的特点决定了艺术方式必然要向更高的宗教和哲学方式嬗变，"无论就内容还是就形式来说，艺术都还不是心灵认识到它的真正旨趣的最高的绝对的方式……我们现代世界的精神，或者说得更恰当一点，我们的宗教和理性文化，就已经达到了一个更高的阶段，艺术已不

---

① ［德］黑格尔：《美学》第 1 卷，朱光潜译，商务印书馆 1979 年版，第 15 页。

② 同上书，第 99 页。

③ Robert Wicks, *Hegel's Aesthetics*: *An Overview*, *from The Cambridge Capanion to Hegel*, Cambridge University Press, 1993, p. 350.

复是认识绝对理念的最高方式，艺术创作及其作品所特有的方式已经不再能满足我们最高的要求"①。

　　不同于德意志启蒙"古今之争"流行的厚古薄今立场和温克尔曼、歌德那样的对希腊无条件的顶礼膜拜，"黑格尔坚定地捍卫现代世界的合法性以及现代相对于古代的优越性"②。相对而言，他的立场略为接近席勒。在黑格尔那里，"艺术的终结意味着它作为真理最高表现形式的终结，艺术的过去性意味着它作为民族最高的精神需要成为过去，当然也历史地意味着整整一个时代如希腊英雄时代所达到的高峰成为过去，达到终结"③。黑格尔建构的"艺术希腊"基本沿袭了温克尔曼的理论框架，创新之处并不多见，然而，由于这一哲学至上的立场取代了旧有的艺术至上的立场来展开希腊观照，温克尔曼、歌德、席勒以来所赋予希腊的最重大的现代救赎意义被极大地弱化甚至消解了。在《历史哲学》中，黑格尔提出："日耳曼各民族的使命不是别的，乃是要做基督教原则的使者。"④基督教原则重新成希腊原则强有力的对立面，德意志身份重建的希腊指向发生了动摇，尽管黑格尔充满温情地表示"到了希腊人那里，我们马上便感觉到仿佛置身在自己的家里一样"⑤，但是这种对精神生命活力、青春岁月的追忆恰恰出于为一种确定的理智的目的而努力的心灵成熟状态的反思。于是，如此视域下的"艺术希腊"便凝固成一张值得永远珍藏的老照片。

二　谢林的"艺术希腊"想象与神话问题

（一）谢林艺术哲学的"理智直观"原则

当结束了图宾根神学院志同道合的同学时代、进入各自的哲学

---

① ［德］黑格尔：《美学》第 1 卷，朱光潜译，商务印书馆 1979 年版，第 13 页。

② Domenico Losurdo, *Hegel and Freedom of Moderns*, Cambridge：Cambridge University Press, 2004，p. 181.

③ 薛华：《黑格尔与艺术难题》，中国社会科学出版社 1986 年版，第 29 页。

④ ［德］黑格尔：《历史哲学》，王造时译，上海书店出版社 1999 年版，第 352 页。

⑤ 同上书，第 231 页。

体系创建阶段之后，谢林与黑格尔的思路分歧就日渐加深直至不可调和。1800 年，标志谢林哲学体系初步完善的《先验唯心论体系》问世，关于艺术哲学在总体哲学中的地位问题，谢林的看法显然与黑格尔大相径庭："哲学的工具论和整个大厦的拱顶石乃是艺术哲学。"① 黑格尔哲学体系中处于最底层的艺术哲学在谢林的哲学体系中一跃而占据了最高端的显赫王位。"谢林的艺术哲学第一次史无前例地对艺术的意义作了哲学的肯定"②，在谢林看来，"艺术对于哲学家来说就是最崇高的东西，因为艺术好像给哲学家打开了至圣所"③，"这标志着对于艺术之于哲学作用估价的顶峰"④。

事实上，在理性至上这一根本立场方面，谢林《艺术哲学》中"理性犹如大全或上帝，乃是将一切特殊形态消融的本原"⑤ 这一表述已经足以说明一切。黑格尔"美是理念之感性显现"的命题仍然遵循着鲍姆加登关于美学的感觉学界定，这样，只要美和艺术的本质被限定在感觉或感性的范围内，其在黑格尔理性主义的绝对精神概念体系中的低下地位就已经天然地被设定了。谢林追随温克尔曼，投身于新柏拉图主义复兴思潮中去，普罗提诺"美作为神的理性的象征"的命题奠定了其艺术哲学的理论根基。

谢林反对黑格尔把概念的逻辑演绎作为哲学方式的思路，他确信，"对哲学天才来说，人类意识具有直觉认识的现实性，人类主体实际上可以具备需要直觉理性的属性"⑥，对于这种人类主体的直觉理性，谢林用"理智直观"这一术语来意指：

① ［德］谢林：《先验唯心论体系》，梁志学、石泉译，商务印书馆 1976 年版，第 15 页。

② ［德］W. 比默尔：《哲学与艺术》，载刘小枫选编《德语美学文选》下卷，张晋蜀译，华东师范大学出版社 2006 年版，第 332 页。

③ ［德］谢林：《唯心论体系》，梁志学、石泉译，商务印书馆 1976 年版，第 276 页。

④ Kai Hammermeister, *The German Aesthetic Tradition*, Cambridge：Cambridge University Press, 2002, p. 62.

⑤ ［德］谢林：《艺术哲学》上，魏庆征译，中国社会科学出版社 1996 年版，第 34 页。

⑥ ［匈牙利］卢卡奇：《理性的毁灭》，王玖兴等译，江苏教育出版社 2005 年版，第 77 页。

整个哲学都是发端于，并且必须发端于一个作为绝对本原同时也是绝对同一体的本原。一个绝对单纯、绝对同一的东西是不能用描述的方法来理解或宣传的，是绝不能用概念来理解或宣传的。这个东西只能加以直观。这样一种直观就是一切哲学的官能。但是，这种直观不是感性的，而是理智的，它不是以客观事物或主观事物为对象，而是以绝对同一体、以本身既不主观也不客观的东西为对象。这种直观本身纯粹是内在的直观，它自己不能又变为客观的，它只能通过第二种直观才能变为客观的，而这第二种直观就是美感直观。①

谢林的同一哲学有来自费希特知识学的影响。但是，与费希特一意高扬绝对的主观自我不同，谢林总是在强调自我的客观本原，人类主体从主观出发的理智直观最终一定要落实到客观根基中去，"理智直观的这种普遍承认的、无可否认的客观性，就是艺术本身，因为美感直观正是业已变得客观的理智直观"②。谢林所说的"美感直观"显然已经脱离了感受或感性的范畴，是作为哲学式理智直观的客观本原而存在的。

谢林从根本上打通美和理性、把理性至上原则建立在审美或艺术至上原则基础之上的思路回归到了相当纯正的温克尔曼理念，因此，他对温克尔曼推崇备至："我完全赞同温克尔曼的观点，并认为，要在所探讨的艺术领域达到更为崇高的本原是根本不可能的。"③谢林几乎原封不动地复述了温克尔曼"希腊想象"的宁静原则：

宁静为美所特有的状态，犹如风平浪静为平和沉稳的海洋

---

① ［德］谢林：《先验唯心论体系》下，梁志学、石泉译，商务印书馆1976年版，第274页。

② 同上书，第273—274页。

③ ［德］谢林：《艺术哲学》下，魏庆征译，中国社会出版社1996年版，第281页。

所特有；只有在宁静的状态，人的整个外貌以及人的面部方可成为理念的镜子。就此而论，美是指作为其真正本质的统一和不可区分。这一宁静的和壮伟的风格的对立者，古人称之为parenthyrsos（希腊文指拙劣的艺术风格），它产生低劣的格调，只满足于非自然的情态和情节，满足于极度的激奋，满足于猛烈、匆猝、喧嚣等对立者……通观这种风格的作品，一切皆在动中。①

不过，相对于温克尔曼，谢林的对于静中之动的论述却深入细致许多：

即使在静态中，人体亦表示自成一体的和绝对均衡的运动体系，即使在其静止中，也可以发现：如果它开始运动，也是处于整体的完全均衡中。就此而论，人体作为宇宙形象的象征意义，同样清晰可见。宇宙只是处在地表现完满的和谐、其状貌的均衡以及其运动的节奏，却使内在的生命的动力隐而不见，并将产生和创造之源置于深处……人体同样如此构成……面对美好的景观，我们只会见其效果，而不能了解所见一切的内在之因和永恒的推动者，我们所观赏的是内在力量之均衡的外在表现。肌肉系统的情景毫无二致。温克尔曼对赫拉克勒斯的躯体有所评述……温克尔曼并将这一人物筋骨的运动比作海洋最初的涌动……简言之，人体主要是大地和宇宙之缩影，而生命作为内在动力的产物，聚集于表面，作为纯净的美散布开来。②

谢林对希腊艺术表象美背后隐没的内在生命动力比之温克尔曼投入了远为强烈的巨大关注。

① ［德］谢林：《艺术哲学》上，魏庆征译，中国社会出版社1996年版，第228页。
② ［德］谢林：《艺术哲学》下，魏庆征译，中国社会出版社1996年版，第277—278页。

（二）谢林的希腊神话观照

谢林做出了赞同温克尔曼关于希腊"语言艺术与造型艺术的亲缘与内在同一"① 的表态，不过，他也再一次强调了莱辛在《拉奥孔》中提出的造型艺术原则："在造型艺术领域，就所表现的对象而言，艺术家完全与外观相关联，因为他只能提供外观。"② 谢林想象中的"艺术希腊"："那时，全民的庆典、纪念碑、种种集会以及社会生活中一切举措，无非是统一的、普遍的、客观的和生动的艺术之作的枝桠。"③ "只能提供外观"的雕塑艺术家显然不适宜作为这样的希腊世界全民社会的共同生命源头。在"艺术希腊"的诗歌之维与造型艺术之维以何者为重心这一问题上，谢林坚定地站在了诗歌之维一边，于是，在温克尔曼理念之外另寻观看希腊之道也就成为一种必然。

谢林提出，"诗歌世界乃是希腊精神的最高本原图像"，"对诗歌来说，神话是一切赖以产生的初始质料，是一切水流所源出的海洋，同样是一切水流所复归的海洋"④。德意志思想文化界对神话问题的关注肇始于赫尔德、莫里茨、施莱格尔兄弟，由谢林集大成。赫尔德试图在神话那里找到比温克尔曼标榜的希腊理想美更本原的现代生活救赎力量。F. 施莱格尔亦宣称："我们的诗，我断言，缺少一个犹如神话之于古人那样的中心，现代诗在许多本质的问题上都逊于古代诗，而这一切本质的东西都可以归结为一句话，这就是，因为我们没有神话。"⑤ 沿着这样的思路，谢林旨在将神话学确立为艺术哲学乃至总体哲学的始基。

谢林接受了歌德、席勒建构"古典希腊"时提出的"客观性"原则，在他看来，"作为本原图像的希腊神话并不是由想象力产生

① ［德］谢林：《艺术哲学》下，魏庆征译，中国社会出版社 1996 年版，第 303 页。
② ［德］谢林：《艺术哲学》上，魏庆征译，中国社会出版社 1996 年版，第 227 页。
③ 同上书，第 10 页。
④ 同上书，第 75 页。
⑤ ［德］施莱格尔：《浪漫派风格——施莱格尔批评史》，李伯杰译，华夏出版社 2005 年版，第 191 页。

出来的，也就是说，并不是由某一个特定的艺术家怀着某一特定的意图而调动起契机的灵感从而将其创作出来的，它完全是在自然而然的过程中逐渐形成的"①。谢林强调神话作为本原世界自身的自然显现以及宇宙原初的普遍直观，并非诞生于某一人类个体，而是族类种属共同的无意识产物，它体现的是一种总体性。在谢林那里，"只有希腊神话才称得上是真正的神话"②。因为只有希腊诸神"是最高的、绝对的、纯属理性主义范畴的自然之有机体"③。

　　谢林根据希腊神话所确定的希腊理性主义，比较接近于席勒所说的自然理性，是一种以直觉传达自然必然性的非个人化情态。他甚至宣称，"即使就抒情诗的特殊性而论，希腊人也是客观的、现实的"④。谢林继承了康德的天才论，也赞同其天才只有在艺术中才可能的推论；不过，他要把康德的天才论从主体性原则的前提下解放出来，将其重建于客观性原则的始基之上。谢林接受沃尔夫关于荷马问题的论断，认为"荷马"是为同一精神所激励的行吟诗人群体的文化符码，荷马成为他心目中希腊式天才最伟大的代表，他所关注的焦点集中在"荷马史诗赖以形成的诗歌作者如何互不相干地介入整体，既不有损于和谐，又不脱离其初始的同一"⑤。谢林指出，希腊神话与荷马史诗实为一体，"希腊神话在艺术本身中，使自然复返我们（自然与自由的对立）……恰恰只是在艺术中，自然可导致个体与类属的一致……在希腊神话中，自然导致囊括整个类属的、共同艺术本能的这种行为，而与希腊文化相对立的近代文化却不能提供任何与之相似者"⑥。谢林出于他同一哲学的理念，建构起了一个同一性的"艺术希腊"，在这个世界中，"神话乃是任何

---

① 李鹏程等：《西方美学史》第 3 卷，中国社会科学出版社 2008 年版，第 167 页。

② Réne Wellek, *A History of Modern Criticism 1750–1950*, Volume 2, Cambridge：Cambridge University Press, 1964, p. 76.

③ ［德］谢林：《艺术哲学》上，魏庆征译，中国社会出版社 1996 年版，第 79 页。

④ 同上书，第 314 页。

⑤ 同上书，第 75 页。

⑥ 同上书，第 74 页。

艺术的必要条件和原初质料"①，神话的客观性奠定了希腊艺术体现必然、严谨、本质的整体格局。谢林"艺术本身是绝对者之流溢"②的命题揭示出了艺术的理性之维与混沌本原之维在绝对意义上的本质同一性，这样，他事实上为日后从非理性或超理性视角观照希腊埋下了伏笔。"在谢林那里，狄俄尼索斯和'狄俄尼索斯式的'构成了其全部神话哲学的一个根本部分……他把狄俄尼索斯解释为盲目的、无意识的创造力的一个象征和样本……把狄俄尼索斯等同于古人所谓'神圣的疯子'。"③可以说谢林的神话学尤其是狄俄尼索斯神话认知成为尼采颠覆温克尔曼"希腊想象"范式的革命先导。

三 荷尔德林的"艺术希腊"想象与"艺术宗教"问题

（一）作为诗人的荷尔德林

黑格尔与谢林的对抗和竞争是哲学家不同哲学理念之间的对抗和竞争，荷尔德林显然倾向于谢林一方。不过，他的第一身份是诗人，诗人身份使得荷尔德林展开"艺术希腊"想象时，不像黑格尔和谢林那样主要借助于范畴的建构和原理的论证，而是较多地通过诗性的感发、礼赞和形象直观来传达思想。

"如果历史是由'时间的各个巅峰'所标志的，那么在荷尔德林的诗歌里，古希腊就是最高的巅峰。"④荷尔德林一如黑格尔和谢林，强调了艺术在希腊的统治性力量：

> 美的艺术的故乡在希腊，这无可争辩……匆匆的最初一瞥就已经察觉，艺术对希腊人的民族精神有多么巨大的影响，如

---

① ［德］谢林：《艺术哲学》上，魏庆征译，中国社会出版社1996年版，第64页。
② 同上书，第26页。
③ ［美］鲍默：《尼采与狄俄尼索斯传统》，载［美］奥弗洛赫蒂等编《尼采与古典传统》，田立年译，华东师范大学出版社2007年版，第304页。
④ 刘浩明：《荷尔德林后期诗歌（评注卷）》上，华东师范大学出版社2009年版，第29页。

何从神性化的诗人中源源不断地涌现出立法者、民族导师、将军和祭司，他们怎样将雕塑家的不朽之作运用于国家和宗教，对美的接受能力甚至作用于个人的幸福，万物仅由于美的艺术而活着并且生长，艺术在一种范围和强度上表达了其空前绝后的力量。[①]

值得注意的是，荷尔德林关于"艺术希腊"世界中希腊人存在的描述："比起其他民族，他们几乎从未沉醉于超感性与感性的两种极端。"[②] 可以看出，荷尔德林一方面没有接受黑格尔把美和艺术作为感性显现的做法，另一方面也并不很认同谢林把美和艺术直接置放于理性世界的做法。在他看来，美和艺术具有一种介于感性与超感性之间的不可言说的神秘性和完满性，因而它们可以统摄一切纯粹感性领域或者纯粹超感性领域的文明形式，只有希腊人才成为这种中和精神的美和艺术的真正实现者。

荷尔德林通过自己笔下人物许佩里翁之口来呼唤："静穆！静穆！这是我最美的梦，我最初和最后的梦。"[③] 在致伯伦朵夫的书信中，荷尔德林又谈道："古典的景观给了我一种印象，它使我不仅更理解希腊人，而且领会了艺术的精髓，这种艺术即使在至高的运动中，在概念和一切严肃看法的现象化过程中，仍维持万物的宁静和自为。"[④] 这些观念明显地秉承着温克尔曼"高贵的单纯和静穆的伟大"的"希腊想象"原则。荷尔德林甚至试图应用这一原则来解读荷马史诗中性情暴躁的阿喀琉斯形象：

老诗人极少让他出现于情节中，而让其他人喧嚣呐喊，他的英雄端坐在帐内，是为了尽量不使他在特洛伊面前的一片混

---

① 《荷尔德林文集》，戴晖译，商务印书馆 1999 年版，第 166 页。
② 同上书，第 76 页。
③ 同上书，第 123 页。
④ 同上书，第 444 页。

乱中世俗化……理想者不可以世俗的面目出现，而让他隐退，诗人确实没有比这更美好更温柔的方式来歌咏他。①

同温克尔曼相仿，荷尔德林启蒙理想视域下希腊人的宁静总是同战争和暴力格格不入。荷尔德林崇敬康德，也服膺康德的永久和平论，他把希腊人中的雅典民族说成是最接近于这一理想的民族："和地球上任何一个民族相比，雅典民族的成长从每一个角度来看都更不受打扰，摆脱了暴力的影响……他们只略微介入特洛伊战争。"② 这样，荷尔德林所说的"艺术希腊"事实上只是艺术雅典，对于斯巴达人何以不能成为艺术民族，他的解释是，"他们根本没有真正的儿童的单纯。……过早地打破直觉的秩序，他们过早地脱颖而出，那么教化也必然过早地从他们开始……斯巴达人永远停留在残篇，因为谁不曾是一个完美的孩子，他就难以成为一个完美的男子"③。在这里，笔者发现，荷尔德林对"艺术希腊"，或者说"艺术雅典"的规定性中体现出卢梭"自然人"理论的强烈影响：卢梭笔下的"自然人"与世无争、自爱而没有攻击他人的欲望；荷尔德林眼中的雅典人居住于美和艺术的土壤之上，同样是与世无争的。

"在荷尔德林的《许佩里翁》中，政治观点同审美观点形成了强烈的对照。在阿拉班达地区的人全是些使他望而生畏的政治活动家和宣传活动家，而许佩里翁梦想一个美的神权政体。"④ 荷尔德林与黑格尔在图宾根神学院毕业分别时，曾经约定了一个暗号——Reich Gottes（神的国），"在政治上，它表达了对一个有自由、喜乐和爱的社会的渴望；在宗教上，它体现了将理性神话或者说感性

---

① 《荷尔德林文集》，戴晖译，商务印书馆 1999 年版，第 201—202 页。
② 同上书，第 74 页。
③ 同上书，第 75 页。
④ ［德］斯普朗格：《审美态度》，载刘小枫选编《德语美学文选》下卷，刘冬梅译，华东师范大学出版社 2006 年版，第 46 页。

化的主张；在哲学上，它体现了神人合一的思想"①。日后，在神的国中，艺术家、宗教家、哲学家何者居于统领地位的问题上，荷尔德林同黑格尔的认识渐行渐远：黑格尔坚持柏拉图式的"哲学王"理念；荷尔德林则认为，"诗的启蒙才是最终的启蒙，诗对人性的培育才是全面的培育，因为诗才能全面地把握人性的和谐"②。由是，只有诗人才有资格担当神的国的实际统治者。

荷尔德林强调指出荷马在整个希腊世界中至高无上的地位：

> 心灵的力量一定在一种令人敬慕的强度上和一种同样伟大的均衡中为他所有，他对美和崇高的接受力，他的想象和睿智，在希腊罕为自然所重复……对于希腊人他成了他们的一切。③

在荷尔德林的"艺术希腊"建构中，同谢林那里的情况相仿，诗歌之维明显地压倒了造型艺术之维。温克尔曼式形式美与表象美本位的希腊审美乌托邦势必要在"心灵的力量"方面有所强化。

（二）荷尔德林与艺术—宗教本质同一的希腊建构

根据狄尔泰的考察，"荷尔德林抓住了希腊人对世界的见解的最深之点：对自然、人、英雄和众神的亲缘关系的意识。他认为，希腊人体现了对于我们同自然的内在本质共同性的体验；体现了一种艺术，它美化基于生命的这种统一性的世界的美并尊重在其光亮中的伟大激情；体现了对友谊、英雄气概以及对伟大的、充满危险的、英雄的生存的憧憬的崇拜"④。荷尔德林意在揭示由希腊诗人主

---

① 刘浩明：《荷尔德林后期诗歌（评注卷）》上，华东师范大学出版社 2009 年版，第 65 页。

② 刘小枫：《重启古典诗学》，华夏出版社 2010 年版，第 103 页。

③ 《荷尔德林文集》，戴晖译，商务印书馆 1999 年版，第 168 页。

④ ［德］狄尔泰：《体验诗学》，胡其鼎译，生活·读书·新知三联书店 2003 年版，第 297 页。

导的希腊生命存在意识，他比迄今为止德意志"希腊想象"思想谱系中的任何人都更加强调美和艺术在希腊的存在论意义。荷尔德林如是说："神性的美的第一个孩子是艺术，在雅典人那里是这样，美的第二个女儿是宗教——在希腊人，尤其是雅典人那里，他们的艺术和宗教是永恒的美——完美的人性——的真正的孩子。"① 荷尔德林眼中的希腊，艺术和宗教事实上构成了一种本质同一的关系。黑格尔也曾经把希腊宗教概括为艺术宗教，但是按照他的哲学概念范畴体系，艺术宗教处于宗教中最低的一个层次。荷尔德林的"艺术宗教"则体现着德意志浪漫派的一个共识，即艺术宗教是宗教的最高形式。

诺瓦利斯（1772—1801）和瓦肯罗德（1773—1798）是德意志浪漫派艺术宗教理念的正式开启者。"在诺瓦利斯看来，诗歌实质上是与宗教、哲学同一的，但诗人的荣耀高于任何他者。"② 他赋予诗以本体性，用诗来代表无限和永恒。"把宗教化解为诗，为诗所用，以宗教的名义置换了宗教的内核。"③ 瓦肯罗德第一次在德意志文学史上把艺术比作宗教，宣称艺术是上帝神启的神秘符号语言，"将宗教词语、宗教态度和宗教经验转移到艺术，以此凸显了艺术创作的灵感，艺术也因此被抬升至宗教的高度，成为一种类宗教"④。诺瓦利斯与瓦肯罗德的"艺术宗教"论显示出一种德意志浪漫派中常见的倾向，即"重新认识到古希腊和基督教之间的对立，并试图通过基督最终战胜希腊的诸神世界"⑤。早期荷尔德林思想中与歌德、席勒趋同的完全转向希腊而疏离基督教的立场在其中后期思想的发展中有了相当的转变，致力于寻求对于希腊和基督教

---

① 《荷尔德林文集》，戴晖译，商务印书馆 1999 年版，第 76 页。

② Réne Wellek, *A History of Modern Criticism 1750 – 1950*, Volume 2, Cambridge：Cambridge University Press, 1964, p. 82.

③ 谷裕：《隐匿的神学——启蒙前后的德语文学》，华东师范大学出版社 2008 年版，第 245 页。

④ 同上书，第 255—256 页。

⑤ ［德］汉斯·昆、瓦尔特·延斯：《浪漫主义诗歌中的宗教》，载《诗与宗教》，李永平译，生活·读书·新知三联书店 2005 年版，第 167 页。

的调解和综合，在其后期诗歌中，试图将希腊酒神狄俄尼索斯与基督以兄弟关系统一起来。不过，正如汉斯·昆指出的那样，荷尔德林的根本立场同诺瓦利斯与瓦肯罗德是殊途异趣的，在他那里，"不再是古希腊文化被容纳进基督教，而是基督教从属于古希腊文化"①。

荷尔德林综合希腊与基督教的努力最终失败。按照海德格尔对其思想与诗歌创作的解读，他的旨归所在仍然仅仅在于希腊。荷尔德林视域下的"艺术希腊"与黑格尔在《历史哲学》中所描述的希腊一样，都象征着青春的激情和活力。只不过在黑格尔那里，艺术的青春终究还是在层次上低于哲学的成熟；而在荷尔德林那里，艺术的青春就意味着一切与美好人性和生命存在相关联的实事，它是永恒完美，不可能被扬弃或超越的。汉斯·昆对荷尔德林"艺术希腊"建构的心理动因做出了极其深刻的论析：

> 荷尔德林试图重建与童年经验的关联，因为他知道自己"在诸神的怀抱里"。童年的景象与现时代形成鲜明的对照，在现时代，神灵似乎已从人类忙碌的生活，尤其是从大自然中逃逸了。然而，为了反抗无神的时代、为了宗教和诗的大胆综合、为了一个更美好的人性，诗人除了支配词语之处，还能使用和支配什么呢？荷尔德林试图以赠予他的全部语言力量……重新唤醒"希腊天才"，并由此而以与大自然神秘交融的方式唤醒生命的力量：大地与光、天空与海洋、河流和山谷、友谊与爱，所有这一切——现在远离于基督教——都被称之为"诸神"。他不仅称它们为诸神，而且追慕荷马前的希腊远古神话、品达的颂歌和悲剧诗人的合唱，来命名

---

① ［德］汉斯·昆、瓦尔特·延斯：《作为古希腊文化与基督教和解的宗教》，载《诗与宗教》，李永平译，生活·读书·新知三联书店2005年版，第134页。

它们，召唤它们，膜拜它们。①

　　荷尔德林建构的"艺术希腊"为日后海德格尔从存在史视域下观照希腊拉开了序幕。

---

① ［德］汉斯·昆、瓦尔特·延斯：《作为古希腊文化与基督教和解的宗教》，载《诗与宗教》，李永平译，生活·读书·新知三联书店 2005 年版，第 126—127 页。

第四章

德意志审美现代性的美育话语

按照哈贝马斯的观点，"现代首先是在审美批判领域力求明确自己的"①。而西方美学的现代性意味着一种文化嬗变，即从基于一种超验的理想美的信念而建立的永恒美学和艺术，转而成为一种变异的、内在的美学，其核心价值是变化和新异，其理论基础是主体概念的支配地位。自德国市民社会兴起之后，德意志民族的现代性精神文化主流是人道主义，反抗封建文化、反对专制政治正是这种现代性精神文化主流对社会现实的回应。所以，德国知识分子因痛恨封建文化、专制政治而支持法国大革命并为其摇旗呐喊。但出于对人道主义信念的坚守，德国知识分子又不能容忍暴力革命，所以他们又痛恨法国大革命。他们认为，暴力革命是对人性的践踏，对文明的否定，即使暴力革命成功，其所建立的新制度、新国家也只会给无数人带来不幸与痛苦，而绝不会带来自由与幸福。在德国知识分子看来，自由、平等、博爱、公正等基本人权的实现是依靠人的文化自觉、意志自律、理性自主。总而言之，只有作为主体的人获得了解放，制度的改变才真正有意义。德国古典美学以确认人的主体性自由为其价值基石；以肯定人在生存中用艺术的方式创造与享受为其审美意向；以为人类探索与法国大革命完全不同的进步之途，在精神上唤醒人的自觉，在文化界域中为人类找到精神归宿，最终在主体意义上使人获得彻底解放为其最终目的。同时，德国古

---

① ［德］哈贝马斯：《现代性的哲学话语》，曹卫东等译，译林出版社 2004 年版，第 9 页。

典美学把文化与精神自由联系起来，与构成人类本质力量的内在因素联系起来，与人的内在人格的自我完善联系起来，从而为审美教育的发展奠定了历史基础。

可以说，文化问题与教育问题紧密关联，文化往往主导了教育。因此，怎么用文化来教育自己的新一代去担当一个世界性民族应当担当的责任，是摆在启蒙运动之后的德意志民族面前的一个严肃问题。而人类社会自启蒙运动以来，就一直面临文明和人性之间的冲突，面临对生存发展的理性诉求和对生命质态的感性体验之间的冲突。由此设计审美乌托邦，通过审美教育来弥补现代性进程中产生的人性分裂，赋予艺术一种全面的社会—革命作用，获得解放和自由，是德意志文艺美学中人作为有限的个体生命面临身心困境寻求拯救的重要思想。

第一节　德意志审美现代性美育话语的缘起

在西方审美文化发展历程中，基于对人类精神维度的建构，自古希腊、罗马就开始高度重视审美与教育。人神游戏的古希腊文化世界以自然和精神的实质合一为基础，是一个将感性与理性、理智与情感、自然性与神性有机统一的审美世界。在追求和获取真理、知识的价值指引下，苏格拉底发现了德行、美、教育三者的关系；柏拉图建立了理念与美的政治理想国；亚里士多德则提出艺术是模仿，模仿源于求知本能，模仿本身就是教育与学习的学说。由此，18 世纪之前的西方美学深受古希腊美育理论的影响，并且囿于对人的生存与发展视野狭隘、定位偏差，审美教育往往成为政治伦理教化的工具，审美与教育始终未能在人的全面发展与解放的层面上找到深度结合的契机。

在德意志文化发展过程中，马丁·路德宗教改革导致了基督教的世俗化，推动了启蒙运动，引发了审美脱离神学获得独立，形成了德意志美学注重思辨和道德建构的特征。在18世纪启蒙精神的催动下，审美与教育被提升到空前的高度。在德语中，启蒙指的是自我成长发育和自我进步的过程。由此审美与教育不仅是改造个体的力量，而且是社会革命的动力和方式，也成为审美现代性形成时的一种特殊景观。同时，德意志知识界对德国现实的庸俗鄙陋深为厌恶，想逃到一种幻想的乌托邦中寻求安身立命之所，由此形成了德意志审美乌托邦理论话语，试图通过以艺术为中心的审美革命来改造人的意识，消除异化，实现人的解放。

一　古希腊至17世纪的美育理论

古希腊从苏格拉底开始了从探寻自然到思索人自身的重大文化转型。前苏格拉底时期的古希腊思想家更多地关注自然本体的问题，他们借助对自然本体的设定来理解人的存在。当苏格拉底发现人无法借助解释自然达成对人的把握时，便试图将人置于本体地位，通过审视人自身的心灵的途径来研究自然、领悟世界。在苏格拉底看来，人如果要成为理解世界的本体就必须超越自然，否则人只不过是自然的一部分。超越自然对人而言就是　种生存拯救。人离不开自然而又要高于自然似乎是一个悖论，而这个几乎不可解的悖论在苏格拉底那里成为人类最重要的精神价值，即在无法脱离的自然中追求一种至善的生活。黑格尔曾说过："在苏格拉底那里，我们也发现人是尺度，不过是作为思维的人；如果将这一点以客观的方式来表达，它就是真，就是善。"① 苏格拉底提出了"德性就是知识"的观点，认为一个人对他自己的认识，就是关于德性的知识。而德性就是指过好生活或做善事的艺术，是一切技艺中最高尚的技艺。"德性就是知识"的实质在于强调知行合一、真善统一。所以，苏格拉底一再教诲人们，生活的意义在于善行，在于不断的道德完善。而美德和知识可以通过受教育而得到。教育就是学习知

---

① ［德］黑格尔：《哲学史讲演录》第2卷，贺麟、王太庆译，商务印书馆1960年版，第62页。

识、掌握知识、运用知识的基本方式和过程。同时，在苏格拉底看来，衡量美就像掌握知识一样，需要教育的培养和训练。只有在教育中，人们才能认识到关于美的真理，掌握美的知识，实现最大美——善行。

在苏格拉底的影响下，柏拉图提出借助文学艺术进行教育，按照他的国家观念和伦理观念，培养品性正义的保卫者，建立符合正义的理想国，实现他的政治纲领。由此古希腊审美教育理论与人的心灵的培养、城邦公民的伦理道德教育紧紧相连。伦理道德要求成为人们认识和判断艺术作品审美价值的一个重要标准。在古希腊，政治、城邦和公民是同构的关系，人之所以成为人是城邦给予的，人在城邦之外是无法成为个体的，除非是野兽，人性实际上是在城邦中实现的。按照柏拉图《国家篇》观点，理想城邦国家的目标不是为了某个阶级的幸福，而是为了全体公民的最大幸福，亦即城邦国家作为一个整体得到幸福。理想城邦的公民分为三个等级：最高的是"哲学王"，即城邦的治理者；其次是军人，即城邦的保卫者；最低的是农夫、工匠和商人，即物质财富的生产者。一个城邦的正义是由于城邦中三个等级的公民各安其位，各司其职。柏拉图强调指出，国家就是个人的放大，个人就是国家的缩小。个人的灵魂包括三种成分：最好的是理性，它爱好的是真理和智慧，为整个灵魂谋划，在灵魂的三种成分中起统治作用；其次是激情，它爱好的是名誉和胜利；最坏的是欲望，它爱好的是利益和钱财。在灵魂中，激情和欲望只有接受理性的指导，选择追求智慧的快乐，才是真正的快乐，这样的生活才合乎正义；如果灵魂被欲望统治着，理性就受到奴役，这样的灵魂也就受到奴役，这种生活是最不幸的。这意味着，只有理性和爱好智慧才是真正的快乐和利益，同时只有哲学家才懂得真正的快乐和利益，所以应该由哲学家统治城邦，正确地引导和教育公民。国家公民的三个等级与个人灵魂的三种成分彼此相应，就形成了理想国的四种德性：智慧、勇敢、节制，以及由这三种德性结合而成的正义。为了实现政治理想，柏拉图强调借助于灵魂秩序和城邦秩序的类比，使得城邦如同灵魂的各个部分之间一样，因相互关联而"共在"，因各司其职、各负其责并在"正义"和"友爱"之公共德性的引导下达到内在的和谐公正，因而人的心灵保持宁静而节制，城邦得到良好治理而不乱。为此，除了在政治、法律、道德、军事方面采取各种措施外，还需要在文化艺术上实现教育，其教育实施内容就包括审美教育。

柏拉图从理念论出发，将与"美的东西"相对的"美本身"视为绝对的、超验的、本体性存在，从而赋予美以超越性维度，而这一维度的根基在于对人的生存意义的思考，即真正的人不应只是生活在物质和感性满足的束缚之中，而应具有一种超越于感性物质之上的精神追求。由此柏拉图将对美的超越性的探讨与对于人的生存的现实关怀结合起来。美不等于善，但却是真正的理想的人的生存活动的一个不可缺少的重要方面。在《会饮篇》中，柏拉图描述了审美对于人性的提升过程："先从人间个别的美的事物开始，逐渐提升到最高境界的美，好像升梯，逐步上进，从一个美形体到两个美形体，从两个美形体到全体美形体；再从美形体到美的行为制度，从美的行为制度到美的学问知识，最后再次从各种美的学问知识一直到只以美本身为对象的那种学问"①，从而进入审美所能达到的一种最高的境界。柏拉图对于审美的探讨是在对政治、城邦、教育等问题的讨论中进行的。为了培养理想的城邦国家的统治者和保卫者，柏拉图非常重视审美教育的作用，尤其是音乐教育。在柏拉图看来，音乐教育比起其他教育都重要得多，因为节奏和乐调具有最强烈的力量，浸入灵魂的最深处，如果进行音乐教育的方式得当的话，灵魂就得到美的浸润，灵魂也就因而得到美化。反之，如果没有这种得当的教育，灵魂也就因而丑化。进言之，受过这种得当的音乐教育的人，可以很敏捷地看出一切艺术作品和自然界事物的丑陋，很正确地加以厌恶。反之，一看到美的东西，他就会赞赏它

_____

① ［古希腊］柏拉图：《文艺对话集》，朱光潜译，人民文学出版社 1963 年版，第 273 页。

们，很快地把它们吸到自己的灵魂里，来滋养自己，从而使自己的性格也因此而变得高尚优美。因而有美学史家指出："关于音乐中固有心灵之特性这种学说，在柏拉图的美学中居头等重要地位。这不仅由于，这种学说极大地解决了他的审美趣味的标准问题，而且也由于它是柏拉图所精心开掘的一种著名的方法的基础。这种方法就是把美学观念运用于教育方面。"①

柏拉图区分理念世界（伦理精神世界）与感性世界（日常生活世界），以理念世界的理性法则塑造现存世界的感性秩序。教育的目的就在于把人的灵魂从不断纠缠它的生灭着的感性世界解放出来，使它提升到永恒的理念世界。由此，一切艺术形式必须以体现善的理念为最高旨趣。柏拉图强调，人性中最好的部分是理性部分，低劣的部分是无理性的部分。理性部分不可模仿，也不可欣赏；无理性部分最便于模仿。所以，很多诗人为了讨好群众，博取名利，就要逢迎人性中低劣的部分。由此柏拉图认为古希腊悲剧作品就缺乏善的教育功能，滋养了人的"感伤癖"：人们"亲临灾祸时，心中有一种自然倾向，要尽量哭一场，哀诉一番……诗人要想餍足的正是这种自然倾向，这种感伤癖"②。"听到荷马或其他悲剧诗人模仿一个英雄遇到灾祸，说出一大段伤心话，捶着胸膛痛哭，我们中间最好的人也会感到快感，忘其所以地表同情，并且赞赏诗人有本领，能这样感动我们。"③ 但是临到悲伤的实境，人们总是让理智把感伤癖镇压下去，以能忍耐、能镇静自豪，以为这才是男子气概；现在看到悲剧表演，便拿旁人的痛苦来让自己取乐，以求得悲剧快感。但是旁人的悲伤可以酿成自己的悲伤。这样，如果拿旁人的灾祸来滋养自己的哀怜癖，等到亲临灾祸时，这种哀怜癖就不易控制了，更没有坚韧的毅力担当苦难了。而喜剧性的作品满足

---

① ［美］凯·埃·吉尔伯特、赫·库恩：《美学史》，夏乾丰译，上海译文出版社1989年版，第57页。

② ［古希腊］柏拉图：《柏拉图文艺对话集》，朱光潜译，人民文学出版社1959年版，第69页。

③ 同上。

"诙谐的欲念"。人们平时遇到笑料，总是让理性压制住本性中诙谐的欲念，因为怕人说是小丑；现在看到喜剧表演，便逢场作戏，尽量让这种欲念得到满足，结果就不免于无意中染上小丑习气。所以，柏拉图认为古希腊悲剧和喜剧无法对人实施审美教育，更不能有助于理想国的实现，因而对古希腊悲剧和喜剧持否定态度。

晚期的柏拉图的哲学观点较之前期和中期出现了显著的变化。通过三次西西里之行的政治实践的失败，柏拉图意识到原先在《国家篇》中提出的理想国是行不通的，从而在《法律篇》中提出以法治为基本特征的"第二好的国家"。柏拉图将"第二好的国家"和模仿最优美、最高尚的生活的悲剧相提并论："我们按照我们的能力也是些悲剧诗人，我们也创作了一部顶优美、顶高尚的悲剧。我们的城邦不是别的，它就是摹仿了最优美最高尚的生活，这就是我们所理解的真正的悲剧。你们是诗人，我们也是诗人，是你们的同调者，也是你们的敌手。最高尚的剧本只有凭真正的法律才能达到完善，我们的希望是这样。"① 哲学王统治城邦的政治理想彻底破灭之后，在伦理道德领域中，柏拉图给予欲望以合理的表达空间，由原来否定快乐（快感），进而肯定善是智慧和快乐（快感）的结合。同时，柏拉图已经认识到无论什么样的统治者都必须受到法律的约束，只有当法律的权力高于统治者的权力，即法律的权威至高无上时，国家的治理才能走上正确的轨道而免于灾难。因而柏拉图对悲剧诗人做出了肯定的评价，并将悲剧诗人与立法者等几乎相提并论。但是，悲剧要服从法律的支配。柏拉图强调最高尚的剧本只有凭真正的法律才能达到完善。因此，来自异邦的悲剧不能直接在市场搭起舞台上演，而是要经过官方的审查："一个城邦如果还没有由长官们判定你们的诗是否宜于朗诵或公布，就给你们允许证，它就是发了疯。"② 正是由于柏拉图高度重视法治权威的理性法治

---

① [古希腊] 柏拉图：《柏拉图文艺对话集》，朱光潜译，人民文学出版社 1959 年版，第247 页。

② 同上。

观，才从根本上拒绝了在国家管理事务和社会政治生活中不受法律约束的任意和暴政，从而才能够用以正义、理性为深刻根基的法律规范去保障政治生活和社会生活的合理秩序。法律就是灵魂和德性的教化，并且是全方位的、持续的教化。教育旨在人的灵魂的和谐，培养人的幸福观念，即幸福在理智、情感和欲望之间有一个和谐的秩序。而悲剧应该用文句优美的辞篇教育公民，尤其是儿童，使之成为具有高度政治意识和稳妥道德观念的自由人。

亚里士多德像柏拉图一样高度重视审美教育。他把审美教育同城邦的长治久安和人生的终极目的——幸福和闲暇——紧密结合在一起。亚里士多德认为，教育的目的是使公民养成良好的德性，以使整个城邦变成善邦。人的最高目标与一切行为的目的是为了"幸福"，而幸福就是至善，它表现为思辨、德性与智慧，这是人在闲暇中应当追求的东西。艺术有助于人的最高目标，实现幸福。由此亚里士多德指出，体育教育有助于培养青年人的勇敢和体魄，而音乐教育在提高人的审美鉴赏力，陶冶性情和灵魂的同时，有助于人安然享有闲暇，获得比普通的快感更为崇高的体验。亚里士多德较之柏拉图，更强调文学艺术的独立作用，肯定文学艺术给人以审美快感，在闲暇消遣的过程中恢复心理平衡，使人的灵魂得到净化，并以此去教育儿童，培养未来的公民的理想人格。所以，在缔造理想城邦的过程中，立法家要注意以立法的手段重视对儿童的包括诗歌、音乐、绘画在内的审美教育，由此感性欲望的诱惑和世俗生活的快乐都可在追求灵魂高贵和完善的人的德性的自制力上得到"节制"，从而获得幸福。

亚里士多德《诗学》的内容，关注的是悲剧构成的要素和写作方法，亦即围绕如何实现悲剧的效果来写作悲剧。亚里士多德讨论悲剧效果的毋庸置疑的前提是悲剧的城邦政治基础，是雅典公民对悲剧英雄的命运，对自身与宇宙的关系、对人与神之间关系的圆融自恰的"整一"理解。亚里士多德强调，悲剧通过引发怜悯和恐惧使这些情感得到纾泄，从而建立起城邦的政治秩序：人与人的秩序，以及人与宇宙的秩序。对此，亚里士多德是这样描述的："怜悯的对象是遭受了不该遭受之不幸的人，而恐惧的产生是因为遭受不幸者是和我们一样的人。"① 在亚里士多德看来，人或强或弱都存在着怜悯与恐惧之情，而悲剧具有陶冶性情的作用，通过对悲剧的审美鉴赏，使人的情感达到中和，产生一种无害的快感，从而令其情感得到净化，进而达到道德教育的目的。悲剧为城邦提供了公民乐于接受的、能够调节生理和心态的途径。人在悲剧英雄的行动中被唤起恐惧与怜悯的情绪，这种情绪又反过来在实际的政治生活中引导着行动，使人的行为节制与审慎。这就是说，人通过欣赏悲剧，沟通了艺术作品中的悲剧与现实生活中的悲剧，使悲剧艺术经验走向生活经历和体验。

古罗马时代的理论家贺拉斯建立了完整的古典主义美学标准，在为文艺的功用制定规则时，他强调"寓教于乐"。"寓教于乐"一方面强调文学艺术在现实中的教育作用："诗人不会作战、耕耘，但能效劳社稷，尽他绵薄的力量，达到伟大的目的。诗人使牙牙学语的小孩知耻识礼，教他们听到粗鄙的话则掉首掩耳；诗人能循循善诱，使人心默化潜移，矫正粗暴的行为，排除愤怒和妒忌；诗人能歌功颂德，立模范以教后世，给悲观失望的心灵带来无限慰藉。"② 另一方面贺拉斯也很重视文学艺术的娱乐功能，希望文学艺术兼顾教育与审美。在贺拉斯的影响下，"寓教于乐"成为古典主义美学的基本内涵。

当古希腊人沉溺于享乐主义的生活方式时，他们始终能够使享乐主义的生活方式保持一种美感，让肉体的放纵伴随着一种精神陶醉，而决不至于把情欲的宣泄降低到兽性的和变态狂的程度。然而古罗马人把古希腊的感性主义蜕变为一种单纯的享乐主义，不仅毫无审美情趣可言，相反，变成了本能欲望的发泄甚至是变态的发

---

① ［古希腊］亚里士多德：《诗学》，陈中梅译注，商务印书馆1996年版，第97页。

② ［古罗马］贺拉斯：《诗话——上奥古斯督书》，载《缪灵珠美学译文集》第1卷，中国人民大学出版社1987年版，第67—68页。

泄。基督教在古罗马帝国的传播与发展，与古罗马帝国的感性主义的蜕变和泛滥是分不开的。中世纪基督教文化忧虑世间的沉沦，追求灵魂的拯救，取代了古罗马的物质主义、纵欲主义的文化。同时，中世纪基督教文化走向了禁欲主义，牺牲肉体感官享受，通达神的国获得拯救。中世纪时期，审美与教育皆成为神学的附庸，教堂的圣乐和赞美诗是用来感受上帝的慈爱、天国的纯洁和美的教育内容。

　　饱受了中世纪禁欲主义折磨的痛苦之后，文艺复兴时期的西方文化回到古希腊文化寻找源泉。学术界普遍认为，文艺复兴最大的贡献就是"人"的发现。尽管这个"人"在文艺复兴的不同历史阶段和不同国家有不同的含义，但相对于中世纪，这个"人"首先或者主要是感性意义上的人。因此，文艺复兴给人带来了生命活力和自然欲望的解放，以自然感性生命为核心内涵的个体幸福成为价值判断的基础。当文艺复兴时期的人文主义者把古希腊和罗马统称为古典时期的时候，他们对古希腊罗马的古典精神的概括，主要指异教的、现世的、人文的、自由的，以及文艺上的典雅、优美、和谐与高尚。卡斯特尔维屈罗作为文艺复兴时期最有影响的悲剧理论家，主要根据古希腊罗马的文艺理论和创作经验，来解释亚里士多德的悲剧学说，另外也结合文艺复兴时期的创作实践赋予《诗学》以新的意义。亚里士多德驳斥了柏拉图的戏剧对人的道德教育具有不良影响的论点，强调悲剧给人以良好教育，通过引发恐惧和怜悯来净化激情。卡斯特尔维屈罗认为，亚里士多德关于悲剧的理解无形中否定了缺乏净化作用的悲剧的存在。但事实上缺乏净化作用的悲剧不仅大量存在，而且还能给人以快感。因而在悲剧究竟是为了快感（娱乐）还是实用（教益）的问题上，卡斯特尔维屈罗对亚里士多德的观点加以修正，并明确表述悲剧的主要目的是给人快感（娱乐），而不是实用（教益）。悲剧中特有的快感来自一个由于过失、不善亦不恶的人由顺境转入逆境所引起的恐惧和怜悯。他认为，从怜悯和恐惧来的快感是真正的快感。一方面，当别人不公正地陷入逆境而感到不快的时候，人们同时也认识到自己是善良的，因为人们厌恶不公正的事情，人们都天生地爱自己。这种认识自然引起很大的快感。另一方面，人们通过悲剧认识到这种苦难可能降到自己或者和自己一样的人头上，明白了世途艰险和人事无常的道理，这种道理比起由别人像教师那样一本正经地灌输给自己，更能使人们喜悦。这种喜悦，卡斯特尔维屈罗称为相当强烈的快感，是指一种经过领悟后产生的心理愉悦，显示了人文主义者倡导具有审美意义的感性论。因而有思想史家评论说：

> 意大利人文主义者所追求的理想，不是某一种信条或某一种意识形态，而是一种优雅的、有风格的生活方式——"把生活创造成一件艺术品"。人们努力通过文学的风格意识和古典的和谐意识来全面开发和协调人的天性，培养自己的品性。实际上，人们兼收并蓄，避免教条主义，形成了一种用美学原则把各种思想结合在一起的折衷主义。艺术感和美感是文艺复兴时期的显著特征，在一定程度上也是更复杂精深的知识环境的产物。这里没有新的教条，没有主宰的探究路线。人们在大量有意思的古代思想中尽情享受。①

可以认为，文艺复兴时期的美学关注的是被中世纪禁欲主义所淹没的活生生的人，长期受到压抑的世俗生活的丰富的情感由此被释放出来；17 世纪的新古典主义美学关注的则是被历史和新生活所忽略的秩序。秩序被看作是古典的真正价值所在。17 世纪的思想主潮是高扬理性。理性的外化便是秩序。古典乃是指一种知识和情感探询的态度，它是人们内心生活的一种趋势——总是习惯于从历史的维度上、从过往的经验上求得对于生活的答案；相信存在着古今不变的永恒的真理，承认普遍的人性和社会性，相信社会与自

---

① ［美］罗兰·斯特龙伯格：《西方现代思想史》，刘北成、赵国新译，中央编译出版社2005 年版，第 15 页。

然之间有一种对应的秩序和规范，这种秩序和规范是早已经发现了的，并且获得过接近完美的表现。新古典主义的审美意向就是围绕理性秩序与规范建立悲剧艺术原则。基于此，高乃依对亚里士多德的净化说进行了新的解释。高乃依认为，亚里士多德《诗学》中讲到"净化"，意思是指人通过悲剧所激起的怜悯和恐惧，就避免了导致剧中人物的不幸的激情。这种对激情的净化，在高乃依看来，必须和惩恶扬善的道德教育目的紧密地联系起来。悲剧应该通过观众自我内心的惊悚达到道德教育的目的，教导观众克制自己的情感和欲望，而不单单是观众内心情绪的片刻宣泄。这体现了新古典主义的包括激情在内的人的感性经验服从于理性的悲剧观念。但是，要充分发挥悲剧惩恶扬善的作用，在悲剧创作上还必须找到一种促使怜悯之情产生的有效方法。怜悯之情的产生，有赖于悲剧中矛盾冲突的产生与解决。在古希腊的悲剧中，这种冲突在很大程度上是发生在朋友、仇敌或素不相识的人之间的血腥杀戮。但是并不是每一次杀戮都必然构成悲剧，或者必然产生怜悯之情，只有那种"发生在血亲或者感情使其利害相关的人们之间，例如丈夫杀死或者将要杀死妻子，母亲杀死或者将要杀死她的孩子的事故，兄长杀死或者将要杀死妹妹，才对悲剧十二分相宜"[1]。特别是一个人不知道自己和正要杀害的对方有亲属关系，但由于发现及时，对方终于得救，这种方式的悲剧最为崇高优美。在高乃依看来，亚里士多德就是持上述观点的。不过，他认为亚里士多德提出的此类悲剧的"解结"方式并不足取，下列条件下的悲剧应当比亚里士多德所说的悲剧更伟大、更卓越："如果我们已经尽了最大的努力，然而由于更高的力量或者由于命运的转变，他们不仅达不到目的，反而一命先亡；或者反而受制于对方，不能有所作为，毫无疑问，可以成为一类比亚里士多德承认的第三类还要卓越的悲剧。"[2] 也就是说，只有

---

① ［法］高乃依：《论悲剧》，载马奇等编《西方美学史资料选编》上卷，上海人民出版社1987年版，第376页。

② 同上书，第378页。

那些以主人公虽经顽强抗争，但由于不可改变力量的作用，最终遭受不可避免的失败为主要内容的悲剧，才真正具有震撼人心的净化力量。他声称，亚里士多德没有看到这些情况，是因为在当时的舞台上还没有这样的例子。自己并非要反对亚里士多德，只是希望能够找到一种更加适合时代的新型悲剧。不仅如此，高乃依自认为找了化解矛盾冲突的办法。那就是先将矛盾的双方置于高度紧张的情境之中，双方矛盾尖锐似乎难有回旋余地，然而由于"更高的力量"出现，原本无法调和的矛盾得到意外而又合乎情理的解决，使情节安排显示高度的艺术技巧。例如，在高乃依本人创作的悲剧《熙德》中，国王作为"更高的力量"成了解决矛盾的纽结，充分体现了对王权与理性的尊崇。因此雷蒙·威廉斯对于新古典主义悲剧观念做出了如此的论断："新古典主义是古希腊理论和实践的贵族式翻版，而不是它们的复兴。"[①] 由此可见，从文艺复兴时期的美学发展到 17 世纪新古典主义美学，西方对于审美与教育的理解从未越出古希腊人的诠释。

二 德意志审美乌托邦理论话语的产生

现代性的兴起和危机与基督教的世俗化具有直接关系，由此神圣与世俗构成了现代性批判的一对主导范畴。基督教作为超验性信仰的主旨是，人类无论通过自身德性的增进还是通过社会政治的完善，都不可能实现幸福的伦理理想，拯救人的力量源自对上帝的信仰，来自上帝的恩典。基督教在发展过程中，不断强调神的世界的圣洁与人的世界的邪恶。奥古斯丁的"上帝之城"和"尘世之城"的区分即从理论上强化了这种对立。但是，绝对纯净的"上帝之城"和绝对邪恶的"尘世之城"的对立导致中世纪基督教发展出禁欲主义的思想，使得世俗生活全无意义，人的拯救是以牺牲此世的幸福和欢乐为代价的彼岸拯救。而且在实践中，伴随着对异教徒

---

① [英] 雷蒙·威廉斯：《现代悲剧》，丁尔苏译，译林出版社 2007 年版，第 19 页。

的残酷迫害和对满足欲望的世俗行为的全面否定，导致了非常严重的后果：在教义上，本来基督教的根本奥秘是神的万能和人的自由意志的共存，因此，皈依上帝永恒存在的圣洁灵魂得救，服从欲望之邪恶意志者永罚地狱，由此天堂和地狱是共存的。但是，对异教徒的迫害和对世俗生活的摒弃取消了这种共存的秩序。在教会内部，随着政教合一的进程，掌握了世俗政权的教会，尽管是作为"上帝之城"的代表来管理"尘世之城"的世俗事务，但并没有把神的博爱带给人类社会，反而在神的博爱的名义下产生了比完全世俗的政权有过之无不及的罪恶勾当。中世纪传统的天主教灵魂救赎理论显然已不能解决人的灵魂救赎问题，反而会由于服从和遵循了传统的赎罪活动方式而加重现实的痛苦。这种痛苦不仅是外在的、肉体上的，往往还是内在的、精神上的，即对外在权威的盲从和个体理性认知力量的丧失。

　　马丁·路德宗教改革正是源于他在中世纪基督教的理论和实践中无法找到能够释解他及其同时代人所面临的精神困惑和肉体之苦的方法。中世纪传统的天主教教义以人的外在善功为拯救之本，它将信仰具体化为遵守上帝的诫令——履行严格的教规、行善避恶等。信仰的世界与现实的世界通过善功和上帝的赏罚联系了起来——为了得救，必须多做善功。而马丁·路德强调一个人的灵魂能否得救，得称义人，主要靠个人的虔诚信仰，斋戒、朝圣、施舍和购买赎罪券等善功圣事无助于内在灵魂的救赎。在此基础上，马丁·路德进一步提出，一个人能否获得释罪，取决于他的行动是否令上帝满意。上帝最满意的人，无非是踏踏实实地工作，兢兢业业地去劳动、积累和创造社会财富的人。所以，马丁·路德认为，人在世间的生活与劳作就是为了荣耀上帝，为了完成上帝交付于人的使命。每个人无论属于何种社会等级都同是上帝的子民，都有义务遵从上帝为其所安排的各种社会制度和生活方式。因而马丁·路德所进行的宗教改革，在其发展的结果中成长为一种世俗的自我确定性。自从路德之后，劳动、经济关系越来越受到重视，成为公共领域关切的基本主题，黑格尔把它看作市民社会的基础，马克思更把它看作一切意识形态的基础和社会发展的动力。正是在世俗劳动的基础上，人们的物质利益需要得到了肯定，产生了现代的所谓以"权利"为本位的政治哲学和伦理学。不论是亚里士多德所代表的古希腊的城邦伦理还是奥古斯丁所代表的中世纪基督教伦理，其伦理目标都是追求灵魂的高贵与神性；而马丁·路德宗教改革之后的伦理可以说是走向"市民伦理"，其伦理目标是追求世俗生活中的权利。现代伦理的目标不是论证人如何高贵并获得永恒的幸福，而是要论证人之为人的权利是什么，这种权利为什么需要通过严格的法治来保障。至于幸福，则是个人的私事，国家、政治不应干预。就像从前德性被视为做人的根本一样，现在自由被视为人的存在理由，自由的人也会追求幸福，但有比幸福更高的东西：那就是与自由主体相配的尊严。

由此，18 世纪启蒙运动的"理性主义"，借助马丁·路德宗教改革反对外在教条权威的思路，形成自身的内在权威，亦即"理性"与"自由"同一。"自由"乃是"自己"。一切出于"自己"，又回归于"自己"。启蒙思想进而颠覆了西方文化对人的传统理解，将人看作独立于每一个他者的自足个体。这种原子式的个体在道德上的自主性，不仅因其自主而对立于自然，而且也因其自主而无须求助于上帝或共同体，只需求援于理性。这样一来，把世界看作上帝设计的秩序，把个体看作共同体的一部分的传统观念就被合理地排除了，原子式的个人之间的契约性结合就成为理解社会秩序的基本原理。这个基本原理所肯定的"社会"，就是"市民社会"（civil society）。在这样理解的社会秩序中，国家只是维护个人权利的工具性的实体，而不像传统共同体那样承载着伦理的价值。于是，在对人和社会的现代性理解中，"普遍伦理"和上帝一道消失了，原子式的个人成为世界的支点；人只能在市民社会中追求个人意志的实现，在政治国家中寻求政治正义的伸张，而不能指望更高的善。这样，对于启蒙运动之后的西方思想而言，在政治正义的视野内寻求对人和社会的终极解释，已经成为替代神学信仰解释人类生存问题的唯一方案。在这一新的解释世界的方案中，上帝的神圣形象被颠覆，原本存在于世俗世界与神圣世界之间的紧张和冲突被市民社会与政治正义之间的紧张和冲突所取代。也就是说，启蒙运动之后的西方思想建构了理解世界的一种现代模式。这种模式试图以不同于宗教的方式，重新把握人类生活中无法消除的紧张和冲突，即理想世界与现实世界、自由与必然、应然与实然之间的紧张和冲突。在这一现代冲突模式中，市民社会在伦理上的不完善替代了原本的世俗世界的不完善，而这种不完善现在只能通过政治正义的不断发展而得到克服。因此，在祛魅后的现代世界中，人的终极自由以及体现这一自由的生存方式就只能靠政治正义来落实，除此之外人类不能有更高的奢求。不过，这并不意味着人消除了生存的矛盾而达到了终极自由。当善需要以个人为基础加以规定时，怎样将个体的道德自主与社会的伦理有效地结合起来，从而为市民社会中无限增长的个体理性在追求道德自主的冲动中找到一个稳固的伦理根基？在市民社会中建立起来的社会联合只是利益的联合，它与"社会的人类"所要求的伦理关怀之间存在着巨大的冲突。不把克服这种冲突作为一种伦理目标，就无法追求人的完善；不追求人的完善，就等于认可了物役的合理性；而承认物役的合理性也就等于放弃人的自由，等于最终否定了人的存在的意义。这实质上是自构了伦理困境，最终人所能获得的也许只是"道德正当"却并非"绝对正义"。所以，如何在自由和合法了的物质利益基础上建立新的伦理秩序，就是启蒙思想家的新任务。

可以说，从马丁·路德开始的"宗教改革"，把"个人"置于灵魂救赎的中心，每个人须独自面对上帝，依靠内心的虔诚获救，即所谓"因信称义"。而从18世纪起，"个人"也成为德意志哲学的主题，它完整的哲学表达是：自由、自主、自决的个人主体。然而，在一个没有外来决定者和拯救者的世界中，有限的个人主体如何能够成为天地间的立法者？启蒙运动的发展引发了基督教的世俗化，美学在世俗化的语境中逐步脱离神学而获得独立。但是，基督教文化传统和德意志民族的虔诚信仰并未由此消失，而是以世俗化的方式转移到各个人文领域。在美学领域，美学承诺自己可同神学一样担负探讨和表达真理的使命，或者同神学一样起到道德教化的作用。按照一种现代假定，主体包括"知"（认识能力）、"意"（欲求能力，即意志）、"情"（情感）三种能力。关于"知"的研究构成逻辑学，关于"意"的研究构成道德哲学或伦理学，关于"情"的研究就是美学。鲍姆加登最初在理性主义体系里构想出一门准认识论性质的"感性学"或"美学"；而后，康德在批判哲学范围内为之确立主体的根基，把美学由认识论转到价值论、由纯粹思辨转到人生境界的提升；席勒从康德的概念框架出发重新诊断近代社会，在《审美教育书简》中，把审美教育看作弥补社会制度、科学技术和人格缺陷的有效手段，作为解决现代人不可避免的内在分裂的决定力量，视之为实现民族政治自由和人类解放的必由之路。此论成为以后各种各样的审美乌托邦理论话语的主要来源。审美乌托邦实质上就是完整的人或社会必须具备的超验的想象能力和批判能力，审美乌托邦理论表现着人类对精神世界的自由和理想世界的实现的孜孜不倦的追求。

第二节　德意志审美现代性美育话语的建构

可以说，就思想的结构层次而言，美学在古希腊到 17 世纪新古典主义时期并不处在人的知识关切的中心位置。以"美"和"审美"作为人类精神与经验世界一部分的独立价值，是在 18 世纪启蒙运动中正式确立的。启蒙运动以来，基督教信仰面临全面的危机，基督教神本主义不再是社会的精神基础，以"人性"信赖为核心的人本主义或人道主义成为普遍的意识形态，文学艺术脱离神学获得审美独立，并转向人学及对人的关注。然而，在启蒙现代性的规划实施下，理性作为人性的唯一特质被突出强调出来，人被塑造成为理性单维主体，人性在感性的被压制和理性的畸形膨胀中被撕成碎片，导致了人性的分裂，即感性和理性的分裂，这从根本上危及了现代社会的人性基础。由于人的理性无限度和无节制的扩张，迫使神的退隐和共同体的解体所带来的危机需要依赖人自身加以解决。也就是说，被分裂的人，反而依靠已经破碎的人性自我重新建立起"整一"；神退隐后留下的"神圣"的空白，反而要靠破碎的人性自我来填补。这是启蒙运动以来的美育理论所产生的思想背景。失去了以神作为存在的最终依据之后，人类面临的是作为主宰的"我"与外部世界的所谓主观与客观的分裂与对立，以及由此所带来的普遍与特殊、唯心与唯物等一系列的分裂与对立，是神退隐之后的空壳与人之纯粹自然生命的对立。整全之内，冲突可以调和，可以转化，也可以平衡，因而也是可以被"净化"的冲突。但丧失了整全的分裂如何能够在缺乏超越与更高的"神圣"的视野之下，重新获得"整一"的理解，或者说如何在没有神的世界里使人类摆脱对死亡的"宿命"的绝望与恐惧，获得"净化"，就是启蒙运动以来的西方美学的救赎任务。其中，德国启蒙主义美学理论的表述尤为集中，提出了文学艺术通过审美之途与神学殊途同归，可同神学一样担负探讨和表达真理的使命，起到道德教化的作用；审美被表述为一种对抗现代性弊病的解毒剂。审美可以化解现代社会中感性与理性的对立，使人从社会生活到心理生活的分裂状态都回归完整统一。例如，康德注重人的基本存在问题，并揭示了人存在的深刻矛盾。康德的"人是目的"的思想，不仅为道德实践提出了绝对目的，而且为教育等所有关涉人的精神成长的条件提出了绝对要求。他认识到了人的理论理性和实践理性之间所存在的鸿沟，他寄希望于审美，以实现心理自由。审美不是人的片面的感性活动，也不是人片面的理性活动。它既有感性又有理性，它是感性和理性的统一。审美感是人的自由感。人在审美活动中由于感性活动和理性活动的交融成为完整的人。由此"完整的人"的概念，在德国古典美学那里有着举足轻重的地位。可以说，几乎所有德国古典美学家都是围绕着这个概念建立起自己的美育理论，以"完整的人"作为理想型，促进人性的成长和完善。

一　德意志美育理论的启蒙话语

强调艺术，特别是强调戏剧的社会道德作用是古希腊以来古典主义和现实主义美学理论的重要特质，18 世纪的启蒙主义美学尤其重视和发展了这个特质。在莱辛之前，狄德罗、温克尔曼都有这方面的论述。不过，莱辛更多地从实践和理论上突出了戏剧的审美教育作用，以期戏剧在培养德国市民的道德观念方面发挥更为巨大的作用。

在莱辛的戏剧评论文字中，他反复强调"天性""自然""真实"乃是戏剧的精髓，艺术家是为了教育的目的来模仿自然和人生，从而用启蒙主义的思想之光照亮了戏剧的天地，大大地促进了德国戏剧的发展。莱辛不仅一般性地规定了戏剧是道德世界的大学校（或大课堂），是法律的补充，而且具体分析了如何实现戏剧的道德教育问题。莱辛指出："剧中人物所表达的思想必须符合他的既定性格；这种思想不可能盖有绝对真理的印记；只要它在艺术上是真实的，只要我们承认，这样的性格，在这样的情况下，处在这样的激情中，只能做出这样的判断，也就够了。但是另一方面，这种艺术真实又必须接近绝对真实。"[1] 在莱辛看来，戏剧的道德教育必须首先在艺术上是真实的，这种艺术真实也就是内在的真实、性格的真实、情感的真实，而他特别突出了性格的真实。在莱辛看来，真实性是达到戏剧道德教育的艺术前提，即审美前提。因此，他在演员的表演上也对此做了说明："通过人物的口表达出来的一切道德说教，都必须是从内心里迸发出来的；演员不能对此作长时间的思考，也不能给人以夸夸其谈的印象。"[2] 他要求演员的表演，不论是表情、手势、声调都具有艺术的真实性，由此达到道德教育

---

[1] ［德］莱辛：《汉堡剧评》，张黎译，上海译文出版社 2002 年版，第 13—14 页。

[2] 同上书，第 16 页。

的作用。

　　莱辛反对以抽象格言来说服人，主张用戏剧情节和艺术形象来感染人。他指出："我并不是想说，戏剧作家安排他的剧情为说明或者证实任何一个伟大的道德真理服务是错误的。但是，我敢说，剧情的这种安排是必要的，这样可以产生不以表达某一格言为目标的非常有教益的完美作品；如果把古代人各种悲剧的结尾的最后一句格言看成似乎全剧都是为它而存在，那就错了。"① 在莱辛看来，戏剧"不需要一个唯一的、特定的、由情节产生出来的教训；它所追求的，要么是由戏剧情节的过程和命运的转变所激起的热情，并能令人得到消遣，要么是由风俗习惯和性格的真实而生动的描写所产生的娱乐；两者均要求情节的某种完整性，某种令人满意的结局"②。这就是说，戏剧的道德意义是通过完整的情节自然而然地流露出来，并伴随着情感的。他以为，戏剧的情节与道德小说和寓言的情节是完全不同的。寓言和道德小说的情节不讲究完整性，只以道德教育的达到为目的，作家认为达到了目的就可任意中断情节，"他要教育我们，他所关心的是我们的理智，不是我们的心灵，不论后者是否得到满足，只要理智得到启示，就算达到了目的"③。而戏剧的情节就应该是完整的，不但诉诸我们的理智，而且诉诸我们的心灵。这样，莱辛就对新古典主义者和受新古典主义影响的温克尔曼的"寓意说"表示了批评意见。他主张艺术，特别是戏剧要以完整的情节和真实而生动的性格去感动人，同时从中受到教益，而不是把寓意、格言硬塞给观众。这就强调了艺术的特征和审美作用对道德教育作用的决定性影响。从古罗马时代贺拉斯提出"寓教于乐"的命题以来，它就成了处理道德教育与审美教育的经典性命题，但是，这个命题的具体实现及其各种心理机制却没有得到很好的、深入的研究。莱辛的功绩就在于对其心理机制做了比较深入的

---

　　① ［德］莱辛：《汉堡剧评》，张黎译，上海译文出版社 2002 年版，第 61 页。

　　② 同上书，第 182 页。

　　③ 同上。

探讨。在莱辛看来，艺术的教育作用和审美作用就不是一个简单的"寓教于乐"的关系，而是艺术作品本身就应具有审美性质，并通过这种审美性质来发挥道德教育的作用。

德国伦理学家弗里德里希·包尔生如此阐述德国 18 世纪的思想状况："到了 18 世纪中叶，才从新教的德国开始出现了一种文艺复兴的文学艺术的余波。文艺复兴的第一次和第二次浪潮的共同特点是对个人自由的热烈渴望：个人不再情愿受现实既定的意见和制度束缚，而是欲望他的特殊个性的全面和自由的发展，欲望他所有的冲动和力量的全面和自由的训练，在争取自由的斗争中他以他的本性对抗传统习惯，而这也正是希腊人所致力的目标——个人的最自由的发展，因为这个原因，希腊精神成为人性的理想。"① 在温克尔曼的启发和感召下，莱辛、康德、歌德、席勒、黑格尔等德国知识精英把目光转向古希腊，主张个性培养和美感教化，以和谐自由的人性为理想重建德国文化。作为德国启蒙思想家，莱辛把古希腊悲剧视为一种永恒的普遍的标准和规范，认为古希腊悲剧中的人物形象体现了人性的自由，主张悲剧英雄的性格应该充分体现出英雄主义和人道精神，即体现出高尚的人性和自我牺牲精神，以此教育德国市民超越日常生活的狭隘圈子，培养德意志民族的道德品质和精神气质。莱辛对古希腊悲剧和亚里士多德的《诗学》进行了深入的研究，从中寻求符合德国启蒙主义趣味的悲剧理论和悲剧形式。对于悲剧的审美教育作用，莱辛恪守亚里士多德的"净化说"，即悲剧的审美教育方式在于引起怜悯和恐惧以促使这些情感的净化，进而指出高乃依割裂恐惧和怜悯，把其中之任一种激情当作净化的对象，认为穷凶极恶的人可以引起恐惧，大善大德之人遭受苦难引起怜悯，悲剧的教育作用就在于这种怜悯弱者和畏惧强者的处世道德之中。莱辛批判了高乃依的这种新古典主义悲剧理论，强调高乃依的观点只能导致对暴君（暴政）的畏惧和对殉道者（弱者）的

---

① ［德］弗里德里希·包尔生：《伦理学体系》，何怀宏、廖申白译，中国社会科学出版社 1988 年版，第 113 页。

同情，悲剧就失去了教育意义。莱辛认为亚里士多德的原意是把怜悯和恐惧看成紧密相关的悲剧激情："怜悯必然包括恐惧；因为不能引起我们的怜悯的东西，同时也就不能引起我们的恐惧。"① 而怜悯是由另一个人的灾难引起的，恐惧则是由为自己会遭受这些灾难而产生的。因此，恐惧是包含在怜悯之内的，这种怜悯就是我们"在任何情况下都不会消逝的对于同类的爱"②，这种怜悯包括恐惧，就成为一种悲剧所要净化的混合情感。所以，莱辛对悲剧进一步做了规定："悲剧是一首引起怜悯的诗……它是对一个引起怜悯的行动的摹仿。"③ 按照莱辛的观点，悲剧净化所引起的两种激情加强了人感受怜悯的能力，也就是恻隐之心和交往的能力。

此外，莱辛还对"净化"做了说明：

> 这种净化只存在于激情向道德的完善的转化中，然而每一种道德，按照我们的哲学家的意思，都有两个极端，道德就在这两个极端之间；所以，如果悲剧要把我们的怜悯转化为道德，就得从怜悯的两个极端来净化我们。关于恐惧，也应该这样理解。就怜悯而言，悲剧性的怜悯不只是净化过多地感觉到怜悯的人的心灵，也要净化极少感觉到怜悯的人的心灵。就恐惧而言，悲剧性的恐惧不只是净化根本不惧怕任何厄运的人的心灵，而且也要净化对任何厄运，即使是遥远的厄运，甚至连最不可能发生的厄运都感到恐惧的人的心灵。同样，就恐惧而言，悲剧性的怜悯必须对过多感觉到恐惧的人和过少感觉到恐惧的人进行控制；而就怜悯而言，悲剧性的恐惧也当如此。④

悲剧的目的是把激情转化为符合道德的内容，即通过悲剧人物

---

① ［德］莱辛：《汉堡剧评》，张黎译，上海译文出版社 2002 年版，第 380 页。
② 同上书，第 387 页。
③ 同上书，第 389 页。
④ 同上书，第 396 页。

的美德和苦难激发恐惧和怜悯的情绪，从而使观众获得诸如英雄主义和人道主义之类的精神。这种理解基本上是合乎亚里士多德的悲剧理论的，不过莱辛进行了更细致的分析，也增加了启蒙主义的道德完善的意义。对此雷蒙·威廉斯评论道：

> 对理性道德的日趋强调在一个重要方面影响了悲剧行动。它坚持把苦难与道德过失联系起来，从而要求悲剧行动体现某种道德架构。但在 18 世纪，这种苦难与道德过失的联系受制于人性静止不变的普遍看法。人们较少意识到传统道德和社会规范对这一联系的制约。这些规范事实上是特殊的历史现象，却被当作绝对的东西。在这个意义上讲，新的资产阶级道德重点发生在规范的概念之内。它添加的内容是对赎罪的信仰，而不是有尊严的忍受。从这个意义上说，过失一旦被证明，变化就成为可能。按照这一观点，悲剧表现的是过错所导致的苦难，和来自美德的幸福。凡是不这样做的悲剧都必须改写，甚至重写，以达到越来越多人所说的"诗学正义"之要求。这就是说，坏人将遭难，好人会幸福；或者像中世纪所强调的那样，坏人在世上过得很糟，而好人会发达。悲剧的道德动力就是实现这种因果关系。如果观众看到善恶因果关系的示范，他们会受到触动而好好生活。在悲剧行动之中，戏剧人物自身也会有同样的认识和改变。所以说，悲剧灾难要么感动观众而使他们获得道德认识和决心；要么可以由于良心发现而被彻底避免。①

莱辛打破了德意志文化对法国模式的依赖，强调悲剧给人们展现的应该是合乎理性的世界。因此，在舞台上不应该存在无辜的受难，理性和宗教应该使人们确信，人类并非因为其自己的罪过而受

---

① ［英］雷蒙·威廉斯：《现代悲剧》，丁尔苏译，译林出版社 2007 年版，第 22 页。

难的想法本身就是错误的、亵渎的。悲剧应该具有揭示宇宙秩序的崇高作用，以重建古希腊悲剧和谐整一的状态。

莱辛同时阐述了喜剧的审美教育的特点。他指出："喜剧要通过笑来改善，但却不是通过嘲笑；既不是通过喜剧用以引人发笑的那种恶习，更不是仅仅使这种可笑的恶习照见自己的那种恶习，它的真正的、具有普遍意义的裨益在于笑的本身；在于训练我们发现可笑的事物的本领；在各种热情和时尚的掩盖之下，在五花八门的恶劣的或者善良的本性之中，甚至在庄严肃穆之中，轻易而敏捷地发现可笑的事物。"① 莱辛在这里强调了喜剧艺术是以"笑的本身"，反对喜剧的"嘲笑"来发挥审美教育作用。嘲笑主要针对恶习而言，因此就把喜剧的对象限制得太狭窄了，所以莱辛要用笑来揭示一切可笑的对象，不论对象的本性是恶还是善，是卑劣还是庄严。同时，既然笑的对象、可笑的事情是那么广泛，因此，就不能像新古典主义所规定的，喜剧只能表现地位低下的人，即反对用喜剧来嘲笑一般市民的贵族倾向。这一点高乃依也已意识到了。高乃依就曾说过，亚里士多德关于喜剧描写身份极为低下的人物的观点，对于变化了的时代已经不完全正确了，"如今在喜剧里甚至可以描写国王，如果他们的行为并不高出于喜剧的境界"②。然而高乃依仍然坚持悲剧题材的崇高性，而与之相对的"喜剧则只需要寻常的、滑稽可笑的事件"，"喜剧则满足于对主要人物的惊慌和烦恼的模仿"③。可见，高乃依并未完全超出传统的关于悲剧与喜剧的观点，而莱辛则明确地把喜剧的审美教育的特殊作用规定为笑和发现可笑的事物，而并非在于嘲笑。在莱辛看来，"每一不合理的行为，每一缺陷与真实的对比，都是可笑的"，我们笑可笑的人物，但并不一定是因为鄙视他，甚至并不减少对他的尊敬。④ 因此，喜剧是

---

① ［德］莱辛：《汉堡剧评》，张黎译，上海译文出版社 2002 年版，第 149 页。

② ［法］高乃依：《论戏剧的功用及其组成部分》，载伍蠡甫主编《西方文论选》上卷，上海译文出版社 1979 年版，第 255 页。

③ 同上。

④ ［德］莱辛：《汉堡剧评》，张黎译，上海译文出版社 2002 年版，第 147—148 页。

通过笑来揭示社会生活的矛盾，培养人们发现这种矛盾的能力，以保持社会生活的合理性和真实性。这就又回到了启蒙主义对于理性王国的真实性的信仰和现实主义的美学原则。

同时，莱辛并未把喜剧的审美作用夸大。他指出，"即使莫里哀的《悭吝人》也从未改善一个吝啬鬼，雷雅尔的《赌徒》从未改善一个赌徒；退一步说，即使笑根本不能改善这些愚汉，甚至更不利于他们，但却无损于喜剧。假如喜剧无法医好那些绝症，能使健康人保持健康状况，也就满足了。对于慷慨的人来说，《悭吝人》也是有教益的；对于从来不赌钱的人来说，《赌徒》也有教育意义；他们没有的愚行，跟他们共同生活的其他人却有；认识那些可能与自己发生冲突的人是有益的；防止发生那些例举的印象是有益的。预防也是一帖良药，而全部劝化也抵不上笑声更有力量，更有效果"①。莱辛强调喜剧应着眼于平民，旨在照亮思想和改善德行，而不可加深他们的偏见和鄙俗思想。由此，莱辛肯定了喜剧的审美作用是通过笑来使人发现社会生活的矛盾，以保持社会的健康状态，即合乎理性的真实状态和合乎人类天性的理想状态。因此，他也就强调喜剧的预防功能，而不重视喜剧的针砭功能。这与他的启蒙主义理想化观念的空想性质是不可分开的。同时，莱辛在此也流露出自膺下层民众的教导者和拯救者的优越感和距离感，暴露出启蒙思想家的某些致命弱点。

二　批判哲学体系中的审美教育

18 世纪的启蒙运动同样为康德哲学的诞生提供了思想资源，同时也成为他哲学反思和批判的对象。尽管康德与启蒙运动之间存在着极为复杂的关联，但他的基本思想立场却有很强的倾向启蒙的一面。批判哲学内部的冲突，从根本上说，也是启蒙思想本身的某种更为内在冲突的反映。批判哲学要解决的一个根本问题是：如何

①　［德］莱辛：《汉堡剧评》，张黎译，上海译文出版社 2002 年版，第 149 页。

能够在一个服从自然必然性的世界之中寻找到人类的自由和理性的尊严？

启蒙运动的宗旨可以被概括为：通过对于理性的正确运用，使得人类的生存状况朝着改善的方向不断前进。理性的正确运用却并非是天生的，而是需要通过教育实现的。教育才是开启民智和提升统治者知识水平的最基本的也是最重要的手段。在《答复这个问题：什么是启蒙运动？》一文中，康德曾对启蒙运动做过精辟的总结："启蒙运动就是人类脱离自己所加之于自己的不成熟状态。不成熟状态就是不经别人的引导，就对运用自己的理智无能为力。"①人类之所以能够摆脱不成熟而达到自律，是由人趋向完善的天性所决定的，或者说是由人本身的存在规定性所决定的。在康德看来，教育不但是要发展出人的全部自然禀赋，更应该体现出启蒙的"自律性"原则。当然，教育最终指向的自律性原则是建立在他的整个批判哲学体系的基础之上的。

康德批判哲学表明，人具有两重性：一方面作为自然的存在，必须服从自然法则，尽管人的知性能够"为自然立法"，他自己仍不得不服从他为自然确立的法则，因而是不自由的；另一方面人又是理性的存在，能够超越自然的限制，无条件地遵从人的理性为自身所立的法则而行动，因而是自由的。因此，在康德看来，教育首先应分为"自然的教育"和"实践的教育"。所谓"自然的教育"就是指按照人生长发育的自然规律所进行的身、心两方面的教育，相当于广义的体育和智育，由此，"自然的教育"视人为自然存在物，教人身体的保育和训练，使人体按照自然的规律生长发育；即便是心智的教化，作为培养人的理论理性的教育，也是为了教人认识并服从自然的法则。所谓"实践的教育"则是指根据人类社会的道德规范所开展的道德教育。由此，"实践的教育"把人作为理性存在物，是培养人的实践理性的教育，旨在教人遵循理性自身的法

————————

① ［德］康德：《历史理性批判文集》，何兆武译，商务印书馆1990年版，第22页。

则即道德的规范来生活，从而使人进入自由的王国。人类必须接受教育，主要是道德教育，一方面约束自己的非人性成分，防止人性蜕化为动物性；另一方面发展人"向善"的潜在倾向和能力，从而形成善良意志。人性的崇高和人类的伟大都是通过教育成就的，教育是养成人的一种主要的活动，因为唯有教育才能发展人的自然禀赋，使人的潜在能力得到充分的展现。

然而，进入近代以后，随着"是"的领域与"应该"的领域之间分离，出现了所谓的欲望解放和激情解放。这一解放，同时就标志着它们与理性的分离；而理性却又单纯以前两者为目的，成为工具理性。功利主义正是在这种工具理性的基础上建立起来，启蒙的理想同样也在此基础上建立起来。至此，被启蒙理想所高扬的理性精神，在显示其计算性、功利性和强效性的同时，也必然显示其"他律性"。也就是说，启蒙理性恰恰是以理性之外的东西作为目的的，理性只是实现理性之外的启蒙目标的某种技艺。由此现代性教育以强有力的规训和塑造方式把人制造成社会秩序和经济制度的工具，并且向接受规训的人承诺"成为"工具之后的幸福。教育因此背离了人及道德。康德无疑深刻地意识到了问题的严重性，其伦理学的核心问题（有理性的存在者对自身的自由欲求能力进行立法如何是自由的；自由的立法又如何只有在对上帝存在和灵魂不朽的信念范导下才具有普遍有效的规范性；义务的绝对命令性和直接的可实践性的基础等）都是在解决幸福和道德的关系问题。在这一框架中，康德宣布了基于知性形而上学论证上帝存在及其信仰的不合法性，确立了只有从实践的（道德）形而上学才能彰显本体存在（自在的自由、上帝存在）的意义的理路。因为只有在道德形而上学的实践中，人才能超越现象界的因果律达到自在的自由这一人之为人的尊严。现代性的道德教育走向了相反之途。它所教导的就是，要人们认识到自己的幸福和利益只有依靠在此岸世界的理性的行动中。教育的目的因此导向了幸福。这样，人的理性和实践本身成为获取幸福的工具，教育就是提高工具性能的手段。教育因此遗忘了"人是目的"的绝对命令。在把理性及其实践工具化的过程中，人格就降格为单纯的一种吞噬他物的存在物，人性成为物性。人的超越的自由意志和德性失去了终极的价值，人不会为自己的道德生活承担理性必然的道德使命。实践理性不是德性的根据和源泉，而成为一种获取幸福的机智。即使在这一过程中有一定限度的道德，道德也仅仅成为获得幸福的手段。

在康德批判哲学看来，以生命形式存在着的人的本质是自由，是对一切可能的和现实的超越。道德是人之为人的最高本质，其内涵是个人能够正确地、自主地使用理性，能够依照自己的原则而行动，摆脱情欲的束缚，从而获得真正的道德自由。人所具有的尊严不是人作为感性存在的尊严，而是人作为自由的理性存在的道德尊严。人永远必须通过自身的努力才能获得真正属于自己本质特征的存在，教育正是这一努力的重要方面。教育具有双重结构，一方面人是教育的创造者，另一方面教育又塑造了人。教育就是人自身生命的创造，它不断建构人的自由本质和解构非人成分并以此实现对自然、人、社会三者关系的协调。人在这一历程中不断完善，成为属人的人。此正如康德所言："人类并不是由本能所引导着的，或者是由天生的知识所哺育、所教诲着的；人类倒不如说是要由自己本身来创造一切的。生产出自己的食物、建造自己的庇护所、自己对外的安全与防御（在这方面大自然所赋予他的，既没有公牛的角，又没有狮子的爪，也没有恶狗的牙，而仅只有一双手）、一切能使生活感到悦意的快乐，还有他的见识和睿智乃至他那意志的善良——这一切完完全全都是他自身的产品。"[1] 思索人类生存、发展的命运，找寻人类自由解放的途径是康德一生的追求。正是在这终生不渝的追求中，康德发现了教育对于每个人的哲学意义，确立了教育的终极使命。教育正是在发掘人类理性而抑制动物的野蛮性，使人从习性上符合人的本质也即"理性"的道路上与审美相遇，美

---

① ［德］康德：《历史理性批判文集》，何兆武译，商务印书馆 1990 年版，第 5 页。

学成为培养具有高尚道德的人的中介环节。

康德批判哲学的最终主题是人类的自由和理性的尊严。在这一主题之下，整个批判哲学指向了人本身，即作为道德存在的人。与之相应，他的审美教育思想同样指向了人的道德性。康德认为，知性为自然立法，理性为人自身立法；前者是必然的自然领域，后者是自由的道德领域。知性能力使人成为认识主体，自然被设定为经验的客观对象，人与世界构成了认识关系。理性能力使人成为意志主体，人的社会活动被视为行动的客体，人与世界构成了实践关系。建构实践关系的理性能力的基本内核是自由意志。在康德看来，在认识领域中我们无法得到的自由却可以在实践领域得到。也唯有人的道德活动才能使人超越感性界限而达到无限的自由境界。因为在自然的领域人必须服从自然法则，人只是因果链条上的一环，没有真正的自由可言。但在实践的领域、道德的领域，人却能够超越自然的限制，无条件地遵从理性自身的法则，因而是自由的。这样，人与世界的关系处于认识与实践这两个互不相关的领域中。同时，人的认识追求"真"，力图把握各种复杂的因果关系，本能的需求是主客体之间最主要的因果关系，并且作为外在的必然性在支配着人们的行为；人在道德世界追求"善"，力图用社会规范来克制感性欲望，从而超越动物本能、超越自然因果律的制约而获得选择自己行动的自由，它作为人所特有的内在目的支配着人的行为。真与善、外在必然性和内在目的性处在矛盾冲突中。但是，人应该是完整的，应该迈进道德世界走向自由。人的存在的确有着不同的领域、不同的方式，不同领域、不同方式的存在又应该相互联系、互动互补。所以一定有着某种既不属于知性又不是理性，然而能够将这两种能力统一起来，使人类认识活动与实践活动、经验世界与本体世界发生联系的主体能力。康德把这种具有中介功能的主体能力界定为判断力。判断力分为审美判断力和目的论判断力。审美判断力具有知性能力和理性能力无法取代的功能。知性能力以一整套主体逻辑框架展开自身。杂多的经验进入知性时，知性能力的逻辑框架使杂多归于统一，建构出系统的认识结果——知识。知性能力用整体统摄个体、普遍包含特殊的方式把握对象。由知性能力构成的人类认识活动实际上是一个以逻辑为中介的分析综合过程，并被严格地限定在经验界。认识活动一旦超越经验界就会导致认识的二律背反，认识的结果将失去真理性。理性能力为主体建立理念原则，提供的是以自由为底蕴的道德律令和伦理法则。理性能力和知性能力都不能在特殊中显现普遍，在现象中包孕本体。相反，介于知性能力和理性能力之间的判断力却能够做到这一点："一般判断力是把特殊思考为包含在普遍之下的能力。"①

审美判断力不能像知性能力那样提供概念，也不能像理性能力那样产生理念，却能在特殊与普遍之中达成现象与本体、认识与实践的连联，并在特殊的事物中找寻普遍规律。审美判断力是产生美的最初基源，它在个别现象中找寻普遍本体时首先面对的是经验现象，审美判断力必须通过感性经验的建构来昭示理性的本体。所以，按照康德的说法，审美判断力具有认识和道德的双重属性。一方面，审美是感性世界中的感性认识，必须首先面临现象界，察觉事物，接受外物的刺激，触发情感来体察对象世界；另一方面，"美是道德的象征"，审美是一种高尚的情趣，是一种自由的鉴赏，当这个事物符合我们的理想中的主观目的而与道德境界紧密相连时，我们才会感觉到美。所以在审美过程中，判断力既受到外面现象界"必然性"的影响，又发挥"意志的自由"，从原来没有目的的感受（受外界必然性支配）过渡到"合于目的性"（合于意志自由），这样就把"现象界"和"自在之物"结合起来，把必然和自由结合起来，把"真"和"善"结合起来，使真善美相统一。

大自然的安排是：在人身上，感性好恶是优先发言的，而义务的声音只有在理性发展起来之后才能发出；另外，人在成长之初因为具有感性自然的特征而受到感性欲望的支配，理性能力是随着年

---

① ［德］康德：《判断力批判》，邓晓芒译，人民出版社2002年版，第13页。

龄增长才逐渐成熟起来的。于是，在进行道德教育时，不能直接从理性开始，而必须先使人的各种禀赋得到发展，即获得培养和教养，然后才能引向道德。而且，如果人没有获得好的培养和教养，那么进行道德塑造或道德教化也是非常难的。所以康德认为，要使受本能驱使的自然人转变为能够自觉运用社会规范来支配行动的人，不能单纯靠道德规范来约束，更有效的办法是通过对美的追求，也就是通过文化的熏陶使人摆脱自然欲望的束缚而变得富有教养。因此，对知性、判断力、想象力等进行正确的培养，使人们获得文化教养，就是把人导向道德实践行为的必要基础。由此推断，在康德思想体系中，审美教育是真与善由此达彼之桥，是人由经验世界走向道德世界的桥梁。

康德认为，风度、礼貌和某种机智性是文明化的特征：但它们还不是德行，只是德行的外表。为了使人们变得有道德，先培养这种外表是必需的。在康德看来，人们心灵中有一种喜欢被哄骗的倾向，即在社交中人们力图表现出一种德行的表象，因为这种表象并不一定与内在的品质和原则相应，所以，也可以看作是假象。但是，如果一个人在他人面前总是努力表现出这种假象，长此以往，就有可能弄假成真，这个人就会去思考这种假象背后应有的品质基础，从而形成信念，真正获得道德品格。在这个过程中，培养人的审美鉴赏力是一个非常重要的任务。

在康德看来，对于鉴赏力判断来说，应该存在某种主观的原则，它规定的那些招人喜欢或不招人喜欢的东西，是对所有人说的，但不是通过概念，而是通过共通的情感即"共通感"，这种"共通感"是人类的情感先验地具有普遍必然的自由本性的表现。由此，鉴赏旨在把自己的愉快或不愉快的感情传达给别人，并引起愉快，与他人共同地社会性地感受到欢喜："因为，它必须先天地包含（这种欢喜的）必然性，因而它包含它的一个原则，才能被看作这样一种欢喜，它是根据必须来源于感受性的普遍立法、因而来源于理性的那种一般法则，而在主体的愉快和每个旁人的感情相协调时产生的。这也就是说，按照这种欢喜而做出选择，在形式上是受义务原则所支配的。"① 审美鉴赏力的普遍性有着先天的来源，即理性的一般法则，所以，鉴赏力从形式上有着与义务原则相同的特点。也就是说，人们能接受审美鉴赏力的普遍原则的约束，就已经站到了真正自觉地接受道德义务原则的约束的门槛上，所以，审美鉴赏具有一种给道德以外部促进的倾向。

由于对美的事物的鉴赏必然引起感性和知性的双重愉悦，由此激发人们对美的追求，进而在人的外在表现上，如礼貌、文雅的举止，去促进人们对道德的热爱。显然在一个开化、文明的社会中，对道德的需要是胜于野蛮状态的，这体现了人们对美和善的事物的情感有相通之处。好的健全的道德教育是离不开美育的。对美的事物的鉴赏和热爱，可以唤起主体的道德热情，培养和提升道德境界，让道德行为在实践中获得真正的愉悦。

康德认为，审美活动通过"共通感"即人和人普遍交流情感而达到的，在现实社会生活中，这种感情普遍传达的经验手段就是"艺术"。鉴赏力是艺术的先验基础，人们必须先有鉴赏力才能欣赏和创造艺术。当然，艺术不同于道德实践活动，尽管艺术和道德实践活动都以自由为目的。在康德看来，只有在艺术中，人处在现实世界之外，通过美的意象来摆脱外部必然性的压力，才能陶醉于自己身心的自由表演。人在审美活动中，不必为严峻的、严肃的"天职""应当"而牺牲人的本性，牺牲自己的感性欲望。康德还敏锐地发现艺术与手工艺之间的区别。艺术是为了获得愉快的感受，在艺术创作中艺术家保持了真正的主体性，他的主观愿望可以全部灌输到作品中去；而手工艺则以赚钱为直接目的，其制作过程是令人痛苦的，毫无愉快可言，只有在手工艺品通过交换获得报酬时，主体才能获得愉快。这种愉快与审美愉悦不同，是功利的、有限的、私有的、个人的，缺乏普遍有效的自由性质。正是在这一点上，康

---

① ［德］康德：《实用人类学》，邓晓芒译，上海人民出版社 2002 年版，第 149 页。

德认为艺术更像游戏，它所获得的快感是想象的、非功利的、非生理的。在此，艺术活动便有了一种深刻的人文教育意义。艺术活动具有超越性从而担负精神彼岸性，艺术活动凭借审美的非功利性和精神性而超越生活功利性，实现精神救赎。

康德以"批判哲学"的视野和方法昭示了审美与教育在哲学层面的内在关系，指出审美与教育相遇本质是人类与实现人类自由解放路途的相遇。进而言之，人如何走出未成年状态，如何走出人更多的作为机器的状态，康德在审美无功利性之外看到了审美功利性，审美在人类走向自由的途中找到了自己的位置，显示了康德用审美来改造人性、变革社会的审美乌托邦路向。

第三节　德意志审美现代性美育话语的成熟

启蒙哲学孕育和促进了科学主义世界观，由此产生了文明对人的压迫，导致人性的不完善。由此，作为康德美学的继承者，席勒的思想转向一般人性结构，认为人在现实生活中是不自由的，人既受到自然力量和物质力量的压迫，又受到理性法则的束缚。要弥合人与自然、感性与理性的鸿沟，使受自然力支配的"感性的人"变成充分发挥自由意志的"理性的人"，审美教育就是人性完善发展的重要手段。对于康德来说，审美是以一种"判断力"，即理性观念对感性事实的运用的方式出现的；席勒心目中所想的，则是通过社会改造，建立起一个审美的自由王国。

一　"完整的人"与审美教育

18 世纪后半叶，欧洲城市中新型工厂应市场发展成为一种高度复杂的行业，开办该行业的人也就成为有权势的人。这一不断扩展的全球范围的商业造就了为它服务的商业机构，改变了人的生活方式。城市人口随之急剧增长。随着城市工厂加强了新的工作条件和习惯，城市的艺匠不得不屈从自己不熟悉的种种要求。银行和联合股份公司提供了资金进行国际商业投机。欧洲作为庞大的世界性贸易体系中心宣告完成。秉承着"工具理性"的理性主体与资本主义社会和工业制造之间处于一种合谋的关系，因此，它制造出了飞速发展的生产力，以效益的最大化为目标的秩序化生产、生活的管理化，以及人类有史以来的最大的人工造物——城市。席勒正是诞生于这样一个时代。

由此在《美育书简》中，席勒探讨了一个事关整个德意志民族前途的重要问题："这就是德国能否彻底地实现人权及民权的自由要求及资产阶级的个人的一般解放，而不致归结于雅各宾主义。"①席勒坚信，社会的改造首先在于人的改造，政治领域的一切改善都要来自人的性格的高尚化。人要获得自由不是政治经济权利的自行行使和享受，而是精神上解放和完美人格的形成。因此，达到自由的路径不是政治经济的革命，而是审美教育。席勒之所以得出这样的结论，首先是法国大革命对他产生的冲击。席勒认为，法国大革命之所以出现暴政和屠杀，根源在于近代人性的分裂。在他看来，当时的社会，为数众多的下层阶级处于粗野的无法无天的冲动之中，他们要求打破社会秩序，以无法控制的狂暴急于去得到兽性的满足；而文明的上层阶级则萎靡不振、颓废堕落，显出一幅令人作呕的腐败和没落的景象：

> 利己主义已在最精粹的社交聚会的豆荚中间建构起它的体系，而且我们经受了社会的一切传染和一切疾苦，却没有同时产生一颗向着社会的心。我们使我们的自由判断屈从于社会的专制舆论，使我们的感情屈从于社会的稀奇古怪的习俗，使我们的意志屈从于社会的诱惑；我们只有坚持自己的任性，以反对社会的神圣权利。在粗野的自然人中间，心还经常交感地跳

① ［德］汉斯·玛耶：《席勒和民族》，载《宗白华美学文学译文选》，北京大学出版社1982年版，第46页。

动着，而世故通达之士的心却集结着傲慢的自满，这就像从失火燃烧的城市中逃难一样，每个人都只是从废墟中寻找他自己的那点可怜的财产。有人相信，只有完全弃绝了多愁善感，才能够避免它造成的迷误；而那种经常有效地惩戒了空想家的嘲笑，也同样毫不宽容地亵渎了最高尚的感情。文化远没有使我们获得自由，它在我们身上培养起来每一种力量都只是同时发展出一种新的需要。自然需要的束缚令人焦虑地收得更紧了，以致害怕丧失什么的恐惧感甚至窒息了要求变革的热烈冲动，而逆来顺受这个准则被视为最高的生活智慧。因此，我们看到，时代精神在乖戾和粗野之间，在非自然和纯自然之间，在迷信和道德无信仰之间，摇摆不定；而且，有时仍然给时代精神设定界限的，也仅仅是坏事的平衡。①

席勒认为，正是文明本身使人自身的分裂和人与社会的分裂这一现代性的弊病得以充分显示出来。近代社会的特征是严密的社会分工，整个社会像一个精巧的钟表机械，无数众多的但是都无生命的部分组成一种机械生活的整体。"于是，国家与教会，法律与习俗都分裂开来了；享受与劳动，手段与目的，努力与报酬都分离了。"② 近代社会对各门学科的精确划分，对职业特性的强调，各种等级的形成，这些外在强力将人的原本完整的天性撕裂开来。为了生存和适应环境，人被迫只能发展他身上的某一种内力，从而导致了各种内力的分裂，甚至敌对。与人的这种内在分裂相应，人与社会的关系也变成了对立的。社会不问一个人的爱好、志向、性格如何，只是把他束缚在狭隘的职业领域，这样就使得人的某种能力在得到充分发展时却又压抑了他的其他禀赋。

与近代社会相对的是古希腊社会。席勒认为，古希腊人具有性

---

① [德]席勒：《审美教育书简》，载《席勒散文选》，张玉能译，百花文艺出版社1997年版，第166页。

② 同上书，第170页。

格上的和谐完整性，他们的国家虽然组织简单，但却是一个和谐幸福的集体，古希腊城邦的民主政治体制使每个人都享有自主的生活。古希腊的社会文化没有造成社会与个体的分裂以及人格内部的分裂，而且每个人既是个别的单独的个性，同时又具有完整的人性。他们将一切艺术魅力和智慧尊严结合在一起："他们同时拥有完美的形式和完美的内容，同时从事哲学思考和形象创造，他们同时是温柔而刚健的人，把想象的青春性与理性的成年性结合在一种完美的人性里。那时，在精神力量那样美妙的觉醒之中，感性和精神还没有严格区分的所有物；因为还没有矛盾分歧激起它们相互敌对地分离和规定它们的边界。诗还没有与机智相竞争，抽象思辨也还没有由于琐碎烦冗而受到摧毁。"①

在席勒看来，与古希腊社会相比，他生活的那个时代，远远不能产生可以被视为政治道德革新的必要条件的那种人性典型，反而会出现它的直接对立面。像其他启蒙学者一样，席勒坚信治理社会先要改造人，要使社会的政治有所改进，首先应该使人的性格高尚化。但席勒不同于其他启蒙学者之处在于，他清楚地看到了启蒙运动并未使人变得纯洁向善，他对用高扬理性来使人提高的做法深表怀疑，开始寻求改造人的新方法，认为只有通过审美教育和在游戏冲动中，人性才能得到完美的实现。审美是人达到精神解放和完美人性的先决条件："人可能在两条相反的道路上离开他的规定，我们的时代实际上是在两条歧路上彷徨，在这一边成为粗野的牺牲品，在那一边成为文弱和乖戾的牺牲品。我们的时代应该通过美从这两条迷途上引回正路去。""发达的美感可以移风易俗，似乎对此无须重新加以证明。人们依据着日常生活的经验，这些经验表明，理智的明确、情感的活跃、思想的自由以及举止的庄重，几乎总是与一种有文化教养的审美趣味联系在一起，而相反的东西却通常与

---

① ［德］席勒：《审美教育书简》，载《席勒散文选》，张玉能译，百花文艺出版社1997年版，第167—168页。

一种没有文化教养的审美趣味相关联。"①

审美教育为什么具有如此巨大的功能和效果？按照席勒的观点，现实的人身上既有理性也有自然性，这种自然性就是动物性。现代文明的病症就在于理性过分压抑感性、情感和肉体，从而导致人心灵丰富性的消失。理性从人那里只能取得人所实际具有的东西，却不能取得人所不具备的东西。如果理性对人的企望过高，它为了人性甚至夺去了人作为动物性的手段，那么就等于是夺去了他人性的存在条件。但是，从人具有理性的方面看，对人的教育是可能的。因为，"使人成其为人的正是在于，人没有停滞在单纯自然为他所造成的状态中，而有能力通过理性重新退回去采取自然与他一起预期的行动，把需要的产品改造成为他自由选择的产品，并且把肉体的必然性提高到道德的必然性"②。对于可以教育的人来说，教育和改造也有多种方法。国家可以通过道德教育进行，也可以运用法律来实行。但是，这两种方法都缺乏自然的性质，带有强制的特点。道德教育免不了依靠牺牲自然感情来维持，这是一种有缺点的教育所产生的现象。"如果理性要把它的道德的统一带入自然社会中，那么它不可以损害自然的多样性。如果自然要在社会的道德结构中保持它的多样性，那么它也不可以因此而毁坏道德的统一。"③ 理性虽然要求统一，但是自然却要求多样性，因此人需要这两种立法：理性的法则通过不受诱惑的意识作用于人，而自然的法则却通过无法排除的情感作用于人。如果道德的性格只能通过牺牲自然的性格才能保持，那么就证明人还缺乏教养；如果国家的宪法只有通过排除多样性才能达到统一，那么就说明它还根本不完善。而审美教育则能够克服这些局限，因为审美教育遵从的是自然和自由："美现在除了使人能够按照本性，从自己本身出发来创造他所

① ［德］席勒：《审美教育书简》，载《席勒散文选》，张玉能译，百花文艺出版社1997年版，第187页。

② 同上书，第157页。

③ 同上书，第163页。

愿望的东西——把自由完全归还给人，使人能够成为他所应该是的东西，此外，美无论什么也达不到了。"① 改造人的目的不是别的，就是为了人本身。人是改造的对象，但又是作为目的出现的。而改造人的前提就是对人的感性的尊重，人的自由最终要落实到感性需要的多样化上。因此，要使感性的人成为理性的人，唯有先使他成为审美的人，此外再无别的途径。审美教育的目标，就是在理性占主导的世界里，恢复和确认感性的地位，重建与理性相协调的感性世界。

审美的事实也可证明，审美可以完善人的性格缺陷。现实中的人格存在不同的种类，如人格中有柔性美和刚性美的不同。刚性美不免带有一些残余的粗暴和野性，而柔性美则难免流于一定程度的女儿习气和神经脆弱。所以，对于前者（这些人常常是些物质上窘迫的人），柔性美是急切需要的，因为他尚未感受到和谐与优美的影响。而对于后者，刚性美是不可缺少的，因为他在文弱的环境中忽略了人从粗野的环境中带来的一种精神力量。理想美虽然是不可分割的和单纯的，却在不同的关系上显出性质的柔和与刚强，这恰好能给现实的人格以弥补。由于这种美与人性的关系，我们可以用柔性美对性情兴奋者进行影响，用刚性美对性情缓和者进行影响，就像消灭这两种对立的美使之成为理想的美的统一体一样，消灭这两种类型对立的人性，使之成为理想人的统一体。"我们早就预先通过纯粹理性而确信，我们将会发现，现实的人因而受到限制的人，不是处于紧张状态，就是处于松弛的状态，按照情况来看，这不是由于单个片面活动破坏了人的本质的和谐，就是由于人的本性的统一性是建立在他的感性力量和精神力量的同样松弛的上面。正如现在要证明的，两种对立的界限将通过美来消除，美在紧张的人身上恢复和谐，在松弛的人身上恢复能力，并以这样的方式，按照美的本性，把受到限制的状态再引回到绝对的状态，并使人成为一

① ［德］席勒：《审美教育书简》，载《席勒散文选》，张玉能译，百花文艺出版社1997年版，第236页。

个在他自身上就是完整无缺的整体。"①

美能够在人心中建立和谐，可以赋予人以社会的性格，带来社会的和谐。席勒指出："人的文化就在于，第一，使接受能力与世界得到最多样化的接触，在感觉方面把被动性推向最高程度；第二，使规定能力获得不依赖于接受能力的最大的独立性，在理性方面把主动性推向最高程度。"② 如果说人的尊严就依赖这两者的严格区别，那么人的幸福就在于巧妙地扬弃这种区别。教育既然应该是人的尊严和他的幸福协调一致，也就应该关心这两种原则在最密切结合中的最高纯洁性。审美教育在自然和自由的状态中可以帮助人实现这一目的。

席勒认为，美还可以克服知识的僵化。因为美感与知识和欲望无关，不会给人带来学习知识的强制。人还可以借美感来净化性爱的要求所烙印的兽性，在两性关系中真正摆脱了疑虑的枷锁，高洁的相互倾慕取代自私自利的互相享乐，欲望升华发展成爱。审美教育就是使人即使在单纯的物质生活中也受形式支配，并且在美的领域所能达到的范围内使他成为审美的人。因为，"个别的精神力量的紧张努力虽然可以造就特殊的人才，然而只有各种精神力量的协调一致才能够造就幸福而完美的人"③。"每个人，只要他体验到了美的魔力，他也就会忘掉自己的局限。"④ "如果我们把美称为我们的第二创造者，那么，这不仅在诗学上是允许的，而且在哲学上也是正确的。"⑤ 审美的基本态度是观照，它只以事物的"外观"为快乐。在这种观照中，人就超出了客观"实在"的束缚，飞升到理性、道德、自由的境界，体现了主体精神的能动的力量，从而显示了人之为人的独立价值。因而席勒宣称：

---

① ［德］席勒：《审美教育书简》，载《席勒散文选》，张玉能译，百花文艺出版社1997年版，第220—221页。

② 同上书，第203页。

③ 同上书，第174页。

④ 同上书，第277页。

⑤ 同上书，第237页。

在力量的可怕王国的中间以及在法则的神圣王国的中间，审美的创造冲动不知不觉地建立起第三个王国，即游戏和外观的快乐的王国。在这个王国里，审美的创造冲动给人卸去了一切关系的枷锁，使人摆脱了一切称为强制的东西，不论这些强制是身体的，还是道德的。……动力国家只能使社会成为可能的，因为它是通过自然来抑制自然；伦理国家只能使社会成为（道德上）必然的，因为它使个别的意志服从于普遍的意志；唯有审美国家能使社会成为现实的，因为它是通过个别的本性来实行整体的意志。……在审美国家中，人与人就只能作为形象来相互显现，人与人就只能作为自由游戏的对象面面相对。通过自由来给予自由，是这个国家的基本法则。……在审美的国家中，一切东西——甚至供使用的工具，都是自由的公民，他同最高贵者具有同样的权利……因此，在这里，即在审美外观的王国中，平等的理想实现了。①

席勒理想的社会是道德的社会。人从感性的人到审美的人，可达道德的人，社会因此可达道德的社会，它的人民一定可以实现性格的全面发展。简言之，席勒认为，为了整个社会的福祉，“为了解决经验中的政治问题，人们必须通过解决美学问题的途径，因为正是通过美，人们才可以走向自由”②。

席勒关于改造社会的观点基于他对于人的存在的看法，“席勒把人性分为两个基本因素：持久不变的“人格”和经常改变的“状态”。抽象的人格就是以人自身的绝对存在，即以人的本性自由为根据，持久不变的、具有主体性精神内涵的自我；抽象的状态就是指以外界因果关系为基础，以时间为根据并随时变化的具有世界

---

① ［德］席勒：《审美教育书简》，载《席勒散文选》，张玉能译，百花文艺出版社 1997 年版，第 276—278 页。

② 同上书，第 156 页。

多样性特点的状况。人格与状态在"绝对存在"（理想的完整人格或"神性"）中是统一的，而在有限存在（即经验世界或现实的人）中则永远是分开的。但是，在经验的人中，人格又不能抽象地存在，而是要将自己显示为一种特定状态中的人格，即那永远保持恒定的自我必须在一种时间的序列中表现自身；而状态也同样不能抽象地存在，它的变化也要通过恒定不变的人格显示出来："人格在永远保持恒定的自我之中显示自己，而且仅仅在这种自我之中显示自己，它不可能生成，也不可能在时间中开始，因为正好相反，时间在它之中开始，因为必须有一个保持恒定的东西作为变化的根据。"同时，"一切状态，一切确定的存在都是在时间中形成的，因而人作为现象也必定有一个开始，尽管纯粹的理智在人身上是永恒的"①。就是说，如果没有"状态"的出现，"人格"无疑只是作为一个人的潜能而存在，而不会表现于他的行为上，因此就不会有具体的时间和历史。只有通过人的一连串的表现活动，这个永远不变的自我才能成为自在自为的现象。而当"人格"表现于"状态"之中时，他就是一个具体的人，因而也就具有现实人的所有局限，是一个"限定的存在"。所以一个人"只有在变化时，他才存在；只有在他始终不变时，他才存在"②。这里的意思是，只有当人变化时，他才是一个活着的人的存在，因为生命和生活无时无刻不在变化之中。只有当人表现出一种永远不变的东西时，他的人格才存在，因为人格是相对固定的。变的是"状态"，不变的是"人格"。被想象成完美的人应该是在变化的潮流中本身永远保持不变的统一体。

现实中的"人格"必须有它自己的根据。席勒指出："人格必定有它自己的基础，因为固定不变的东西不可能从不断变化的东西之中流淌出来；那么我们对人格就要有一个绝对的，以其自身为根

① ［德］席勒：《审美教育书简》，载《席勒散文选》，张玉能译，百花文艺出版社1997年版，第194—195页。
② 同上书，第195页。

据的存在的观念，这个观念就是自由。状态也必定有一个基础；因为它不是通过人格而存在，因而不是绝对的，所以它必须在生发着（erfolgen）；那么，我们对状态就得有一个一切依附性存在的条件或者生成的条件，即时间。"① 席勒的"人格"大略相当于康德哲学中"物自体"，而"状态"不过是人的一种现象。"物自体"的原则只能是自由，因此，"人格"的这种以自身存在为基础的绝对的、第一位的观念就是自由。现象必定是在时空中显现和展开的，因此"状态"的根据则是时间。

席勒认为，人之所以有感觉、思维、欲望，是因为人之外还有一个对象世界与"人格""状态"相对应。这个对象世界就是独立于人之外的外在世界，包括其他的人和整个自然界。人首先会感觉到这个作为现实的材料或实在的外在世界。而人们在感觉到它们时是通过空间和时间实现的：通过空间把它们作为独立存在于自身之外的东西，通过时间把它们作为在自身之内变化的东西，这样人的感觉才有可能。另外，人也必须把他的一切知觉化为知识，亦即化为一种具有统一性的知识。他必须把他在时间上的每种表现方式，化为适用于任何时间的一种规律。席勒认为，这种"人的人格性，仅就其本身而言，并脱离一切感性材料而独立地来看，只不过是一种趋向可能无限表现的天赋；只要他不观照和不感觉，人就只不过是形式和空洞的能力。人的感性，仅就其本身而言，并脱离一切精神的自我活动而孤立地来看，只不过能够把没有感性就只是形式的人变成质料，但绝不可能使质料同人结合起来。只要人仅仅在感觉，仅仅在渴求，并且仅仅由于欲望而进行活动，那他就还只不过是世界，如果我们把这个名称仅仅理解为时间的无形式的内容"②。这话的意思是，现实的人具有两方面的特点：第一，没有感性和感性世界，人就只是形式，人就绝不可能与世界结合在一起；第二，

---

① ［德］席勒：《审美教育书简》，载《席勒散文选》，张玉能译，百花文艺出版社 1997 年版，第 194 页。
② 同上书，第 195—196 页。

人的感性如果离开一切精神主动性而就其本身看来，只不过是一种素材（质料）。因此，人为了不仅仅是一种空洞的形式，必须赋予身上的素质（形式）以现实性（现实内容或质料）；人为了不仅作为感性的世界（素材或质料）而存在，而要把握世界的秩序和规律，必须赋予材料以形式。"由此就产生了对人的两种相反的要求，即感性本性—理性本性的两项基本法则。第一项法则要求绝对的实在性：人应该把一切仅仅是形式的东西转化为世界，并使他的一切天赋表现为现象。第二项法则要求绝对的形式性：人应该把一切在他身上仅仅是世界的东西消除掉，并把一致带入他的一切变化之中；换句话说，他应该把一切内在的东西外在化，并使一切外在的东西具有形式。"① "我们完成这双重的任务，即把我们身内的必然的东西转化成现实，以及使我们身外的现实的东西服从必然性法则，是受了两种相反的力量的驱使；因为这两种力量推动我们去实现它们各自的对象，人们就非常恰当地称它们为冲动。"② 由于这种内在的需要，人就必然具有两种自然要求和冲动，即感性冲动（sensuous instinct）和形式冲动（formal instinct）。形式冲动又被称为理性冲动。

关于感性冲动，席勒说："它来自人的肉体存在或他的感性本性，它努力要把人放在时间的限制之中，使人成为质料，而不是把质料给予人，因为把质料给予人毕竟是属于人格的自由活动。人格接受质料，并把质料与它本身，即与保持恒定的东西区别开来。但是，在这里称为质料的不是别的，而是充满了时间的变化或者实在；因此，这种冲动要求有变化，要求时间有一个内容。这种仅仅充满时间的状态叫做感觉，只有借助这种状态，肉体的存在才显示出来。"③ 感性冲动既指人为了得到物质的满足而产生的各种物质需

---

① ［德］席勒：《审美教育书简》，载《席勒散文选》，张玉能译，百花文艺出版社 1997 年版，第 196 页。

② 同上书，第 197 页。

③ 同上。

求，也指对外在世界的感觉、感知和感受。只有通过感性冲动，人的肉体存在才显示出自身是一个具体的存在，人才成为一个活生生的现实的人。感性冲动产生的根源在于人的自然属性或人的感性天性，这种冲动的职责是把人放在时间的限制之中，使人保持其自然物性。"感性冲动用不可撕裂的纽带把奋发向上的精神束缚在感性世界上，并把抽象从它向无限的最自由漫游之中召唤回到现时的界限之内。"① 在感性冲动下，人是纯自然法则支配的物质世界的一部分，感性冲动用牢固的锁链把向高处奋进的精神固定在物质世界中，把向无限漫游的精神束缚在现实界限之内。要克服限制，就需要形式冲动。

关于形式冲动，席勒说："它来自人的绝对存在或人的理性本性，它竭力使人得到自由，使人的各种不同表现达到和谐，在状态千变万化的情况下保持住他的人格。因为人格，作为绝对的和不可分割的统一体是绝对不能与自身相矛盾的，因为我们永恒地就是我们，所以，这种要求保持人格性的冲动，除了它必须永恒地要求的东西以外，没有任何其他要求；那么，它现在所作的决定也就是永远适用的决定，它为永恒而下的命令也就是现在适用的命令。因此，它包括了时间的全部序列，这就是说，它扬弃了时间，扬弃了变化；它要使现实的事物都会是必然的和永恒的，并要使永恒的和必然的事物也都会是现实的；换句话说，它要求真理和合理性。"② 按照席勒的观点，形式冲动是人对外在世界的一种知性要求，通过这种冲动，人从多种多样的对象中抽象出共性和道德的规范，形式冲动不只是作为感性冲动的对立面而存在，同时也是在为人认识自身的感性冲动建立法则并最终使人摆脱物质性的束缚。理性之所以成其为人的天性，就在于它提供的形式自由源于对感性冲动的自我意识和反思，并且能够通过法则使人走向更高的自由（永恒的神

---

① ［德］席勒：《审美教育书简》，载《席勒散文选》，张玉能译，百花文艺出版社 1997 年版，第 198 页。

② 同上书，第 198—199 页。

性），从而使人的存在得到最大限度的扩展。"在这种程序之中，我们不再在时间中，倒是时间连同它的全部永不终结的序列在我们之中。我们不再是个体，而是族类；一切精神的判断通过我们的判断表达出来，一切心灵的选择通过我们的行动来体现。"① 形式冲动要求人超越一切感性世界的限制而达到人格的自由，要求扬弃时间和变化，把现象当作规律加以认识，把瞬间当作永恒，促进人性向前发展。

席勒所说的感性冲动是把理性、形式对象化为现实，这个过程也类似一种人的潜能的实现。通过感性冲动，决定人是有限的存在，把人和世界局限于有限的时空中。而他的形式冲动的含义，则具有把对象人化的内涵，即通过形式、和谐、法则等统摄对象，使现实事物形式化、统一化。这个冲动由人的自由和理性的本质引起，用法则和秩序来影响感性冲动所提供的多样形象。正如席勒所说："如果人借助感觉而取得了对一种确定存在的经验，通过自我意识他取得了对他的绝对存在的经验，那么，他的两种基本冲动也就会随着它们的对象一起活跃起来。感性冲动随着生活经验（随着个体的开始）而觉醒，理性冲动随着法则的经验（随着人格性的开始）而觉醒，而只有在这时，在两种冲动都获得了存在以后，人的人性才建立起来。"② 而且，"当人是完整的，他的两种基本冲动已经发展起来时，他才开始有自由"③。

但是，在席勒看来，这两种冲动之间依然是分裂的。因为，在这两种冲动中，"人格"与"状态"之间还处于对立的境地。"感性冲动虽然要求变化，但是它并不要求变化也要扩展到人格及其领域，它并不要求改变原则。形式冲动要求统一和保持恒定，但是它并不要求状态也同人格一起固定不变，它并不要求感觉的同一。"④

① ［德］席勒：《审美教育书简》，载《席勒散文选》，张玉能译，百花文艺出版社 1997 年版，第 200 页。
② 同上书，第 231 页。
③ 同上书，第 232 页。
④ 同上书，第 201 页。

人格本身必须要限制物质冲动，感受能力或自然要求也必须会限制形式冲动。同时，在两种冲动中，一方的作用确立了而又限制着对方，每一方之所以各自达到最高的表现，因为是对方起了作用。"感性冲动从它的主体之中排除一切主动性和自由，形式冲动从它的主体之中排除一切依附性和一切受动。但是，排除自由是自然的必然性，排除受动是道德的必然性。因此，两种冲动都强制心灵，前者通过自然法则，后者通过理性的法则。"① 感性冲动排斥了形式冲动，人就变得自私自利而不自主；形式冲动战胜了感性冲动，人就通过理性法则对精神进行道德强制，因此会变得狭隘、冷酷，不能设身处地了解他人的需要，更不能仁爱地体贴他人，变成毫无同情心的冷血动物，是畸形可怕的人。

　　这样，感性冲动和形式冲动的相互依存和相互转化，还须由第三种冲动来恢复它们的统一。席勒把这第三种冲动称为"游戏冲动"，游戏是一种真正的自由的活动。席勒说："语言通常用'游戏'这个词表示一切在主体和客体方面都不是偶然的，而无论从外在方面还是从内在方面都不受强制的东西。"② 席勒认为，游戏冲动一方面能使人的感性天性得到最大限度的呈现，另一方面又能使人的理性天性得到充分的发挥，不再存在一种冲动对于另一种冲动的强制，人也就因此获得了他所应有的自由。首先，感性冲动要求事物有变化，要求时间须有内容；形式冲动要求时间应被扬弃，要求事物不应变化。感性冲动和形式冲动在矛盾的对抗中发展自己，感受功能达到了最大强度，理性功能获得了最大独立性，正是在这种激烈的斗争中它们便会在第三种状态中消失，这种把两个冲动结合在一起的第三个冲动就是游戏冲动："这种游戏冲动所指向的目标就是，在时间中取消时间，使生成与绝对存在相协调，使变化与同

---

　　① ［德］席勒：《审美教育书简》，载《席勒散文选》，张玉能译，百花文艺出版社1997年版，第208—209页。

　　② 同上书，第212页。

一性相协调。"① 其次，感性冲动使人感到自然法则的制约，而理性冲动又使人感到道德和理性法则的制约，游戏冲动能够使人在物质和精神两个方面扬弃强制，获得自由。比如："当我们满怀激情去拥抱一个我们理应鄙视的人时，我们就会痛苦地感到自然的强制。当我们敌视一个我们不得不尊敬的人时，我们就会痛苦地感到理性的强制。但是，如果一个人同时赢得了我们的爱慕和博得我们的尊敬，那么不仅感觉的强迫而且理性的强迫都消失了，我们就开始爱他，也就是说，开始同时既与我们的爱慕又与我们的尊敬一同游戏。"② 正是游戏冲动扬弃了情欲和理性的强制，让情欲和理性统一起来，使人在物质和精神、感性和理性方面都得到自由。

对于席勒而言，游戏冲动扬弃了单纯的感性冲动和形式冲动，同时又使人的双重天性发挥出来，它在前两种冲动之间处在恰到好处的位置，既分享了它们，又摆脱了它们的片面性。因此，只有当人游戏时，他才是完全意义的人，游戏冲动中的人是自由的人。所以席勒说：

> 理性出于先验的理由提出要求：在形式冲动和质料冲动之间应该有一个集合体，这就是游戏冲动，因为只有实在与形式的统一，偶然性与必然性的统一，受动与自由的统一，才会使人性的概念完满实现。理性必须提出这种要求，因为它就是理性——因为按照它的本质它极力要求完满实现和排除一切限制；但是，这一种或那一种冲动的任何单独的活动都不能使人性完满实现，都要在人性中建立一种界限。因此，只要理性作出裁决：应该有人性存在，那么它也就由此提出了这样的法则：应该有美存在。③

---

① ［德］席勒：《审美教育书简》，载《席勒散文选》，张玉能译，百花文艺出版社 1997 年版，第 208 页。
② 同上书，第 209 页。
③ 同上书，第 211 页。

美因此与游戏与人性之间具有一种必然的关系："人应该同美仅仅进行游戏，人也应该仅仅同美进行游戏。"① 席勒认为，美的本质是自由，游戏的本质是自由，而人的本质也是自由。席勒所讲的游戏冲动，也即是人类的审美活动。人类正是通过游戏，通过审美活动，才促进了感性与理性的统一，达到了自由的境地。所以，美、游戏、自由、人是统一的，只有当人在游戏的时候，他才是完整的人。席勒还对感性冲动、形式冲动、游戏冲动的对象做了进一步的界定，并推断出它们与美的关系：

> 感性冲动的对象，用一个普通的概念来表述，就是最广义的生活；这个概念指一切直接呈现于感官的东西。形式冲动的对象，用一个普通的概念来表述，就是既有本义又有引申义的形象，这个概念包括事物的一切形式特性以及事物对思维力的一切关系。游戏冲动的对象，用一种普通的概括来表示，可以叫做活的形象；这个概念用以表示现象的一切审美特性，总而言之，用以表示在最广的意义上称为美的那种东西。②

例如，一块大理石，即使它是无生命的，但作为主体的雕塑家可以使其成为活的形象，因为在雕刻和建筑的过程中，人的审美理想已经注入了大理石之中，使作为质料的大理石获得了永恒的形式；反之，一个人，尽管既有生命又有形象，却不因此就是活的形象。所以，活的形象必须经由主体的感性和理性同时运作，既把握了对象的生命，又把握了对象的形象时才能产生作为审美对象的"活的形象"。否则只能产生出没有生命的形式，或是没有形象的生命。可以说，人性的丰富性和完整性是衡量"活的形象"的标尺。

席勒认为："美对我们来说虽然是对象，因为反思是我们感觉

---

① ［德］席勒：《审美教育书简》，载《席勒散文选》，张玉能译，百花文艺出版社1997年版，第214页。

② 同上书，第210页。

到美的条件；但是，美同时又是我们主体的一种状态，因为感情是我们获得美的表象的条件。因此，美虽然是形式，因为我们赞赏它；但是，美同时又是生命，因为我们感觉它。总之，一句话，美同时是我们的状态和我们的活动。"① 简而言之，席勒所说的美，是生活与形象、感性与理性、内容与形式、物质与精神、必然与自由、有限与无限、现象与本质、客观与主观的统一。"感性的人通过美被引向形式和思维，精神的人通过美被带回到质料并被归还给感性世界。由此似乎可以得出结论：在质料与形式之间，在受动与主动之间必定有一个中间状态，而美就把我们置于这种中间状态之中。"② 所以，席勒认为，感性冲动与理性冲动分裂的状态只有在审美中才能消解。人的心灵在观照美时，人们可以通过自己的感性冲动把世界及其无限丰富的现象吸收到自身之中，同时又充分发挥理性冲动的功能，使外在世界服从于自身的理性，从而避免了自然和精神两方面的强制性。因而审美教育就是在感性冲动与理性冲动之间架设的一座桥梁，以便通过审美教育达到感性冲动与形式冲动的结合，摆脱了物质欲求和道德必然性的强制。因此，席勒甚至声称："终究会有那么一次最后说出这样的话：只有当人是完整意义上的人时，他才游戏；而只有当人在游戏时，他才是完整的人。"③ 审美教育的使命就是恢复和完善人的"完整性"。所谓人的"完整性"是指人的感性与理性的协调完美统一，它涵盖了人的全部和谐、自由、完美的品质。人只有使其自身的人性得以完整，人才能作为有道德的人，才能最后获得真正的自由与幸福，从而走入审美的自由王国。

总之，在席勒的审美教育理论中，人性的问题和审美的问题归根到底是现世的问题，它关联着人的肉身，即感性具体的现世存

---

① ［德］席勒：《审美教育书简》，载《席勒散文选》，张玉能译，百花文艺出版社 1997 年版，第 260 页。

② 同上书，第 223 页。

③ 同上书，第 214 页。

在。康德美育理论的自由观局限于精神领域，是一种想象力与知性、理性的自由协调。而席勒美育理论的自由观则不局限于精神领域，而是侧重于现实人生，追求一种人性完整、政治解放的人生自由。这样，席勒就把审美教育问题从神性的彼岸世界拉回到人性的此岸世界，为人的感性的现世存在的合法性辩护，这种现世性正是席勒审美教育理论现代性的一个重要特征。同时，人性、游戏和审美三位一体，这就是席勒提供给我们的"完整的人"的形象，也是席勒理想中的现代人的形象。而自由已经不单纯是席勒的一个理想了，更是现代人的一种特殊规定性。从温克尔曼标举"高贵的单纯和静穆的伟大"的古希腊理想之后，德意志民族一直以人性的丰富和谐、自由解放作为最高追求，由此产生了审美乌托邦。审美乌托邦是在对革命做出美学反思之后提出的，其目的是用审美代替革命。席勒就反对对于社会进行革命改造的行为，而寻求通过审美到达自由之路，寻回完整的人性或人的整体性。这样，"它的主要意向不是从实际的存在找出隐蔽着的倾向，而是思辨地预见一个堪称典范的梦寐以求的世界"①。尽管席勒所说的自由终归是精神上的抽象的人性自由，其审美乌托邦理论不可能完成变革社会的任务；但它的意义在于超越具体革命行为而有助于寻求最佳的生存方式，指向人的发展这一更为持久、永恒的目的。

二　自然目的性与道德目的性的冲突与弥合

以莱辛为代表的启蒙主义者要求发展德国的民族戏剧，发挥戏剧形成统一民族的作用。席勒作为莱辛的继承者，不仅在创作上力图创造出德国民族的戏剧作品，而且在理论上提出了戏剧"形成和造就民族"的主张，同时在现实活动中努力创建民族剧院，以固定的（常设的）剧院代替当时德国流动于宫廷和民间的戏剧演出，从而达到统一民族的政治目的。继 1767—1769 年的汉堡民族剧院之

---

① 《卢卡契文学论文选》第 1 卷，人民文学出版社 1986 年版，第 3 页。

后，从 1791 年歌德任魏玛宫廷剧院的总监到 1794 年席勒与歌德正式订交以后的十年之中，他们共同努力把魏玛剧院建设成一个真正的民族剧院。席勒把戏剧的作用既做了详尽的条分缕析的阐述，又归纳为道德教育、理智启蒙教育两大领域，而最后又归结为形成和造就真正的人这个最终和最高的作用和目标，这就与他把戏剧的地位确定为"教育人和教育民族"的"首要的国家机构"相衔接。

18 世纪启蒙思想的核心仍然是"理性"。与新古典主义理性观念不同，启蒙主义者把理性看作是由现实生活决定的批判一切的思维能力及符合人性的规律。启蒙思想倾向于通过理性普遍地教化民众，而且采取（对内）教育和（对外）殖民等启蒙途径试图把所有的"人"都变成自足自立的"主体"。康德通过理性批判建立了主体性形而上学，把能动的理论理性引入现实的自然界，揭示其在建构对象世界中的主体意义和根源性，并把自由的实践理性确立为社会生活的基础和主体，开创了从理性即人的能动的创造活动和自主活动来说明存在和世界的全新研究视角。席勒沿着康德批判哲学中的道德主义道路继续前进，在戏剧创作方面追随和倾慕古希腊，对于悲剧坚持理性和道德的原则。席勒认为："仅仅作为感性本质我们是不独立的，作为理性本质我们是自由的。"① 席勒认为人有两种本质或能力——感性能力和理性能力。感性能力与人的认识有关，理性能力与人的道德尊严感有关。人的理性能力有两种基本形式：理论理性和实践理性。前者是理性把表象之间结合成认识的能力，后者则是把理性表象同行动意志结合起来的能力。在此基础上，席勒把戏剧美育理论的建构由以亚里士多德为代表的古典主义诗学的行动和命运的支配的范式转向了启蒙主义的感性与理性的冲突的范式，并通过悲剧艺术的快感弥合人的处于感性与理性分裂之中的心灵世界。

席勒认为，感性作为人的自然本性是人的不可剥夺的权利，因

---

① ［德］席勒：《秀美与尊严——席勒艺术和美学文集》，张玉能译，文化艺术出版社 1996 年版，第 179 页。

此他非常厌恶法国新古典主义提出的合适（Dezent）和适合（Konvenienz）的观念，认为古典主义用等级身份和理性秩序取消了人的感性存在，不可能刻画出人的真相。但是，感性并不表明人的优越和独特，所以席勒强调："那仅仅来自感性源泉和仅仅以感觉能力的激发状态为基础的活动，从来就不是崇高的，无论它显示出多大的力量，因为一切崇高的东西仅仅源于理性。"[①] 因而单纯生理上的（或肉体上的）快感与某种理性化的精神力量被激发起来后并通过观念产生感受时的那种自由的快感有着本质的不同。前者作用于肉体感官的刺激，是非艺术意义上的快感；后者才称得起是艺术的快感，主要是对人的感性官能的刺激。席勒说："能唤起感官喜悦的技能永远不能成为艺术，或者说：只有在这种感官印象被艺术计划所安排、所增强或者所节制，而计划又通过观念被我们所认识的时候，才能成为艺术。"[②] 由此可见，席勒的艺术快感是指区别于肉体物欲冲动意义上的那种快感：它往往是与人的观念伴随在一起，不受"盲目的自然必然性所控制"。也正是在这个意义上，席勒称之为一种"自由的快感"。这种"自由的快感"既摆脱了感性物欲方面的自然冲动的强迫，也摆脱了理性精神方面的既定法则的压力。那么，悲剧同样能使人产生"自由的快感"，它一方面要体现自然的目的性，另一方面又要体现道德的目的性。悲剧的本质不在于人和外部势力的对峙，而在于人的道德理性与人的自然感性的抗争，道德理性的高扬以感性的痛苦为前提。席勒指出，悲剧中受难的好人既给我们以尖锐的痛苦，也给我们以无上的快感，原因在于"我们看见这番景象，体验到道德法则的威力大获胜利，这种体验是极其崇高、极其主要的财富，我们甚至于不由自主，想到宽恕这件恶事，因为全靠这件恶事，我们才能得到这种体验。在自由的王

---

① ［德］席勒：《秀美与尊严——席勒艺术和美学文集》，张玉能译，文化艺术出版社1996年版，第160页。

② ［德］席勒：《论悲剧题材产生快感的原因》，孙凤城、张玉书译，载刘小枫选编《德语诗学文选》上卷，华东师范大学出版社2006年版，第175页。

国里协调一致，这给我们的快乐，远远超过自然世界里一切矛盾能使我们痛苦的程度"①。那么，悲剧中的道德目的性，在什么时间什么场合表现得最为明显呢？席勒认为，道德的目的性，只有在和别的目的性发生冲突并且占据上风的情况下，表现得最为明显。"道德法则，只有在和其他一切自然力量进行斗争，而这些自然力量对人们的心灵都会失去力量的时候，才显示出它的全部威力。"什么是自然的力量呢？席勒解释说："凡是不属于道德的东西，凡是不在理性的最高法则控制之下的东西"，便都可以称之为"自然力量"。因此，感觉、冲动、情绪、激情以及生理上的需要等都可以列入"自然力量"的范畴。这些东西都不受理性控制。席勒认为：

> 某一个自然的目的性，屈从于一个道德的目的性，或者某一个道德目的性，屈从于另一个更高的道德目的性，凡是这种情况，全都包含在悲剧的领域。我们认识并且感到道德的目的性和另外一种目的性之间的矛盾关系，我们也许可以根据这种关系，把各种快感从低到高排列出来，并且根据目的性的原则，先验地确定愉快的感动或者痛苦的感动的程度。甚至于还可以从这一目的性的原则出发，把悲剧归为几类，并且先验地把所有悲剧的种类画成一张完整的表格，使人一看就能把任何一部悲剧搁在适当的位置，并且预先料到感动的程度和方式，由于种类的限制，这出悲剧不可能超出一定的感动程度。②

悲剧通过否定自然目的，强化道德目的激发人的主体意识，显示出人超越自然感性力量，走向真正的人的精神历程。

康德认为只有人具有道德理性，人的无限精神潜能是先验的道

---

① ［德］席勒：《论悲剧题材产生快感的原因》，孙凤城、张玉书译，载刘小枫选编《德语诗学文选》上卷，华东师范大学出版社 2006 年版，第 180 页。

② 同上书，第 179—180 页。

德律令赋予的，而美是道德的象征。美学的宗旨就在于以审美经验为桥梁，达成现象与本体、感性与理性、现实与理想之间的沟通与调和。席勒结合自己丰厚的悲剧创作实践以康德的美学理论为参照，用审美涵纳了感性与理性两种人性机制，让人的自然性和道德性在审美判断中同时得到实践。席勒用道德的法则解释艺术的快感："艺术所引起的一种自由自在的愉快，完全以道德条件为基础，人类的全部道德天性在这一时间也进行活动。……引起这种愉快是一种必须通过道德手段才能达到的目的，因此，艺术为了完全达到愉快——它们的真正目的，就必须走上道德的途径。"[①] 这里，席勒一方面承认愉快是艺术的真正目的，另一方面又承认愉快与道德的联系。悲剧快感是以道德上合情合理之感为基础的。但席勒同时指出，艺术只有当它产生最高的审美作用时，它才有可能对道德形成某种有益的影响。"如果说，目的本身就是道德的，这样，艺术就失去了唯一使它产生力量的自由性，并且也失去了使它产生普遍影响的快乐的诱惑性。于是游戏变成了严肃的事务，而艺术正是通过这种游戏，才能最出色地完成它们的事务。"[②] 席勒阐明了这样一个观点：作为悲剧艺术，它的基本使命无疑是在于通过悲剧性格和悲剧情节（行动）表现悲剧主题，给人以悲剧性的崇高的审美愉快，而不只是给人以道德上的感受。席勒也承认，道德上的善在某种意义上也可以使艺术的审美教育作用得以升华，悲剧中的道德感受和审美作用存在着互相转化的因果关系。在悲剧中，"任何来自道德泉源的快感，既然能在道德上改善人们，效果在这里就必然又会成为原因。对于美的、令人感动的、伟大壮丽的事物的乐趣会增强我们的道德感受，正如由友善、爱情等所引起的快感会增强我们在这方面的倾向一样。同样，正如具有愉快的精神是一个道德上很优秀的人的必然命运，同时道德上的优秀也往往伴随愉快的心情而来。

---

① ［德］席勒：《论悲剧题材产生快感的原因》，孙凤城、张玉书译，载刘小枫选编《德语诗学文选》上卷，华东师范大学出版社 2006 年版，第 174 页。

② 同上书，第 175 页。

因此，艺术在道德上所起的影响作用，不仅是由于它们通过道德手段引起了快乐，而且艺术所赐与的快感本身也成为一种到达道德的手段"①。与康德追求绝尘超俗的道德自由不同，席勒是在现象的感性世界中追求道德自由，让道德机制在审美趣味判断中实现对主体的自由规定。人在欣赏悲剧时，是进行一种"诗意游戏"，这样才完成他们作为"人"的行动。

席勒在西方美学史和西方悲剧理论史上第一次在对崇高的分析中提出了悲剧性的概念，把悲剧的探讨最早地纳入了美学范畴之中。在《论激情》中，席勒如此写道：

> 表现痛苦——作为单纯的痛苦——从来就不是艺术的目的，但是作为达到艺术目的的手段，这种表现是极其重要的。艺术的最终目的是表现超感性的东西，而悲剧艺术是通过把我们在情感激动的状态中对自然法则的道德独立性具体化来实现这个目的的。只有对感觉的强制力表现出来的反抗，才表现出我们心中的自由原则；但是反抗可能是仅仅根据攻击的强度来判定的。因此，人的才智要作为一种对自然独立力量显示出来，自然就必须首先在我们眼前表现出它的全部威力。感性本质必须深沉而强烈地感到痛苦；激情应该就在这里，这样理性本质才能证实和在行动时表现出它的独立性。②

> 因此，激情是对悲剧艺术家的首要的和不可忽视的要求；他允许表现痛苦做到那种地步，即能够实现对它的最终目的毫无损害，对道德的自由毫不压制。他仿佛必须使它的主人公或它的读者完全充满痛苦，因为在其他情况下，它对那种精神活动的反抗，是不是某种积极的事情，或者相反是不是某种仅仅

---

① ［德］席勒：《论悲剧题材产生快感的原因》，孙凤城、张玉书译，载刘小枫选编《德语诗学文选》上卷，华东师范大学出版社 2006 年版，第 175 页。

② ［德］席勒：《秀美与尊严——席勒艺术和美学文集》，张玉能译，文化艺术出版社 1996 年版，第 156 页。

消极的事情和一种缺陷，就永远成问题。①

　　在论述了激情与悲剧的这种关系之后，席勒又论述了激情与崇高的关系："激情的东西，只有在它是崇高的东西时才是美学的。但是，那仅仅来自感性源泉和仅仅以感觉能力的激发状态为基础的活动，从来就不是崇高的，无论它显示出多大的力量，因为一切崇高的东西仅仅来源于理性。"② 这里的关键问题在于，激情的东西如何才能成为崇高的东西呢？席勒说："不是通过无论什么别的东西，而是通过克制，或者更一般地说，是通过与情绪激动的斗争。"③"与情绪激动的斗争是与感性的斗争，因而也就必须以不同于感性的某种东西为前提。人能够借助于自己的理解力和筋肉力量反抗使他痛苦的客体；他除了理性的观念以外，没有其他反对痛苦本身的武器。"④ 在这里，席勒就把表现人类痛苦的悲剧，通过表现人反抗自然感性力量的斗争的激情，与表现人类的理性观念或者道德独立性的崇高联系起来了。悲剧作为美学范畴，强调对立、冲突和斗争，与崇高有着密切的联系。而崇高作为一个美学范畴是出现于近代，正如鲍桑葵所言："随着近代世界的诞生，浪漫主义的美感觉醒了，随之而来的是对于自由的和热烈的表现的渴望，因此，公正的理论已经不可能再认为，把美解释为规律性和和谐，或多样性统一的简单表现就够了。这时，出现了关于崇高的理论。最初，它的确并不是在美的理论范围以内出现的。但是，接着，关于丑的分析也出现了，并且发展成为美学研究的一个公认的分支。结果，丑和崇高终于都划入美的总的范围以内。这一妥协是通过特征或意蕴学说实现的。"⑤ 崇高美的理想肯定人对自由的向往和创造，但它不接

---

　　① ［德］席勒：《秀美与尊严——席勒艺术和美学文集》，张玉能译，文化艺术出版社1996年版，第156—157页。

　　② 同上书，第160页。

　　③ 同上书，第161页。

　　④ 同上。

　　⑤ ［英］鲍桑葵：《美学史》，张今译，商务印书馆1985年版，第10页。

受抽象的人性状态和贫乏的人性境界。它要求在美的创造中有人性深度，在和谐中见出矛盾，在静止中感受震荡。为了毁坏那桎梏的古代和谐，崇高美的理想把审美活动导向了人的内外两个世界的矛盾冲突。要求正视和揭示人所陷入的困境和遭受的挫折，这便是它的矛盾意识或者矛盾对立原则。在审美感受的精神氛围上，矛盾对立则是以普遍而深刻的悲剧意识表现出来的。

在《论崇高——对康德某些思想的进一步发挥》中，席勒更为细致地分析了悲剧与崇高的联系。"在有客体的表象时，我们的感性本性感到自己的限制，而理性本性却感觉到自己的优越，感觉到自己摆脱任何限制的自由，这时我们把客体叫做崇高的。"[①] 在客体表象面前，人感到自己的感性存在处于受限制的地位，而人的理性却是自由的，具有对客体的优越性和独立性，这样的客体是崇高的。席勒认为，在崇高中，感性冲动对理性法则不起作用，证明了人是自由的，有着道德主体性。席勒把崇高又分为理论的崇高和实践的崇高，这两种崇高分别与人的两种本能即认识本能和自我保存本能相关："在理论的崇高中，自然作为认识的客体，处在与表象本能的矛盾之中。在实践的崇高中，自然作为感情的客体，处在与自我保存本能的矛盾之中。在那里，自然仅仅作为扩大我们认识的对象来看待；在这里，自然作为能够规定我们的自身状态的某种力量出现。"[②] "一个对象，如果它随身带着危险性概念，想象力感到自己是不能胜任表现无限性的，这就是理论的崇高。一个对象，如果它随身带着危险性概念，我们的肉体力量感到自己是不可能克服危险性的，这就是实践的崇高。"[③] 席勒把理论的崇高又称为观照的崇高，在观照的对象面前，主体的想象力十分活跃，但是想象力的活跃仅仅是创造一个危险而生动的表象，从而激起自我保存的本

---

① ［德］席勒：《秀美与尊严——席勒艺术和美学文集》，张玉能译，文化艺术出版社 1996 年版，第 179 页。

② 同上书，第 180 页。

③ 同上书，第 181 页。

能；实践的崇高又称为激情的崇高，客体威胁着我们的肉体存在本身，想象力无法伸展，这时，对象是可怕的，它抓住了我们的感性自我，但是痛苦只是表象，理性的优越性和精神的内在自由更为突出。因此，席勒认为激情的崇高中就含有悲剧性。对激情的崇高而言，两个主要条件是必需的：一是生动痛苦的表象，以便引起适度同情的情感激动；二是反抗痛苦的表象，以便在意识中唤起内在的精神自由。只有通过前者，对象才成为激情的，只有通过后者，激情的对象才同时成为崇高的，从这两条原理中产生出一切悲剧艺术的两条基本法则，就是：第一，表现受苦的自然（指人的感性的存在本身）；第二，表现在痛苦时的道德主动性。席勒指出，激情对于悲剧艺术家来说是最主要的，因为悲剧艺术是通过把人在情感激动状态中对自然法则道德独立性的具体化来实现这个目的的，只有在反抗感觉的强制力时，人才感到痛苦，而激情就在这种反抗的过程中，理性本质开始作为自由自主的力量在行动中发挥作用。席勒进一步阐释说，对感性痛苦的反抗有两种情绪激动：一种是在人的生理范围内，一种是在人的精神性中。前者只是人的自然本能的反抗；而后者的反抗才是激情的。反抗力越大，越能显示人的道德主动性，激情才越显示出崇高，因为只有它是崇高的时候才能显示出道德的反抗；同样，只有进行道德的反抗的激情才是崇高的激情。因此，悲剧性与崇高在激情中被联系起来，它们都表现具有潜在自由的目的性与反目的性的冲突，都是由于感性的痛苦而引起的道德反抗，使人在精神中得到自由。

　　根据席勒的观点，可以断言，悲剧是崇高的集中表现，或者说，悲剧是激情的崇高的集中表现；悲剧是以人的痛苦或者人的生命被否定来显现人类的崇高和自由的美学范畴。因为崇高的审美特点就在于对象引起人的感性与理性的矛盾冲突，从而使人由感性的痛苦转化到理性的快感，因此，悲剧是人面对对象所引发的感性与理性的矛盾冲突的结果。这使西方悲剧观念脱离古典主义的诗学范畴而进入了启蒙主义的美学范畴，悲剧成为崇高的最高的冲突形式。同时，席勒把悲剧视为激情崇高的集中表现，就必然地把悲剧引向伦理的冲突说。崇高不是任何自然对象的属性，而是主体自我的心意能力——理性以道德的绝对性为内涵的无限感和超越意识。席勒把悲剧规定为道德（理性）的目的与肉体（感性）的反目的的冲突，规定为人的感性与理性相冲突之中的激情的崇高的表现。在此，席勒继承康德的思想，希望通过悲剧中的道德目的性和人们由此产生的审美愉快来完善人性和最终实现人类自由，显现了古希腊维度的悲剧精神在新的历史条件中的发展。

不过席勒美育思想中现实与理想、必然与应当的对峙僵立的构架本身就暴露了现代性的本质和难题。席勒在对人的本质的理性公设的前提下论述审美解放和戏剧美学，是理性至上主义的逻辑结果，其中审美是一种达到自由的手段或工具。然而审美不可避免地要和历史与传统、社会与权力、实践与兴趣、身体与欲望交错在一起。在伊格尔顿看来，"美学既是早期资本主义社会里人类主体性的秘密原型，同时又是人类能力的幻象，作为人类的根本目的，这种幻象是所有支配性思想或工具主义思想的死敌。美学标志着向感性肉体的创造性转移，也标志着以细腻的强制性法则来雕凿肉体"，它是特殊性和普遍性之间的巧妙调和。① 与专制主义的强制性不同，维系资本主义社会秩序的最根本的力量是习惯、虔诚、情感和爱，专制主义的强制性的力量已经被巧妙地审美化。这种力量与肉体的自发冲动之间彼此统一，与情感和爱紧密相连，存在于不假思索的习俗中。权力被镌刻在主观经验的细节里，因而抽象的责任和快乐之间的鸿沟也就相应地得以弥合。全新的主体自我指认地赋予自己与自己的直接经验相一致的法律，在自身的必然性中找到自由后便开始仿效审美艺术品。这样，即使在中心权威淡隐的时候，美学也会自动地承担起主体的内在化的管理重任。自然的、感性的自律代替了外在的他律性法则，使人在审美的自由表象中产生了获得真正

---

① ［英］伊格尔顿：《美学意识形态》，王杰等译，广西师范大学出版社 1997 年版，第 10 页。

的道德自由和政治自由的幻象。以身体感性为基础的美学是把必然
当作自由，把强制当作自律。这样美学就具有了双重含义：美学通
过感觉冲动和同情等联系在一起，使欲望和法律、道德和知识以及
个体和总体的紧张得到缓解；同时，美学完全可能将这种内在化的
压抑更深地置入被征服者的身体之中。美学既昭示人们正视身体的
存在，同时又试图驯服身体、感性、本能和欲望。被唤醒的身体可
能挣脱预设的观念之链而放纵暴烈的冲动，因为肉体中存在反抗权
力的事物。从这个意义上说，审美是矛盾性的，它既提供某种调和
与解放的可能性，同时又把某些社会统治置于更深的肉体经验中，
并作为一种强有力的政治模式而运作。审美是危险的、模糊的。因
为肉体中存在反抗权力的事物，而权力又规定着审美。[①] 意识形态
以审美做掩护来悄悄建立它的统治。因而在德国古典美学中，现实
与审美是一对对立的概念。前者代表异化、压抑，后者代表自由与
解放。德国古典美学把艺术和美视为超越现实的一个手段，但是却
无法回答产生于现实中的艺术与美又是如何让人超越现实的问题。
在这一意义上，席勒的审美教育理论是一种审美乌托邦。

第四节　德意志审美现代性
美育话语的转向

　　启蒙哲学以理性的名义抽空了彼岸与此世个体之间的关联，主
体的自决成为基督教世界图景衰微以后整体意义的唯一源泉。在康
德看来，由于理性具备内在的普遍性，既能自足而充分地建构普遍
性的知识体系和道德观念，又能实践自身，因而人类能够具备共同
的知识、道德和审美情趣。但鉴于道德与认识的不可避免的抽象
性，康德只能指望审美这种与个人身体欲望相联系的脆弱、不可捉
摸的存在来承受人类共性的重负，这就潜藏着一种危险，即审美可

---

① ［英］伊格尔顿：《美学意识形态》，王杰等译，广西师范大学出版社 1997 年版，第 17
页。

能越出理性的轨道，反过来破坏道德的基础。所以哈贝马斯正确地指出，启蒙强化了社会的分化，一旦替代传统宗教世界观的作为教化宗教的理性不再释放出综合性的力量，则以主体为中心的理性将直接面对理性的他者——虚无。①

启蒙理性把客观世界看作具有规律、可以把握、可以规划的世界，以为这个世界会使人获得自由。但是，这种想法得到的结果却是相反的。因为人总是用客观的方法来看主观世界，本来是要通过追求客观世界来达到主体的一个目标；而现在则反过来，把主体自由的可能性限制了，把主体约化为客体的一部分。如此一来，启蒙哲学把理性绝对化的结果走向了自己的反面，只有直接呈现给感官的东西人们才相信，感官表象背后的所谓不变的绝对"中心"已经成了众矢之的。因为在这个非理性的世界中，只以直接易逝的感官存在为衡量的标准，过去人的生活所遵循的一切价值关系现在都受到了怀疑。在对曾有的理性主义的价值体系全面怀疑、批判、否定之时，人也将自身的生存连根拔起，成为"无家可归"的人，在非理性的感官决定论中陷入了沉沦，陷入了新的"生命不能承受之轻"的痛苦与迷惘之中。这种由非理性带来的价值失落的迷惘是现代性的一个危机。叔本华、尼采的审美教育理论就是这一现代性危机的表征与诊治。

一　无神时代的审美拯救

叔本华接受了康德区分为现象和本体的思想。但与康德将本体视为不可知的物自体不同，叔本华明确地断定宇宙的本体就是意志。而作为宇宙本体的意志实际上是生命意志，它表现为动物的自我保存和繁衍后代的本能，也表现为人满足自己生存需要的种种活动。然而，生命意志自身在本质上是一个盲目的无尽的追求，没有任何止境，成为永恒的痛苦的根源。一切欲望作为欲望来说，本身

---

① ［德］哈贝马斯：《现代性的哲学话语》，曹卫东等译，译林出版社 2004 年版，第 100 页。

就是从匮乏，也即从痛苦中产生；而欲壑难填，一个满足了的欲望不过是下一个更大的欲望的刺激。生命就是从欲望到满足、从满足又到欲望的迅速过渡，欲望是无止境的，痛苦也就无休无止，快乐只是永恒的痛苦中短暂的间歇。假如人的全部欲望都得到了满足，沉闷和无聊又随之而来。"所以人生是在痛苦和无聊之间像钟摆一样的来回摆动着；事实上痛苦和无聊两者也就是人生的两种最后成分。"① 正因为如此，叔本华认为，痛苦和空虚无聊不是人生偶尔的现象，而是人生的本质。叔本华的悲观主义，无疑是建立在对现代社会生活本质的悲剧性的洞察的基础之上。当叔本华将欲望作为人的本质的时候，他不仅是颠覆了几千年来西方传统对人的理解，更是颠覆了启蒙时代以来的乐观信念，揭示了一个现代的基本事实：

> 欲望成了物自体、瞬间的抽象事件、自我同一的力量、反对早先的社会制度的工具。在早期社会里，欲望过于狭隘和特殊，过于紧密地与局部的或传统的义务联系在一起，以致无法以此方式被具体化。……在新的社会制度里，欲望以普遍的占有性的个人主义形式出现，它是公开的秩序，是统治性的意识形态和占主导地位的社会实践；这更是因为欲望在社会制度中为人们所意识到的无限性，在此社会制度中，积累的唯一目的是为了进行新的积累。由于目的论的创伤性的瓦解，欲望开始独立于特殊的目的，或至少与之不相称；一旦欲望……不再是有目的的，欲望便会可怕地开始强迫自己成为物自体，成为毫无目的或理性的、模糊的、不可测度的、自我推进的力量……②

---

① ［德］叔本华：《作为意志和表象的世界》，石冲白译，商务印书馆1982年版，第427页。

② ［英］伊格尔顿：《美学意识形态》，王杰等译，广西师范大学出版社1997年版，第148—149页。

叔本华认为，人的一生充满了痛苦和恐惧，最后以任何人都难以逃避的死亡作为终结，人生和世界本身因此而变得毫无价值、缺乏意义。为了生命的继续和完成，人们创造了艺术作为形而上的补充。艺术的审美活动可以让人摆脱意志的控制，暂时忘记欲望的追求，从苦难的人生中得到刹那的解脱，实现对生存意志的暂时否定。由此叔本华将悲剧看作人们逃避痛苦、消除意志的手段，且一言以蔽之：悲剧是生命冲动的"镇静剂"。在叔本华看来，人生的可悲性不仅在于人生本身的可悲，而且还在于人不愿意正视自己的可悲。公开上演悲剧，能够使人生动地感受到人生可怕的一面，即邪恶者的得意、无辜者的失败、机缘和命运的无情以及到处可以见到的罪恶和痛苦，这样悲剧能够最有效地帮助人们正视人生的可悲性和虚幻性，从而抛弃生命意志，自愿退出人生的舞台，获得解脱。叔本华接受了亚里士多德的悲剧唤起怜悯和恐惧的观点，把怜悯视为一切审美活动的基础。在叔本华这里，怜悯等同于审美同情或直觉认识，人只有通过怜悯，才能超越个人意志，通过悲剧人物的苦难直觉地认识到普遍性的苦难。因为生命意志是本体，一切苦难都是由生命意志带来的。因此要从生命意志的苦难中解脱出来，唯一的道路只有通过生命意志本身的否定。审美观照可以使人获得暂时的解脱。在审美观照中，人忘却自己，只是将对象作为对象本身进行直观，不加上人的任何功利、概念和目的。这样人与对象合为一体，成为一个自足的世界，与它本身以外的一切都摆脱了联系。个体的人已经消失于审美观照中了，成为一个纯粹的、无意志的、无痛苦的、无时间局限的认识主体了，人从对象的个体存在的欲求中解放出来。然而，既然叔本华认为人的本质不过是生命意志，那么这种无意志的认识主体也就成为无本质之人，人对生存道路的积极选择变成完全消极的顺从。

既不同于席勒把审美作为实现人的自由的中介而非人生目的，实现了修补现代性的理想；也不同于叔本华通过审美获得人生的暂时解脱，体现了对于现代性的抗拒；尼采把审美作为人生态度或生存原则的世界—人生观，开启了后现代性，它同样植根于古希腊的思想要素中。尼采在评论赫拉克利特思想的时候就提出了这样的观点：

> 在这个世界上有罪恶、不公义、矛盾和痛苦吗？有的，赫拉克利特宣布，然而只是对孤立地而非联系地看事情的头脑狭隘的人而言，不是对洞察全局的神而言。对后者来说，一切矛盾均汇流于和谐，尽管这不能被凡身肉眼看见，却可以被像赫拉克利特这样近乎静观的神的人悟到。在他的金睛火眼看来，填充在他周围的世界不复有一丝一毫的不公义。……生成和消逝，建设和破坏，对之作任何道德评定，它们永远同样无罪，在这世界上仅仅属于艺术家和孩子的游戏。如同孩子和艺术家在游戏一样，永恒的活火也游戏着，建设着和破坏着，毫无罪恶感——万古岁月以这游戏自娱。①
>
> 只有审美的人才能这样看世界，他从艺术家身上和艺术品的产生过程体会到，"多"的斗争本身如何终究能包含着法则和规律，艺术家如何既以静观的态度凌驾于艺术品之上，又能动地置身于艺术品之中，必然与游戏、冲突与和谐如何必定交媾而生育出艺术品来。……对他来说，世界是亘古岁月的美丽而天真的游戏，这已经足够了。②

由此可见，尼采用审美的解释来代替对人世的道德的解释，推崇的是一种感性生命至上的审美主义的世界—人生观。在尼采看来，西方思想在柏拉图之后就被一种基于"理念论"之上的形而上学引入了歧途，其中最为根本的迷误在于它给生命设置了一个先验的目的和理念，认为生存具有的合理性程度就取决于模仿这个完美理念的程度。由此最终导致了依据一个虚无的理念和强有力的道德

---

① ［德］尼采：《希腊悲剧时代的哲学》，周国平译，商务印书馆1994年版，第69—70页。
② 同上书，第70—72页。

观念去剪裁生命和弱化生命这个严酷的事实。所以尼采否认理念世界的存在，他认为，只有一个世界，即我们生活于其中的现实世界，它是永恒的生成变化。这个世界对于人是残酷而无意义的，所以悲观主义是真理。而古希腊人把悲剧所显示给人们的本体世界艺术化，用审美的眼光来看本无意义的世界永恒变化过程，赋予它一种审美的意义。世界不断创造又毁灭个体生命，乃是"意志在其永远洋溢的快乐中借以自娱的一种审美游戏"[①]，这样，现实的苦难就化作了审美的快乐。尼采认为，如此达到的对人生的肯定乃是最高的肯定，而悲剧则是"肯定生命的最高艺术"[②]。肯定生命，连同它必然包含的痛苦和毁灭，与痛苦相嬉戏，从人生的悲剧性中获得审美快感，这就是由悲剧艺术引申出来的悲剧世界观。尼采所要彰显的是人无所庇护的境遇，这境遇是生命存在的最基本的境遇：人是疏离地、孤独地存在于这世界上，人不能从所谓上帝或任何自主的和普遍有效的道德律或任何绝对价值领域获得帮助和指引，此时审美不仅逐渐摆脱了对宗教、政治和道德的依附，它还试图取代宗教而成为现代社会精神救世的角色。

二 "超人"式的拯救之途

《悲剧的诞生》作为尼采的第一部哲学著作，不仅是一部关于古希腊悲剧艺术的美学著作，也是一部关于古希腊审美艺术教育的美育著作。尼采借对古希腊悲剧艺术的独特阐释为西方日益深重的人性衰弱提供解救的方式，冀望现代人以古希腊人的艺术精神指导生活，视古希腊艺术家为美化生活、提升人性力量的教育家。在《悲剧的诞生》中，尼采提出，悲剧艺术在欧里庇得斯之后已经失去了酒神音乐的形而上色彩，成为古希腊城邦社会日常生活与个人精神的模仿与写照。古希腊悲剧诞生于远古的音乐旋律所蕴含的精

---

① ［德］尼采：《悲剧的诞生——尼采美学文选》，周国平译，生活·读书·新知三联书店1986 年版，第 105 页。

② 同上书，第 346 页。

神之中。但是，作为酒神祭祀中的伟大艺术的悲剧，在欧里庇得斯之后却成为一种"歌剧文化"。在此"歌剧文化"中，直接通达内在生命的音乐因素已经沦为说明故事情节和舞台画面的辅助手段。可是，在真正的悲剧艺术中，情节和画面不过是基于生命的形而上学基础之上的音乐所召唤出来的舞台形象而已。而尼采的悲剧观念中，由音乐和合唱直接带来的整体生命的痛苦感受永远是悲剧的核心，情节与画面形象则不过是二等的舞台效果。

> 歌队是抵御汹涌现实的一堵活城墙，因为它（萨提儿歌队）比通常自视为唯一现实的文明人更诚挚、更真实、更完整地模拟生存。诗的境界并非像诗人头脑中想象出的空中楼阁那样存在于世界之外，恰好相反，它想要成为真理的不加掩饰的表现，因而必须抛弃文明人虚假现实的矫饰。这一真正的自然真理同自命唯一现实的文化谎言的对立，酷似于物的永恒核心、自在之物同全部现象界之间的对立。正如悲剧以其形而上的安慰在现象的不断毁灭中指出那生存核心的永生一样，萨提儿歌队用一个譬喻说明了自在之物同现象之间的原始关系。近代人牧歌里的那位牧人，不过是他们所妄称作自然的全部虚假教养的一幅肖像。酒神气质的希腊人却要求最有力的真实和自然——他们看到自己魔变为萨提儿。①

尼采认为，欧里庇得斯是古希腊悲剧的葬送者。但是，在亚里士多德看来，欧里庇得斯无疑是一个悲剧天才。因为在欧里庇得斯的作品中，情节的发展有着有机的关联，故事线索的组织构思精良，人物的身份处理得当，正是"此类作品最能产生悲剧的效果"。因此亚里士多德认为："欧里庇得斯是最富悲剧意识的诗人。"② 从

---

① ［德］尼采：《悲剧的诞生——尼采美学文选》，周国平译，生活·读书·新知三联书店1986年版，第30页。

② ［古希腊］亚里士多德：《诗学》，陈中梅译注，商务印书馆1996年版，第98页。

尼采与亚里士多德对欧里庇德斯的完全相反的态度中，可以看出他们在悲剧观上的差异。亚里士多德的悲剧学说中深含着一种人与神以及人与命运的关系，这种关系是亚里士多德的悲剧学说的基础，而在尼采这里，不存在比强健的生命更强大的存在者，因此尼采认为亚里士多德在"模仿论"的基础上解释悲剧的本质，他的解释严重偏离了对生命的整体认识，所以在亚里士多德那里，悲剧在模仿性的审美视野中成为一种固定的艺术种类，它与生存的痛苦的本质的关联已经远离了人。由此悲剧作为一种特定的艺术形态不再是在痛苦体验中的生命整体的狂欢活动。尼采强调代表酒神精神的悲剧艺术通过沉醉和狂喜将个体投入宇宙的整体力量之中，在克服现象世界中的个体存在的痛苦中最终达到与本体世界的融合，进而彻底解除痛苦，获得至上的快乐。

尼采悲剧艺术理论中代表"酒神精神"的悲剧主角——狄奥尼索斯就是尼采心中的作为"教育家的艺术家"的最高艺术形象，而创造古希腊悲剧的艺术家们就是教导人类走向生命强盛的具体的教育楷模。尼采敏锐地感受到与现代文明息息相关的科学和理性精神对人性的压抑和扭曲，以及造成了僵化、教条、窒息生气的文化的片面性。尼采指出，整个西方现代文化与历史运动都属于一种虚无主义。由于悲剧精神的沦亡，现代人已经远离人生的根本，贪得无厌、饥不择食的求知欲和世俗倾向恰恰暴露了内在的空虚和贫乏。尼采推崇古希腊悲剧精神中非理性的酒神精神，谴责科学精神和理性知识对悲剧的戕害，希图在现代理性的包围中重振悲剧艺术，复苏悲剧精神，结束理性主义的专制统治，迎来人类和德意志民族的新生。于是尼采褒扬以酒神精神为根基的审美的悲剧文化，把悲剧看作艺术的最高样式，是酒神精神借日神形象的体现，其本质是以个体的痛苦和毁灭为代价换取人类总体生命的生生不息。在《瓦格纳在拜洛伊特》一文中，尼采说，悲剧的基本要求是"个人注定应当变成某种超个人的东西"，"个人应当忘记死亡和时间给个体造成的可怕焦虑"，因为在短暂生涯中他"能够遇到某种神圣的东西，足以补偿他的全部奋斗和全部苦难而绰绰有余——这就叫做悲剧的思想方式。……人类未来的唯一希望和唯一担保就在此了：但愿悲剧的信念不要死去。倘若人类一旦完全丧失悲剧的信念，那么，势必只有凄惨的恸哭声响彻大地；反之，最令人愉快的安慰莫过于悲剧的思想在世界上复活，人们获得了我们所具有的认识。因为，这种快慰完全是一种超个人的普遍的快慰，是人类为人性的已被证实的关联和进步而欢欣鼓舞"①。无论如何理解和评价尼采的悲剧美学思想，有一点是可以肯定的，即酒神精神所蕴含的本原性的冲动，是疗救现代文明压抑和统治的一条重要途径。

现代精神导致生命力的衰弱，理性教育导致个性化缺失。以生命的"权力意志"反抗传统道德与价值，培育超越现实人类的意志力和价值创造力的"超人"便成为尼采的审美教育思想的旨归。尼采在"重估一切价值"后提出，"'人类'不是目的，超人才是目的！"②尼采的估价按他自己的说法是一种"远景式的估价"，即他的"超人"是为人类远景提供的一个发展方向。在尼采的思想里，没有救世的上帝，真正的救世主是人自己。人解救自己的力量在于酒神精神，而代表酒神精神的是"超人"。罗素分析了尼采的"超人"（罗素称为"高贵"人）："尼采希望看到他所谓的'高贵'人代替基督教圣徒的地位，但是'高贵'人决不是普遍类型的人，而是一个有统治权的贵族。'高贵'人会干得出残忍的事情，有时也会干得出庸俗眼光认为是犯罪的事；他只对和自己平等的人才会承认义务。……'高贵'人本质上是权力意志的化身。"③在尼采的著作中，人们可以看到，他在提及人的时候往往会用到这些词语：大众、植物人、野蛮人、低贱的人、半人、比较高级的人、最高级的人等。由此可见，在尼采的思想中，人是有等级之分的。

---

① ［德］尼采：《悲剧的诞生——尼采美学文选》，周国平译，生活·读书·新知三联书店1986年版，第127—128页。

② ［德］尼采：《权力意志——重估一切价值的尝试》，张念东、凌素心译，商务印书馆1991年版，第137页。

③ ［英］罗素：《西方哲学史》下卷，马元德译，商务印书馆1976年版，第318—319页。

"高贵"人的价值在什么地方呢？尼采如此解说："等级制：决定价值、指导千年意志的人是最高级的人，他的方法是引导人的最高本性。"① 在尼采看来，人的一切弊病的根源在于"逆来顺受、贞洁、忘我和绝对服从"这样一些"奴隶道德"，所以，尼采赋予了超人残忍、仇恨、傲慢、蔑视、征服、支配、恶等品质，同时否定诸如善、同情、爱、利他主义等品质。由此不难看出，尼采的"超人"理论是基于对人的等级的划分提出的，这在前提上就预先标划了个体生命的不平等性。那么，在没有一个平等的人性基础上的解救能给大众带来希望吗？事实上，尼采主张："较高级的人要对民众宣战！"② 可见，"超人"不是与"民众"和解的结果，而是高于"民众"的立法者，其必然结果就是"民众"价值的被忽视以及在"远景"中"民众"的被驱除。如此，"民众"就只能被注定永远生活在毁灭与绝望之中，人的价值也就被废除了。尼采的审美主义是对此世的反抗，但它的理想却在没有先验之根的"超人"。从尼采论述"超人"的语境看，"超人"主要是指在克服了基督教和理性主义的价值观念后能够超越虚无主义困境的人。但没有先验价值的根据，人的超越依据何在？超越如何完成？这是尼采的审美主义所无法回答的。"超人"式的拯救之途导致的远非审美主义的人生，他把人的被束缚的感性生命解放了出来，但也把人之为人的神性之维取消了。权力意志所造成的只能是为了追求更大的力量，"超人"不可避免地沉没于力量之外的虚空之中，生命的放纵也必然会导致生命的毁灭。

叔本华、尼采以"生命意志""强力意志"为理论基础，彻底否定了西方的理性主义传统，倡导"人生艺术化"，把审美与艺术提到世界第一要义的本体论高度。可以说，审美就是以"完整的人"作为理想，达到自然情感与道德秩序之间的和谐统一，走向生

---

① ［德］尼采：《权力意志——重估一切价值的尝试》，张念东、凌素心译，商务印书馆1991年版，第118页。

② 同上书，第125页。

命的真正自由："美的最辉煌的奇迹是：当在行为中、思辨中、信仰中，低级的自我必须为高级的自我作无情的牺牲的时候，在艺术中，自然的东西和真正是人的东西却完满地调和了起来。那就是说，人类在他千万年来发展的最高顶点，在他成年时繁花盛开的时候，应当能够尊重和保存粗野的本能的天性。"① 现代性的建构召唤着审美化趋向，即对情感感性、肉体欲望的维护和守卫，强调世俗生活的享受，消解了神本主义的影响，审美代替传统的宗教形式，以至成为一种新的宗教和伦理，赋予审美以拯救的功能。其极端则是将"美"提升为一种价值向度，而不仅仅是客观事物的一种属性或主体认知活动的一种结果，并进而把该向度设定为人生重要的甚至是首要的目标。传统的沉思性审美静观消失了，取而代之的是向纯粹感官刺激的突进。由此导致放纵与浪费，加速了自然资源和价值资源的耗尽。这种审美化趋向是无所谓悲剧感的，它永远许诺人们幸福，永远一副随时恭候的谦卑，大众在此不需要改变什么，克服什么，似乎一切要求或愿望、一切喜怒哀乐都是正当的、合理的。通过大批量复制和无孔不入的渗透，电视、广播、广告、报纸等都在滔滔不绝地把性、暴力、死亡以一种迷幻的形式推向大众，激发种种麻醉、沉迷、宣泄等替代性满足。艺术审美原理被应用于工业设计和商业广告，审美教育成为消费社会获取高额利润的有效方式和刺激大众物欲的催情剂，丧失其本身所具有的超越功能和对社会的批判力量。由此这种审美化趋向一方面支持、推进了大众的放任自我，走向非理性的、平面化的空洞个体的独白；另一方面服务变成了操纵、推荐变成了命令，使人们内心深处的反应完全受控。那么，在后形而上学和后神学时代，人如何批判这种审美化趋向，防止在审美的幻象中丧失真实的人性？显然，传统的理性主义和神本主义已不足以成为完全有效的批判武器了，同时也不能简单重复古典美学的主题和结论，但警惕所谓诗意的生活方式的虚幻空

---

① ［英］李斯托威尔：《近代美学史评述》，蒋孔阳译，上海译文出版社 1980 年版，第 237 页。

洞、保护有限的自然资源、重建神圣的信仰与健全的理性却是叔本华、尼采的审美教育理论的重要启示。

第五节 德意志审美现代性
美育话语的重构

现代人对工业化和现代化的反应，使"人的异化"成为 20 世纪以来德意志审美现代性的美育话语关注的焦点。现实状况使人失望甚至绝望，这赋予 20 世纪以来德意志审美现代性的美育话语以极大的乌托邦能量，并以此描绘其理想图景。带着浓重的政治先锋派色彩，其中最有代表性的美学家布莱希特和马尔库塞就企望艺术与社会实践的有机结合，艺术被看作克服异化的工具，以实现人的自我解放。如果说康德、席勒的审美教育理论致力于抽象的人性改造，说叔本华、尼采的审美教育理论的非理性主义仍然是一种"形而上学的反抗"（加缪语），那么布莱希特、马尔库塞的审美教育理论则增加了社会学的内涵。布莱希特渴望对现存的资本主义制度发起反抗，他的间离理论旨在粉碎舞台幻觉，倡导介入式的批判；马尔库塞把人的解放和社会问题转化成一种审美问题，认为自由蕴含在人的本能冲动中，艺术作为升华了的爱欲，来源于生命本能反对社会压迫和理性制约的斗争，因而本能革命是审美解放的必由之路。

一 间离化与史诗剧的教育功能

布莱希特的一生经历了两次源于德国的世界大战。半个世纪动荡坎坷的人生经历，磨砺了他的世界观与人生观，使他逐步成了一个坚定而博学的马克思主义文艺家。布莱希特以自己的创作实践与理论思考，倡导一种具有鲜明的无产阶级革命倾向的、以科学和理性为基础的艺术观。布莱希特先后担任过慕尼黑话剧院导演兼艺术顾问、柏林德国话剧院艺术顾问，大胆进行戏剧试验与改革，打破传统戏剧给观众制造的幻觉，反对观众和剧中人的一体化，以便使观众能够超越戏剧所表现的现实并进而改变他们置身于其中的社会，从而创造出全新的"史诗剧"（das epische theater）样式。

布莱希特1926年起研读《资本论》，转向信仰马克思主义，并自觉应用于戏剧创作中，极大地提高了戏剧的战斗性和教育功能。布莱希特针对享乐主义的时尚，突出强调艺术的教育功能。布莱希特认为，现代观众不仅到剧院去追求感官快乐，而且在观剧时寻求心灵解放和认识自身使命。现代观众的主体即无产阶级和广大劳动人民，在享乐和消遣的同时，期望看到他们认识与改造客观世界的足迹，把握与改善自身命运的尝试，争取自由与解放的伟大壮举和献身精神。当然，他强调艺术的教育功能并不是取消其娱乐功能，而是希望使娱乐与教育这两种功能融合起来，达到寓教于乐。

面对一切美好的事物在资本主义社会遭到毁灭的现状，如何找到一种帮助人们改变现实的艺术样式，把娱乐的目的手段变成教育的目的，并把娱乐场所变成宣传机构。基于这样的考虑，布莱希特创造了与欧洲传统戏剧完全不同的非亚里士多德体系的全新戏剧体系——史诗剧及其理论。布莱希特特别强调史诗剧的现代性，即它是科学时代的戏剧。他主张："科学时代的戏剧"不能只是沿袭过去时代的艺术形式，作为艺术家，不能仅仅享受前人提供的全部风格，而是关注科学时代人的命运，人的被异化劳动所扭曲的肉体和精神的状态，以新的远见卓识、新的美感形式来发掘、表现人民大众"特殊的娱乐"。马克思的对"异化劳动"及其私有制的"批判的立场"，正是布莱希特史诗剧创作所确立的主题，观众由此通过间离化认识资本主义异化的世界。

"史诗剧"，意谓用史诗即叙事方法在戏剧舞台上表现既有广度又有深度的现代社会生活的真实面貌并展示其发展趋势。布莱希特创立史诗剧，是从亚里士多德到俄国斯坦尼拉夫斯基的传统戏剧体系的根本性变革，其最重要的突破，是以"叙事性"（或"史诗性"）取代了传统戏剧的核心范畴"戏剧性"。"戏剧性"是对传统戏剧诸审美特征如动作、冲突、激变、激情、幻觉、共鸣等的综合概括，其中最核心的是冲突和激情。而布莱希特的史诗剧，则反其道而行之，用以事件和理智为要素的"叙事性"取代了传统的"戏剧性"。它主要不像传统戏剧那样通过冲突激发观众的激情、共鸣以达净化感情的目的，而是借助叙事、评判手段使题材和事件经过间离化而引起观众惊愕，更新观众的审美认识能力，进而行动起来改造社会。

史诗剧的试验，是直接针对当时欧洲流行的"体验型"传统戏剧提出的。所谓"体验型"戏剧，就是借助于强烈的戏剧动作、冲突、激变等手段，制造艺术幻觉，煽动观众情绪，使之沉迷于戏剧情境之中，产生情感共鸣体验。在布莱希特看来，这种"体验型"戏剧就是执意要控制观众情感，让他们在强烈的共鸣体验中放弃理性思考，处于不清醒、无批判力的"入迷"状态，使他们无法了解他们切实生活于其中的这个世界，不能发挥戏剧帮助人们认识世界、改造世界的教育功能。

布莱希特创立史诗剧就是要用叙事方法打破这种情感共鸣体验，恢复观众的理性思考和评判力。"史诗剧的基本要点是更注重诉诸观众的理性，而不是观众的感情。观众不是分享经验，而是去领悟那些事物。"① 史诗剧的核心特征就是"间离化"（verfremdung-seffekt，亦译"间离效果""陌生化效果"等）。虽然什克洛夫斯基也提出了艺术的"陌生化"概念，但从另一意义上提出这个范畴并在戏剧实践中加以创造性运用，是布莱希特对戏剧美育理论的重大贡献。所谓"间离化"就是有意识地在演员与所演的戏剧事件、角色之间，观众与所看演出的戏剧事件、角色之间制造一种距离或障碍，使演员和观众都能跳出单纯的情境幻觉、情感体验或共鸣，以"旁观者"的目光审视剧中人物、事件，运用理智作为思考和评判，获得对社会人生更深刻的认识。正如他所说，"间离化"或"陌生

① 张黎选编：《布莱希特研究》，中国社会科学出版社1984年版，第23页。

化"，"首先意味着简单地剥去这一事件或人物性格中理所当然的、众所周知的和显而易见的东西，从而制造出对它的惊愕和新奇感"①，而不是"入迷"，它"使所要表现的人与人之间的事物带有令人触目惊心的、引人寻求解释的、不是想当然的和不简单自然的特点。这种效果的目的是使观众能够从社会角度作出正确的批判"②。譬如布莱希特的名剧《潘蒂拉老爷和他的男仆马狄》写的是司空见惯的地主与农民的矛盾，但布莱希特采用"间离化"的处理：写潘蒂拉老爷患了一种癫痫病，不发病时像狼一样凶残，但他自以为很正常，而发病时倒像正常人一样，但他自己觉得像野兽般不正常，这样就打破人们的思维习惯，变熟悉为"陌生"，引起人们的震惊和理性思考：为什么"人"会变成"狼"一样凶残却自以为"正常"呢？可以说，人长期生活在一定的环境和制度下，一切都习以为常，现实的一切似乎都存有不言而喻的合理性，这势必会造成人在思维上的不假思索和麻木不仁。"间离化"所要达到的效果是，戏剧场景及其所呈现的各种矛盾引起的是意外、惊愕甚至震惊。观众见到的是一些奇特之事，是他们所不习惯的事，却又是他们熟悉的事，这就迫使他进行思考，从批判的角度去看待他迄今为止认为理所当然的事物。换言之，采用"间离化"方法不是为了将所描述的事物保持在陌生的状态，而在于让人获得新的认识："这种戏剧既不将其主人公交给这个世界，让他听任命运的摆布，也不梦想着把观众交给一种能够给人以灵感的戏剧经验。由于急于教会观众一种非常明确的实践方法，即改变世界的方法，必须一开始就使他在剧场里采用一种完全不同于自己平时习惯了的方法。"③

这样，布莱希特就建立起全新的以"间离化"为核心的史诗剧体系与理论。从现代性维度来看，"间离化"是布莱希特实现其社会批判的现代性策略。西方传统戏剧一直执意控制观众的情绪，阻

---

① 张黎选编：《布莱希特研究》，中国社会科学出版社 1984 年版，第 204 页。
② 《布莱希特论戏剧》，丁扬中等译，中国戏剧出版社 1990 年版，第 84 页。
③ 张黎选编：《布莱希特研究》，中国社会科学出版社 1984 年版，第 31 页。

止他们使用自己的头脑。观众被"剧情"吸引，同剧中人物发生共鸣；达到这一目的所凭借的手段使得现实的画面不再真实；而且观众满意到着迷的程度，看不出来这是假的。演出不论怎样精彩，其效果是将观众的思想置于一种无批判力的状态之中，不能发挥戏剧的教育作用。布莱希特在 1948 年写的《戏剧小工具箱》中说：

> 让我们走进这样一座剧院，观察一下它对观众所产生的影响。只要我们向四周一望，就会发现处于一种奇特状态中的、颇为无动于衷的形象：观众似乎处在一种强烈的紧张状态中，所有的肌肉都绷得紧紧的，虽极度疲惫，亦毫不松弛。他们互相之间几乎毫无交往，像一群睡眠的人相聚在一起，而且是些心神不安地做梦的人，像民间对做噩梦的人说的那样：因为他们仰卧着。当然他们睁着眼睛，他们在瞪着，却并没有看见；他们在听着，却并没有听见。他们呆呆地望着舞台上，从中世纪——女巫和教士的时代——以来，一直就是这样一副神情。看和听都是活动，并且是娱乐活动，但这些人似乎脱离了一切活动，像中了邪的人一般。演员表演得越好，这种入迷状态就越深刻，在这种状态里观众似乎付出模糊不清的，然而却是强烈的感情；由于我们不喜欢这种状态，因此我们希望演员越无能越好。①

因而布莱希特强调在静态的审美方式结束之后，必须产生动态的、"介入"的审美方式。他一反亚里士多德的传统，创造了"间离法入"，阻止人们"迷醉"于古典形态的戏剧情节中，被动地静态地接受情节内容，通过间离效果揭露与批判虚假意识形态，获得真理性的认识。

"共鸣"原是物理学、声学术语，指一组声波频率相同的共振

---

① 《布莱希特论戏剧》，丁扬中等译，中国戏剧出版社 1990 年版，第 15—16 页。

器中，一物振动引起他物随之振动，发生共鸣现象。人们将这一概念运用于艺术理论，则是指审美中主客体的思想、情感契合相通、和谐一致的心理现象。在西方，古希腊毕达哥拉斯较早将共鸣现象用于人的心理，认为心理和谐与外物和谐同声相应便产生共鸣和美感。英国休谟用人类共有的"同情心"来解释共鸣。康德认为人之间的"先验的共通感"是共鸣的基础。格式塔完形心理学美学认为审美心理的力和场同外物物理的力和场有同形同物关系从而形成共鸣。荣格认为人们从艺术表现的"集体无意识原型"中唤醒自己心中固有的"集体无意识原型"，便发生顿悟与共鸣。布莱希特所谓的"共鸣"是指戏剧在观众身上所引发的一种特殊精神状态。他认为这种状态是一种观众陷入"幻觉"的状态，一种观众完全忘记舞台、剧场乃至他自己的现实存在而进入另一个世界的状态。然而布莱希特指出："在感情融合（即共鸣）的基础上出现的舞台与观众的交流，观众看见的东西只能像他与之感情融合在一起的剧中英雄人物所看见的东西那样多。观众面对着舞台上的特定环境只能引起舞台上的'气氛'所容许的那些情感活动，观众的感受、感情、认识同舞台上行动的人物一致。舞台上几乎不可能产生、容许、体现那些它不暗示不表现的情绪活动、感受和认识。"[①] 亚里士多德戏剧的最主要特征是强调戏剧是对生活的模仿，要求演员化身为所要表现的角色，最大限度地使观众和剧中人产生共鸣即移情作用。布莱希特认为"共鸣"面对 20 世纪复杂的社会矛盾和社会现象已越来越显得苍白无力，并且西方传统戏剧是以帝王将相为主要表现对象的，而让观众永远和这些角色共鸣，无益于观众对现实状况进行完全自由的、批判性的思考，使观众丧失超越处境的能力。因此，布莱希特要求观众明确意识到舞台行为为假，是在演戏。他对演员的要求则是通过"表演"来惊醒观众，将观众从共鸣的迷幻状态中解放出来，赋予观众批判的意识，恢复观众作为独立主体的意义。

---

① 《布莱希特论戏剧》，丁扬中等译，中国戏剧出版社 1990 年版，第 60 页。

　　所以布莱希特在《关于共鸣在戏剧艺术中的任务》一文中认为，对于共鸣的否定开创了戏剧艺术的新阶段，赋予了戏剧艺术以全新的社会功能："戏剧艺术借此清除了以前各个阶段附着在它身上的崇拜残余，同时也完成了它帮助解释世界的阶段，进入帮助改变世界的阶段。"① 布莱希特认为传统戏剧只能教给人们怎样顺应一种圆满的世界，而新的戏剧则展现一个变化的世界，如果从艺术角度真正地把握住这个世界，就必须创造新的艺术手段和改造旧的艺术手段。于是，布莱希特提出以"间离化"去代替"共鸣"："在新的戏剧中，当观众不再陷入梦呓般的消极地听从命运安排的立场的时候，他应当采取什么立场呢？他不应再被人从他生存的世界中引诱到艺术世界中去，受骗上当；相反，他应当带着清醒的意识被引进他生活的现实世界里来。"② 作为共鸣的对立面，间离化效果的基本含义就是让观众保持超然而不是入迷的精神状态，使观众成为戏剧事件的旁观者而不是介入者。间离化效果意味着观众在剧院中不再处于感情的、体验性的、沉醉的状态，而是处于理智的、认知性的、清醒的状态。观众通过间离理解社会的各种本质现象及人的生存困境和精神困境，能够超越戏剧所表现的现实并进而改变他们置身于其中的社会。因而布莱希特指出："对一个事件或一个人物进行陌生化，首先很简单，把事件或人物那些不言自明的、为人熟知的和一目了然的东西剥去，使人对之产生惊讶和好奇心。"③ "我们所需要的戏剧，不仅能表现在人类关系的具体的历史条件下——行动就发生在这种条件下——所允许的感受、见解和冲动，而且还运用和制造在变革这种条件时发生作用的思想和感情。"④ 布莱希特在这里阐明了他的一个基本的美学观点：戏剧要能够让人看懂和理解，看懂和理解它实质上表明戏剧能向我们揭示生活真实；而戏剧

① 《布莱希特论戏剧》，丁扬中等译，中国戏剧出版社1990年版，第176页。
② 同上书，第62页。
③ 同上。
④ 同上书，第19页。

只有不对观众设置种种前提条件，才能让人透过层层表象去获得它蕴含的具有普遍意义的社会生活真实。那么何谓"前提条件"呢？这里指的就是戏剧艺术的历史氛围和历史情绪。布莱希特认为，一部作品如果历史氛围浓，则会阻碍人们把握历史所蕴含的社会发展规律；戏剧表现的历史生活越是复杂和深刻，就越是容易使观众认为看到的是些远去的东西，从而在人们心中有意无意地竖立起"历史感"屏障，难以冲出历史意识的藩篱。这就是说，布莱希特反对在舞台上精心安排、布置、设计、营造历史生活场景和历史生活氛围，认为它们容易"误导"观众倾心于表层欣赏而忽略做实质性哲理思考。可以说，观众是否产生舞台事件是真实事件的幻觉是区分间离化效果与共鸣效果的关键。如果认为处于幻觉就是处于非理性状态，打破幻觉就是回到理性状态，那么间离化效果理论的核心就是要求戏剧不要把观众置于非理性状态而放弃自由思考，而是把观众置于理性状态。这样，戏剧就为社会的变革提供了一种批判性思路，戏剧表演为观众提供了一个批判的对象而不是认同的对象，戏剧将观众的在场变成批判的在场，并为对戏剧的批判乃至对整个社会的批判提供了可能。

二 爱欲解放与审美乌托邦的建构

席勒的许多洞见，如人性分裂、感性沦丧、审美救世等道出了人在现代文明控制下的困境和憧憬，构成了他的审美教育理论的重要的现代性特征，因而一再为现代思想家们所津津乐道，其中最能体会席勒的思想精义并重建审美乌托邦的是法兰克福学派的重要代表人物马尔库塞。在马尔库塞看来，通过席勒可以从弗洛伊德走向马克思，即可以从审美通达政治，或者反过来说，通过马克思与弗洛伊德的融合而走向席勒。由此审美作为从必然王国走向自由王国的中介，就成为必然的选择。这样，马尔库塞审美教育思想的基本出发点是：大工业生产导致了人性的扭曲和分裂，造成了人的异化，使得理性压抑了感性，攻击欲代替了爱欲。因此，建立理性与感性的和解关系，用爱欲消解攻击欲就成了消除异化的最重要的途径。基于这样一种思路，马尔库塞主张以主体内心深处的"本能革命"代替无产阶级的暴力革命，通过"本能革命"造就的所谓的新感性和新主体来实现社会改造和世界重建。在这一过程中，审美教育成了实现"本能革命"的最关键的因素。

对于马克思来说，人的自由和解放可以从两个方面来理解：一方面是物质关系的解放，包括社会关系、经济关系、政治关系，等等；另一方面是精神关系的解放，包括心理关系、伦理关系、道德关系、审美关系，等等。在《1844 年经济学哲学手稿》中，马克思论述了扬弃异化的两个方面："对私有财产的积极的扬弃，作为对人的生命的占有，是对一切异化的积极的扬弃，从而是人从宗教、家庭、国家等向自己的人的存在即社会的存在的复归。宗教的异化本身只是发生在意识领域、人的内心领域中，而经济的异化则是现实生活的异化，——因此对异化的扬弃包括两个方面。不言而喻，在不同的民族那里，运动从哪个领域开始，这要看一个民族的真正的、公认的生活主要是在意识领域中还是在外部世界中进行，这种生活更多的是观念的生活还是现实的生活。"[①] 由此可见，马克思认为对异化的扬弃应该从两个方面进行：一方面是外在异化的扬弃，亦即经济和社会制度异化的扬弃；另一方面是内在异化的扬弃，亦即人的本质和精神的异化的扬弃。而所谓异化的扬弃，就是人的自由和解放，是人的自由而全面的发展。马克思《1844 年经济学哲学手稿》中对人的本质、对异化，以及对劳动实践在哲学上的意义的分析，对马尔库塞产生极大的震动，并影响了他的一生。同时，马克思的《1844 年经济学哲学手稿》，也使马尔库塞把人的解放从理性的自由转移到情感革命和感性解放上来。

---

① ［德］马克思：《1844 年经济学哲学手稿》，中共中央马克思恩格斯列宁斯大林著作编译局译，人民出版社 2000 年版，第 82 页。

马尔库塞认为，现代资本主义社会把人变成了单维的人，即把既有物质需要又有精神需要的人异化成完全受物欲支配的单向度的人，以虚假的需要来代替人的真正需要，这造成个人在经济、政治、文化等方面都成为物质的附庸而日趋单维化、畸形化，教育起到的则是维护资本主义现存秩序的作用："世世代代的教育，都在帮助人能忍受日常不断发生着的冲击……人可以在根本没有幸福的时候感到自己是幸福的。即使人断定自己是幸福的。幻象的效果也可以使他把这个断定看作是不正确的。这个四处碰壁的个体遂开始学习忍耐，质言之，学会去爱他的这种孤寂状态。"① 由此可见，在既有社会中，教育造成了人的整个的麻木和不反抗，促成了发达工业社会的"单一化"和"同一化"，使人在"虚假的幸福"中却处于一种精神上的压抑和痛苦中而浑然不觉。

然而，马尔库塞又不完全同意马克思的所谓异化是资本主义私有制的直接产物，只有推翻资本主义制度才可能从根本上消灭异化的见解。马尔库塞认为，异化的根源不只在于社会制度，也与人的本质密切相关。马克思提出了劳动是人的本质，却没有进一步回答何以在劳动中才能实现自己，人何以在劳动中会获得快感。这样马克思把人的解放归结为劳动的解放的思想就显得"缺乏根据"。在马尔库塞看来，由于劳动是对象性活动，是人的潜能实现的手段，是自然人化和人的自然化的唯一通途，因此，劳动就是人的最本质的活动。人的解放，实质上就是变革劳动本身及形式的解放。而要真正确定劳动解放的核心地位，就必须把劳动放到更深一层的人的本质中去理解。为此，马尔库塞在马克思的人类解放理论中融入弗洛伊德的本能理论，认为人的本质是爱欲，只有把劳动与爱欲相联系，认识到劳动的解放就是爱欲的解放，才能说明人何以能在劳动中实现自己而获得快乐。社会革命就是要通过艺术和审美解放个人的感觉和爱欲。由此，马尔库塞提出"爱欲本质论"，用来补充马

---

① ［德］赫伯特·马尔库塞：《审美之维》，李小兵译，广西师范大学出版社2001年版，第31页。

克思的人性社会论，并把劳动看作人的最基本的爱欲活动。他说，人类长期宠爱的自我和超我实质上一直受着本我，也即无意识、本能和欲望的支配。自我和超我同本我相比，只是极小的部分。本我是一股极大的暗流，自我只是在外部环境影响下一部分器官逐渐发展形成的要件，因此无意识在人的整个精神结构中才占据一个主体位置。换句话说，"本我是最古老、最根本、最广泛的层次，这是无意识的领域，主要的本能的领域。本我不受任何构成有意识的社会个体的形式和原则的束缚，它既不受时间的影响，也不为矛盾所困扰"。[①] 马尔库塞采纳了弗洛伊德的观点，认为人生来就有生与死的本能，而爱欲是生存本能的主要内容。它能使生命有机体获得快乐，这种无条件地获得快乐的欲望必然只能存在于无意识中，遵从快乐原则，而爱欲又是生的本能的决定因素。而且只有生的本能才是人的本质表征，因为人首先是一种生命存在才可能被谈及，其中生的本能（爱欲）压倒死的本能，生命才能不断地反抗和推迟向死亡的堕落。因而人的本性就是与生命存在原则相一致的生的本能，就是作为生的本能本质体现的爱欲。

在这里，马尔库塞的所谓"爱欲"和弗洛伊德的所谓"性欲"有着不同的诠释。他指出，"性欲"主要是指对两性行为的追求，而"爱欲"则是"性欲"在量和质上的提升。所谓"量的提升"指的是：爱欲超越了饥、渴、睡、性等单纯的肉体需要，扩展到广泛的物质领域和精神领域，反映在人的文化创造、审美过程、改造生存环境、征服疾病和建立安逸生活等各个方面。它既体现为人生命的最原始的冲动，也体现为人对爱与自由的渴望；所谓"质的提高"指的是马尔库塞将仅限于生殖器上的性欲转化为人格上的爱欲，由肉体转向精神，自性感转入美感。爱欲从追求生殖器官的局部快乐到消除人的痛苦，达到人的全面自由。

既然如此，"解放爱欲"与"放纵性欲"也就有着不同的含义

---

① ［德］赫伯特·马尔库塞：《爱欲与文明》，黄勇、薛民译，上海译文出版社 2005 年版，第 21 页。

和结果。"放纵性欲"对个人来说只能获得局部的短暂欢乐，而这种欢乐还得由痛苦做伴，即往往要为之付出高昂的代价；而且"放纵性欲"对社会来说就意味着混乱、奢侈、荒淫、糜烂，以及由此陷入的不可调和的冲突。因为性欲毕竟只是爱欲中的一部分，"互爱"才是"人们把关怀和温暖充实到自己的各种行动和关系中去的不同方式"①。而"解放爱欲"给社会和个人带来的结果则大相径庭。个人在"解放爱欲"过程中将会获得一种持久的快感，因为人的整个身体都是快乐的工具，人的所有活动都与快乐联系在一起。爱欲是人的本质，文明社会在为爱欲生长提供温床的同时又压抑着爱欲，使人陷入无限的痛苦。也就是说，文明社会用现实的原则代替了基于人的本能的快乐原则，用有意识的活动控制和操纵着人的无意识。人的爱欲也被纳入社会操作的轨道之中，压抑变成一种具有技术合理性的客观秩序，个体的唯一职能就是俯首帖耳地服从这种秩序。为此，马尔库塞呼唤要彻底解放爱欲，认为在一个异化的世界上，爱欲的解放必将作为一种致命的破坏力量，作为对统治者压抑性现实的原则的彻底否定而起作用。这种解放意味着人应当依照自己的生命本能、依照快乐的原则来生活，废除那种压抑性的劳动、文化和意识形态。由此，他提出，自由社会必须建立在新的本能需要之上。当爱欲得到彻底解放的时候，人类也就进入一个更高级的进化阶段。

由于爱欲归根结底是个情感问题，因此马尔库塞把马克思对资本主义社会的阶级斗争和社会革命考察的思路转化为对生存个体的分析，转向情感革命及其人的感性解放："个体的感官的解放也许是普遍解放的起点，甚至是基础。自由的社会必须植根于崭新的本能需求之中。"② 马尔库塞进一步强调，人类的解放就是感觉与爱欲

---

① ［加拿大］本·阿格尔：《西方马克思主义概论》，慎之等译，中国人民大学出版社1991年版，第367页。

② ［德］赫伯特·马尔库塞：《审美之维》，李小兵译，广西师范大学出版社2001年版，第132页。

的解放，自由社会必须建立在新的本能需要的基础上，感觉与爱欲的解放正集中于审美活动之中："鉴于发达的资本主义所实行的社会控制已达到空前的程度，即这种控制已深入到实存的本能层面和心理层面，所以，发展激进的、非顺从的感受性就具有非常重要的政治意义。同时，反抗和造反也必须于这个层面展开和进行。"① 也就是说，经济学的解放并不等于哲学——文化的解放，理性的自由并不等于感性的幸福。只有将政治经济变革贯通于能体验事物和自身的人本身，只有让这些变革摆脱残害人和压迫人的心理氛围，才能够使政治经济的变革中断历史的循环，实现新的境界，抵达新的社会层面。而要与现实中充满攻击性和剥削压迫的连续体决裂，也就同时要与被这个世界规则化了的感性决裂。因此，今天的反抗或社会变革，就是要用一种新的方式去观察和感受事物，去进行一场感性的革命。这场新革命将不同于以往的暴力革命，这是一场本能革命或感觉革命。革命主体必须着手于人类行为的心理基础和本能结构的改造。这种改造的根本途径就是把想象、诗意、激情这些灵性的内容重新引入人的感觉。

由此可见，所谓新感性，就是指摆脱了理性对人的束缚和压抑，使人的本能充分释放的一种新的感性，它是对待客体的一种全新的感受方式，包括人的需要、欲求和本能等感性因素。它"表现着生命本能对攻击性和罪恶的超升，它将在社会的范围内，孕育出充满生命的需求，以消除不公正和苦难；它将构织'生活标准'向更高水平的进化"② 。因此新感性首先是一种"活的"感性。它诞生于对整个现存体制的否定，旨在建立一个新社会，使自由与必然、艺术与现实达到历史的统一。新感性可以使现代人实现非压抑性的升华，重建感性秩序，走向自由境界。其次，新感性的逻辑结果是"自然的解放"。这种自然的解放，通过新感性对社会的重建，

① ［德］赫伯特·马尔库塞：《审美之维》，李小兵译，广西师范大学出版社 2001 年版，第 124 页。

② 同上书，第 98 页。

使人与人、人与物、人与自然之间的新型关系得以实现。只有新感性才能摒弃资本主义的工具理性，摆脱攻击性的获取、竞争和防御性的占有框架，通过"对自然的占有"发挥人的创造性和审美能力。当然，新感性绝不只是在群体和个人之中的一种心理现象，而是使社会变革成为个人需求的中介，是变革世界的政治实践和追求个人解放之间的调节者。

那么如何才能实现新感性呢？马尔库塞认为，最好的方式莫过于审美和艺术，因为审美和艺术具有造就新感性的功能。换句话说，"美的东西，首先也是感性的。它诉诸感官，它是具有快感的东西，是尚未升华的冲动的对象"[①]。新感性是在审美和艺术活动中造就的完全自由的感性，是人的原始本能得以解放的感性。审美使感觉和情感与理性的观念和谐一致，从而消除理性规律的道德强制性。同样，艺术以感性形式对抗、反叛既存现实的秩序化、合理化和工具理性的控制："艺术对现行理性原则提出了挑战：在表象感性秩序时，它使用了一种受到禁忌的逻辑，即与压抑的逻辑相对立的满足的逻辑。在升华了的审美形式背后，出现了未升华的内容，即艺术对快乐原则的服从。"[②] 艺术世界是一个自由的世界，这里不存在外在的法则，不存在凝固的秩序，于是，人的感性生命自由地展开了自身。

由此可见，马尔库塞把"新社会"的产生寄希望于"新感性"的出现，因为它们为"新社会"的产生准备了主观和客观前提。而审美教育对于"新感性"的作用是极其直接的。马尔库塞认为，必须重新重视教育的原有职能，通过教育使人们认清他们的真实处境，唤醒人们麻木的意识，从而为人们追求自由与幸福寻找出路。当然，这种教育不再是受制于发达工业社会工具理性之下的教育，

①　［德］赫伯特·马尔库塞：《审美之维》，李小兵译，广西师范大学出版社 2001 年版，第 114 页。

②　［德］赫伯特·马尔库塞：《爱欲与文明》，黄勇、薛民译，上海译文出版社 2005 年版，第 142 页。

不再是资产阶级维护其永久统治的工具，所以这应该是一种走向
"审美"的教育。只有在审美活动中，人才能够完全地处于解放的
自由之中，才能摆脱既有社会对人的身心的束缚。美是"人类的一
个必要条件"，在此马尔库塞赞同席勒的说法："为了解决政治问
题，'美学是必由之路，因为正是美导向自由'。"① 在马尔库塞看
来，审美活动的根基在其感性中。但在现实中，作为生产活动的合
理性始终是压制包括本能、情感、想象、幻象诸感性领域的工具，
加上大众文化无孔不入的渗透力，原本敏感活跃、具有超越精神的
感性变得麻木、迟钝、保守了，屈从于理性与社会整体的专横统
治。审美活动却极力将快乐、感性、美丽、真理、自由融为一体，
它保存了感觉的真理，并在自由的实现中调和了人的高级机能与低
级机能、感性与理性。通过审美活动，人类不仅能够建立一个感性
世界，也能够建立一个自由世界。而这自由世界的获得能够通过艺
术教育来实现，之所以如此，是与艺术本身的性质直接相关的：
"美的时刻一旦在艺术作品中获得形式，它就可能被持续重复地体
验到，它被永恒地化入艺术作品中。感受者在艺术的快感中，总能
重新创造出这种幸福。"② 艺术通过审美形式构建了一个与现实社会
完全不同的艺术世界，它意味着艺术的特质就在于和现实生活分
离，从而使那些在现实生活中占据支配地位的意识形态和日常经验
在这个艺术自律的王国中被挣脱、被破除了。因此艺术的革命性并
不取决于作品的题材和内容，也不取决于作家有否介入现实；相反
地在于审美形式，在于作者、读者与现实的疏离，并通过与现实的
疏离来实现感性解放，培植新感性，以此反抗现实对人的异化，反
抗不合理的现实。

　　因而马尔库塞强调："解放的意识，将高扬科学和技术的发展，

---

　　① ［德］赫伯特·马尔库塞：《爱欲与文明》，黄勇、薛民译，上海译文出版社2005年版，
第144页。

　　② ［德］赫伯特·马尔库塞：《审美之维》，李小兵译，广西师范大学出版社2001年版，
第30页。

将它们在保护生命和造福生命中去自由地发现并实现人和事物的可能性……这时，技术就会成为艺术，而艺术就会去塑造现实，也就是说，在想象与理性、高级能力与低级能力、诗歌与科学思维之间的对立，将会消除。"① 一旦人成为真正的审美主体后，便可成功地征服物质，体现它的解放功能，即解放了受压抑的人，将其复归为自由的存在，达到自然与自由的统一，从而实现人的本能的非压抑性发展，使爱欲得到解放。这种解放在现实中就集中表现为对异化了的现实的否定和超越，对现实中处于割裂状态的感性和理性的弥合，使人的自由感、完整性和肯定性，亦即人的幸福和快乐得以真正实现。艺术的世俗救赎能量就包含于理性与感性在全新意义上的和解之中。这种和解不是与现实的妥协，艺术也不是要与遭到扭曲的理性实现和解，而是要站在社会的对立面，以否定的形式召唤理性。这就是艺术的审美教育作用，它以其独特的对于人的"新感性"和未来社会的建构功能，而成为一个压抑性社会、单向度社会的拯救力量。

可以断言，马尔库塞的审美教育理论的最终目的和根本意图是通过以艺术为中心的审美革命来改造人的意识，消除异化，实现人的解放。他并不是号召大众不可自拔地沉湎于审美幻想中，而是要通过审美幻想来改变人的意识，通过艺术的幻想打破压抑的文明，重建美好的社会。从这个角度来看，马尔库塞的审美乌托邦是具有积极意义的。

人们对现代性的审美批判，有许多方面和理由，但最根本的理由，应该是它以种种美好的假象使人类心安理得地毁灭自己存在的基础。无论人们怎么评估现代性的种种制度给人类带来的好处或灾难，人类和地球今天正处于前所未有的危机却是一个不争的事实。这些以功利主义和物质主义为基础的制度在改变人类生活的同时，也改变了人的理智和情感，瓦解了人对精神的尊重，

---

① ［德］赫伯特·马尔库塞：《审美之维》，李小兵译，广西师范大学出版社 2001 年版，第 99 页。

改变了人对自己和对世界的理解。由此现时代的教育把人彻底地当成了工具，以强有力的规训和塑造把人制造成社会秩序和经济制度的工具，并且向接受规训的人承诺"成为"工具之后的幸福。为了获得幸福，现代人越来越把自身交给教育的生产过程，越来越成为一个可算计的工具。在现代世界中生命不再像以前的社会中那样联合、共契和富有意义；现代个体在非常专业化、单向度的狭窄路径上培养自己的资质和能力；他们的生活和人格不是整合在一块的，而是碎片化的。然而，在许多德意志思想家看来，文化作为人的一种创造，即建设一个具有连续性、能维持"非动物"生活的世界。而文化领域作为"意义的领域"，它的功能便是以艺术或仪式的象征系统去体现诸如死亡、爱情、痛苦与悲剧这些人类永远面对的"不可理喻性问题"。因而审美现代性首先来自于对启蒙理性的反省和批判，从一定程度上说，审美现代性就表现为一种对启蒙理性、对文化的非人性化的批判精神，从根本上质疑启蒙理性对人本身和对世界的理解，它试图超越已经蜕变为工具理性的理智，而诉诸原始的感性和情感。审美教育并不仅指人性剖析和善恶鉴别，也非道德教育加上才艺传授，现代社会需要的美育，更强调使人类历史的审美之维成为人的感性的内在质素，用审美和艺术照亮社会实践和每个人的心灵，让每个人学会理解社会和自我，更加自由、全面地发展自身的可能性。这正是德意志审美现代性中美育话语给予人们的启示。

结　语

　　启蒙与审美现代性问题一直或隐或现地出现在我们的生活里，成为不可规避的文化景观。在弥漫着理性进步思想的启蒙时代，人们对理性主义持有一种乐观的态度，似乎所有的存在都可以用理性去认知。启蒙试图借助理性填补上帝在人间的缺席，重构一个具有普泛价值的意义世界。然而，启蒙运动过度发展了作为理性实施手段的工具理性维度，忽视了作为理性目的的价值理性这一维度，造成了启蒙被简单化为单一的理性形态——工具理性。工具理性的独自尊大并未实现人的自由和解放，其负面的问题随之而来：人性异化、功利主义蔓延、道德滑坡、艺术和美隐退。于是，人们开始认识到工具理性并不是现代性的全部内容，开始批判和反思启蒙。在此背景下，德意志审美现代性的设计形成了不同于英、法等国理性启蒙的独有文化景观。

　　德意志审美现代性的设计本质上是一种文化启蒙，在根本上依托于德意志的生态文化要素。这些生态文化要素既是德意志现代性进程中独特的社会环境和历史生活风貌的构成，也是决定德意志审美现代性建构的主要根基和动力。对德意志审美现代性话语的文化生态要素进行探究，可以帮助我们走进康德、费希特、黑格尔、谢林审美现代性的话语深处。康德是德意志审美现代性建构中的关键人物，他试图用审美合目的论与自然合目的论把现象与本体、必然与自由、认识与实践有机统一起来，以缝合理性启蒙的内部分裂与隔绝。康德通过让美和艺术独立的方式建构了一种不同于英、法等国理性主体设计的启蒙方案：审美现代性方案。康德所设计的审美现代性具有强烈的自律性，不受认识和实践的规范，无概念、无功利、无目的，突出情感、想象等感性元素，拒绝理性的工具化和机械化。康德的审美现代性包含消除祛魅过程中异化问题的文化设计，这一审美现代性设计不仅意味着一种全新的启蒙话语，而且将整个德意志思想界置入启蒙话语的反思建构中。康德的后继者费希特、黑格尔、谢林紧抓康德开启的启蒙反思内核，在审美现代性方面开拓出了新空间。在现代性的视域和范式中理解费希特，可以发现费希特通过"同一自我"在行动、社会、艺术、历史中的反应，将其美学的审美现代性肌质清晰呈现。通过对美与文化、艺术与技艺、艺术与公共生活、艺术与教育、艺术与科学、艺术与哲学、艺术与道德、艺术与爱等关系的论述，费希特对德意志审美现代性的内容做出了原创性拓展，完整突出了艺术在现代社会精神文化生活中的在场性。费希特认为，审美教育与促进理性之间有内在的联系，审美教育可以提升人的理性能力，培养人感受自然、热爱生活、关爱他人的技艺，这样他就将审美教育转变成了人应肩负的社会义务。黑格尔比康德、费希特更在意时代的危机，和解成为黑格尔审美现代性筹划与精神美学的核心概念。在本质上，和解依然是启蒙反思语境中的审美现代性筹划，它承担了化解社会冲突、弥合精神分裂、实现各种对立矛盾现象间的和谐统一的任务。和解的要旨是解决启蒙以来不断加剧的人与自然、人与社会、人与自我（人内部的感性与理性）的对立冲突这一现代性危机。可以说，黑格尔依然希望在美学上解决理性现代性设计的不足及其造成的现代性危机。至于黑格尔的泛逻辑主义缺陷，谢林在他的审美现代性建构中进行了反思和批判。黑格尔通过和解将艺术化为审美现代性中的一环；而谢林则通过绝对同一性概念的引入将艺术上升为本体论的地位，开辟了新的审美现代性话语。正是在这一点上，谢林与康德、费希特等人拉开了距离。他关于艺术和神话的论述，不仅将启蒙引向新的自由向度，而且实现了以艺术哲学为核心的审美现代性重构。谢林将理智直观与美感直观相结合，把艺术作为解决人生存问题的手段，在非神话的时代重提神话并从人的存在去解释神话，从而把艺术与真理、历史联系起来，使艺术真正参与到人类历史的进程中并作为反抗现代性的话语力量出现在我们的视野里。

从德意志审美现代性的理论建构回归到德意志审美现代性的文艺美学话语，可以发现德意志文艺美学深刻体现了德意志文化启蒙的主旨。德意志文化生态因素中市民社会的特有情致（社会政治与社会文化脱节）决定了其审美现代性的非政治性。作为市民社会主体的"受教育的市民阶层"不主动涉足现实政治，不关心直接面临的重大而实际的社会问题，只关心普遍的人性问题，在想象的艺术王国和抽象的思辨世界中徜徉，似乎思想、语言的自由就是生活的变革、现实的解放。在德意志浪漫派的"神话诗学"话语中，面对国家与社会的异化问题，思想家不是从单个神话故事的文本结构及叙事入手，而是从神话的社会性入手进行研究，在整体上思考神话的意义及可能性。面对新近文化中没有神话这一现状，浪漫派通过对机械国家把自由人当机器的齿轮来对待这一暴力的批判表达了对"新神话"的诉求，他们试图在"新神话"中寻求一种整体有效性以修复启蒙时代的自私性、机械性。"新神话"将会引导人们摆脱现代社会人的生存意义危机，使人类重新融合为一，而这种"新神话"只能在未来出现。德意志思想家对文化根性的寻找和确立最终回归到德意志"希腊想象"这一话语中来。温克尔曼对希腊阿波罗式的理想构成了德意志与古代事物的关联，成功奠定了德意志"希腊想象"的基调。温克尔曼试图重返希腊雕塑高贵的单纯、静穆的伟大之美，彰显了其审美本位的文化设计。温克尔曼在谈及希腊的政治自由时将审美的感受放在第一位，认为艺术的优越最重要的原因是希腊人从青年时代就享受的自由。随后赫尔德、歌德、席勒、谢林、荷尔德林等人也将希腊作为审美理想。在某种程度上说，"希腊想象"是德意志启蒙的产物，德意志思想家深情凝望希腊的原因在于希腊青春状态的根源是自然与精神天然的和谐统一，自然流露在精神中而精神也正是自然的真实表达。德意志审美现代性的美育话语则更直接、更具体地表达了德意志文化启蒙的旨趣，审美不仅可以成为对抗理性现代性的力量，而且自身就能够承担启蒙的功能。德国古典美学将审美与自由联系起来，从而为审美教育的发展奠定了思想基础。席勒从康德的美学框架出发，将审美教育视为解决人性的分裂、化解现代性危机、实现人类解放的途径，这一理论奠定了德意志审美教育话语的主要来源。在德意志文艺美学的具体实践中，思想家、文学家特别强调戏剧的审美教育作用，将之视为启蒙文化的代表，是教育、启发大众的锐利武器。此时期的戏剧创作不仅注意到了艺术与日常生活的紧密联系，而且对自己所处的社会及其转变给予高度关注并做出了敏锐的反映和深入的思考。他们提出了戏剧"形成和造就民族"的主张，同时在现实活动中努力创建民族剧院，以达到统一民族的政治目的，这样剧院就被赋予了"教育人和教育民族"的"首要的国家机构"的地位。他们认为，在提高人的教养方面，剧院的效果比道德和法律更为深刻、持久，好的剧院对于道德教养的功绩与对理智的全面启蒙同样重要。他们将文学批评置于市民启蒙更广阔的公共领域中，不约而同地把戏剧作为宣传启蒙精神的重要途径，剧院成为宣传启蒙思想的阵地。启蒙理性使人面临着意义的虚无，但在非理性的感官决定论中，人也会陷入新的痛苦和迷茫，叔本华、尼采非理性的审美教育理论象征了德意志审美教育话语的转向。但面对二者仍属"形而上学的反抗"，布莱希特、马尔库塞的审美教育理论增加了社会学的内涵，他们希望将艺术与社会实践结合起来，实现人的自我解放。面对现代社会中人的单向度、碎片化，德意志思想家呼唤审美成为人的内在维度，用审美和艺术照亮人的心灵，从而使人成为自由、完整的人。可以说，审美教育话语是德意志文化启蒙有别于英、法等国启蒙的重要特征。

至此，笔者在启蒙文化的背景下，对德意志启蒙文化与审美现代性的理论探讨和具体的文艺美学创作样态的关照告一段落。笔者希望这种探讨可以还原德意志文化启蒙的本真面貌，使我们认识到德意志审美现代性话语是启蒙思想史上和现代文化史上的重要转向，对当代美学和人文沉思产生了巨大影响。自德意志文化启蒙开始，艺术与审美开始成为反思启蒙的重要元素。20世纪初，西方现代艺术曾在悖逆传统观念和艺术表现形式中体现出了美学更新与社会改革要求的关注，艺术的思考性被提出来，受到大量哲学思潮的影响，艺术家回到了对艺术批判本质的思考。此后，后现代艺术继续用荒诞离奇的手法同混乱的世界周旋，但艺术的思想性、批判性被湮没在繁荣的文化工业里。大众文化的商品性、娱乐性、媚俗性、复制性带来了思想的枯竭和精神的缺失，审美文化向大众文化献媚，艺术的崇高性、创造力被消解，艺术的真理性本质被遮蔽。在当代文化的语境下，回望德意志文化启蒙，它已成为一个历史事件，但它却没有被遗忘，文化启蒙的构想和审美现代性设计直到今天仍警示着我们。

参考文献

一　中文文献

[1]［德］康德:《判断力批判》上卷，宗白华译，商务印书馆 1964 年版。

[2]［德］康德:《判断力批判》下卷，韦卓民译，商务印书馆 1964 年版。

[3]［德］康德:《判断力批判》，邓晓芒译，人民出版社 2002 年版。

[4]［德］康德:《实践理性批判》，关文运译，商务印书馆 1960 年版。

[5]［德］康德:《实践理性批判》，韩水法译，商务印书馆 1999 年版。

[6]［德］康德:《纯粹理性批判》，蓝公武译，商务印书馆 1960 年版。

[7]［德］康德:《纯粹理性批判》，韦卓民译，华中师范大学出版社 2000 年版。

[8]［德］康德:《历史理性批判文集》，何兆武译，商务印书馆 1990 年版。

[9]［德］康德:《未来形而上学导论》，庞景仁译，商务印书馆 1978 年版。

[10]［德］康德:《实用人类学》，邓晓芒译，上海人民出版社 2002 年版。

[11] 李秋零主编:《康德著作全集》第 3 卷，中国人民大学出版社 2007 年版。

[12] 李秋零主编:《康德著作全集》第 5 卷，中国人民大学出版社 2007 年版。

［13］〔德〕费希特：《对德意志民族的演讲》，梁志学等译，辽宁教育出版社2003年版。

［14］〔德〕费希特：《激情自我——费希特书信选》，洪汉鼎、倪梁康译，经济日报出版社2001年版。

［15］〔德〕费希特：《极乐生活指南》，李文堂译，辽宁教育出版社2003年版。

［16］〔德〕费希特：《伦理学体系》，梁志学、李理译，商务印书馆2007年版。

［17］〔德〕费希特：《论学者的使命·人的使命》，梁志学、沈真译，商务印书馆1984年版。

［18］〔德〕费希特：《全部知识学的基础》，王玖兴译，商务印书馆1986年版。

［19］〔德〕费希特：《现时代的根本特点》，沈真、梁志学译，辽宁教育出版社1998年版。

［20］〔德〕费希特：《自然法权基础》，谢地坤、程志民译，商务印书馆2004年版。

［21］《费希特著作选集》第4卷，梁志学主编，商务印书馆2000年版。

［22］〔德〕黑格尔：《法哲学原理》，范扬、张企泰译，商务印书馆1961年版。

［23］〔德〕黑格尔：《费希特与谢林哲学体系的差别》，宋祖良、程志民译，商务印书馆1994年版。

［24］〔德〕黑格尔：《精神现象学》下卷，贺麟、王玖兴译，商务印书馆1979年版。

［25］〔德〕黑格尔：《美学》第1卷，朱光潜译，商务印书馆1979年版。

［26］〔德〕黑格尔：《美学》第2卷，朱光潜译，商务印书馆1979年版。

［27］〔德〕黑格尔：《美学》第3卷上册，朱光潜译，商务印书馆1979年版。

［28］［德］黑格尔：《美学》第3卷下册，朱光潜译，商务印书馆1981年版。

［29］［德］黑格尔：《哲学史讲演录》第1卷，贺麟、王太庆译，商务印书馆1959年版。

［30］［德］黑格尔：《哲学史讲演录》第2卷，贺麟、王太庆译，商务印书馆1960年版。

［31］［德］黑格尔：《哲学史讲演录》第3卷，贺麟、王太庆译，商务印书馆1959年版。

［32］［德］黑格尔：《哲学史讲演录》第4卷，贺麟、王太庆译，商务印书馆1978年版。

［33］［德］黑格尔：《历史哲学》，王造时译，上海书店出版社2001年版。

［34］［德］谢林：《先验唯心论体系》，梁志学、石泉译，商务印书馆1976年版。

［35］［德］谢林：《艺术哲学》，魏庆征译，中国社会出版社1996年版。

［36］［德］谢林：《对人类自由本质及其相关对象的哲学研究》，邓安庆译，商务印书馆2008年版。

［37］［德］谢林：《布鲁诺对话：论事物的神性原理和本性原理》，邓安庆译，商务印书馆2008年版。

［38］［德］温克尔曼：《论古代艺术》，邵大箴译，中国人民大学出版社1989年版。

［39］［德］温克尔曼：《希腊人的艺术》，邵大箴译，广西师范大学出版社2001年版。

［40］［德］莱辛：《汉堡剧评》，张黎译，上海译文出版社2002年版。

［41］［德］莱辛：《拉奥孔》，朱光潜译，人民文学出版社1979年版。

［42］［德］莱辛：《论人类的教育——莱辛政治哲学文选》，刘小枫选编，朱雁冰译，华夏出版社2008年版。

［43］《赫尔德美学文选》，张玉能译，同济大学出版社2007年版。

［44］［德］歌德：《论文学艺术》，范大灿译，上海人民出版社 2005 年版。

［45］《歌德文集》第 12 卷，罗悌伦译，河北教育出版社 1999 年版。

［46］［德］歌德等：《文学风格论》，王元化译，上海译文出版社 1982 年版。

［47］［德］歌德、席勒：《歌德、席勒文学书简》，张荣易、张玉书译，安徽文艺出版社 1991 年版。

［48］［德］席勒：《美育书简》，徐恒醇译，中国文联出版公司 1984 年版。

［49］［德］席勒：《审美教育书简》，冯至、范大灿译，北京大学出版社 1985 年版。

［50］《席勒散文选》，张玉能译，百花文艺出版社 1997 年版。

［51］［德］席勒：《秀美与尊严——席勒艺术和美学文集》，张玉能译，文化艺术出版社 1996 年版。

［52］《席勒文集》第 6 卷，张玉书选编，人民文学出版社 2005 年版。

［53］《诺瓦利斯作品选集》，林克译，重庆大学出版社 2012 年版。

［54］［德］施莱格尔：《浪漫派风格——施莱格尔批评史》，李伯杰译，华夏出版社 2005 年版。

［55］［德］施莱格尔：《雅典娜神殿断片集》，李伯杰译，生活·读书·新知三联书店 2003 年版。

［56］《荷尔德林文集》，戴晖译，商务印书馆 1999 年版。

［57］张玉书选编：《海涅文集（批评卷)》，人民文学出版社 2002 年版。

［58］［德］海涅：《论德国》，薛华、海安译，商务印书馆 1980 年版。

［59］［德］海涅：《论浪漫派》，张玉书译，人民文学出版社 1979 年版。

［60］［德］狄尔泰：《体验诗学》，胡其鼎译，生活·读书·新知三联书店 2003 年版。

［61］［德］叔本华：《作为意志和表象的世界》，石冲白译，商务印书

馆1982年版。

[62]《叔本华美学随笔》，韦启昌译，上海人民出版社2004年版。

[63]〔德〕尼采：《悲剧的诞生——尼采美学文选》，周国平译，生活·读书·新知三联书店1986年版。

[64]〔德〕尼采：《悲剧的诞生》，杨恒达译，译林出版社2007年版。

[65]〔德〕尼采：《权力意志——重估一切价值的尝试》，张念东、凌素心译，商务印书馆1991年版。

[66]〔德〕尼采：《权力意志》（上、下），孙周兴译，商务印书馆2007年版。

[67]〔德〕尼采：《希腊悲剧时代的哲学》，周国平译，商务印书馆1994年版。

[68]〔德〕尼采：《偶像的黄昏》，卫茂平译，华东师范大学出版社2007年版。

[69]〔德〕尼采：《看哪这人：尼采自述》，张念东、凌素心译，中央编译出版社2005年版。

[70]〔德〕尼采：《人性的、太人性的》上卷，魏育青译，华东师范大学出版社2008年版。

[71]〔德〕马克斯·韦伯：《学术与政治》，冯克利译，生活·读书·新知三联书店1998年版。

[72]〔德〕马克斯·韦伯：《经济与社会》，林荣远译，商务印书馆1997年版。

[73]〔德〕马克斯·韦伯：《新教伦理与资本主义精神》，于晓、陈维纲等译，生活·读书·新知三联书店1987年版。

[74]〔德〕卡西尔：《启蒙哲学》，顾伟铭等译，山东人民出版社1996年版。

[75]〔德〕卡西尔：《人文科学的逻辑》，关之尹译，译文出版社2004年版。

[76]〔德〕卡西勒：《卢梭问题》，王春华译，译林出版社2009年版。

[77]〔德〕海德格尔：《荷尔德林诗的阐释》，孙周兴译，商务印书馆

2000 年版。

［78］［德］海德格尔：《林中路》，孙周兴译，上海译文出版社 2004
年版。

［79］［德］海德格尔：《谢林论人类自由的本质》，薛华译，辽宁教育
出版社 1999 年版。

［80］［德］海德格尔：《形而上学导论》，熊伟、王庆节译，商务印书
馆 1996 年版。

［81］［德］海德格尔：《尼采》，孙周兴译，商务印书馆 2002 年版。

［82］［德］海德格尔：《思的经验》，陈春文译，人民出版社 2008
年版。

［83］［德］海德格尔：《路标》，孙周兴译，商务印书馆 2001 年版。

［84］［德］海德格尔：《在通向语言的途中》，孙周兴译，商务印书馆
1997 年版。

［85］［德］本雅明：《经验与贫乏》，王炳钧、杨劲译，百花文艺出版
社 1999 年版。

［86］［德］本雅明：《发达资本主义时代的抒情诗人》，王才勇译，江
苏人民出版社 2005 年版。

［87］［德］本雅明：《机械复制时代的艺术》，李伟、郭东编译，重庆
出版社 2006 年版。

［88］［德］本雅明：《德国悲剧的起源》，陈永国译，文化艺术出版社
2001 年版。

［89］［德］霍克海默、阿多诺：《启蒙辩证法》，渠敬东、曹卫东译，
上海人民出版社 2006 年版。

［90］［德］赫伯特·马尔库塞：《爱欲与文明》，黄勇、薛民译，上海
译文出版社 2005 年版。

［91］［德］赫伯特·马尔库塞：《审美之维》，李小兵译，广西师范大
学出版社 2001 年版。

［92］［德］赫伯特·马尔库塞：《现代文明与人的困境——马尔库塞文
集》，李小兵等译，生活·读书·新知三联书店 1989 年版。

［93］［德］赫伯特·马尔库塞：《单向度的人》，张峰、吕世平译，重庆出版社 1993 年版。

［94］［德］伽达默尔：《伽达默尔论黑格尔》，张志伟译，光明日报出版社 1992 年版。

［95］［德］伽达默尔：《美的现实性》，张志扬等译，生活·读书·新知三联书店 1991 年版。

［96］［德］伽达默尔：《真理与方法》，王才勇译，辽宁人民出版社 1987 年版。

［97］［德］阿多诺：《美学原理》，王柯平译，四川人民出版社 1998 年版。

［98］［美］汉娜·阿伦特：《黑暗时代的人们》，王凌云译，江苏教育出版社 2006 年版。

［99］［美］汉娜·阿伦特：《二十世纪德国哲学》，张汝伦译，人民出版社 2008 年版。

［100］［德］哈贝马斯：《现代性的哲学话语》，曹卫东等译，译林出版社 2004 年版。

［101］［德］哈贝马斯：《作为"意识形态"的技术与科学》，李黎、郭官义译，学林出版社 1999 年版。

［102］［德］哈贝马斯：《后民族结构》，曹卫东等译，上海人民出版社 2002 年版。

［103］［德］哈贝马斯：《后形而上学思想》，曹卫东、付德根译，译林出版社 2001 年版。

［104］《马克思恩格斯选集》第 1 卷，人民出版社 1995 年版。

［105］《马克思恩格斯选集》第 2 卷，人民出版社 1995 年版。

［106］《马克思恩格斯选集》第 3 卷，人民出版社 1995 年版。

［107］《马克思恩格斯选集》第 4 卷，人民出版社 1995 年版。

［108］［德］马克思：《1844 年经济学哲学手稿》，刘丕坤译，人民出版社 1979 年版。

［109］［德］马克思：《1844 年经济学哲学手稿》，中共中央马克思恩格

斯列宁斯大林著作编译局译，人民出版社2000年版。

[110] ［意］维柯：《新科学》，朱光潜译，人民文学出版社1986年版。

[111] 《波德莱尔美学文选》，郭宏安译，人民文学出版社1987年版。

[112] ［匈牙利］卢卡奇：《关于社会存在的本体论》下卷，白锡堃等译，重庆出版社1993年版。

[113] ［匈牙利］卢卡奇：《理性的毁灭》，王玖兴等译，江苏教育出版社2005年版。

[114] ［法］让－弗朗索瓦·利奥塔：《非人：时间漫谈》，罗国祥译，商务印书馆2000年版。

[115] ［法］福柯：《福柯集》，杜小真选编，上海远东出版社1998年版。

[116] ［法］福柯、［德］哈贝马斯等：《激进的美学锋芒》，周宪译，中国人民大学出版社2003年版。

[117] 杜小真选编：《福柯集》，上海远东出版社1998年版。

[118] ［法］雅克·德里达：《书写与差异》，张宁译，生活·读书·新知三联书店2001年版。

[119] ［法］雅克·德里达：《马克思的幽灵》，何一译，中国人民大学出版社2008年版。

[120] ［英］安东尼·吉登斯：《现代性的后果》，田禾译，译林出版社2000年版。

[121] ［英］安东尼·吉登斯：《现代性与自我认同》，赵旭东、方文译，生活·读书·新知三联书店1998年版。

[122] ［美］马泰·卡林内斯库：《现代性的五副面孔》，顾爱彬、李瑞华译，商务印书馆2002年版。

[123] ［美］维塞尔：《马克思与浪漫派的反讽——论马克思主义神话诗学的本源》，陈开华译，华东师范大学出版社2008年版。

[124] ［美］维塞尔：《启蒙运动的内在问题——莱辛思想再释》，贺志刚译，华夏出版社2007年版。

[125] ［德］弗兰克：《浪漫派的将来之神——新神话学讲稿》，李双志

译，华东师范大学出版社 2011 年版。

[126]［英］伊格尔顿:《美学意识形态》，王杰等译，广西师范大学出版社 1997 年版。

[127]［德］威廉·格·雅柯布斯:《费希特》，李秋零、田薇译，中国社会科学出版社 1989 年版。

[128]［加拿大］查尔斯·泰勒:《黑格尔》，张国清、朱进东译，译林出版社 2002 年版。

[129]［苏联］古留加:《谢林传》，贾泽林、苏国勋等译，商务印书馆 1990 年版。

[130]［苏联］古留加:《赫尔德》，侯鸿勋译，上海人民出版社 1985 年版。

[131]［德］吕迪格尔·萨弗兰斯基:《席勒传》，卫茂平译，人民文学出版社 2010 年版。

[132]［德］爱克曼辑录:《歌德谈话录》，朱光潜译，人民文学出版社 1978 年版。

[133]［德］里夏德·克朗纳:《论康德与黑格尔》，关子尹译，同济大学出版社 2004 年版。

[134]［美］C. 巴姆巴赫:《海德格尔的根》，张志和译，上海书店出版社 2007 年版。

[135]［美］凯斯·安塞尔－皮尔逊:《尼采反卢梭》，宗成河等译，华夏出版社 2005 年版。

[136]［美］詹姆斯·施密特编:《启蒙运动与现代性:18 世纪与 20 世纪的对话》，徐向东、卢华萍译，上海人民出版社 2005 年版。

[137]［英］以赛亚·伯林:《反潮流:观念史论文集》，冯克利译，译林出版社 2002 年版。

[138]［美］J. C. 亚历山大编:《国家与市民社会———一种社会理论的研究路径》，邓正来译，中央编译出版社 1999 年版。

[139]［德］文德尔班:《哲学史教程》下，罗达仁译，商务印书馆 1993 年版。

［140］［美］梯利：《西方哲学史》，葛力译，商务印书馆1995年版。

［141］［英］罗素：《西方的智慧》，崔人元译，世界知识出版社2007年版。

［142］［英］罗素：《西方哲学史》上卷，何兆武、李约瑟译，商务印书馆1963年版。

［143］［英］罗素：《西方哲学史》下卷，马元德译，商务印书馆1976年版。

［144］高宣扬：《德国哲学通史》第1卷，同济大学出版社2007年版。

［145］［俄罗斯］加比托娃：《德国浪漫哲学》，王念宁译，中央编译出版社2007年版。

［146］范大灿：《德国文学史》第2卷，译林出版社2006年版。

［147］伍蠡甫主编：《西方文论选》上卷，上海译文出版社1979年版。

［148］周辅成编：《西方伦理学名著选辑》，商务印书馆1964年版。

［149］［英］鲍桑葵：《美学史》，张今译，商务印书馆1995年版。

［150］［美］凯·埃·吉尔伯特、赫·库恩：《美学史》，夏乾丰译，上海译文出版社1989年版。

［151］［波兰］塔塔科维兹：《古代美学》，杨力等译，中国社会科学出版社1990年版。

［152］［美］门罗·C. 比厄斯利：《西方美学简史》，高建平译，北京大学出版社2006年版。

［153］［英］李斯托威尔：《近代美学史评述》，蒋孔阳译，上海译文出版社1980年版。

［154］［德］沃尔夫冈·韦尔施：《重构美学》，陆扬、张岩冰译，上海译文出版社2005年版。

［155］朱光潜：《西方美学史》上卷，人民文学出版社1991年版。

［156］朱光潜：《西方美学史》下卷，人民文学出版社1985年版。

［157］蒋孔阳：《德国古典美学》，商务印书馆1980年版。

［158］李鹏程等：《西方美学史》第3卷，中国社会科学出版社2008年版。

[159] 范明生:《西方美学通史》第 3 卷,上海文艺出版社 1999 年版。

[160] 周宪:《20 世纪西方美学》,高等教育出版社 2004 年版。

[161] 张法:《20 世纪西方美学史》,四川人民出版社 2003 年版。

[162]《缪灵珠美学译文集》第 1 卷,中国人民大学出版社 1987 年版。

[163]《缪灵珠美学译文集》第 2 卷,中国人民大学出版社 1998 年版。

[164] 宗白华:《美学与意境》,人民文学出版社 1987 年版。

[165] 李泽厚、汝信主编:《美学百科全书》,社会科学文献出版社 1990 年版。

[166] [美] 科佩尔·S. 平森:《德国近现代史》,范德一等译,商务印书馆 1987 年版。

[167] [英] 詹姆斯·布莱斯:《神圣罗马帝国》,刘秉莹译,商务印书馆 2000 年版。

[168] [德] 史蒂文·奥茨门特:《德国史》,邢来顺等译,中国大百科全书出版社 2009 年版。

[169] [德] 艾米尔·路德维希:《德国人——一个民族的双重历史》,杨成绪、潘琪译,东方出版社 2006 年版。

[170] [德] 埃里希·卡勒尔:《德意志人》,杨成绪、潘琪译,商务印书馆 1999 年版。

[171] 刘新利:《德意志历史上的民族与宗教》,商务印书馆 2009 年版。

[172] 孙周兴、陈家琪:《德意志思想评论》第 1 卷,同济大学出版社 2003 年版。

[173] [英] 阿伦·布洛克:《西方人文主义传统》,董乐山译,生活·读书·新知三联书店 1997 年版。

[174] [美] 理查德·塔纳斯:《西方思想史》,吴相婴等译,上海社会科学院出版社 2007 年版。

[175] [美] 罗兰·斯特龙伯格:《西方现代思想史》,刘北成、赵国新译,中央编译出版社 2005 年版。

[176] [美] 雅克·巴尔赞:《从黎明到衰落》,林华译,世界知识出版社 2002 年版。

[177] ［奥地利］弗里德里希·希尔：《欧洲思想史》，赵复三译，广西师范大学出版社 2007 年版。

[178] ［美］威尔·杜兰：《世界文明史：卢梭与大革命》，东方出版社 2007 年版。

[179] ［美］雅克·巴尊：《古典的，浪漫的，现代的》，侯蓓译，江苏教育出版社 2005 年版。

[180] ［德］里夏德·范迪尔门：《欧洲近代生活：宗教、巫术、启蒙运动》，王亚平译，东方出版社 2005 年版。

[181] ［古希腊］柏拉图：《文艺对话集》，朱光潜译，人民文学出版社 1963 年版。

[182] ［古希腊］亚里士多德：《诗学》，陈中梅译注，商务印书馆 1996 年版。

[183] ［德］弗里德里希·包尔生：《伦理学体系》，何怀宏、廖申白译，中国社会科学出版社 1988 年版。

[184] ［德］弗里德里希·迈内克：《马基雅维利主义》，时殷弘译，商务印书馆 2008 年版。

[185] ［德］弗里德里希·梅尼克：《历史主义的兴起》，陆月宏译，译林出版社 2009 年版。

[186] ［德］汉斯·昆瓦尔特·延斯：《诗与宗教》，李永平译，生活·读书·新知三联书店 2005 年版。

[187] ［英］雷蒙·威廉斯：《现代悲剧》，丁尔苏译，译林出版社 2007 年版。

[188] ［加拿大］本·阿格尔：《西方马克思主义概论》，慎之等译，中国人民大学出版社 1991 年版。

[189] 张黎选编：《布莱希特研究》，中国社会科学出版社 1984 年版。

[190] 苏丽娜：《斯坦尼拉夫斯基和布莱希特》，北京大学出版社 1986 年版。

[191] 谷裕：《隐匿的神学——启蒙前后的德语文学》，华东师范大学出版社 2008 年版。

［192］刘小枫选编:《德语诗学文选》上、下卷，华东师范大学出版社 2006 年版。

［193］刘小枫主编:《现代性中的审美精神》，学林出版社 1997 年版。

［194］刘小枫:《诗化哲学》，山东文艺出版社 1986 年版。

［195］刘小枫:《现代性社会理论绪论》，生活·读书·新知三联书店 1998 年版。

［196］刘小枫:《重启古典诗学》，华夏出版社 2010 年版。

［197］倪梁康:《自识与反思》，商务印书馆 2002 年版。

［198］温纯如:《康德和费希特的自我学说》，社会科学文献出版社 1995 年版。

［199］薛华:《黑格尔与艺术难题》，中国社会科学出版社 1986 年版。

［200］［美］威廉·弗莱明、玛丽·马里安:《艺术与观念》，宋协立译，北京大学出版社 2008 年版。

［201］［法］丹纳:《艺术哲学》，傅雷译，人民文学出版社 1963 年版。

［202］［意］翁贝托·艾柯:《美的历史》，彭淮栋译，中央编译出版社 2007 年版。

二 外文文献

［1］Immanuel Kant, *Critique of Judgement*, trans. James Creed Meredith, Oxford: Oxford University Press, 2007.

［2］Schelling, "Werke: Auswahl in drei Bänden", *Herausgegeben von Otto Weiβ*, Leipzig: Fritz Eckardt Verlag, 1907.

［3］Lothar Knatz, *Geschichte-Kunst-Mythos*, Wuerzburg: Koenigschausen & Neumann, 1999.

［4］Edward Allen Beach, *The Potencies of God: Schelling's Philosophy of Mythology*, New York: State University of New York Press, 1994.

［5］M. P. d' Entrevew & Seyla Benhabib, ed, *Habermas and the Unfinished Project of Modernity: Critical Essays on The Philosophical Discourse of Modernity*, Cambridge: The MIT Press, 1997.

[6] Ernst Cassirer, *The Philosophy of the Enlightenment*, Princeton: Princeton University Press, 1979.

[7] Charles Taylor , *Hegel*, Cambridge: Cambridge University Press, 2008.

[8] Steven Ozmen, *A New History of The German People*, Cambridge: Harvard University Press, 2004.

[9] Liah Greenfeld, *Nationalism: Five Roads to Modernity*, Cambridge: Harvard University Press, 1992.

[10] Isaiah Berlin, *Three Critics of Enlightenment: Vico, Hamann, Herder*, Princeton: Princeton University Press, 2000.

[11] René Wellek, *A History of Modern Criticism 1750 – 1950*, Volume 1, Cambridge: Cambridge University Press, 1957.

[12] René Wellek, *A History of Modern Criticism 1750 – 1950*, Volume 2, Cambridge: Cambridge University Press, 1964.

[13] René Wellek, *A History of Modern Criticism 1750 – 1950*, Volume 3, Cambridge: Cambridge University Press, 1981.

[14] René Wellek, *A History of Modern Criticism 1750 – 1950*, Volume 4, Cambridge: Cambridge University Press, 1981.

[15] René Wellek, *A History of Modern Criticism 1750 – 1950*, Volume 7, Cambridge: Cambridge University Press, 1988.

[16] Theodor W. Adorno, *Aesthetic Theory*, trans. C. Lenhardt, London: Routledge & Kegan Paul, 1984.

[17] Thomas. S. Kuhn, *The Structure of Scientific Revolutions*, Chicago: The University of Chicago Press, 1962.

[18] C. S. Lewis, *English Literature in the Sixteenth Century, Excluding Drama*, Oxford: Oxford Uniwersity Press.

[19] Humphry Trevelvan, *Goethe and The Greeks*, Cambridge: Cambridge University Press, 1941.

[20] Domenico Losurdo, *Hegel and Freedom of Moderns*, Cambridge: Cambridge University Press, 2004.

[21] Kai Hammermeister, *The German Aesthetic Tradition*, Cambridge: Cambridge University Press, 2002.

[22] Friedrich Schlegel, *On The Study of Greek Poetry*, New York: State University of New York Press, 2001.

[23] Dale Wikerson, *Nietzsche and the Greeks*, London: Continuun International Publishing Group, 2006.

[24] Richard Wolin, *The Politics of Being: The Political Thought of Martin Heidegger*, New York: Columbia University Press, 1990.

[25] Hannah Arendt, *Between Past and Future*, New York: Viking Press, 1968.

[26] Magaret Canovan, *Hannah Arendt, A Reinterpretation of Her Political Thought*, Cambridge: Cambridge University Press, 1992.

[27] Serena Parekh, *Hannah Arendt and the Challenge of Modernity*, London: Taylor & Francis Group, 2008.

[28] Manfred Frank, *The Philosophical Foundations of Early German Romanticism*, New York: State University of New York Press, 1998.

[29] Alex Potts, *Flesh and the Ideal: Winckelmann and the Origins of Art History*, New Haven: Yale University Press, 1994.

[30] J. Gage, ed., *Goethe on Art*, Oakland: University of California Press, 1980.

[31] Hal Foster, *The Anti-Aesthetic: Essays on Postmodern Culture*, California: Bay Press, 1983.

[32] Ihab Hassan, *The Postmodern Turn: Essays in Postmodern Theory and Culture*, Columbus: Ohio State University Press, 1987.

三 期刊

[1] [德] 沃尔夫哈特·亨克曼:《二十世纪德国美学状况》,周然毅译,《社会科学家》1999 年第 2 期。

[2] [德] F. W. 卡岑巴赫:《赫尔德的主要著作和思想》,《哲学

译丛》1989 年第 3 期。

［3］张政文：《德国古典美学现代性的基本维度》，《光明日报》
2006 年 6 月 14 日。

［4］张政文：《康德的审美现代性设计及对后现代美学的启示》，
《文艺研究》2010 年第 11 期。

［5］张政文：《二十世纪西方现代性美学对康德美学的三种典型回
应》，《光明日报》2008 年 9 月 19 日。

［6］张政文：《费希特美学的现代性理解》，《中国社会科学》2009
年第 3 期。

［7］张政文：《谢林美学思想的现代性转向与反思》，《哲学研究》
2008 年第 7 期。

［8］张政文：《康德哲学与近代西方文化自觉》，《社会科学辑刊》
2003 年第 4 期。

［9］朱立元：《德国新马克思主义美学的理论特征》，《云梦学刊》
1995 年第 4 期。

［10］王玖兴：《费希特评传》，《哲学研究》1985 年第 10 期。

［11］张慎：《德国启蒙运动和启蒙哲学的再审视》，《浙江学刊》
2004 年第 1 期。

［12］张玉能：《赫尔德与狂飙突进的浪漫主义美学思潮》，《青岛
科技大学学报》2004 年第 2 期。

［13］张世英：《艺术哲学的新方向》，《文艺研究》1999 年第 4 期。

［14］张旭：《黑格尔艺术哲学研究方法概观》，《安徽大学学报》
（哲学社会科学版）1998 年第 4 期。

［15］张志伟：《论艺术哲学与美学的对立》，《郑州大学学报》（哲
学社会科学版）2003 年第 2 期。

［16］张晶：《当代文学艺术中的审美现代性因素》，《北方论丛》
2010 年第 2 期。

后　记

　　本书为国家社会科学基金项目"德意志文化启蒙与现代性的文艺美学话语研究"的最终成果。在研究中，我们致力于将德意志现代性的文艺美学话语置于文化启蒙的大背景下进行关照，对德意志启蒙与审美现代性的民族特质进行阐释。

　　我们从建构德意志审美现代性的关键人物康德入手，指出他的审美现代性设计将德意志思想界置于启蒙话语的反思建构中，其后继者费希特、黑格尔、谢林紧紧抓住启蒙反思这一内核在审美现代性方面开拓出了新的空间。而通过对德意志文化生态要素的考察，不仅凸显了德意志文化启蒙与审美现代性的民族特性，而且为破解深藏在德意志审美现代性深处的未解之谜提供了路径。在理论建构的基础上，我们回归到德意志审美现代性的文艺美学话语，对其独特样态进行还原阐释。德意志现代性的文艺美学话语发轫于德意志文化启蒙的总体语境，又在发展中成为文化启蒙的核心力量，神话诗学、希腊想象、审美教育问题形成了德意志文艺美学与文艺实践特有的价值深度与意义广度。

　　通过宏观理论思辨与微观史料还原的结合，我们试图更清晰完整地呈现德意志现代性文艺美学话语的历史图像并为其后更为深入的研究提供有效的理论坐标。而在当下文化危机日益明显的后现代文化思潮中，重拾德意志文化启蒙与现代性的文艺美学话语这一论题，对我国当前的文艺美学发展也有着一定的借鉴意义。

2015 年 3 月